"十二五"职业教育国家规划教材
经全国职业教育教材审定委员会审定

高等职业教育电子技术
技能培养规划教材

Protel 99 SE应用与实例教程（第2版）

赵景波 主编　于金涛 陈江 王俊 副主编

The Application & Example Courses for Protel 99 SE (2nd Edition)

人 民 邮 电 出 版 社
北 京

图书在版编目（C I P）数据

Protel 99 SE应用与实例教程 / 赵景波主编. -- 2版. -- 北京 : 人民邮电出版社, 2014.10（2018.3 重印）
高等职业教育电子技术技能培养规划教材
ISBN 978-7-115-34496-0

Ⅰ. ①P… Ⅱ. ①赵… Ⅲ. ①印刷电路－计算机辅助设计－应用软件－高等职业教育－教材 Ⅳ. ①TN410.2

中国版本图书馆CIP数据核字(2014)第140464号

内 容 提 要

本书通过典型实例，系统地介绍了用 Protel 99 SE 设计电路板的实用操作方法，主要内容包括设计项目的文件管理、电路原理图的绘制、元器件原理图符号及符号库的创建、原理图报表、元器件封装及封装库的创建、印制电路板的绘制等。

本书可作为高职高专院校计算机、电子技术、电子信息、通信工程、自动化等专业的教材，也可作为工程技术人员及计算机爱好者的自学参考书。

◆ 主　　编　赵景波
副 主 编　于金涛　陈　江　王　俊
责任编辑　李育民
执行编辑　王丽美
责任印制　杨林杰

◆ 人民邮电出版社出版发行　　北京市丰台区成寿寺路 11 号
邮编　100164　　电子邮件　315@ptpress.com.cn
网址　http://www.ptpress.com.cn
北京中石油彩色印刷有限责任公司印刷

◆ 开本：787×1092　1/16
印张：17.75　　　　2014 年 10 月第 2 版
字数：452 千字　　　2018 年 3 月北京第 4 次印刷

定价：42.00 元（附光盘）

读者服务热线：(010)81055256　印装质量热线：(010)81055316
反盗版热线：(010)81055315

第 2 版前言

Protel 99 SE 是 Altium 公司在 1999 年发布的基于 Microsoft Windows 平台的电子设计自动化（EDA）软件。与该公司之前推出的 EDA 软件相比，Protel 99 SE 提供了更高程度的设计流程自动化，进一步集成了各种设计工具，并引进了“设计浏览器”平台，对设计工具、文档管理及元器件库等进行无缝集成，是目前众多 EDA 软件中用户最多的产品之一。

掌握 Protel 99 SE 对于高职高专院校的学生来说是十分必要的。学生不但要了解该软件的基本功能，更为重要的是要结合专业知识，学会利用软件解决专业中的实际问题。我们在教学中发现，许多学生仅仅是学会了 Protel 99 SE 的基本命令，而当面对实际问题时，却束手无策，这与 Protel 99 SE 课程的教学内容及方法有直接、密切的关系。有鉴于此，我们结合自己十几年的教学经验及体会，编写了这本适用于高职高专层次的 Protel 99 SE 典型实例教程。本书通过大量的工程实例，使学生不仅能熟悉软件功能，更能掌握解决实际问题的能力。本书内容包括设计项目的文件管理、电路原理图的绘制、元器件原理图符号及符号库的创建、原理图报表、元器件封装及封装库的创建、印制电路板的绘制等。本书与同类教材相比，具有以下特色。

（1）在内容的组织上突出了“易懂、实用”的原则，精心选取了 Protel 99 SE 的一些常用功能和与电子电路设计密切相关的知识来构成全书的主要内容。

（2）以电路分析和设计实例贯穿全书，将理论知识融入大量的实例中，能使学生在实际绘制电路的过程中掌握理论知识，提高电路设计技能。

（3）穿插介绍了一些实用的设计技巧，以迅速提高学生的设计能力。

（4）通过“知识拓展”“动手练习”等栏目，巩固学习效果，加深对知识的理解。

（5）课程设计内容。编排本教材的目的是：培养学生综合运用所学知识，发现、提出、分析和解决实际问题的能力；锻炼学生的实践能力；对学生实际工作能力进行具体训练和考察。

（6）附有光盘，提供以下素材。

- .ddb 数据库文件

本书所有例子用到的.ddb 数据库文件都按章收录在所附光盘的“\ddb\第×章”文件夹下，读者可以调用和参考这些数据库文件。

- .avi 动画文件

本书所有习题的绘制过程都录制成了.avi 动画，并按章收录在所附光盘的“\avi\第×章”文件夹下。

只要双击某个动画文件，就可以观看该文件所录制的习题的绘制过程。

本书由赵景波（青岛理工大学，编写第 7 章并统稿）任主编，于金涛（哈尔滨商业大学，编写第 1 章、第 2 章、第 3 章）、陈江（哈尔滨商业大学，编写第 4 章、第 5 章、第 6 章）、王俊（编写课程设计）任副主编，参与本书编辑、修改和整理工作的还有沈精虎、黄业清、宋一兵、谭雪松、向先波、冯辉、计晓明、董彩霞、滕玲、管振起等。在此对以上人员致以诚挚的谢意！

由于作者水平有限，书中难免存在疏漏之处，敬请读者批评指正。

编　者

2014 年 6 月

目 录

第1章 Protel 99 SE概述

在开始学习 Protel 99 SE 之前，非常有必要先对 Protel 99 SE 有个初步的认识，这对于提高学习效率是十分有帮助的。本章通过启动 Protel 99 SE 及其编辑器，来帮助学生认识 Protel 99 SE。图 1-1、图 1-2、图 1-3 和图 1-4 所示分别表示启动 Protel 99 SE 的界面、新建的数据库文件、新建的原理图设计文件和新建的 PCB 设计文件。

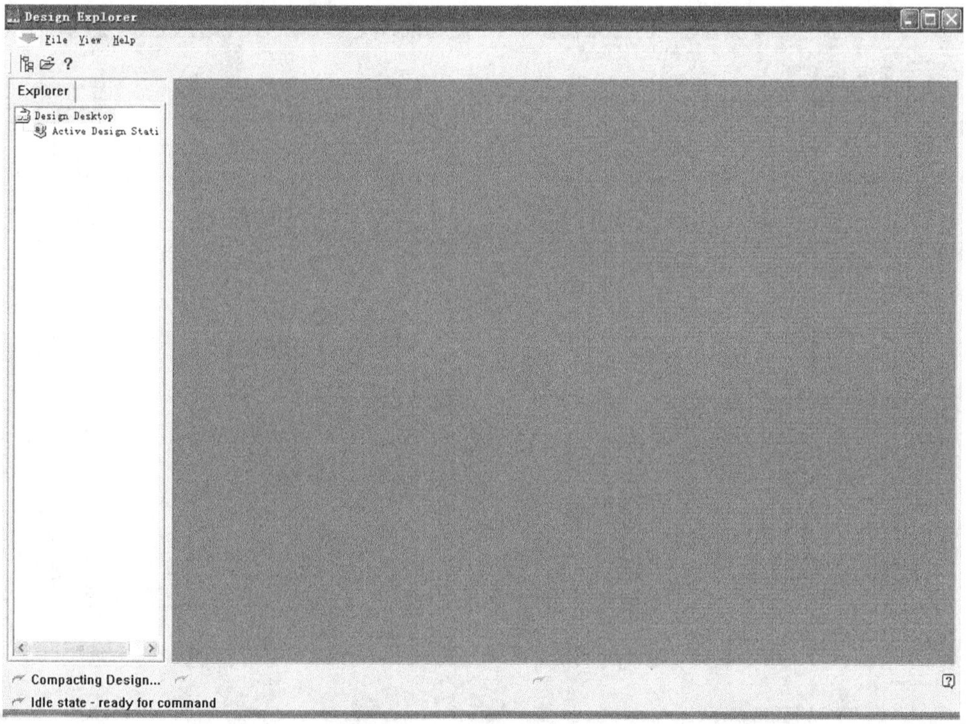

图 1-1　启动 Protel 99 SE 的界面

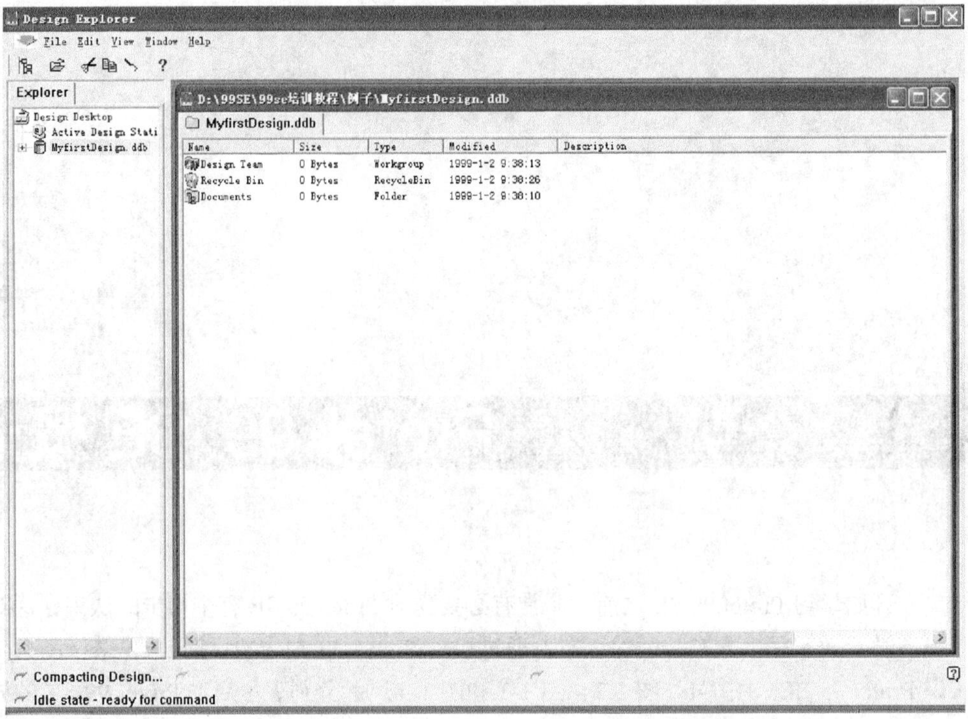

图 1-2　新建的数据库文件

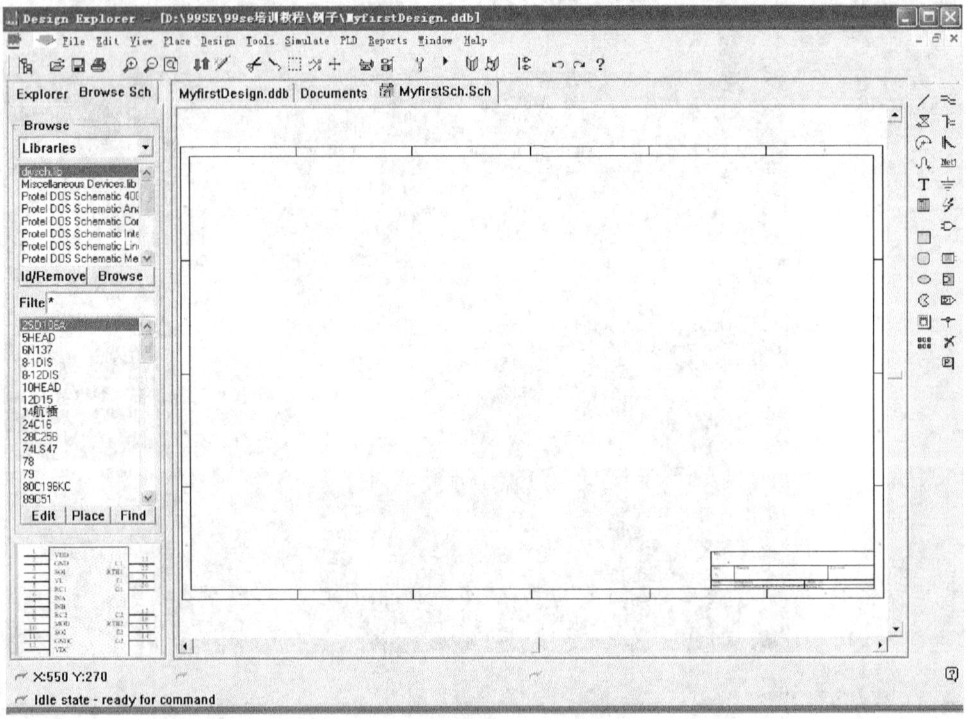

图 1-3　新建的原理图设计文件

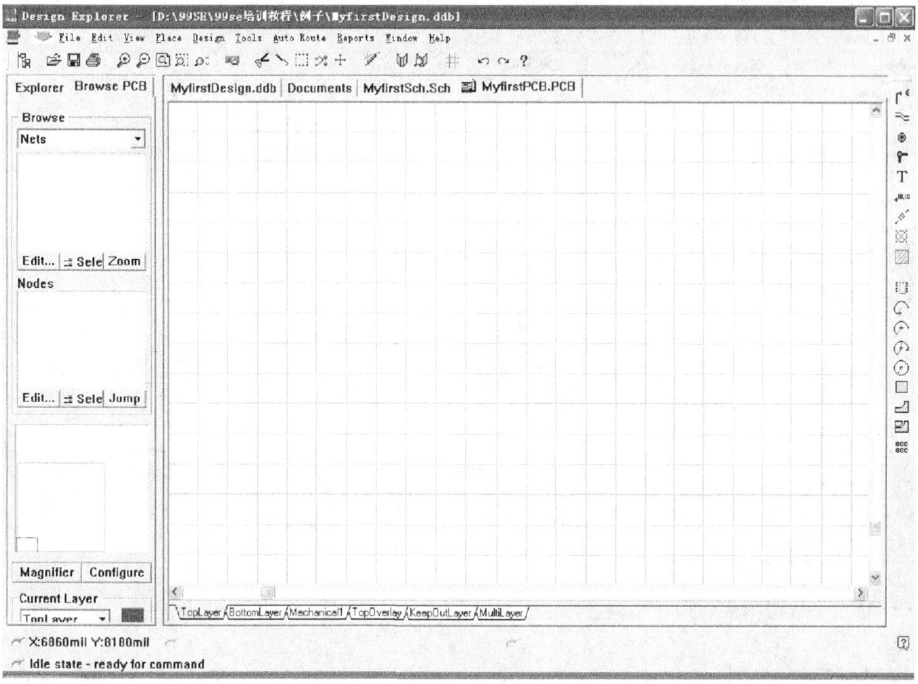

图 1-4　新建的 PCB 设计文件

1.1 Protel 99 SE 的功能

Protel 99 SE 是一个功能强大的电路板设计软件，可以完成从电路原理图到印制电路板的一系列设计工作。它提供了类似于 Windows 资源管理器的界面，实现了对文件的分层管理。它支持团队工作，多个用户可以通过网络来访问同一个设计数据库，并且不同的用户被赋予不同的权限，使设计工作具有很大的灵活性。Protel 99 SE 还有很多灵活多变的地方，例如，菜单、工具栏、快捷键以及设计图上的颜色管理等，都可以由用户自定义。用户可以根据自己的实际需要，对开发环境进行设置，从而使各项操作更加方便、快捷。

在实际使用过程中，Protel 99 SE 中常用的编辑器主要有原理图编辑器、原理图库编辑器、PCB 编辑器、元器件封装库编辑器等。下面简要介绍这些常用编辑器的主要功能。

1.1.1 原理图编辑器

一个完整的电路板设计包括原理图设计和 PCB 设计两个阶段，第一阶段的原理图绘制是在原理图编辑器中完成的。原理图编辑器的操作界面如图 1-5 所示。

原理图编辑器的主要功能是设计原理图，为 PCB 设计准备网络表文件和元器件封装。在原理图设计过程中，可以为每一个原理图符号指定元器件封装。在原理图设计完成后，执行菜单命令【Design】|【Create Netlist…】可以生成网络表文件。

此外，在原理图编辑器中，利用原理图库提供的大量原理图符号，还可以快速绘制电子设备的接线图。

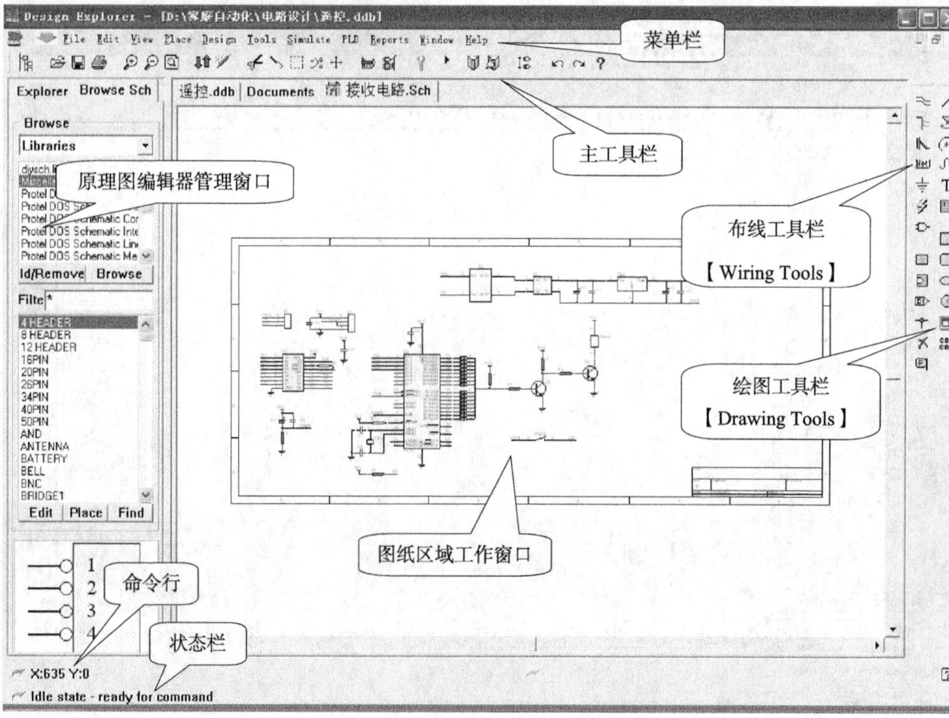

图 1-5　原理图编辑器

1.1.2　原理图库编辑器

在绘制原理图的过程中，经常需要用户动手制作原理图符号。在正式制作原理图符号之前，需要创建一个原理图库文件，以存放即将制作的原理图符号。新建一个原理图库文件或者打开已有的原理图库文件，可以激活原理图库编辑器。激活后的原理图库编辑器如图 1-6 所示。

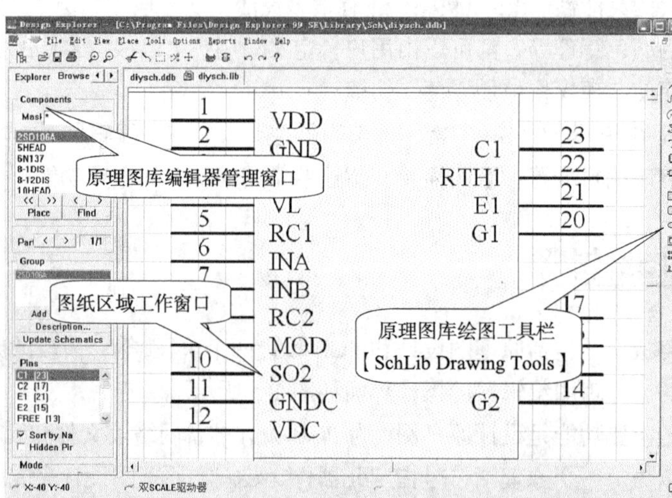

图 1-6　原理图库编辑器

原理图库编辑器的主要功能就是制作和管理原理图符号。

1.1.3　PCB 编辑器

在原理图绘制完成后，需要将元器件封装和网络表载入到 PCB 编辑器中进行电路板设计。PCB 编辑器的激活可以通过打开已有的 PCB 文件或者通过创建新的 PCB 文件来完成。打开一个已有的 PCB 文件，如图 1-7 所示。

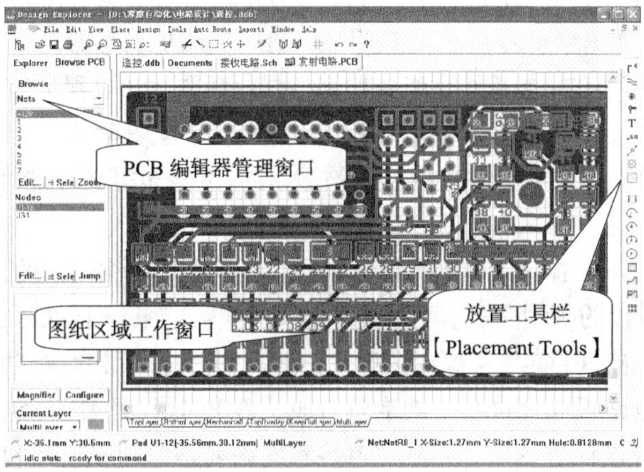

图 1-7　PCB 编辑器

在 PCB 编辑器中，将完成电路板设计第 2 阶段的任务，即根据原理图设计完成电路板设计。电路板设计主要包括电路板选型、规划电路板的外形、元器件布局、电路板布线、覆铜、设计规则校验等工作。

1.1.4　元器件封装库编辑器

在元器件封装和网络表载入到 PCB 编辑器之前，必须确保所有用到的元器件封装所在的元器件封装库都已经载入到了 PCB 编辑器，否则将导致元器件封装和网络表载入的失败。

如果个别元器件封装在系统提供的元器件封装库中找不到，就需要自己动手制作元器件封装。与制作原理图符号一样，在制作元器件封装之前，也应当创建一个新的 PCB 元器件封装库文件，或者打开一个已有的元器件封装库。元器件封装库编辑器如图 1-8 所示。

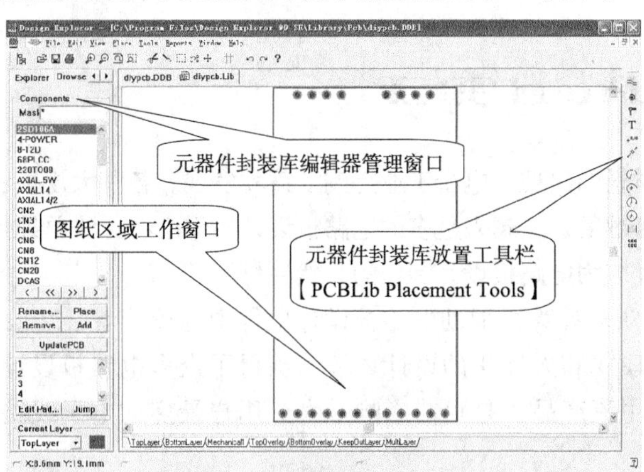

图 1-8　元器件封装库编辑器

1.1.5 常用编辑器之间的关系

原理图编辑器、原理图库编辑器、PCB 编辑器和元器件封装库编辑器贯穿于电路板设计的全过程。根据电路板设计不同阶段的要求，用户可以激活相应的编辑器来完成特定的任务。

在电路板的设计过程中，4 个常用编辑器之间的关系可通过如图 1-9 所示的示意图来表示。由图 1-9 可以看出，原理图编辑器和 PCB 编辑器是进行电路板设计的两个基本工作平台，并且原理图和 PCB 的更新是同步的。原理图库编辑器是根据原理图设计过程中的需求被激活的，并且修改完原理图符号后一定要存储修改结果并更新原理图中的原理图符号。同样，元器件封装库编辑器也是在需要制作或修改元器件封装的时候才被激活的，并且也需要存储修改结果并对 PCB 编辑器中的元器件封装进行更新。

从编辑器之间的关系来看，原理图库编辑器是服务于原理图编辑器的，主要用来制作原理图符号，以保证原理图设计的顺利完成。而元器件封装库编辑器服务于 PCB 编辑器，以保证所有的元器件都能有对应的元器件封装，使原理图设计能够顺利地转入到 PCB 的设计。原理图设计是设计思路的图纸化，是电路板设计过程中的准备阶段，而 PCB 设计是整个电路板设计过程中的实现阶段。在整个电路板设计过程中，元器件封装和网络表是原理图设计和 PCB 设计之间的桥梁和纽带。

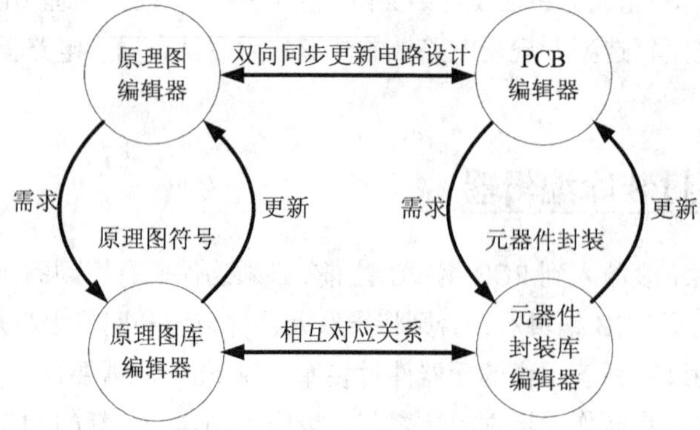

图 1-9 4 个常用编辑器之间的关系

1.2 初识 Protel 99 SE

随着新技术和新材料的出现，电子工业得到了蓬勃发展。各种大规模和超大规模集成电路的出现使电路板变得越来越复杂，越来越多的电路板设计工作已经无法单纯依靠手工来完成，计算机辅助电路板设计已经成为电路板设计制作的必然趋势。

Protel 99 SE 就是众多计算机辅助电路板设计软件中的佼佼者。Protel 99 SE 以其强大的功能、方便快捷的设计模式和人性化的设计环境，赢得了众多电路板设计人员的青睐，成为当前电路板设计软件的主流产品，是目前影响最大、用户最多的电子线路计算机辅助设计软件包之一。

下面首先简单介绍一下 Protel 99 SE 的基础知识。

1.2.1　启动 Protel 99 SE

启动 Protel 99 SE 的方法与启动其他应用程序的方法一样，只要运行 Protel 99 SE 的可执行程序就可以了。

（1）在 Windows 桌面上选取菜单命令【开始】|【程序】|【Protel 99 SE】|【Protel 99 SE】，如图 1-10 所示，即可启动 Protel 99 SE。

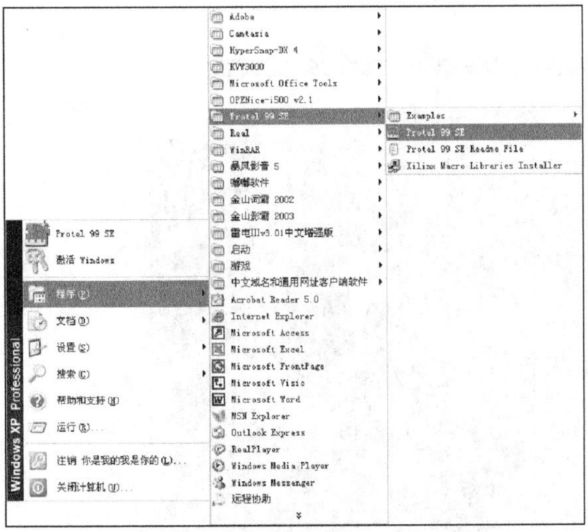

图 1-10　启动 Protel 99 SE 菜单命令

图 1-11　Protel 99 SE 启动画面

（2）在启动 Protel 99 SE 应用程序的过程中，屏幕上将弹出 Protel 99 SE 的启动画面，如图 1-11 所示。接下来系统便会打开 Protel 99 SE 的主窗口（也称为设计浏览器），如图 1-12 所示。

启动 Protel 99 SE 还有以下两种简便方法。

- 如果在安装 Protel 99 SE 的过程中，在桌面上创建了快捷方式，那么双击桌面上的 Protel 99 SE 的快捷图标即可启动 Protel 99 SE。
- 直接单击【开始】菜单中的 Protel 99 SE 图标也可以启动 Protel 99 SE，如图 1-13 所示。

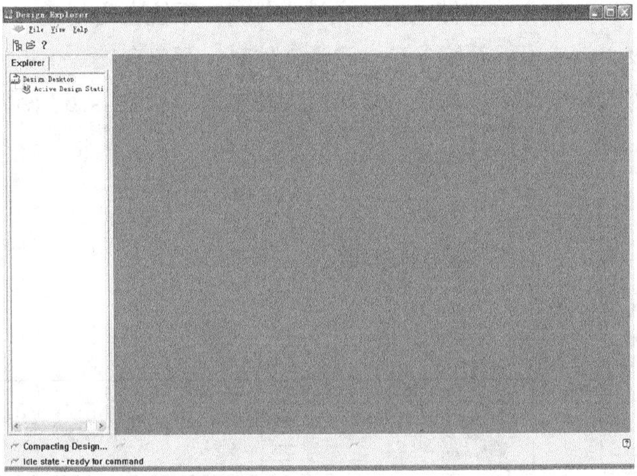

图 1-12　Protel 99 SE 主窗口

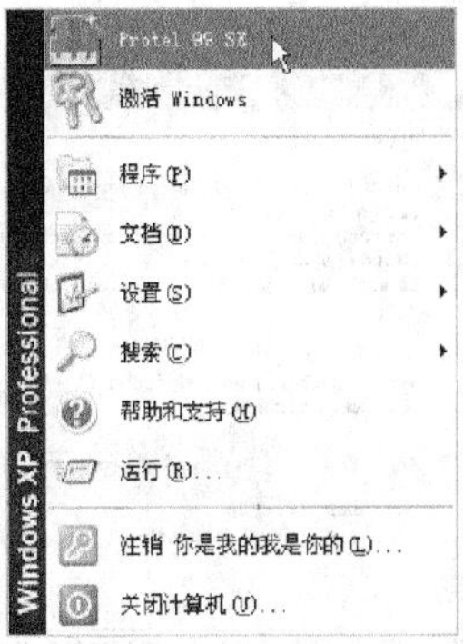

图 1-13　从【开始】菜单中启动 Protel 99 SE

1.2.2　Protel 99 SE 设计浏览器

启动 Protel 99 SE 后，即可打开 Protel 99 SE 设计浏览器。在 Protel 99 SE 设计浏览器中，主要包括菜单栏、工具栏、浏览器管理窗口、工作窗口、命令行和状态栏，如图 1-14 所示。

Protel 99 SE 设计浏览器是电路板设计的大平台。在这个大平台上，根据电路板设计的需要，可以激活原理图编辑器进行原理图设计，在原理图设计完成后可以激活 PCB 编辑器进行电路板设计，还可以完成电路分析、仿真设计等。

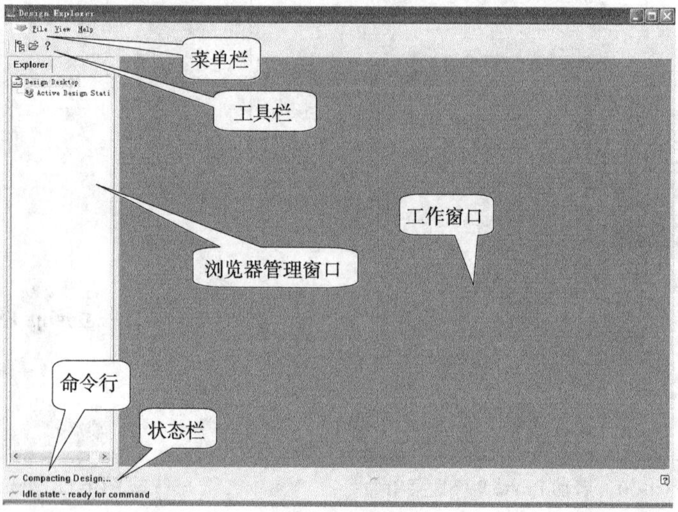

图 1-14　Protel 99 SE 设计浏览器

1.2.3　Protel 99 SE 的文件存储方式

Protel 99 SE 系统为用户提供了两种文件存储方式，即【Windows File System】（文档方式）和【MS Access Database】（设计数据库方式），如图 1-15 所示。

【Windows File System】：当选择以文档方式存储电路板设计文件时，系统会先创建一个文件夹，然后将所有的设计文件存储在该文件夹下。系统在存储设计文件时，不仅存储一个集成数据库文件，而且将数据库文件下所有的设计文件都独立地存储在该文件夹下，如图 1-16 所示。

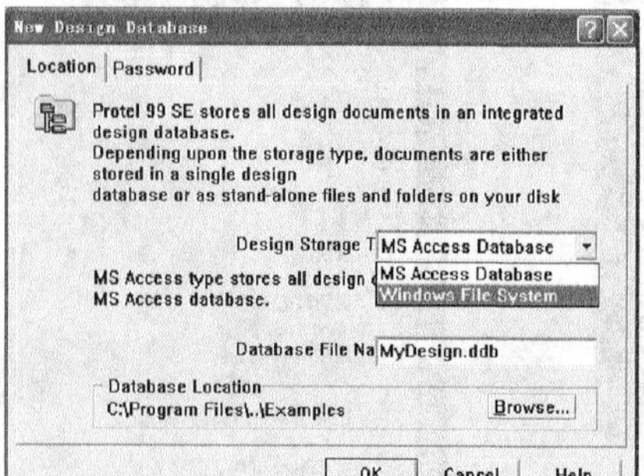

图 1-15　两种文件存储方式

图 1-16　以文档方式存储电路板设计文件

【MS Access Database】：当选择以设计数据库方式存储电路板设计文件时，系统只在指定的硬盘空间上存储一个设计数据库文件。

不管选用哪一种文件存储方式，Protel 99 SE 都采用设计浏览器来组织设计文档，即在设计浏览器下创建文件，并将所有设计文件都存储在一个设计数据库文件中。

要点提示 利用 Protel 99 SE 设计电路板时，通常选择设计数据库方式来组织和管理设计文件。

1.2.4　启动常用编辑器

启动编辑器可以通过新建设计文件或者是打开已有的设计文件来实现。

下面介绍通过新建原理图设计文件、原理图库设计文件、PCB 设计文件来启动相应编辑器的方法。

1．新建设计数据库文件

Protel 99 SE 采用设计数据库文件来组织管理设计文件，将所有的设计文档和分析文档放在一个设计数据库文件中，进行统一管理。设计数据库文件相当于一个文件夹，在该文件夹下可以创建新的设计文件，也可以创建下一级文件夹。这种管理方法在设计一个大型的电路系统时非常实用。下面介绍新建设计数据库文件的操作步骤。

（1）启动 Protel 99 SE，打开设计浏览器。

（2）执行菜单命令【File】|【New】，打开【New Design Database】（新建设计数据库）对话框，如图 1-17 所示。

（3）在【Database File Name】（数据库文件名称）文本框中输入设计文件的名称。本例的名称为“MyfirstDesign.ddb”。

（4）单击 Browse... 按钮，打开【Save As】（存储为）对话框，将存储位置定位到指定的硬盘空间上，如图 1-18 所示。

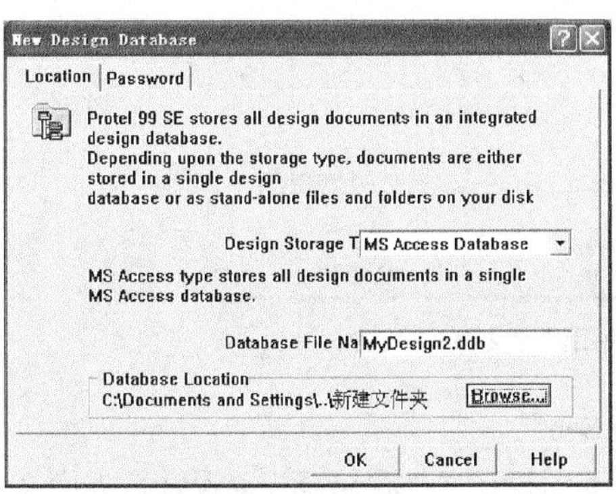

图 1-17 【新建设计数据库】对话框

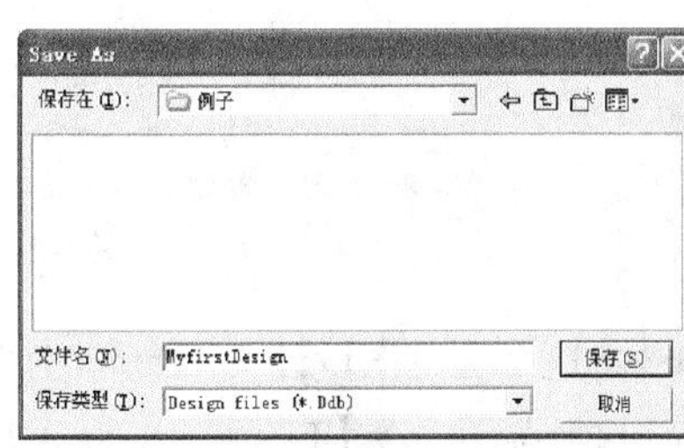

图 1-18　保存设计数据库文件

（5）单击 保存(S) 按钮，回到【新建设计数据库】对话框，确认各项设置无误后，单击 OK 按钮，即可创建一个新的设计数据库文件，如图 1-19 所示。

2．新建原理图编辑器

（1）双击图 1-19 中的 Documents 图标，打开该文件夹，将新建的原理图设计文件放置在该文件夹下。

（2）执行菜单命令【File】|【New...】，打开【New Document】（新建文件）对话框，如图 1-20 所示。

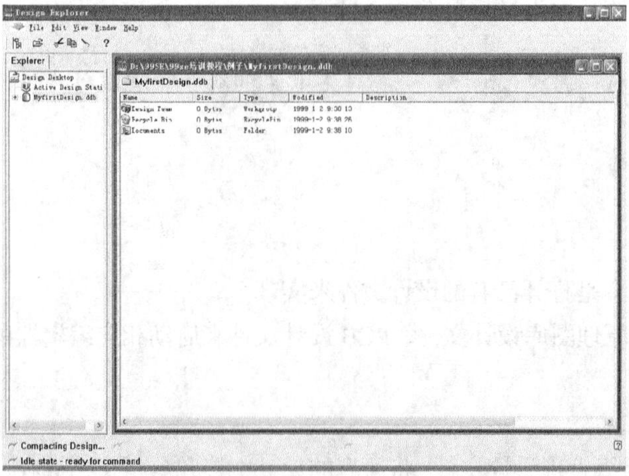

图 1-19　新建的设计数据库文件

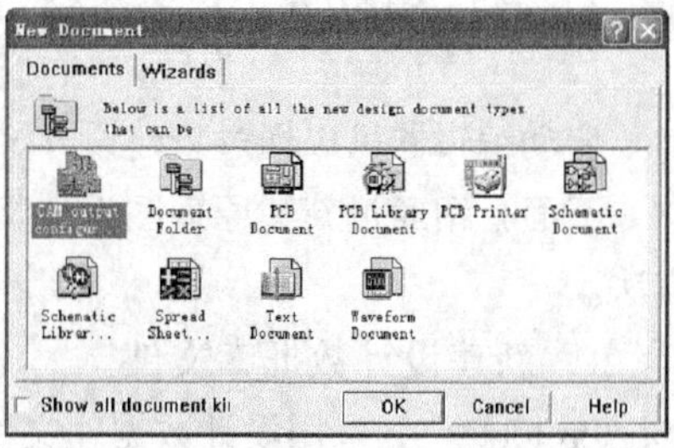

图 1-20　【新建文件】对话框

（3）在【新建文件】对话框中，单击【Schematic Document】（原理图文件）图标，然后单击 OK 按钮，即可新建一个原理图设计文件，如图 1-21 所示。

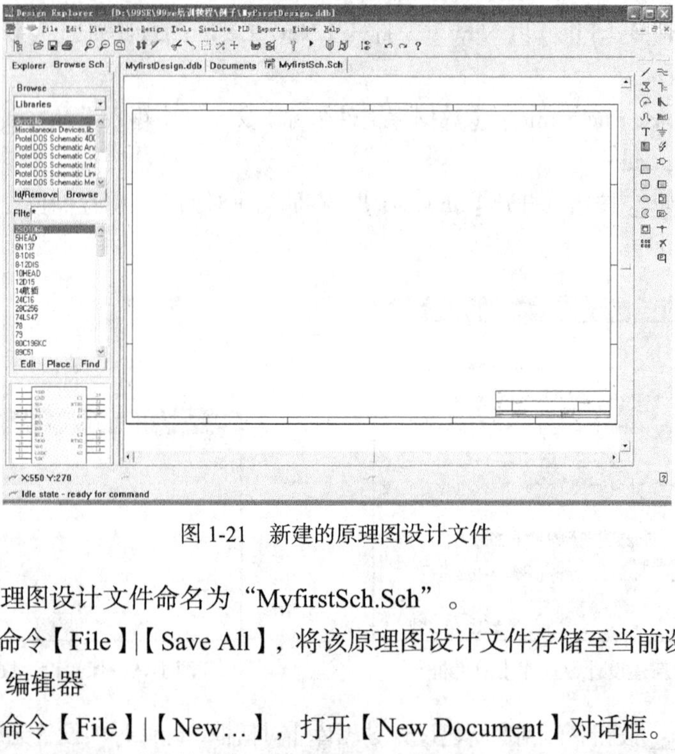

图 1-21　新建的原理图设计文件

（4）将这个原理图设计文件命名为“MyfirstSch.Sch”。

（5）执行菜单命令【File】|【Save All】，将该原理图设计文件存储至当前设计数据库文件中。

3．新建 PCB 编辑器

（1）执行菜单命令【File】|【New...】，打开【New Document】对话框。

（2）在【新建文件】对话框中，单击【PCB Document】（PCB 设计文件）图标，然后单击 OK 按钮，即可新建一个 PCB 设计文件，如图 1-22 所示。

（3）将这个 PCB 设计文件命名为“MyfirstPCB.PCB”。

（4）执行菜单命令【File】|【Save All】，将该 PCB 设计文件存储至当前设计数据库文件中。

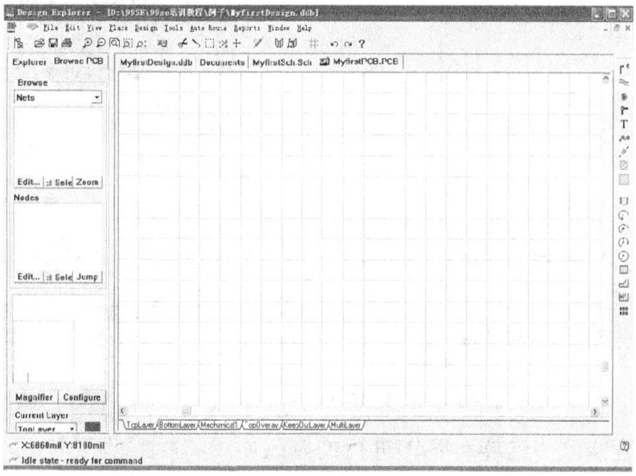

图 1-22 新建的 PCB 设计文件

4．编辑器窗口的切换与关闭

在 Protel 99 SE 中，如果同时打开或新建多个设计文件，则所有打开的设计文件在工作窗口上部都会有一个相应的标签，而工作窗口中只显示当前处于激活状态的编辑器工作窗口。单击这些标签就可以在不同设计文件之间自由切换。在标签上单击鼠标右键，在弹出的快捷菜单中选择【Close】命令，即可关闭相应的设计文件。

1.3 知识拓展

为了保证电路设计工作的顺利进行，需要对 Protel 99 SE 的设计环境进行设置，主要的设置内容包括系统字体设置和文件自动保存及备份功能的设置。

1.3.1 Protel 99 SE 的系统字体设置

很多用户在安装完 Protel 99 SE 之后会发现一些文字显示不全，如图 1-23 中的【Change System Font】按钮，这在一定程度上会影响使用效果。用户可以对系统文字进行恰当的设置，以避免这种现象的发生。

（1）单击【Design Explorer】窗口左上角的按钮，在下拉菜单中选择【Preferences...】命令，打开【系统设置】对话框，未修改字体时该对话框如图 1-23 所示。

（2）单击 Change System Font 按钮，打开【字体】对话框，如图 1-24 所示，在该对话框中可以选择合适的字体。

（3）按照图 1-24 中的参数进行设置并单击 确定 按钮，关闭【字体】对话框，此时系统字体不会马上变化，单击图 1-23 中的 OK 按钮确定。

（4）重复第 1 步的操作，用户会看到以上操作得到的效果，如图 1-25 所示，此时每个按钮上的文字都可以完整显示出来。

（5）确认 Save Preferences 复选框处于选中状态，系统将会保存对字体进行的修改，这样以后使用 Protel 99 SE 时就不需要再次设置了。

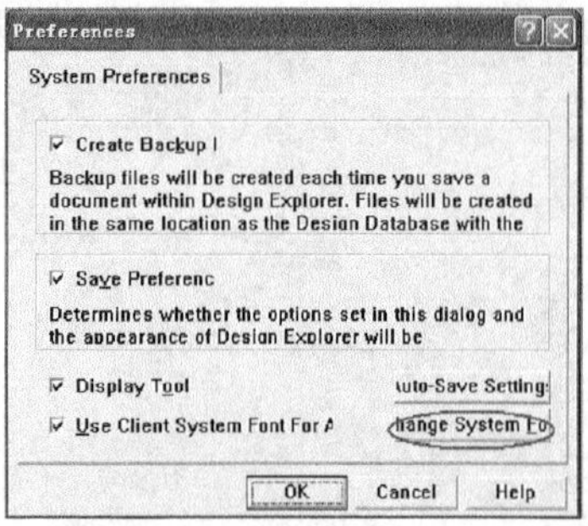

图 1-23　未修改字体时的对话框

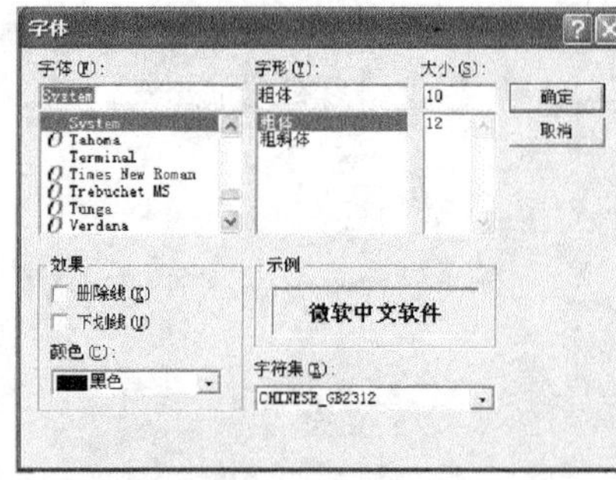

图 1-24 【字体】对话框

（6）确认 Use Client System Font For All Dialogs 复选框处于选中状态，系统将会保存相应修改，这样对字体进行的修改便可应用于所有的对话框中。

通过以上操作即可完成对系统字体的修改，这样就可以看到系统显示的所有文字了。

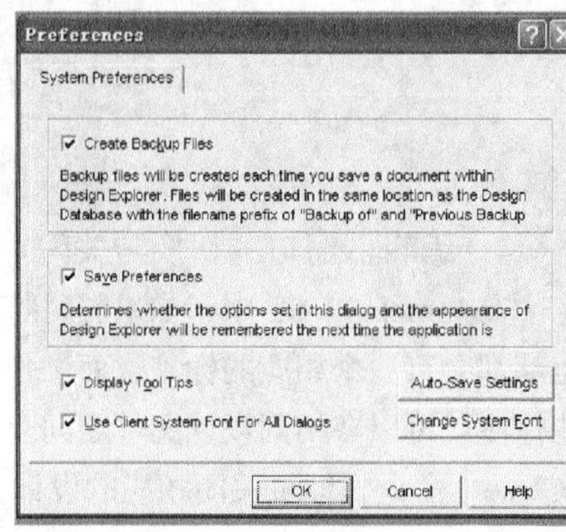

图 1-25　修改字体后的对话框

1.3.2　文件的自动保存及备份设置

在进行电路设计的过程中，经常会遇到一些突发事件，如停电、系统突然死机等，如果没有及时存盘，就可能使工作前功尽弃。利用系统提供的自动保存和备份功能能够有效地避免这种情况的发生。下面介绍文件的自动保存及备份功能的设置步骤。

（1）单击【Design Explorer】窗口左上角的按钮，在下拉菜单中选择【Preferences…】命令，打开【系统设置】对话框，如图 1-25 所示。

（2）单击 Auto-Save Settings 按钮，打开【文件自动保存及备份设置】对话框，如图 1-26 所示。

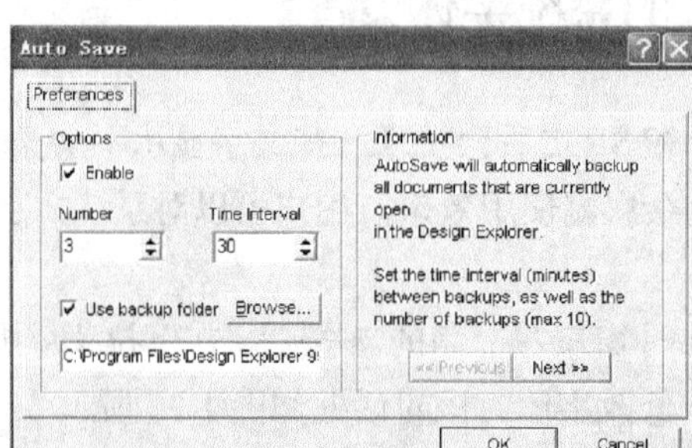

图 1-26 【文件自动保存及备份设置】对话框

（3）选中 Enable 复选框，使自动保存的备份功能有效。

（4）在【Number】数值框中设置每个文件的备份个数，最多可以设置 10 个备份。在【Time Interval】数值框中设置备份的时间间隔，用户可以根据设计时修改的频繁程度进行设置。这里我们设置备份文件的个数为 5 个，每个备份的时间间隔为 5 min。Protel 99 SE 系统默认的自动备份文件的个数为 3 个，备份的时间间隔为 30 min。

（5）选中【Use backup folder】复选框，单击右侧的 Browse... 按钮，选择备份文件存放的路径。如果该复选框没有被选中，则备份文件将被默认保存在与设计数据库相同的文件夹中。

（6）单击 OK 按钮，完成自动保存及备份参数的设置。

1.3.3　利用备份文件恢复设计

备份文件的后缀为“.bk*”，例如，PCB 文件“Power.Pcb”的自动备份文件是“Power_PCB.bk0”、“Power_PCB.bk1”、“Power_PCB.bk2”等；原理图文件“Input.Sch”的自动备份文件是“Input_Sch.bk0”、“Input_Sch.bk1”、“Input_Sch.bk2”等。

（1）打开需要执行恢复操作的文件所在的数据库。

（2）执行菜单命令【File】|【Import…】，打开【导入文件】对话框，如图 1-27 所示。通过设置的备份文件保存路径可以找到需要恢复的文件的备份文件。

（3）单击 打开(O) 按钮，即可将备份文件重新恢复至数据库中。

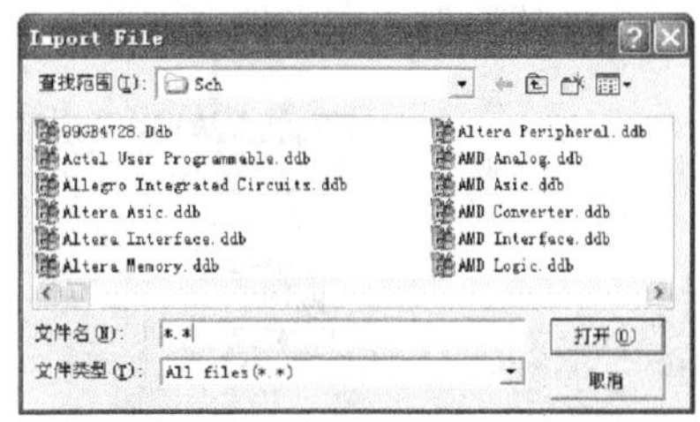

图 1-27 【导入文件】对话框

1.3.4　设计数据库的压缩和修复

在进行电路设计时，经常会对设计数据库中的文件进行创建、删除等操作，从而会在硬盘中形成大量的文件碎片，降低硬盘空间的使用效率。此外，一些不可预见的因素也会对设计数据库造成损坏，使工作前功尽弃。利用系统提供的数据库文件压缩工具和数据库文件修复工具可以解决以上问题。

（1）单击【Design Explorer】窗口左上角的按钮。

（2）在下拉菜单中选择【Design Utilities…】命令，打开【压缩设计数据库】对话框，如图 1-28 所示。

（3）在【Compact】选项卡中单击 Browse... 按钮，浏览并选择需要压缩的设计数据库文件，然后单击 Compact 按钮，对选定的数据库文件进行压缩。

（4）在【Repair】选项卡中单击 Browse... 按钮，浏览并选择需要修复的设计数据库文件，然后单击 Repair 按钮，即可完成对设计数据库的修复，如图 1-29 所示。

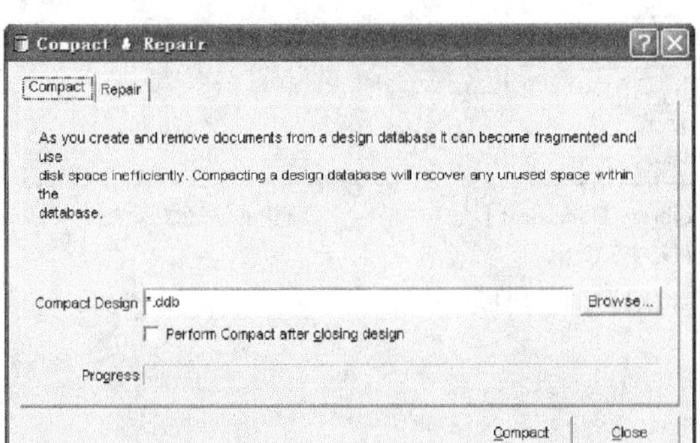

图 1-28 【压缩设计数据库】对话框

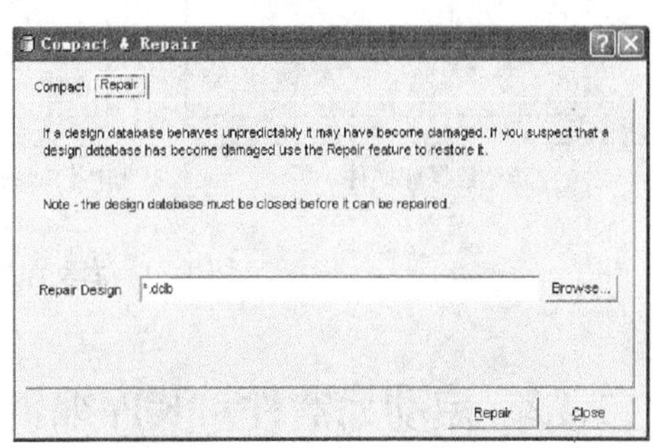

图 1-29 【修复设计数据库】对话框

1.4 动手练习

1.4.1 启动原理图库编辑器

当原理图设计过程中需要编辑或自己制作原理图符号时，就需要启动原理图库编辑器了。通过新建原理图库设计文件可以启动原理图库编辑器。

新建原理图库文件，如图 1-30 所示。

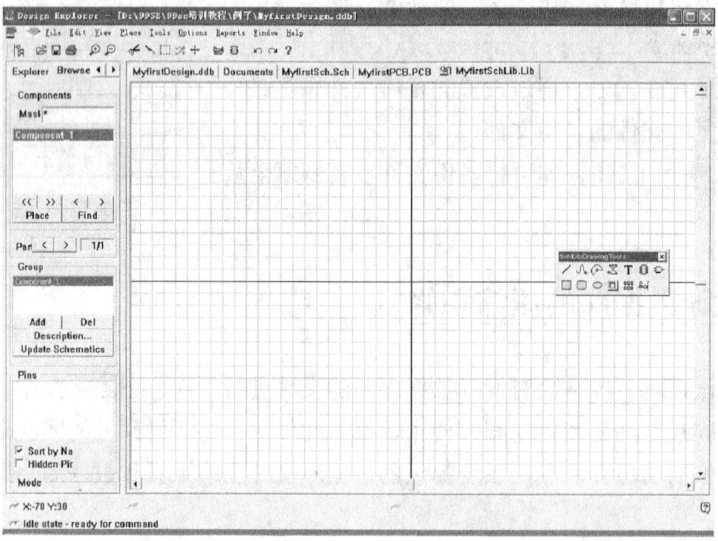

图 1-30 新建的原理图库文件

主要操作步骤如图 1-31 所示。

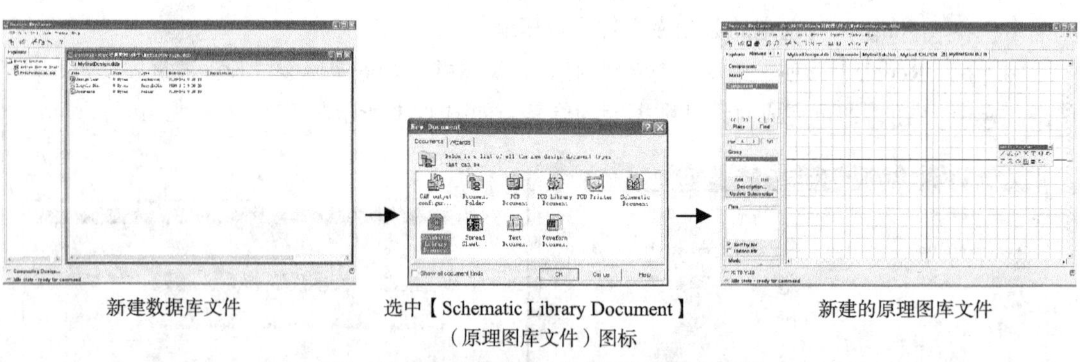

图 1-31 启动原理图库编辑器的主要操作步骤

1.4.2 启动元器件封装库编辑器

在电路板设计过程中，如果在系统提供的元器件封装库中找不到元器件封装，就需要自己制作元器件封装。元器件封装的制作是在元器件封装库编辑器中完成的。通过新建元器件封装库设计文件可以启动元器件封装库编辑器。

新建元器件封装库设计文件，如图 1-32 所示。

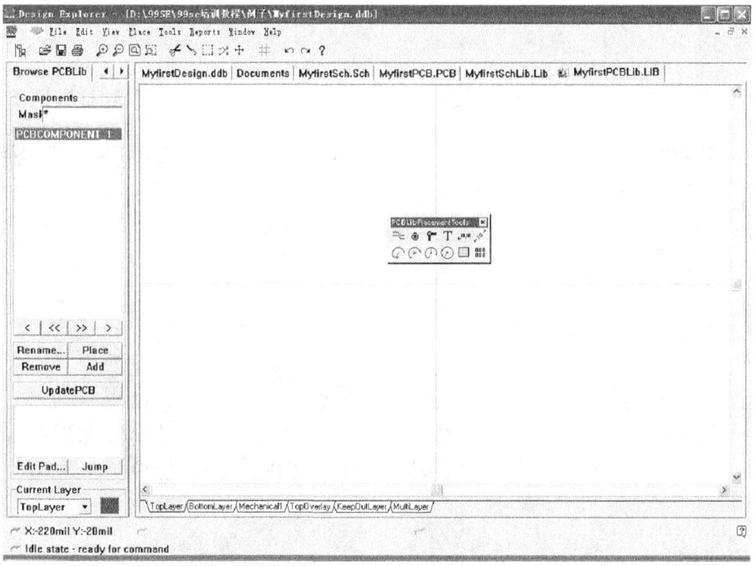

图 1-32　新建的元器件封装设计文件

主要操作步骤如图 1-33 所示。

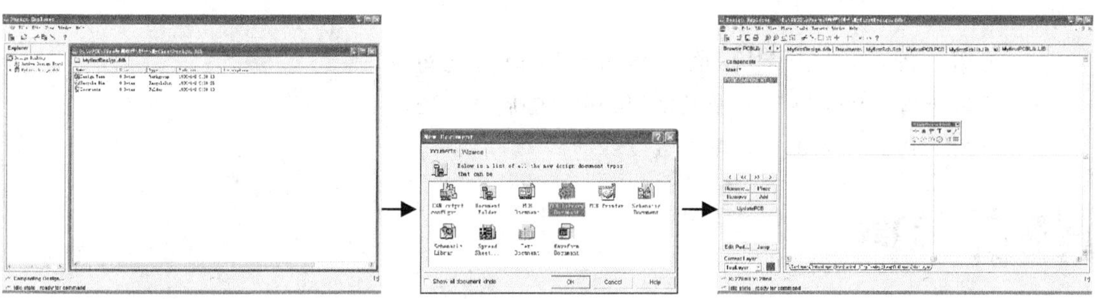

新建数据库文件　　选中【PCB Library Document】（封装库文件）图标　　新建的封装库文件

图 1-33　新建元器件封装库设计文件的主要操作步骤

1.4.3　快捷键的人性化设置

在 PCB 编辑器中，系统默认切换工作层面的快捷键为小键盘上的+键和-键。但是，对于使用笔记本电脑进行电路设计的用户来说却不是这样的，因为在笔记本电脑上没有设置小键盘，这样就使得工作层面的切换比较麻烦。

Protel 99 SE 支持用户编辑、创建自己的快捷键。为了解决上述问题，用户可以利用系统提供的编辑快捷键功能，对切换工作层面的快捷键进行重新设置。

设置 PCB 编辑器中切换工作层面的快捷键的主要操作步骤如图 1-34 所示。

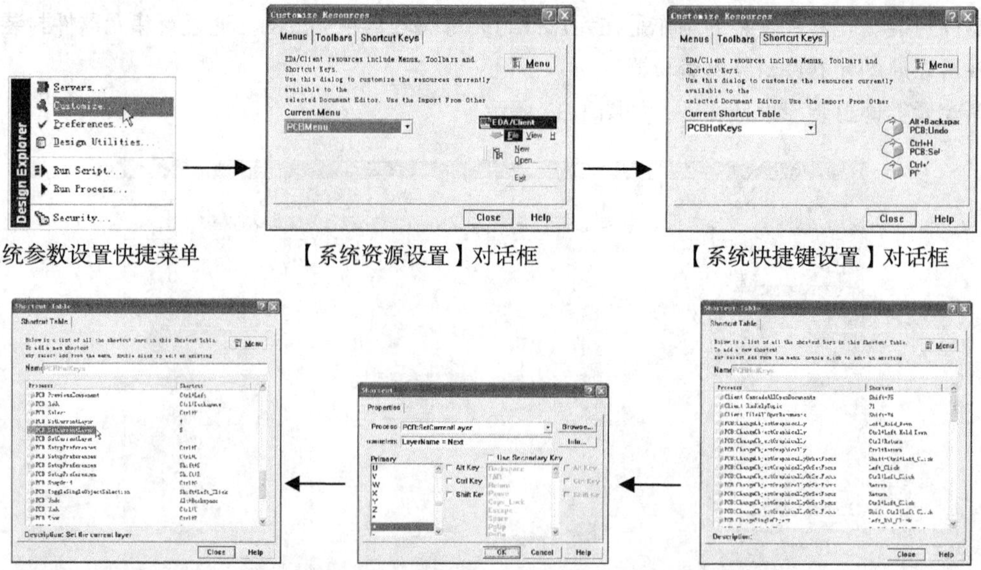

系统参数设置快捷菜单　【系统资源设置】对话框　【系统快捷键设置】对话框

切换工作层面快捷键的设定　【快捷键属性设置】对话框　【系统快捷键列表】对话框

图 1-34　设置 PCB 编辑器中切换工作层面的快捷键

1.5 小结

本章对 Protel 99 SE 软件进行了简单介绍，对系统字体、自动备份等实用设置进行了详细介绍。

- 介绍了 Protel 99 SE 常用的编辑器和常用编辑器之间的关系。
- 简单介绍了 Protel 99 SE 及其常用编辑器的启动方法。
- 介绍了 Protel 99 SE 的环境参数设置。

1.6 习题

1．填空题

Protel 99 SE 的状态栏位于窗口的________，其左边部分显示了________信息。

2．选择题

（1）Protel 99 SE 在初次启动时有以下（　　）菜单。

A．【File】　B．【View】　C．【Design】

（2）客户机（Client）/服务器（Server）的工作环境的好处在于（　　）。

A．节省空间　B．提高工作效率　C．降低电路设计难度

3．Protel 99 SE 中常用的编辑器有哪几个？它们之间的关系是什么？

4．试用 3 种不同的方法启动 Protel 99 SE。

5．在 Protel 99 SE 默认的路径下创建一个名为“My.ddb”的设计数据库文件，然后打开该数据库的“Documents”文件夹，在其中创建一个原理图文件和一个 PCB 文件。

6．如何在不同类型的编辑器或相同类型的不同文件之间进行切换？

第2章 原理图设计

电路板设计主要包括两个阶段：原理图设计和 PCB 设计。原理图设计是在原理图编辑器中完成的，PCB 设计是在 PCB 编辑器中进行的。只有在原理图设计完成并经过编译、修改无误之后，才能进行 PCB 设计。

原理图设计的任务是将电路设计人员的设计思路用规范的电路语言描述出来，为电路板的设计提供元器件封装和网络表连接。设计一张正确的原理图是完成具备指定功能的电路板设计的前提条件，原理图正确与否直接关系到电路板能否正常工作。本章将通过指示灯显示电路和单片机最小系统这两个实例，介绍原理图设计的方法和步骤。指示灯显示电路的原理图如图 2-1 所示。单片机最小系统的原理图如图 2-2 所示。

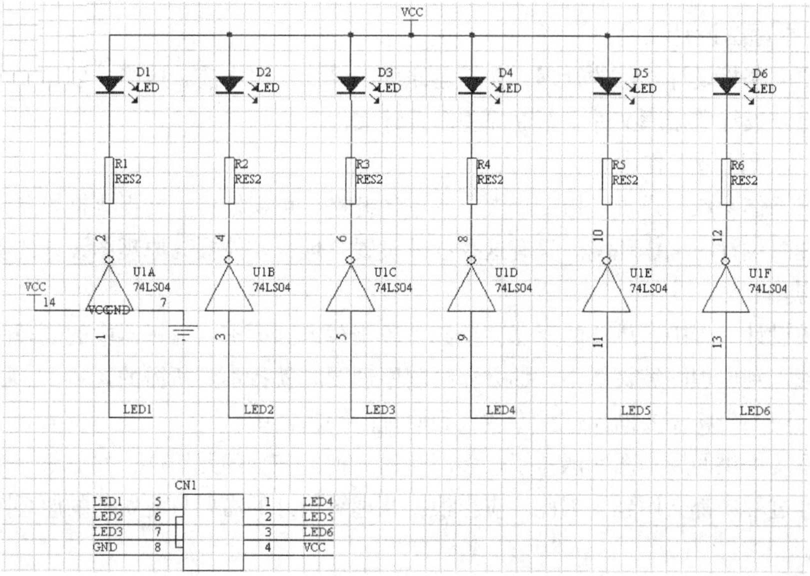

图 2-1 指示灯显示电路的原理图

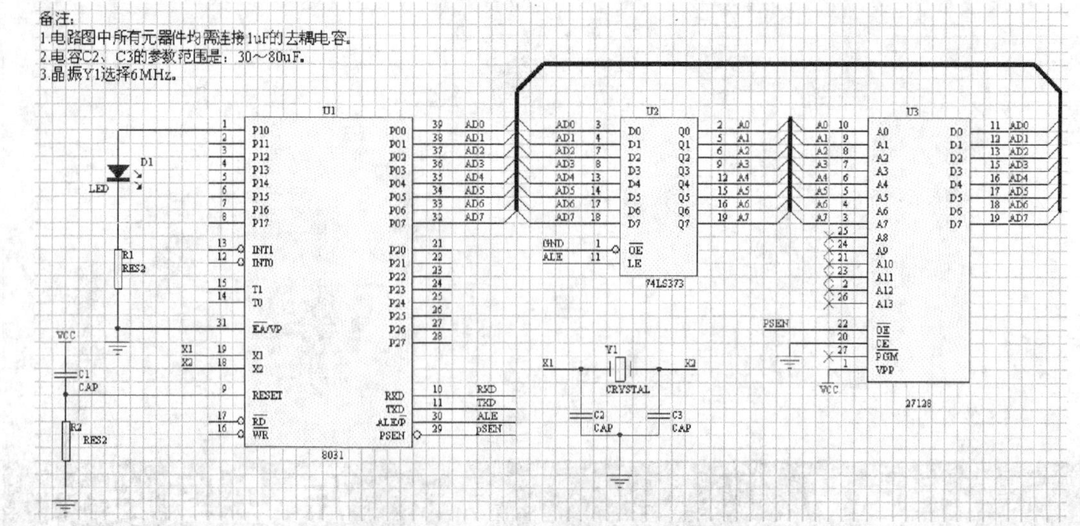

图 2-2　单片机最小系统的原理图

2.1 原理图设计基本流程

原理图设计的基本流程如图 2-3 所示。

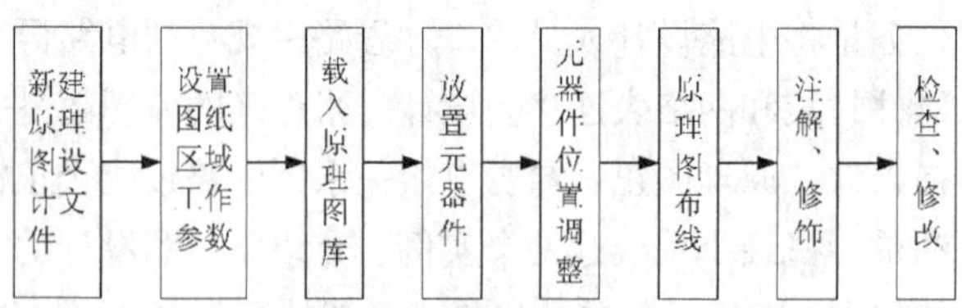

图 2-3　原理图设计的基本流程

1．新建原理图设计文件

为了方便电路板设计文件的管理，在新建原理图设计文件之前，应当先创建一个设计数据库文件，然后在该设计数据库文件下新建原理图设计文件。

2．设置图纸区域工作参数

图纸区域工作参数的设置是指图纸大小、电气栅格、可视栅格、捕捉栅格等参数的设置，它们构成了原理图设计的工作环境。只有这些参数设置合理，才能提高原理图设计的质量和效率。

3．载入原理图库

在原理图设计过程中，放置的元器件全部来源于载入到原理图编辑器中的原理图库。如果原理图库没有载入到原理图编辑器中，那么在绘制原理图时就找不到所需的元器件。因此，在绘制原理图之前，应当先将需要的原理图库载入到原理图编辑器中。

注意，系统提供的原理图库涵盖了众多厂商的、种类齐全的元器件，并非每一个原理图库在原理图的设计过程中都会用到。因此，应当根据原理图设计的需要只将所需的原理图库载入到原理图编辑器。

4．放置元器件并调整其位置

放置元器件是指从原理图库中选择所需的各种元器件，并将其逐一放置到原理图设计文件中，然后根据电气连接的设计要求和整齐美观的原则，调整元器件的位置。通常，在放置元器件的过程中，需要同时完成对元器件的编号、添加封装形式、定义元器件的显示状态等操作，为后面的电路板设计工作打好基础。

5．原理图布线

原理图布线是指在放置完元器件后，用具有电气意义的导线、网络标号、电源和接地符号以及端口等图件将元器件连接起来，使各元器件之间具有特定的电气连接关系，能够实现某一项电气功能的过程。

6．注解、修饰

在原理图设计基本完成之后，可以在原理图上做一些相应的说明、标注和修饰，以增强原理图的可读性和整齐美观。

7．检查、修改

完成原理图设计和调整后，可以利用 Protel 99 SE 提供的各种校验工具，根据设定规则对原理图设计进行检验，做进一步的调整和修改，以保证原理图的正确无误。

2.2 设置图纸区域工作参数

图纸区域工作参数的设置包括图纸选项和一些参数的设置。其中，与原理图设计关系最密切的参数包括图纸大小和方向、电气栅格、可视栅格、捕捉栅格等。本节将对这些参数的设置做详细的介绍。

2.2.1 定义图纸外观

设置图纸的外观参数可按照以下步骤进行操作。

（1）执行菜单命令【Design】|【Options…】，打开【Document Options】（文档选项）对话框，进入【图纸属性】对话框，如图 2-4 所示。

（2）设置图纸尺寸。将鼠标指针移至图 2-4 中的【Standard Style】（标准格式）选项，单击【Standard】选项后的▼按钮，在下拉菜单列表中选择【A4】，将图纸尺寸设置为 A4 大小，如图 2-5 所示。

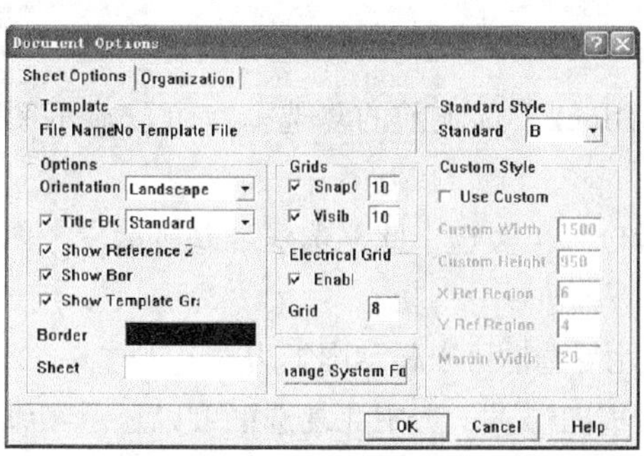

图 2-4 【图纸属性】对话框

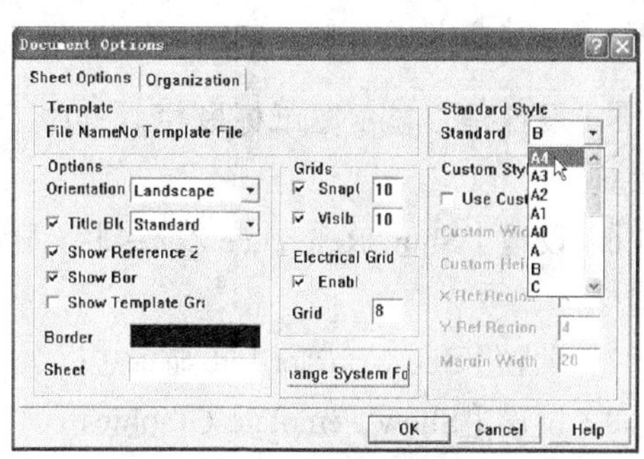

图 2-5　设置图纸尺寸

Protel 99 SE 提供的标准图纸有下列几种。

- 公制：A0、A1、A2、A3、A4。

- 英制：A、B、C、D、E。
- Orcad 图纸：OrcadA、OrcadB、OrcadC、OrcadD、OrcadE。
- 其他：Letter、Legal、Tabloid。

要点提示 一般情况下，如果原理图设计不是太复杂，就可以选择标准 A4 图纸。

（3）设置图纸方向。对图纸方向的设定是在图 2-5 的【Options】（选项）选项区域中完成的，该区域包括图纸方向的设定、标题栏的设定、边框底色的设定等几部分。单击【Orientation】（方向）选项右边的▾按钮，在下拉列表框中选择【Landscape】（水平）选项，将图纸的方向设置为水平，如图 2-6 所示。

Protel 99 SE 提供的图纸方向有以下两种。

【Landscape】（水平）：图纸水平横向放置。

【Portrait】（垂直）：图纸垂直纵向放置。

在进行电路图设计时，不一定要将图纸方向设定为水平，而应当根据图纸最终的布局来决定图纸的方向。两种方式的图纸外形如图 2-7 所示。

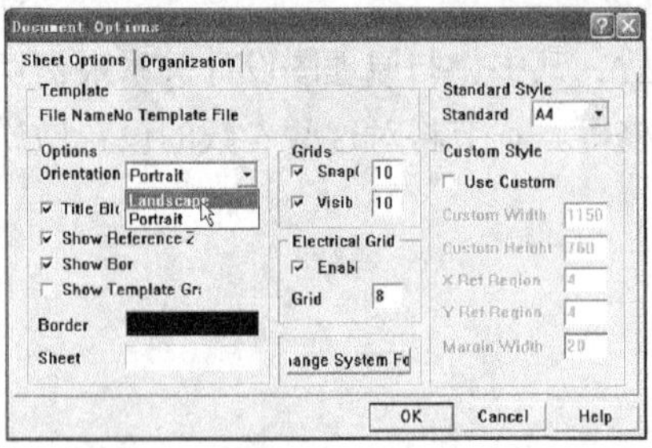

图 2-6　设定图纸方向

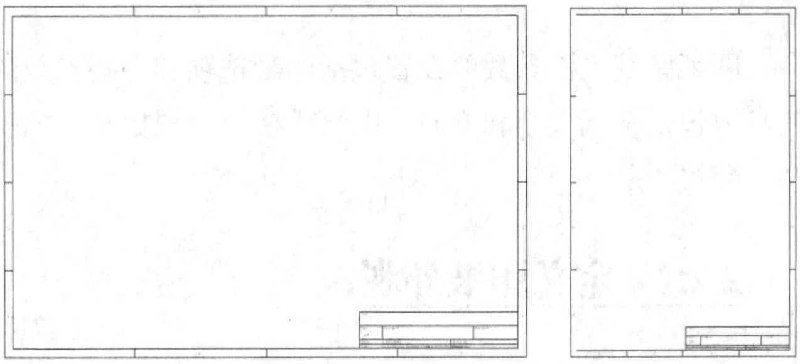

（a）水平方向　　（b）垂直方向

图 2-7　图纸的两种放置方向

（4）设置【Title Block】（标题栏）。单击【Title Block】选项右边的▾按钮，在下拉列表中选择【Standard】（标准型）选项，将图纸的标题栏设置为标准型，如图 2-8 所示。

要点提示 Protel 99 SE 提供的标题栏有【Standard】（标准型）和【ANSI】（美国国家标准协会）模式两种。

（5）设置是否显示图纸标题栏。选中【Title Block】选项前的复选框，可以显示图纸标题栏。

（6）设置【Show Reference Zones】（显示参考分区）。选中此复选框可以显示参考图纸的分区。

（7）设置【Show Border】（显示边框）。选中此复选框可以显示图纸边框。

（8）设置【Show Template Graphics】（显示模板图形）。选中此复选框可以显示图纸模板图形。

（9）设置【Border】（边框）。单击图 2-8 中【Border】选项后的颜色框，弹出如图 2-9 所示的【Choose Color】（选择颜色）对话框。

在图 2-9 中，用户可以根据自己绘制电路图的习惯选择一种颜色作为图纸的边框。在默认的情况下，图纸边框的颜色为黑色。

（10）设置【Sheet】（图纸）。此项可设置图纸工作区域的颜色。设置的方法同设置图纸边框颜色的方法一样。

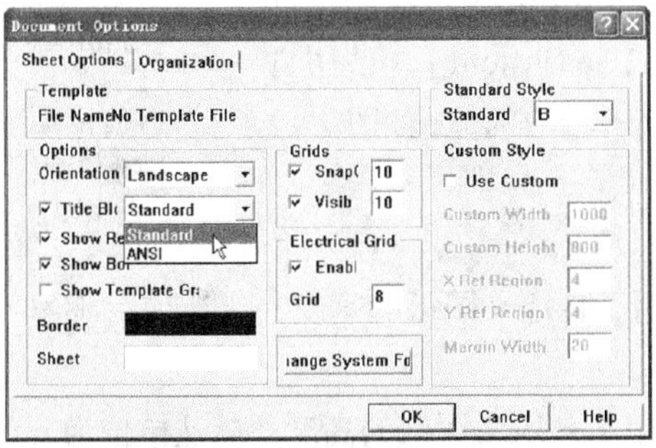

图 2-8　选择标题栏类型

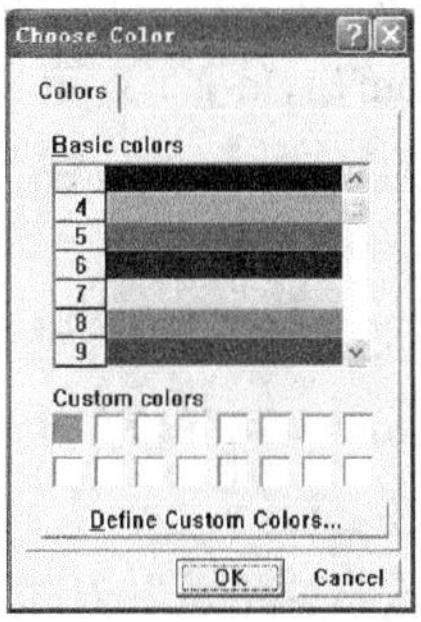

图 2-9 【选择颜色】对话框

2.2.2　设置栅格参数

栅格参数设置包括图纸栅格设置和电气栅格设置两部分。栅格参数设置的合理与否直接影响原理图设计的效率和质量。如果电气栅格与捕捉栅格相差太大，则在原理图设计过程中就不易捕捉到电气节点，便会极大地影响绘图效率。

1. 设置【Grids】(图纸栅格)

此项设置包括【SnapOn】（捕捉栅格）的设置和【Visible】（可视栅格）的设置两个部分，如图 2-10 所示。设置的方法是：首先选中相应的复选框，然后在后面的文本框中输入所要设置的值。本例中将两项的值均设置为“10”。

【SnapOn】：捕捉栅格。此项设置将影响到原理图设计过程中放置和拖动元器件和布线时鼠标指针在图纸上能够捕捉到的最小步长。系统默认的单位为 mil，即 1/1000 英寸。例如，将【SnapOn】设置为“20”，用鼠标拖动元器件时，元器件将以 20mil 为基本单位沿鼠标拖动方向移动。

【Visible】：可视栅格。用于设置图纸上实际显示的栅格的距离，系统默认的单位为 mil。

2. 设置【Electrical Grid】(电气栅格)

选中该项时，系统在放置导线时会以【Electrical Grid】栏中的设定值为半径，以鼠标箭头为圆心，向周围搜索电气节点。如果找到了此范围内最近的节点，就会把光标移至该节点上，并在该节点上显示出一个“×”。设置方法是：首先选中【Enable】前的复选框，然后在【Grid】（栅格间距）后的文本框中输入所要设置的值，如“8”，单位为 mil，如图 2-11 所示。

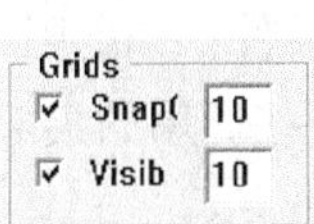

图 2-10　图纸栅格的设定

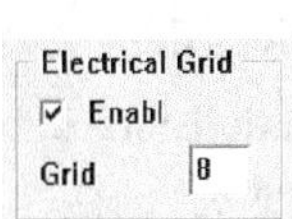

图 2-11　电气栅格设置

要点提示　电气栅格的大小应该略小于捕捉栅格的大小，只有这样才能准确地捕获元器件的电气节点。

2.2.3　自定义图纸外形

在绘制原理图的过程中，如果系统提供的图纸类型不能满足原理图设计的需要，则可以自定义图纸的外形。自定义图纸外形的方法是：选中【Custom Style】（自定义样式）选项区域中【Use Custom】（使用自定义）前的复选框，然后在各选项后的文本框中输入相应的值，如图 2-12 所示。

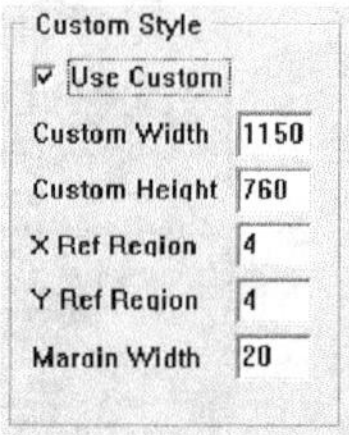

图 2-12　自定义图纸外形

自定义图纸外形对话框中各选项的意义如下。

【Custom Width】（自定义宽度）：该选项用于自定义图纸的宽度，默认单位为 mil。

【Custom Height】（自定义高度）：该选项用于自定义图纸的高度，默认单位为 mil。

【X Ref Region Count】（*x* 轴方向等分数目）：该选项用于定义 *x* 轴方向（水平方向）参考边框划分的等分个数。

【Y Ref Region Count】（*y* 轴方向等分数目）：该选项用于定义 *y* 轴方向（垂直方向）参考边框划分的等分个数。

【Margin Width】（边框宽度）：该选项用于定义图纸边框的宽度。

2.3　载入原理图库

在原理图设计中，元器件通常叫做原理图符号。原理图符号代表着实际元器件的引脚电气分布关系。为了方便原理图符号的管理，Protel 将所有的元器件按制造厂商和元器件的功能进行分类整理，将具有相同特性的原理图符号存放在一个文件中。原理图库文件就是存储原理图符号的文件。

Protel 99 SE 作为专业的计算机辅助电路板设计软件，常用元器件的原理图符号都可以在 Protel 99 SE 的原理图库中找到。用户在放置元器件时只需从原理图库中调用所需的原理图符号即可，而不需要逐个去制作原理图符号。在正式绘制原理图之前，应当先载入原理图库文件。

> **要点提示**　对于某个原理图设计，可能只需要几个原理图库就可以完成，只需把这几个原理图库载入到原理图编辑器即可，而不必载入所有的原理图库。这样做可以减轻系统运行负担，加快运行速度。

Protel 99 SE 提供的常用的原理图库文件有以下几种。

“Miscellaneous Devices.ddb”：该库文件包含常用的元器件，如电阻器、电容器和二极管等。

“Protel DOS Schematic Libraries.ddb”：该库文件包含一些通用的集成电路元器件，还包括了多个原理图库文件，如图 2-13 所示。

下面介绍在原理图编辑器中载入元器件的具体操作步骤。

（1）在原理图编辑器中，单击 Browse Sch 按钮，将原理图编辑器管理窗口切换到浏览原理图管理窗口。

（2）单击【Browse】选项区域中的▾按钮，在下拉列表中选择【Libraries】（原理图库文件），切换至浏览原理图库的状态。

（3）在原理图编辑器管理窗口中，单击 Add/Remove... 按钮，打开【Change Library File List】（变换库文件列表）对话框，如图 2-14 所示。

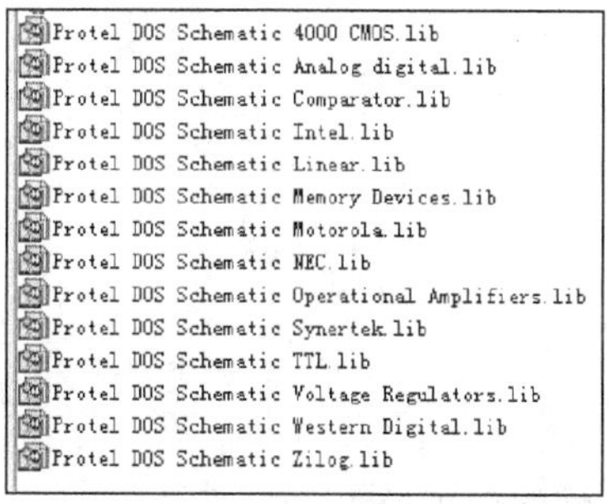

图 2-13　通用集成电路库文件

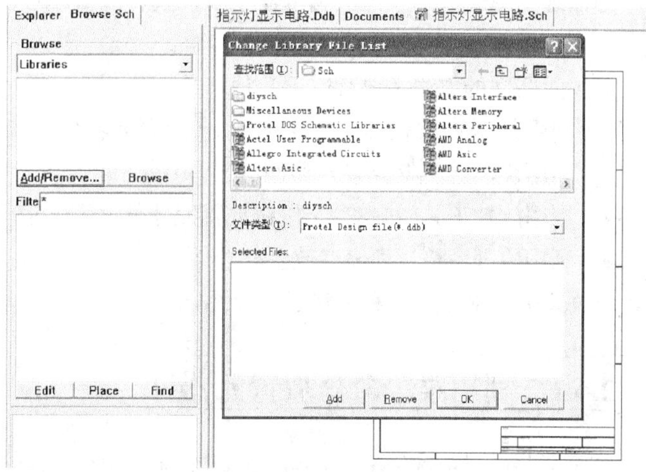

图 2-14　【变换库文件列表】对话框

（4）单击【查找范围】文本框后的 ▾ 按钮，将硬盘空间指向原理图库所在的位置。系统提供的原理图库文件在安装目录“...\Design Explorer 99 SE\Library\Sch\...”中。

（5）从系统提供的原理图库列表中分别选择原理图库文件“Miscellaneous Devices.ddb”和“Protel DOS Schematic Libraries.ddb”，单击 Add 按钮将这两个库文件添加到【Selected Files】（选中的原理图库文件）列表框中，如图 2-15 所示。

（6）单击 OK 按钮，结束添加库文件操作，则添加原理图库后的原理图管理窗口如图 2-16 所示。

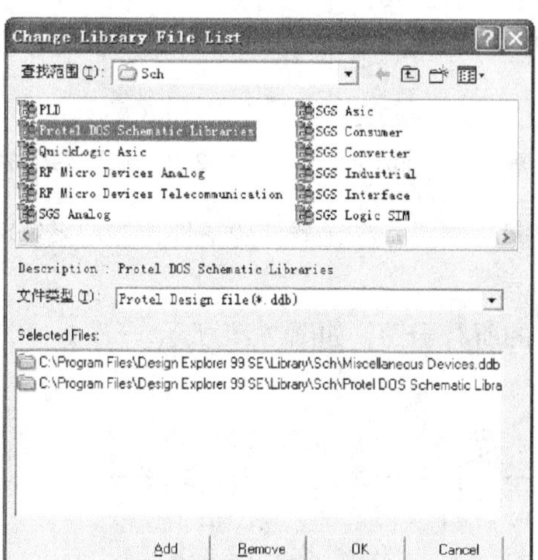

图 2-15　添加库文件

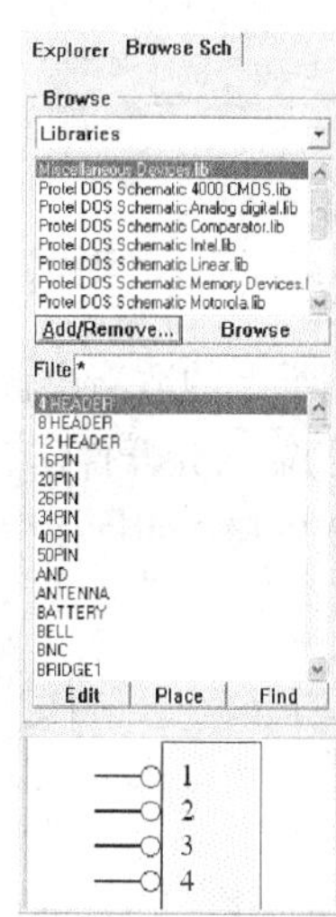

图 2-16　添加原理图库后的原理图管理窗口

要点提示　执行菜单命令【Design】|【Add/Remove Library】也可以进入载入原理图库文件对话框。

2.4 放置元器件

当原理图库载入到原理图编辑器中后，就可以从原理图库中调用元器件并把它们放置到图纸上了。

放置元器件的方法主要有以下几种。

- 利用菜单命令【Place】|【Part...】放置元器件。
- 利用快捷键P/P放置元器件。
- 利用放置工具栏中的 按钮放置元器件。
- 利用原理图符号列表栏放置元器件。

下面将分别对上述几种方法进行介绍。

2.4.1 利用菜单命令放置元器件

下面以放置元器件 74LS04 为例介绍利用菜单命令放置元器件的操作步骤。

（1）执行菜单命令【Place】|【Part...】，打开【Place Part】（放置元器件）对话框，如图 2-17 所示。

（2）在对话框中输入即将放置的原理图符号的【Lib Ref】（名称）、【Designator】（序号）和【Footprint】（元器件封装），如图 2-18 所示。

（3）单击 OK 按钮即可回到原理图工作窗口中，此时鼠标指针上就会“粘着”一个 74LS04 的子件，如图 2-19 所示。

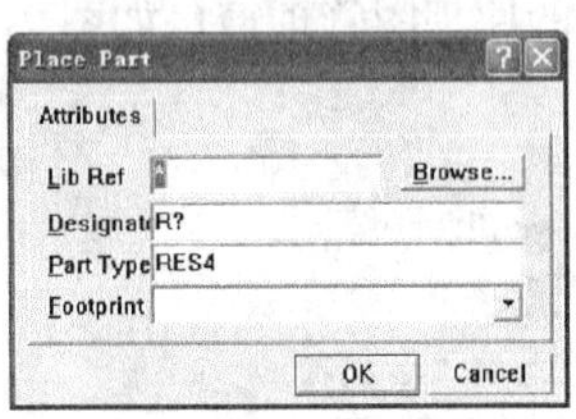

图 2-17 【放置元器件】对话框

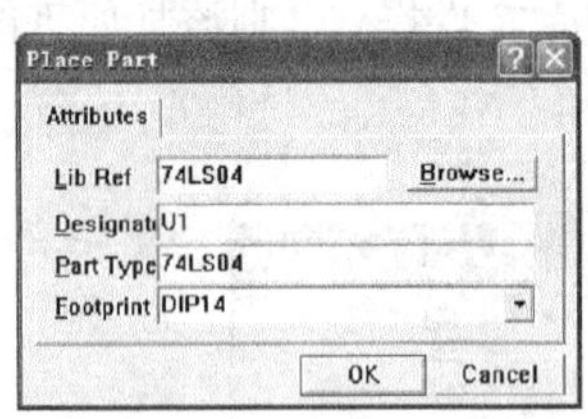

图 2-18 输入元器件信息

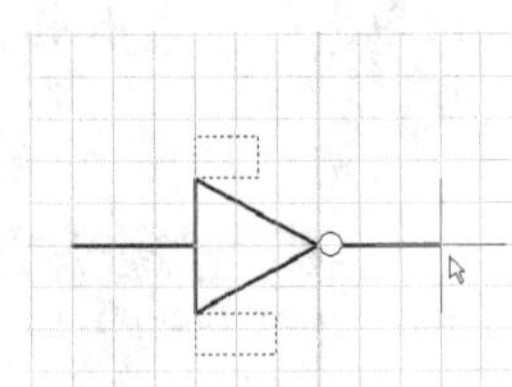

图 2-19 放置 74LS04 元器件的状态

（4）在图纸上的适当位置单击鼠标左键即可放置一个元器件的子件，然后系统将自动返回如图 2-18 所示的输入元器件信息对话框。

（5）重复步骤 4 的操作，放置该元器件的所有子件，如图 2-20 所示。

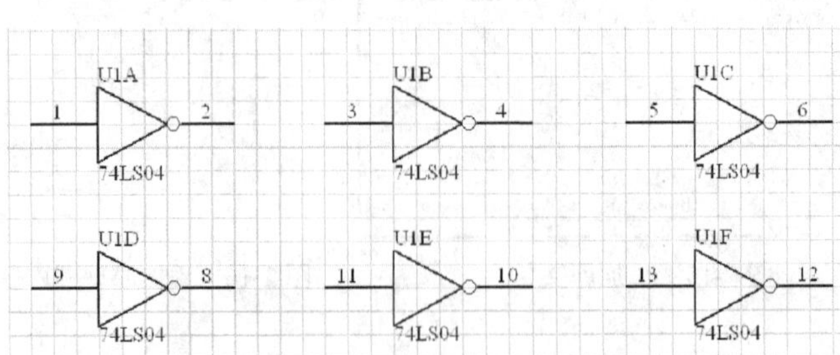

图 2-20 放置 74LS04 的结果

（6）此时系统仍处于放置元器件状态，在放置元器件对话框中单击 Cancel 按钮，即可退出放置元器件的命令状态。

2.4.2　利用快捷键 P/P 放置元器件

下面以放置二极管指示灯为例介绍利用快捷键 P/P 放置元器件的操作步骤。

（1）载入所需的原理图库。二极管指示灯在常用元器件库“Miscellaneous Devices.ddb”中。

（2）按快捷键 P/P，打开【放置元器件】对话框，在其中输入有关二极管的信息，如图 2-21 所示。

（3）利用快捷键 P/P 放置元器件的操作与利用菜单命令放置元器件的操作完全相同。放置好 6 个二极管的结果如图 2-22 所示。

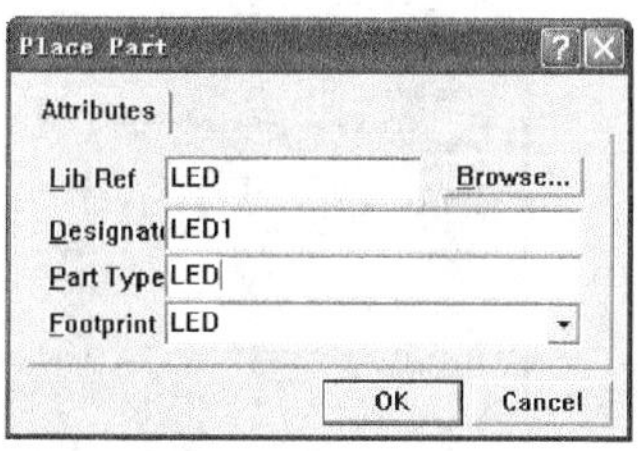

图 2-21 【放置元器件】对话框

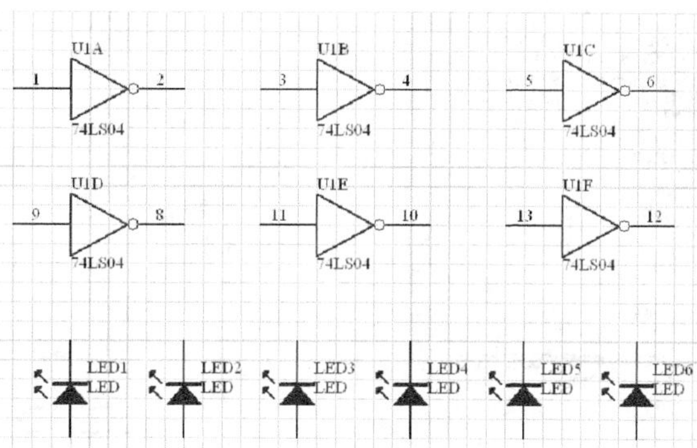

图 2-22　放置二极管的结果

2.4.3　利用放置工具栏中的按钮放置元器件

利用放置工具栏中的按钮也可以放置元器件。单击原理图编辑器放置工具栏中的按钮，即可打开【放置元器件】对话框，其后的操作与执行菜单命令放置元器件和利用快捷键放置元器件的操作完全相同。

2.4.4　利用原理图符号列表栏放置元器件

利用原理图编辑器管理窗口中的原理图符号列表栏也可以放置元器件，其步骤为先在原理图库文件中查找到需要放置的元器件，然后单击 Place 按钮将当前选中的元器件放置到原理图设计文件中。

下面以放置电阻器为例具体介绍利用原理图符号列表栏放置元器件的操作步骤。

（1）在原理图编辑器管理窗口的原理图库文件列表栏中选中电阻器所在的库文件，然后激活原理图符号列表栏。

（2）查找元器件。按 R/E/S 键，跳转到电阻器原理图符号处，如图 2-23 所示。

（3）拖动原理图符号列表栏右边的滚动条，选中“RES2”，单击 Place 按钮，然后将鼠标指针移动到图纸区域工作窗口中，将会有一个电阻器“粘”在鼠标指针上，如图 2-24 所示。

（4）当系统处于放置元器件的命令状态时，按 Tab 键，打开【Part】（元器件属性）对话框，如图 2-25 所示。

在该对话框中，可以设置元器件的序号、元器件封装等参数。本例将电阻器的序号设置为“R1”，元器件封装设置为“AXIAL0.4”。

（5）设置完电阻器的参数后，单击 OK 按钮，返回放置元器件的状态，在适当的位置单击鼠标左键即可在当前位置放置一个电阻器，此时系统仍然处于放置电阻器的命令状态，如图 2-26 所示。

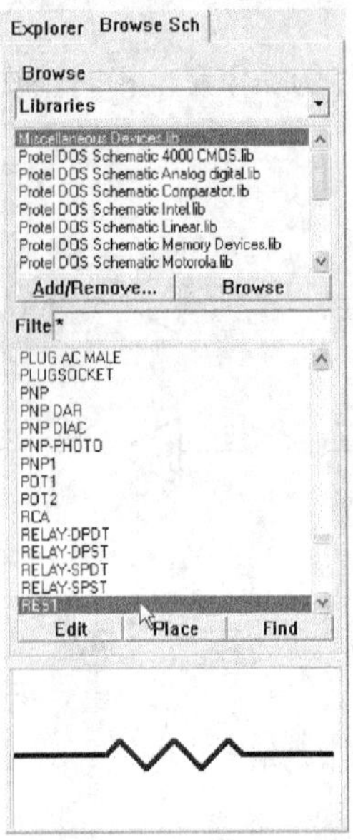

图 2-23　查找电阻元器件

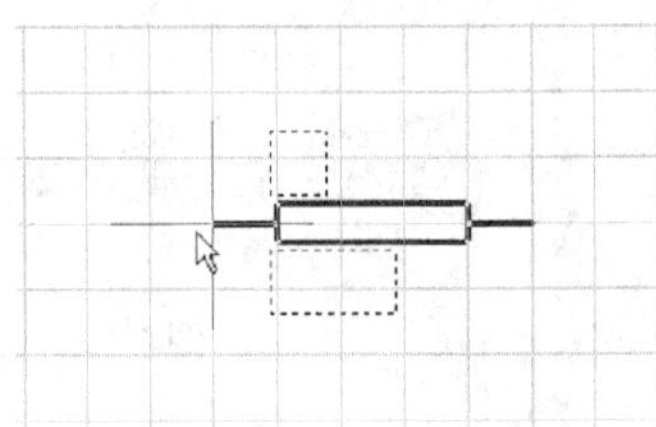

图 2-24　放置电阻元器件状态

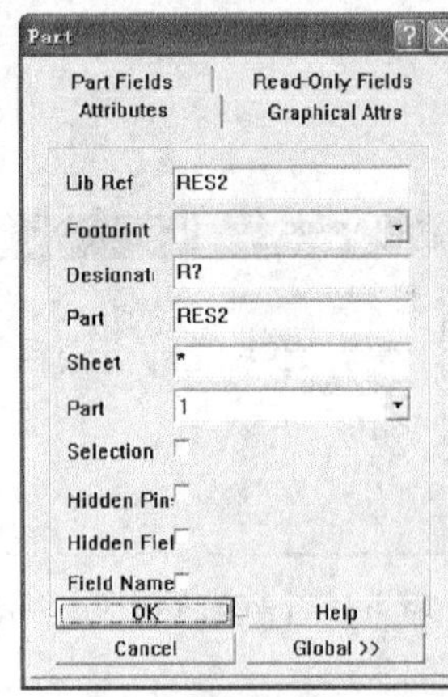

图 2-25 【元器件属性】对话框

（6）依次单击鼠标左键，再放置 5 个电阻，然后单击鼠标右键即可退出放置元器件的命令状态，放置好 6 个电阻的结果如图 2-27 所示。

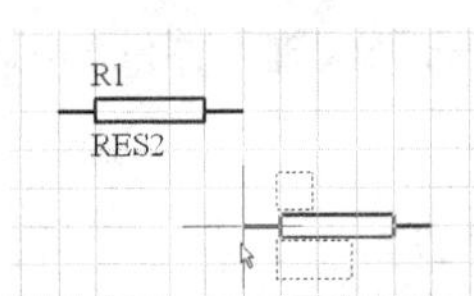

图 2-26　放置一个电阻器

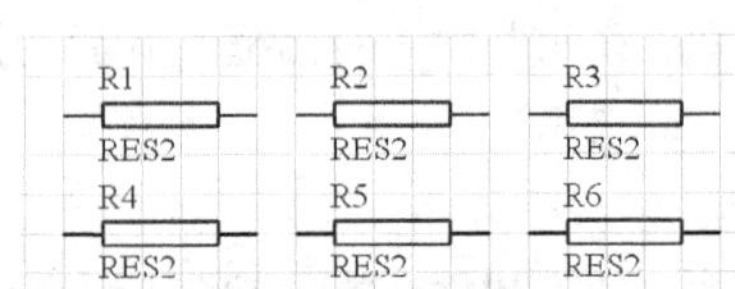

图 2-27　放置电阻器的结果

要点提示　在原理图编辑器中，连续放置同一类元器件时，元器件的序号会自动递增，这大大提高了放置元器件的效率。

2.4.5　删除元器件

在放置元器件的过程中，或者在放置完元器件后，用户如果觉得元器件的类型不相符或者数目过多，可以将这些元器件从原理图中删除。删除元器件时可以一次只删除一个元器件，也可以同时删除多个元器件。

删除一个元器件的基本操作步骤如下。

（1）执行菜单命令【Edit】|【Delete】。此外，也可以使用快捷键 E/D。

（2）当鼠标指针变为十字形状后，将其移到要删除的元器件上，单击鼠标左键即可将该元器件删除，如图 2-28 所示。

（3）此后，程序仍处于删除命令状态。重复第 2 步的操作可依次删除其他的元器件。单击鼠标右键或按 Esc 键即可退出删除命令状态。

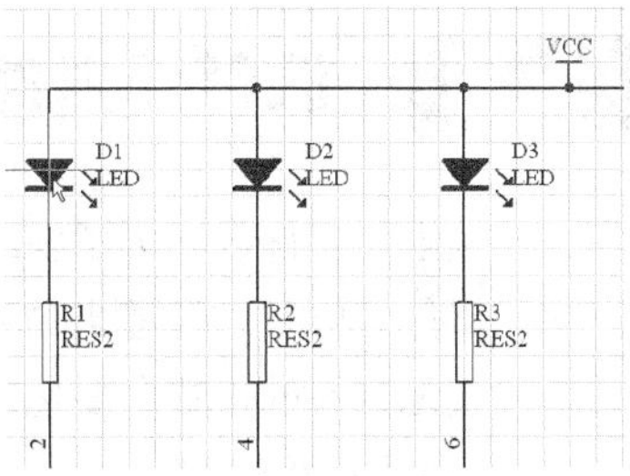

图 2-28　删除元器件

也可以先选中待删除的元器件，此时元器件的周围会出现虚线框，然后按 Del 键删除选中的元器件。在进行各种操作时，鼠标与键盘配合会简化操作步骤，提高工作效率。

如果想要一次删除多个元器件或图件，可按如下步骤进行操作。

（1）选中所要删除的多个元器件。在需要删除的元器件外的适当位置单击鼠标左键，然后按住鼠标左键不放并拖动鼠标，用拖出的虚线框选中所要删除的多个元器件，如图 2-29 所示。松开鼠标左键，选中需要删除的多个元器件，如图 2-30 所示。

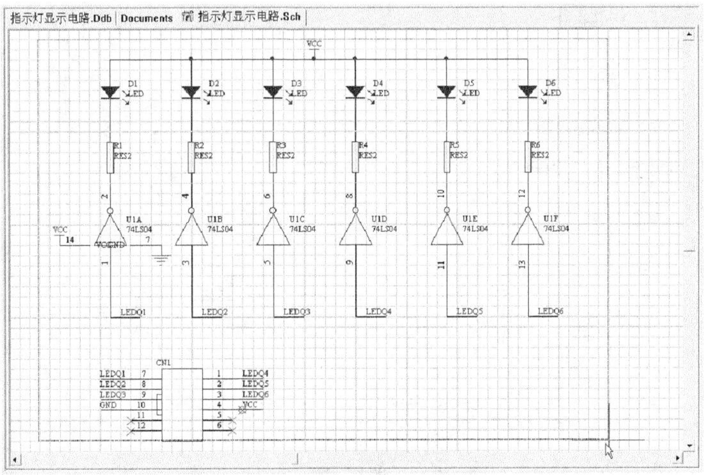

图 2-29　同时选择多个元器件

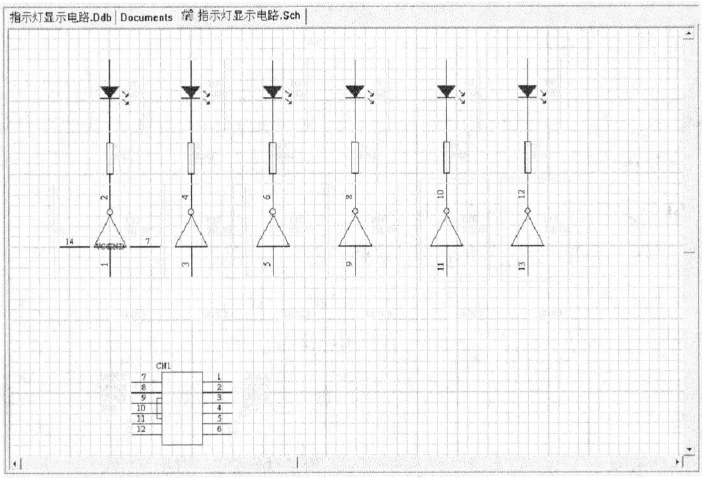

图 2-30　选中所要删除的多个元器件

（2）删除选中的元器件。执行菜单命令【Edit】|【Clear】，或直接在键盘上按 Ctrl+Del 组合键，即可删除选中的多个元器件。

2.5 调整元器件的位置

在放置元器件后，为了在绘制电路图时布线方便以及图纸的整齐和美观，用户还需要对图纸上的元器件的位置进行适当的调整。

调整元器件的位置主要包括以下几种方式。

- 移动元器件。
- 旋转和翻转元器件。
- 排列和对齐元器件。

下面以图 2-31 所示的元器件为例，介绍调整元器件位置的详细操作步骤。

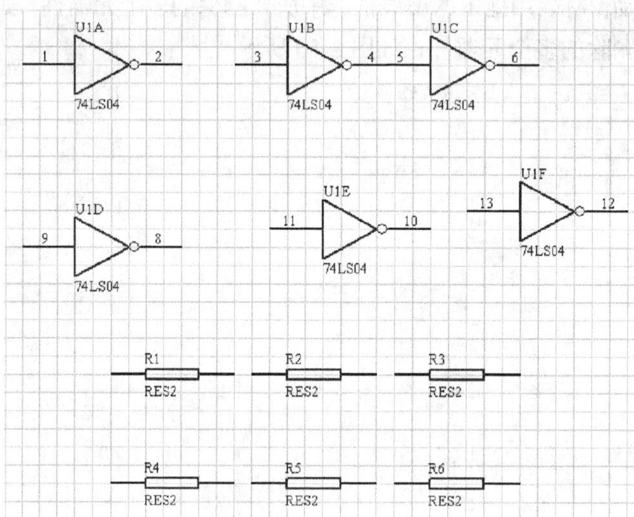

图 2-31 调整元器件的位置

2.5.1 元器件的移动

与删除元器件一样，移动元器件也可分为移动单个元器件和同时移动多个元器件。

1. 移动单个元器件

下面介绍移动单个元器件的具体操作步骤。

（1）选中图 2-31 中下半部分左上角的电阻器，将鼠标指针移到电阻器上，按住鼠标左键不放，此时在电阻器上出现以鼠标指针为中心的十字光标，这样便选中了该电阻器，如图 2-32 所示。

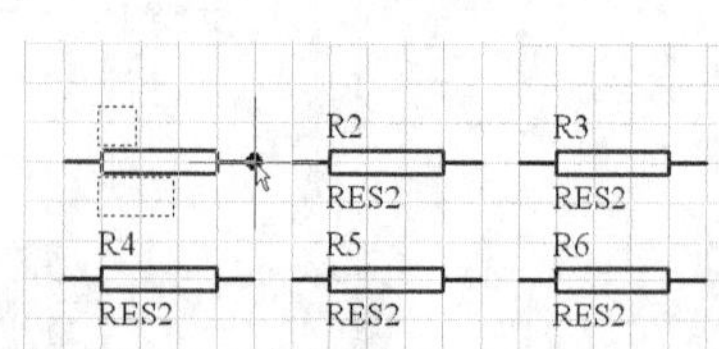

图 2-32 选中所要移动的电阻器

（2）移动元器件。

① 按住鼠标左键不放，移动鼠标指针，元器件的虚框轮

廓会随鼠标指针的移动而移动。

② 在适当的位置松开鼠标左键即可完成单个元器件的移动。注意，在移动的过程中必须按住鼠标左键不放。

移动单个元器件还可以按照以下的步骤进行操作。

（1）执行菜单命令【Edit】|【Move】|【Move】，出现十字光标。

（2）将光标移到元器件上后，单击鼠标左键即可选中该元器件，并且该元器件就好像“粘”在鼠标指针上一样。

（3）移动元器件（此过程不必按住鼠标左键不放），在合适的位置单击鼠标左键即可完成移动。此时系统仍处于移动命令状态，可继续移动其他元器件，直到单击鼠标右键或按 Esc 键取消命令为止。

要点提示　移动其他图件如导线、标注文字等的操作与此相同。

2．同时移动多个元器件

除了移动单个元器件外，还可以一次移动多个元器件，具体操作步骤如下。

（1）同时选中多个元器件。选中多个元器件的方法有两种。

- 同时选中多个元器件。对于规则的选中区域，这种方法非常方便。按住鼠标左键不放，在工作区内移动鼠标拖出一个适当的虚线框将要选择的所有元器件包含在内，然后松开左键，即可选中虚线框内的所有元器件或图件。
- 逐个选取多个元器件。这种方法主要适合不规则的选中区域。执行菜单命令【Edit】|【Toggle Selection】，出现十字光标后，依次将鼠标指针移到所要选中的元器件上并单击鼠标左键，即可逐个选中元器件。在该命令状态下，操作可执行多次，直至单击鼠标右键或按 Esc 键取消命令为止。

要点提示　执行菜单命令【Edit】|【Toggle Selection】选取图件具有开关特性。执行菜单命令【Edit】|【Toggle Selection】之后，将鼠标指针移到所要选中的元器件上，第 1 次单击鼠标左键可选中该元器件，如果再次单击鼠标左键则可取消元器件的选中状态。

（2）移动选中的元器件。

① 选中多个元器件后，将鼠标指针放到选中元器件组中的任意一个元器件上，按住鼠标左键不放，此时鼠标指针变成十字光标，如图 2-33 所示。

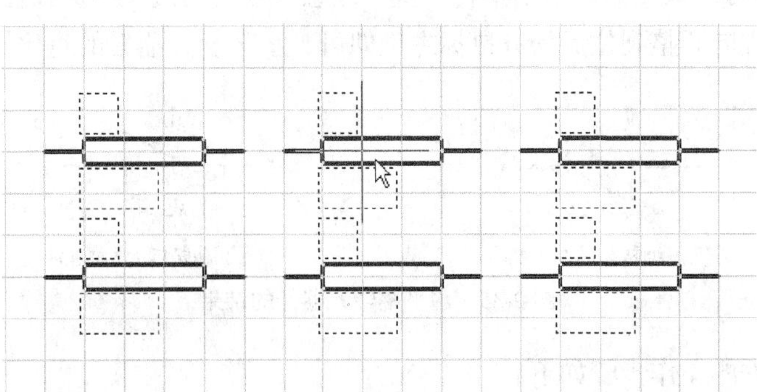

图 2-33　同时移动多个元器件

② 按住鼠标左键不放并移动被选中的元器件组到适当的位置，然后松开鼠标左键，元器件组便被放置在了适当的位置。

移动被选中的元器件还可以通过执行菜单命令【Edit】|【Move】|【Move Selection】来实现，出现十字光标后，单击被选中的元器件，移动鼠标即可将它们移动到适当的位置，然后再单击鼠标左键确认即可。此过程中不必按住鼠标左键不放。

2.5.2 元器件的旋转和翻转

为了方便布线，有时还要对元器件进行旋转和翻转。

旋转元器件时主要利用以下快捷键。

- Space 键（空格键）：使元器件旋转。每按一次 Space 键，被选中的元器件逆时针旋转 90°。
- X 键：使元器件水平翻转。每按一次 X 键，被选中的元器件左右对调一次。
- Y 键：使元器件上下翻转。每按一次 Y 键，被选中的元器件上下对调一次。

下面以 74LS04 为例介绍元器件的旋转和翻转操作。

旋转元器件的具体操作步骤如下。

（1）将鼠标指针移到元器件 74LS04 上并按住鼠标左键不放，选中该元器件。

（2）按 Space 键即可将该元器件沿逆时针方向旋转 90°。注意，旋转过程中应按住鼠标左键不放。

（3）将元器件方向调整到位后松开鼠标左键即可，旋转前后的结果如图 2-34 所示。

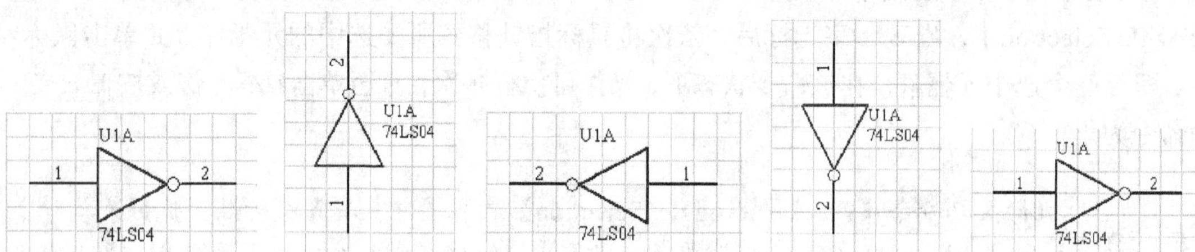

（a）原始位置　（b）旋转 90°　（c）旋转 180°　（d）旋转 270°　（e）旋转 360°

图 2-34　旋转元器件的结果

水平翻转元器件的具体操作步骤如下。

（1）将鼠标移到元器件 74LS04 上并按住鼠标左键不放，选中该元器件。

（2）按 X 键即可将该元器件水平翻转一次。注意，翻转的过程中应按住鼠标左键不放。

（3）将元器件方向调整到位后松开鼠标左键即可，水平翻转前后的对比结果如图 2-35 所示。

（a）翻转前的 74LS04　（b）翻转后的 74LS04

图 2-35　水平翻转元器件的结果

上下翻转元器件的操作步骤如下。

（1）将鼠标移到元器件 74LS04 上并按住鼠标左键不放，选中该元器件。

（2）按 Y 键即可将该元器件上下翻转一次。注意，翻转的过程中应按住鼠标左键不放。

（3）将元器件方向调整到位后松开鼠标左键即可，上下翻转前后的对比结果如图 2-36 所示。

（a）翻转前的 74LS04　　（b）翻转后的 74LS04

图 2-36　上下翻转元器件的结果

2.5.3　图件的排列和对齐

在大多数场合下，整齐总是能够给人以美的感觉，原理图也是如此。为了绘制出精美的原理图，应该注意原理图上元器件的排列和对齐。

如果仅依靠手动进行排列对齐，工作效率太低，而且效果也不十分令人满意。Protel 99 SE 提供了一系列排列和对齐的工具，用户可以方便地利用其进行整理工作。

在 Protel 99 SE 中，元器件排列和对齐的方式有左对齐（Align Left）、右对齐（Align Right）、水平中心对齐（Center Horizontal）、顶端对齐（Align Top）、底端对齐（Align Bottom）、垂直中心对齐（Center Vertical）、水平均布（Distribute Horizontally）和垂直均布（Distribute Vertically）8 种方式。相应的命令均在菜单【Edit】|【Align】中，如图 2-37 所示。

为了方便叙述，我们以图 2-38 所示的图形为例来介绍上述 8 种排列元器件的效果，如表 2-1 所示。

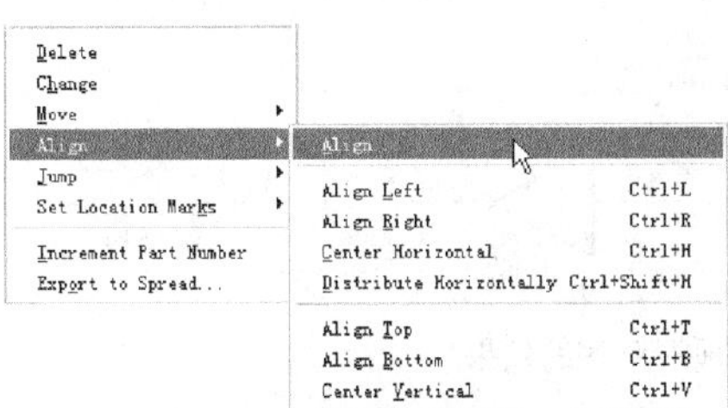

图 2-37　排列和对齐元器件的菜单命令

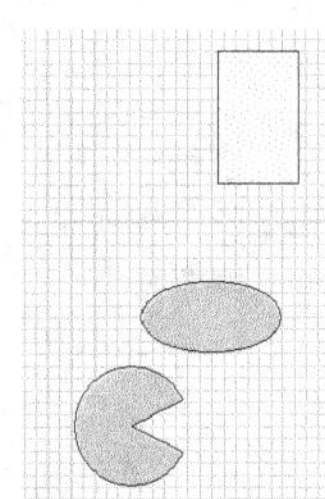

图 2-38　排列和对齐元器件实例

表 2-1　　排列和对齐元器件的效果

左对齐	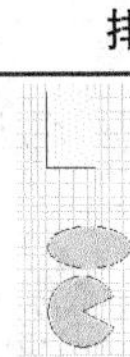	顶端对齐	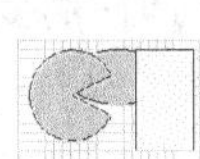
右对齐	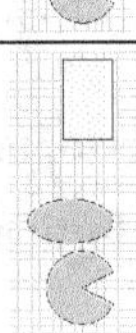	底端对齐	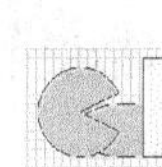

续表

水平中心对齐	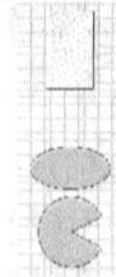	垂直中心对齐	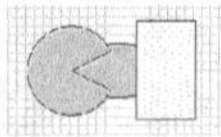
水平均布	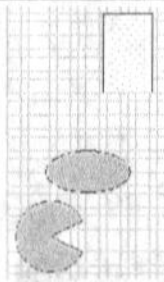	垂直均布	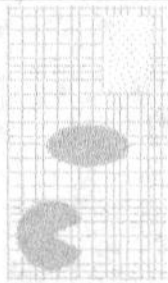

下面以顶端对齐为例介绍元器件排列和对齐的操作步骤。

（1）在原理图编辑器图纸区域工作窗口中重新放置 74LS04 的 4 个子件，如图 2-39 所示。

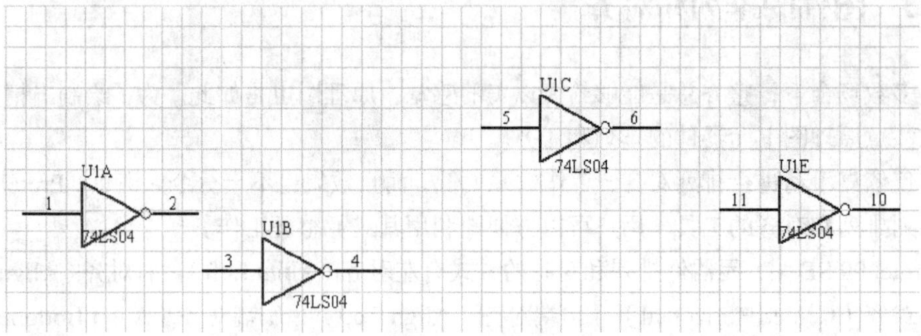

图 2-39 放置好的元器件

（2）选中图 2-39 中的元器件。

（3）执行菜单命令【Edit】|【Align】|【Align Top】，使处于选中状态的元器件顶端对齐，结果如图 2-40 所示。所有元器件最顶端的点均在同一条水平直线上。

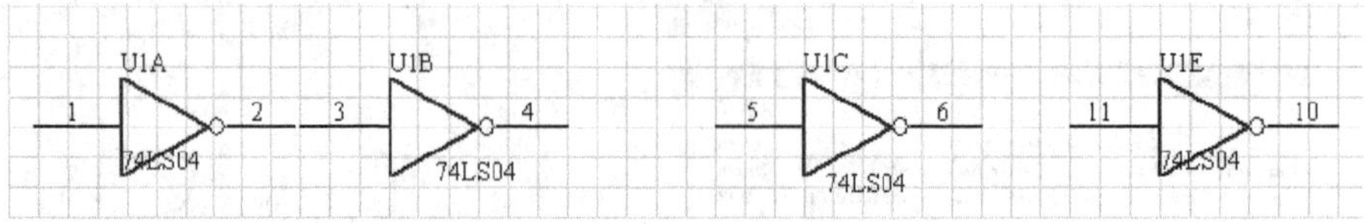

图 2-40 元器件顶端对齐的效果

从图 2-40 顶端对齐的效果来看，虽然元器件在顶端对齐了，但是在水平方向上分布不均匀。为了使元器件既在顶端对齐，又在水平方向上均匀分布，可以按下面的步骤进行操作。

（1）选择需要进行排列或匀布的元器件。本例选中图 2-38 所示的图件，对其进行重新排列。

（2）执行菜单命令【Edit】|【Align】|【Align…】，打开【Align objects】（排列元器件）对话框，如图 2-41 所示。

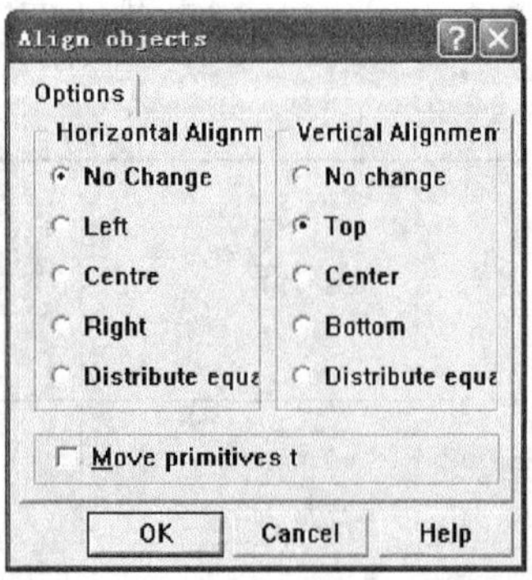

图 2-41 【排列元器件】对话框

在该对话框中，左边的选项区域是水平排列选项（Horizontal Alignment），右边的选项区域是垂直排列选项（Vertical Alignment），其中各项的意义如表 2-2 所示。

表 2-2　　各水平排列选项和垂直排列选项的意义

水平排列选项		垂直排列选项	
选项名称	意义	选项名称	意义
No Change	位置不变	No change	位置不变
Left	全部靠左对齐	Top	全部顶端对齐
Center	全部靠中间对齐	Center	全部靠中间对齐
Right	全部靠右对齐	Bottom	全部底端对齐
Distribute equally	平均分布	Distribute equally	平均分布

（3）设置排列元器件选项。选中水平排列选项区域中的【Distribute equally】项以及垂直排列选项区域中的【Top】项，目的是使 4 个元器件在水平方向上均匀分布，而在垂直方向上顶端对齐。设置完成后，单击 OK 按钮确定。排列的结果如图 2-42 所示。

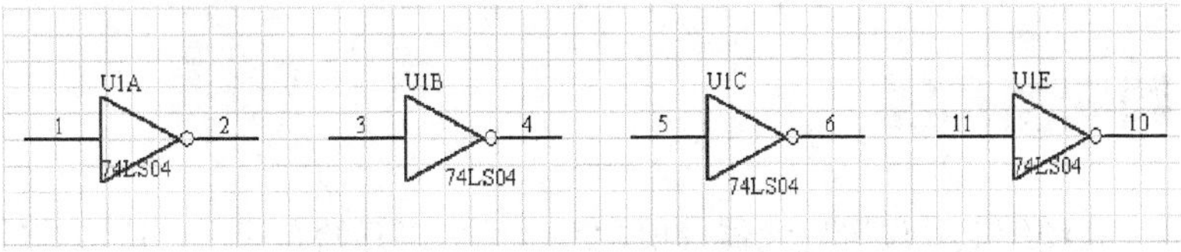

图 2-42　完成排列后的图件

只要在图 2-41 所示的对话框中选择不同的组合方式，就可以对所选中的一组元器件实现不同的组合排列对齐。

2.6 编辑元器件属性

元器件的属性主要包括元器件的序号、封装形式以及元器件参数等。

编辑元器件属性可以在放置元器件的过程中，通过按 Tab 键来激活元器件属性对话框，也可以在调整好元器件位置后，通过双击元器件打开元器件属性对话框。

下面介绍调整好元器件位置后，打开元器件属性对话框对其属性进行编辑的操作。

（1）首先在原理图编辑器中载入名称为“Miscellaneous Devices.ddb”的原理图库。

（2）在该库文件中查找名称为“ZENER2”的稳压管，然后将其放置到图纸中，如图 2-43 所示。

（3）用鼠标左键双击稳压管，打开【元器件属性】对话框，如图 2-44 所示。

（4）单击 Attributes 标签，打开【元器件属性】选项卡，然后根据要求在该选项卡中设置元器件的各种属性。

- 【Lib Ref】（元器件名称）：元器件在原理图库中的名称（一般情况下不允许修改）。
- 【Footprint】（元器件封装）：由于该稳压管在元器件封装库中的封装名称为“DIODE0.4”，因此本例中将其设置为“DIODE0.4”。
- 【Designator】（元器件序号）：本例中设置为“Z1”。
- 其他选项采用系统默认的设置。

其中，最关键的是【Footprint】选项的设置。元器件封装的设置正确与否，直接关系着在原理图向 PCB 设计转化过程中元器件和网络表能否成功地载入 PCB 编辑器。

（5）设置完成后的【元器件属性】对话框如图 2-45 所示，单击 OK 按钮确认即可。

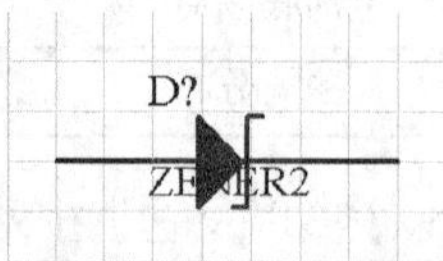

图 2-43　放置一个稳压管

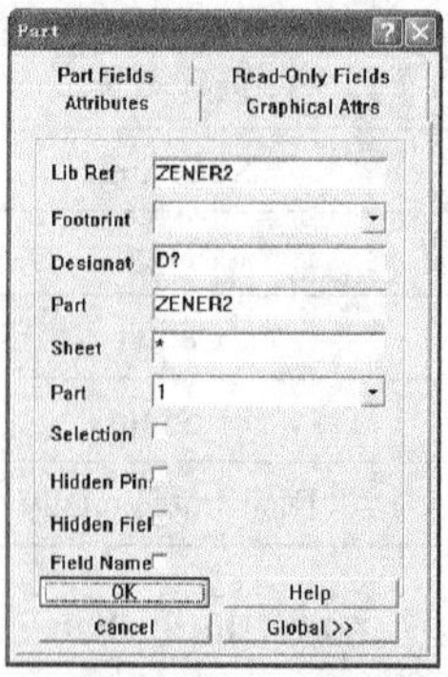

图 2-44【元器件属性】对话框

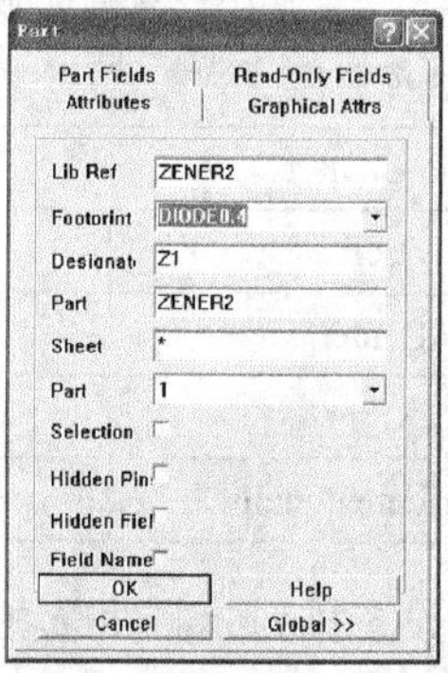

图 2-45　设置完成后的【元器件属性】对话框

此外，利用菜单命令【Edit】|【Change】也可以对元器件属性进行编辑。

2.7 原理图布线

将元器件放置在图纸上并设置好元器件属性后，就可以开始布线了。所谓布线，就是用具有电气连接的导线、网络标号、输入/输出端口等将放置好的各个相互独立的元器件按照设计要求连接起来，从而建立电气连接的过程。

对电路原理图进行布线的方法主要有 3 种。

- 利用布线工具栏（Wiring Tools）进行布线。
- 利用菜单命令进行布线。
- 利用快捷键进行布线。

在上述 3 种布线方法中，利用布线工具栏布线最为常用。因此，在介绍原理图布线操作之前，首先来介绍一下布线工具栏的使用方法。

2.7.1 原理图布线工具栏

原理图布线工具栏如图 2-46 所示，用鼠标左键单击布线工具栏上的各个按钮，即可选择相应的布线工具进行布线。

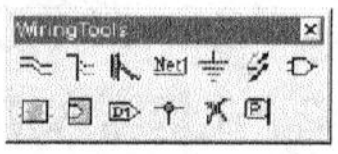

图 2-46　原理图布线工具栏

原理图布线工具栏各个按钮的功能如表 2-3 所示。

表 2-3　原理图布线工具栏

按钮	功能	按钮	功能
	放置导线		制作方块电路盘
	放置总线		制作方块电路盘输入/输出端口
	放置总线分支线	D1	制作电路输入/输出端口
Net1	放置网络标号		放置电路节点
	放置电源及接地符号		设置忽略电气法则测试
	放置元器件	P	设置 PCB 布线规则

下面将对上述布线工具栏中的常用工具进行详细的介绍。

1．放置导线

下面以发光二极管、电阻器及驱动电路之间的布线为例，介绍放置导线的有关操作。图 2-47 所示为放置好元器件的电路图。

（1）单击布线工具栏中的≈按钮，执行放置导线的命令，此时鼠标指针变成十字光标。

（2）将出现的十字光标移到二极管的引脚上，单击鼠标左键确定导线的起始点，如图 2-48 所示。

> **要点提示** 在放置导线时，导线的起始点一定要设置在元器件的引脚上，否则导线与元器件将不能形成电气连接关系，在图 2-48 中鼠标指针处出现的小圆点标志，就是当前系统捕获的电气节点，此时放置的导线将以此为起点。

（3）确定导线的起始点后，移动鼠标开始放置导线。将导线随光标拖动到电阻器 R_1 上方的引脚上，单击鼠标左键确定该段导线的终点，如图 2-49 所示。同样，导线的终点也一定要设置在元器件的引脚上。

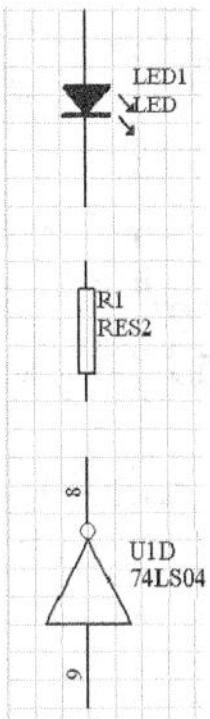

图 2-47　放置好元器件的电路图

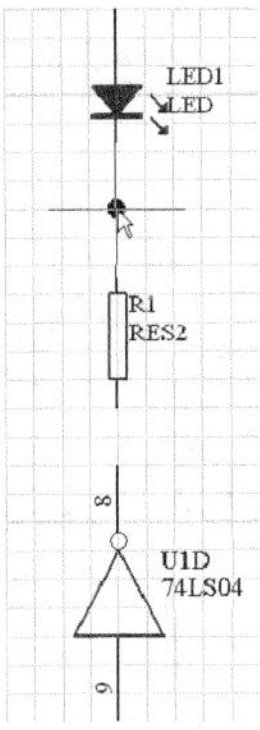

图 2-48　确定导线起始点

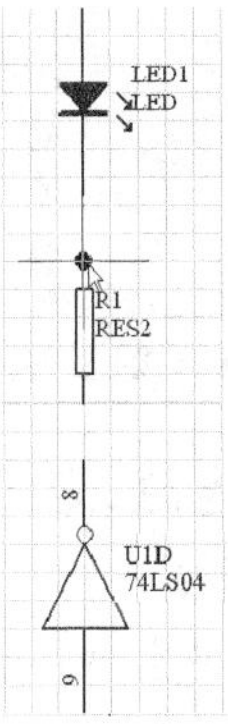

图 2-49　确定导线终点

（4）单击鼠标右键或按 Esc 键，即可完成一条导线的绘制。此时，系统仍处于放置导线的命令状态。重复上述步骤可继续放置其他的导线。

（5）放置一段折线。执行放置导线的命令，首先确定导线的起点，然后移动鼠标开始放置导线，在适当的位置单击鼠标左键确定折线的拐点，改变导线的方向，如图 2-50 所示。在适当位置单击鼠标左键确定导线的终点。

（6）导线绘制完毕后，单击鼠标右键或按 Esc 键即可退出放置导线的命令状态。

此外，在放置导线的过程中，按 Tab 键可打开【Wire】（导线属性）对话框，如图 2-51 所示。

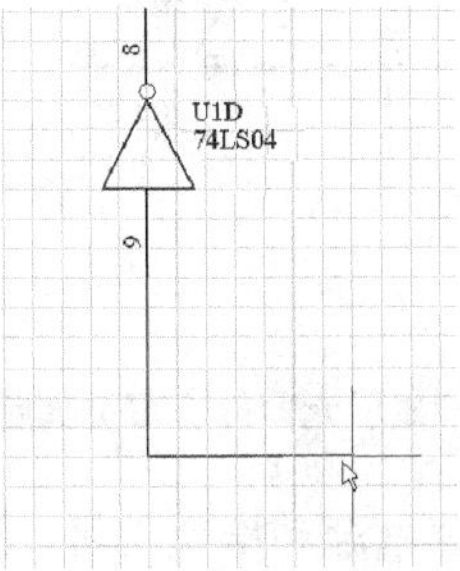

图 2 50　绘制一段折线

图 2-51 【导线属性】对话框

2．放置电源及接地符号

在 Protel 99 SE 中，系统提供了电源及接地符号工具（Power Objects）栏，栏中包含 12 种不同形状的电源和接地符号，如图 2-52 所示。

> 要点提示　电源及接地符号工具（Power Object）栏可以通过执行菜单命令【View】|【Toolbars】|【Power Objects】来打开与关闭。

总的来说，放置电源及接地符号有以下几种方法。

- 单击布线工具栏中的⏚按钮。这种方法可连续放置电源及接地符号，但是在放置不同的电源和接地符号时应当打开如图 2-53 所示的【Power Port】（电源端口属性）对话框进行设置。

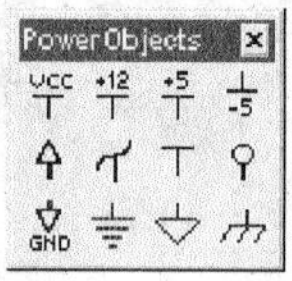

图 2-52　电源及接地符号工具（Power Objects）栏

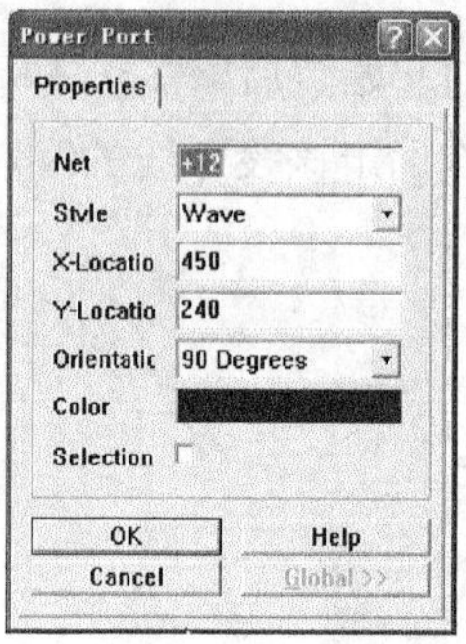

图 2-53 【电源端口属性】对话框

- 单击电源及接地符号工具（Power Object）栏中的符号。这种方法单击一次只能放置一个电源及接地符号。
- 使用快捷键 P/O。
- 执行菜单命令【Place】|【Power Port】。

（1）将鼠标指针移到如图 2-50 所示的元器件上，然后双击鼠标左键，打开【元器件属性】对话框，选中【Hidden Pin】（隐藏元器件的引脚）复选框，如图 2-54 所示，将元器件隐藏的电源引脚显示出来，结果如图 2-55 所示。

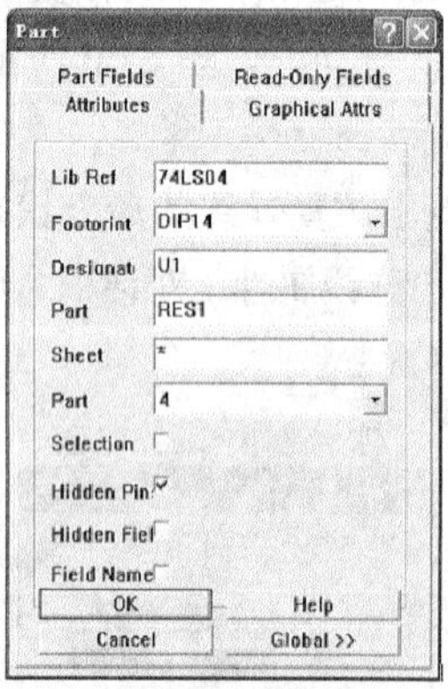

图 2-54　修改元器件隐藏引脚的属性

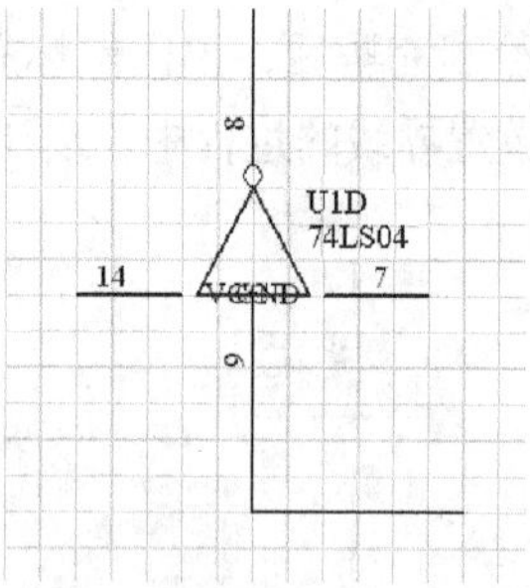

图 2-55　显示元器件隐藏引脚后的结果

（2）放置电源或接地符号。本例中采用第 1 种方法来放置电源和接地符号。单击布线工具栏中的⏚按钮，出现十字光标，接地符号会“粘”在十字光标上，如图 2-56 所示。

要点提示　利用布线工具栏中的⏚按钮放置电源符号或接地符号时具有记忆功能，如果上次放置的是电源符号，那么再次放置时仍然为电源符号。

（3）设置电源符号属性。按 Tab 键，打开【电源端口】对话框，设置好的属性如图 2-57 所示。

在【电源端口】对话框中，用户可以对电源及接地符号的属性进行设置，其中各个选项的具体功能如下。

【Net】(网络标号)：用于设置符号所具有的电气连接点的网络标号名称。本例设为“VCC”。

【Style】（外形）：用于设置接地符号的外形。单击▾按钮，将会弹出电源及接地符号的样式下拉列表，如图 2-58 所示。本例中放置的是电源符号，因此在下拉列表中选择【Bar】作为电源的外形。

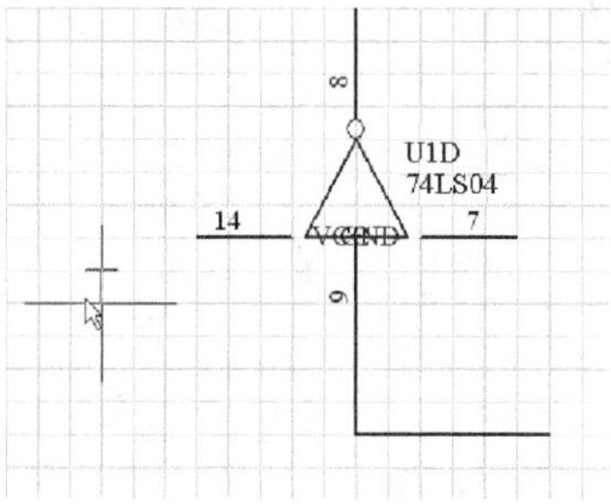

图 2-56　放置电源或接地符号

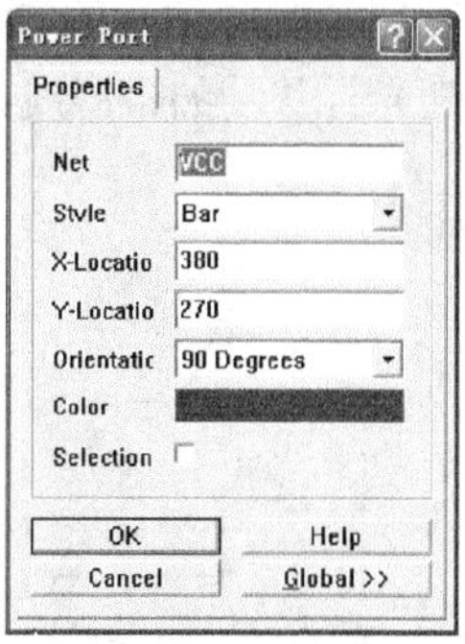

图 2-57　设置电源符号属性

【X-Location】、【Y-Location】（符号位置坐标）：用于确定符号插入点的位置坐标。该项可以不输入，电源及接地符号的插入点可以直接通过鼠标的移动来确定或改变。

【Orientation】(方向)：用于设置电源及接地符号的放置方向。在该例中选择【90 Degrees】。

【Color】（颜色）：单击【Color】右边的颜色框，可以重新设置电源及接地符号的颜色。本例中将接地符号的颜色设置为紫色。

（4）设置完电源及接地符号属性后，单击 OK 按钮确认回到放置电源符号的状态。

（5）移动鼠标指针将接地符号放置在原理图中相应的位置。

（6）采用相同方法可完成接地符号 GND 的放置，放置完成后的电路如图 2-59 所示。

图 2-58　电源及接地符号的样式下拉列表

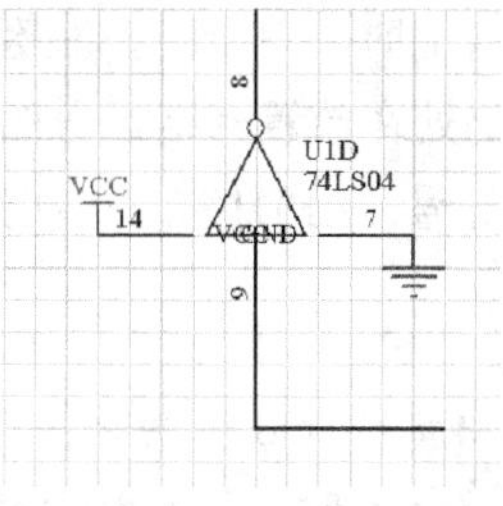

图 2-59　放置完电源及接地符号后的电路

放置完电源和接地符号后，如果要对其属性进行修改，可以直接双击电源或接地符号，再次打开属性对话框进行修改。

3．放置网络标号（Net Label）

要实现元器件之间的电气连接，除了可以放置导线外，还可以通过放置网络标号来实现。在一些复杂的原理图设计中，由于元器件比较多、连线复杂，如果直接使用放置导线的方式，会使图纸显得杂乱无章，从而影响图纸的美观和可读性。合理使用网络标号则可以使整张图纸变得清晰易读。

网络标号指的是某个电气连接的名称。连接在一起的电源、接地符号、元器件引脚、导线等导电元器件具有相同的网络标号。需要注意的是，网络标号同元器件的引脚一样，也具有一个电气节点。因此，在放置网络标号时，必须使网络标号的电气节点与导线或元器件引脚的电气节点重合，这样才能真正实现元器件的电气连接。

下面我们用放置网络标号的方法来实现电路的连接，具体操作步骤如下。

（1）为了便于放置网络标号，首先应在相应的元器件引脚处放置导线，结果如图 2-60 所示。

（2）执行放置网络标号的命令。单击放置工具栏中的 Net1 按钮，鼠标指针上出现十字光标，并出现一个随光标移动的带虚线方框的网络标号，如图 2-61 所示。

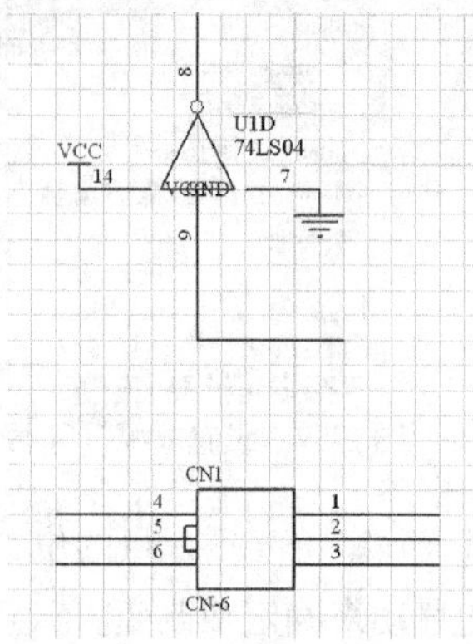

图 2-60　添加导线后的结果

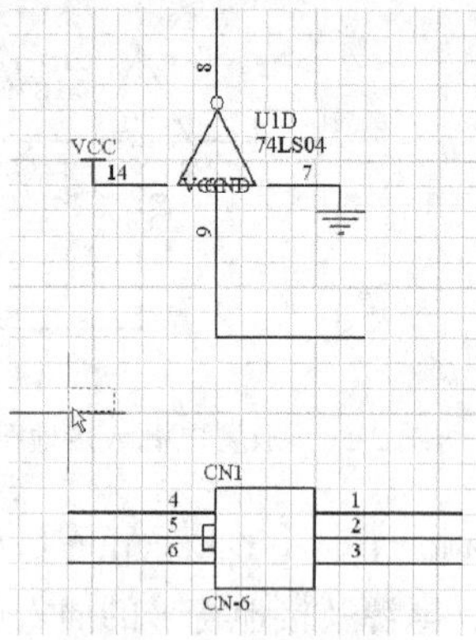

图 2-61　执行放置网络标号命令后的状态

（3）设置网络标号的属性。按 Tab 键打开【Net Label】（网络标号属性）对话框，设置结果如图 2-62 所示。设置好网络标号属性后，单击 OK 按钮回到放置网络标号的命令状态。

在【网络标号属性】对话框中，修改网络标号属性的方法与修改电源及接地符号属性的方法一样。在这里仅修改网络标号的名称，修改后的网络标号为“LED1”。

（4）放置网络标号。将鼠标指针移动到接插件 CN1 的 4 号引脚的引出导线上，当小圆点电气捕捉标志出现在导线上时，单击鼠标左键确认，即可将网络标号放置到导线上去。

（5）此时系统仍处在放置网络标号的命令状态，重复步骤 3 和步骤 4，在 U1D 的 9 号引脚的引出线上放置网络标号“LED1”，表明这两点连接在一起。放置好网络标号后的结果如图 2-63 所示。

要点提示　如果网络标号以数字结束，则在放置过程中数字将会递增。因此，在放置以数字结尾的网络标号时，放置相同的网络标号需要重新修改网络标号的名称。

4．放置线路节点

常见的导线交叉可以分成如下 3 种情况，其样式如图 2-64 所示。

- 导线 T 形交叉，有电气连接。

- 导线十字交叉，有电气连接。
- 导线十字交叉，无电气连接。

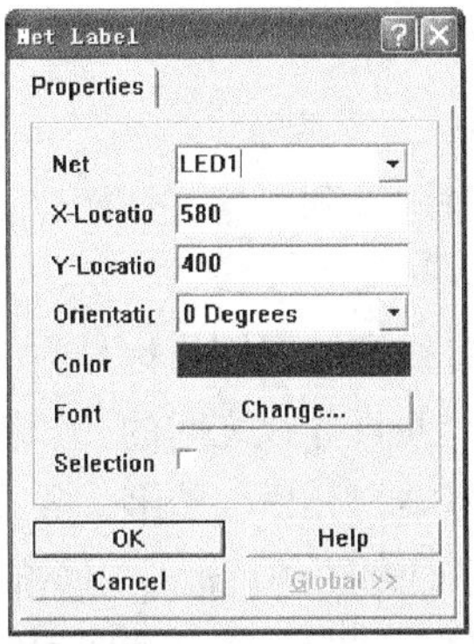

图 2-62　修改网络标号的属性

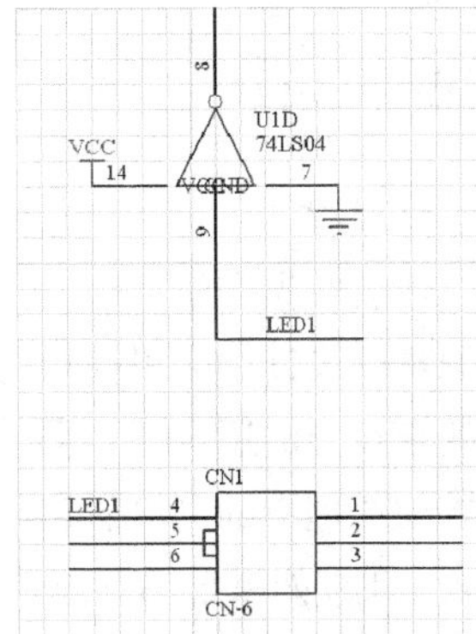

图 2-63　放置网络标号后的结果

在 T 形导线交叉处，系统将自动添加上一个线路节点。但是，当两条导线在原理图中成十字交叉时，系统将不会自动生成线路节点。这两条导线在电气上是否相连，是由交叉点处有无线路节点来决定的。如果在交叉点处有线路节点，则认为两条导线在电气上是相连的，否则认为它们在电气上是不相连的。因此，如果导线确实相交的话，则应在导线交叉处放置线路节点，使其具有电气上的连接关系。

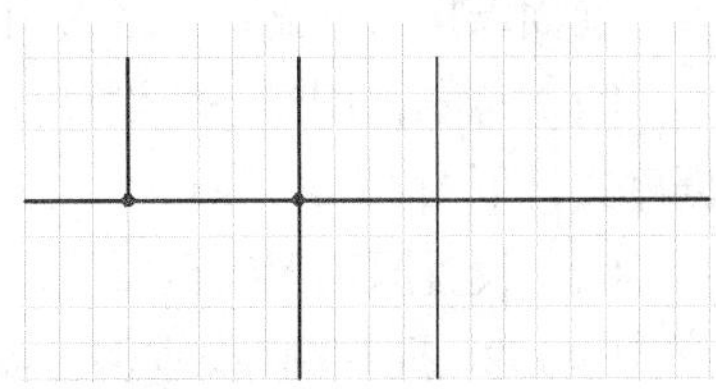

图 2-64　3 种交叉的导线样式

（1）单击布线工具栏上的 按钮，执行放置线路节点的命令，此时鼠标指针上出现十字光标并带着线路节点，如图 2-65 所示。

（2）修改线路节点的属性。当系统处于放置线路节点的命令状态时，按 Tab 键打开【Junction】（线路节点属性）对话框。在该对话框中可以对节点的【X-Location】|【Y-Location】（位置）、【Size】（大小）、【Color】（颜色）、【Selection】（选中状态）和【Locked】（锁定属性）进行设置，设置结果如图 2-66 所示。

（3）放置线路节点。移动十字形光标至两条导线的交叉点处，单击鼠标左键，将节点放置在当前导线交叉点处，放置线路节点后的结果如图 2-67 所示。这样，两条导线就具有了电气上的连接关系。

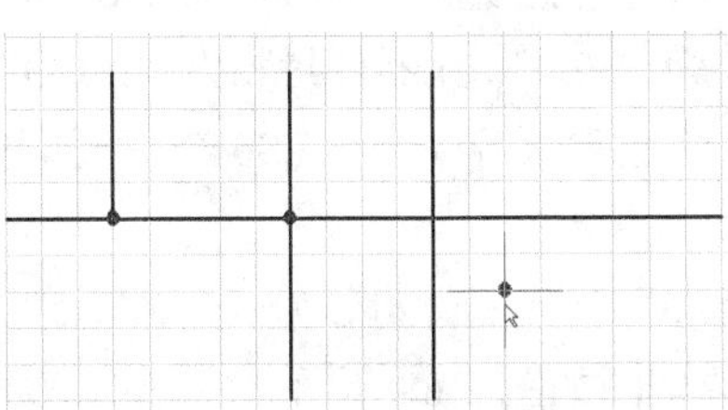

图 2-65　执行放置电气节点命令后的状态

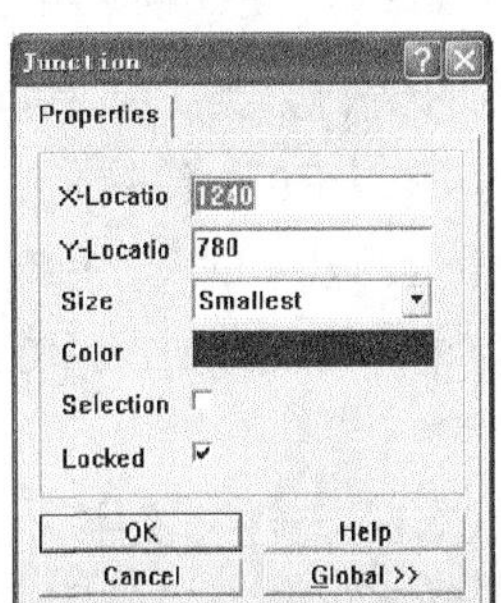

图 2-66【线路节点属性】对话框

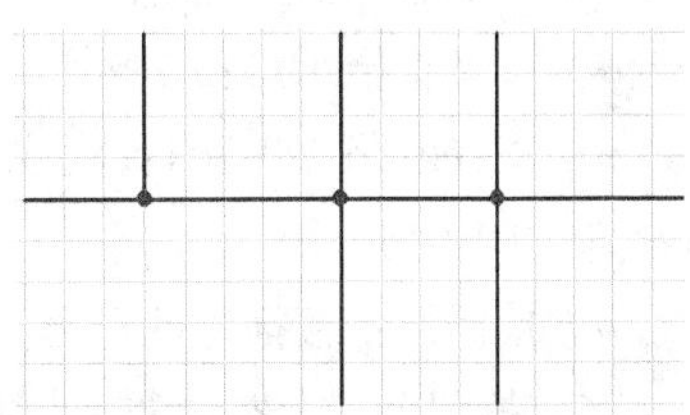

图 2-67　放置电气节点后的状态

（4）此时，系统仍处在放置线路节点的命令状态，单击鼠标右键或按 Esc 键，即可退出放置线路节点的命令状态。

2.7.2 布线方法

在原理图设计过程中，将具有相同电气连接的元器件引脚连接到一起，从而建立起二者之间的电气连接的操作就叫做布线。

在同一个原理图设计中，最简单的两种布线方法是放置导线和放置网络标号。

放置导线的布线方法适合于元器件之间的连线距离较短，而且导线之间的交叉较少的情况。该方法直观，方便原理图的浏览。但是，当原理图设计比较复杂、元器件较多、导线之间的交叉较多或者距离较远时，如果还用导线连接的话势必会降低整张原理图的可读性，影响图纸的美观。在这种情况下，往往采用放置网络标号的方法来替代导线连接。同时，为了读图方便，对于并行的多条导线还可以采用总线的方式来连接。

总之，应当以原理图布局整齐、布线美观为原则对原理图设计进行合理布线。

2.8 绘制指示灯显示电路的原理图

前面以指示灯显示电路为例介绍了原理图的绘制方法，本节将具体介绍该电路原理图的绘制。

（1）首先，创建一个设计数据库文件，命名为“指示灯显示电路.ddb”；然后，在该设计数据库文件下的“Documents”文件夹下新建一个原理图设计文件，命名为“指示灯显示电路.Sch”。

（2）设置原理图编辑器工作窗口的图纸参数和栅格参数。

（3）载入原理图库。本例中需要载入的原理图库为“Miscellaneous Devices.ddb”和“Protel DOS Schematic Libraries.ddb”。

（4）放置元器件。

如果原理图设计中元器件的数目不是特别多，则可以在放置元器件时将元器件分类，一次放置同一类元器件，其序号会自动递增。当原理图设计比较复杂时，放置元器件的原则是：先放置核心元器件，再放置与核心元器件相关的外围元器件。

要点提示 如果原理图设计比较复杂，元器件的数目较多，则建议在放置元器件的同时为每一个元器件编号，添加元器件封装，设置元器件的参数。

本例电路比较简单，首先将元器件进行分类，结果如下。

- 电阻器：普通电阻器的序号为“R1 ~ R6”，注释文字为“RES2”，元器件封装为“AXIAL0.4”。
- 二极管指示灯：二极管的序号为“D1 ~ D6”，注释文字为“LED”，元器件封装为“LEDQ”。
- 集成电路 74LS04：集成电路的序号为“U1A ~ U1F”，注释文字为“74LS04”，元器件封装为“DIP-14”。
- 接插件：接插件的序号为“CN1”，注释文字为“CN-6”，元器件封装为“CN6”。

（5）按照上述分类放置元器件。放置好所有元器件后的原理图如图 2-68 所示。

（6）调整元器件的位置。元器件位置的放置应当以原理图美观和方便布线为原则，调整元器件位置后的结果如图 2-69 所示。

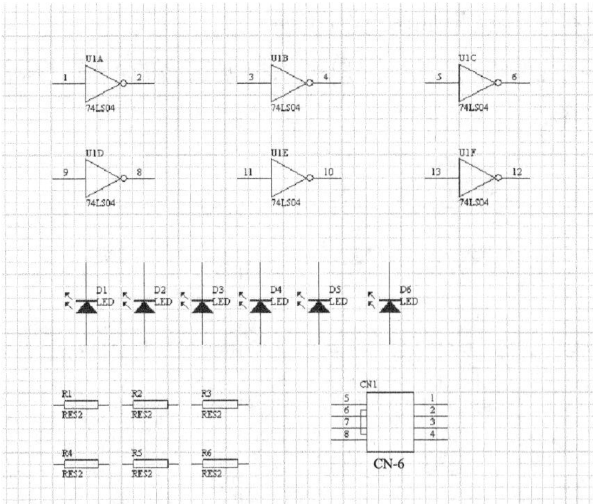

图 2-68　放置好所有元器件后的原理图

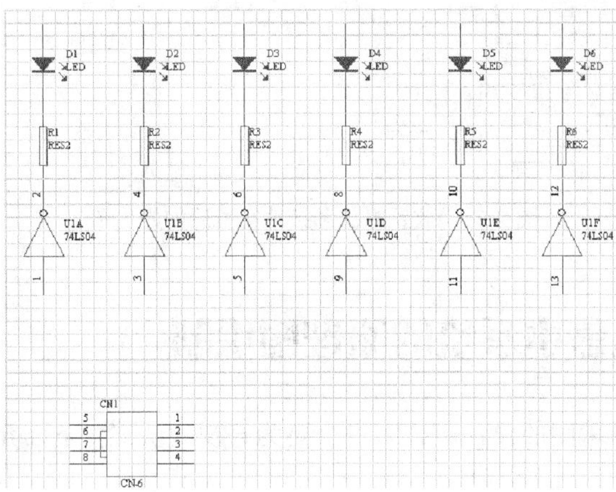

图 2-69　调整元器件位置后的结果

（7）布线。根据电气连接的要求，采用放置导线和放置网络标号的方法对已调整好的元器件进行布线。为了原理图的美观，接插件与元器件 74LS04 的信号连接采用放置网络标号的方法来进行布线。布线结果如图 2-70 所示。

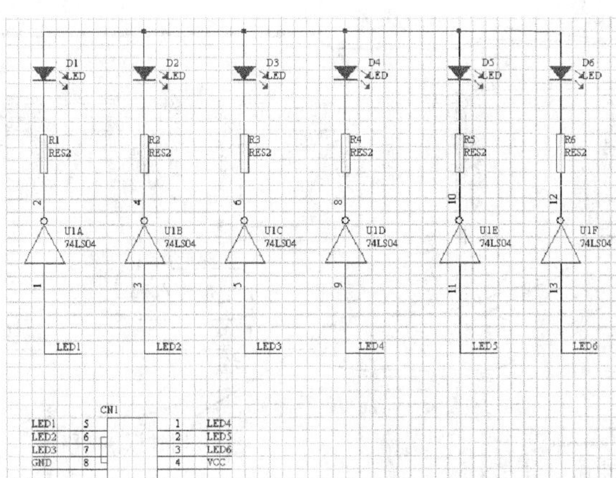

图 2-70　完成布线后的原理图

（8）放置电源和接地符号，结果如图 2-71 所示。

这样，电路图就基本上绘制完成了。用户可以根据自己的习惯，从整体角度对电路图进行修改，并且根据需要添加注释。

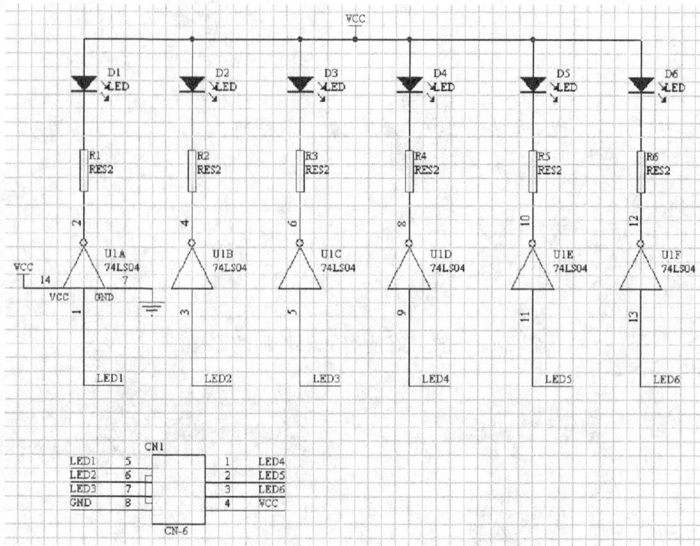

图 2-71　放置电源和接地符号后的原理图

2.9 单片机最小系统的原理图绘制

为了让用户对电路原理图的设计流程有一个更为直观的认识，下面介绍单片机最小系统的原理图绘制的方法和步骤。

该电路是由单片机 8031、地址锁存器 74LS373、存储器 27128 以及相应的时钟振荡电路和上电复位电路组成的单片机最小系统。

绘制的单片机最小系统原理图如图 2-72 所示。

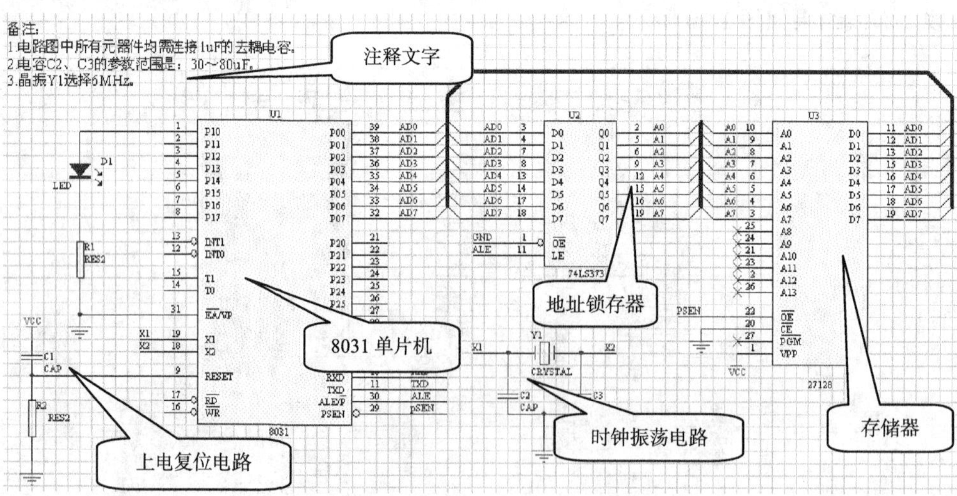

图 2-72　电路原理图设计实例

2.9.1　建立新的数据库文件和原理图文件

新建的数据库文件和原理图文件如图 2-73 所示。

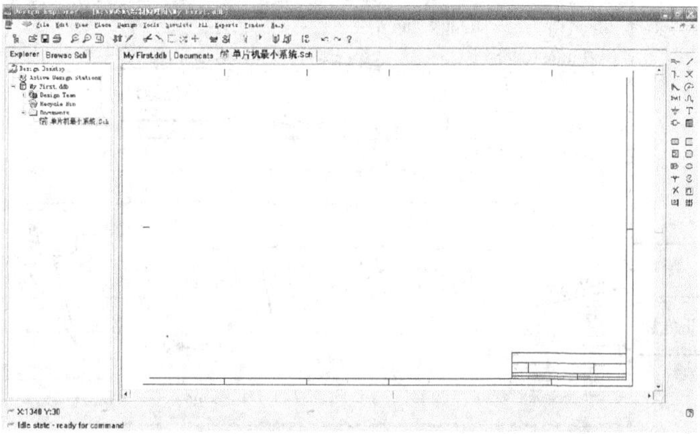

图 2-73　新建的数据库文件和原理图文件

2.9.2　设置图纸参数

设置图纸参数也就是设置电路图纸的图纸方向、幅面尺寸、标题栏等各种参数。这项工作一方面可以为用户准备好一个合适的工作平面，以便用户得心应手地展开自己的设计工作；另一方面可以使图纸符合公司或单位的标准化要求，便于设计文件的管理。

根据图 2-72 中的实例对图纸提出以下基本要求。

- 图纸的幅面尺寸为 A4。
- 图纸的方向为水平放置。
- 图纸标题栏采用标准型。
- 填写图纸设计信息。

1．定义图纸外观

设置图纸的外观参数，如图 2-74 所示。

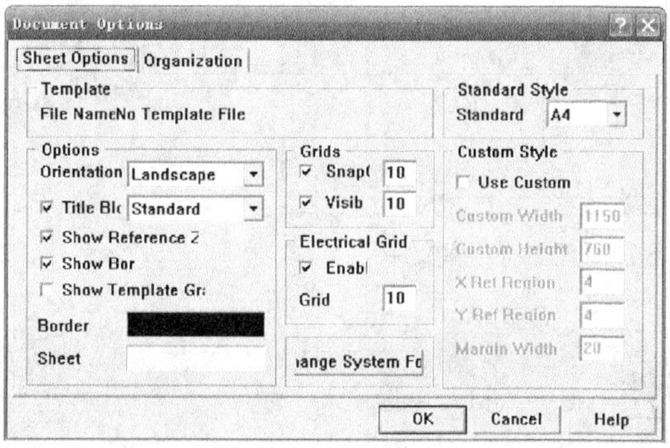

图 2-74　图纸外观参数的设置

2．填写图纸设计信息

单击 Organization 选项卡，打开【文件信息】对话框，在相应的文本框中输入设计信息，如图 2-75 所示。

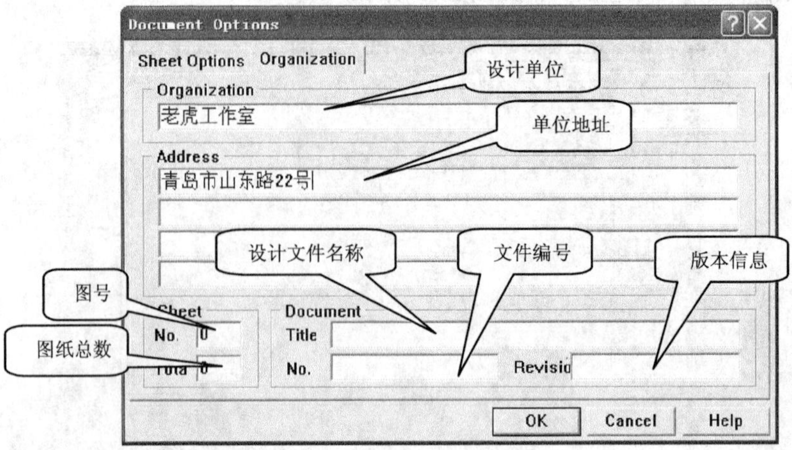

图 2-75　设置【文件信息】对话框

2.9.3　载入元器件原理图符号库

添加元器件原理图符号库的结果如图 2-76 所示；载入元器件原理图符号库的结果如图 2-77 所示。

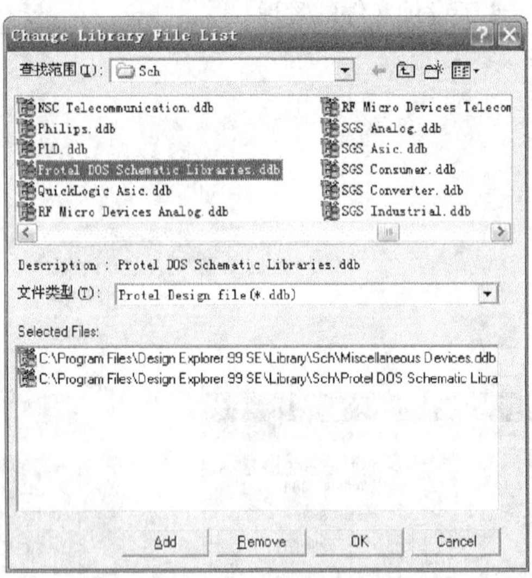

图 2-76　添加原理图符号库文件

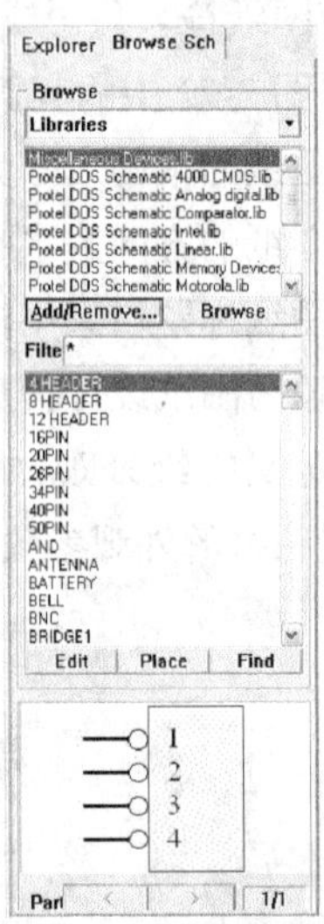

图 2-77　载入原理图符号库

2.9.4　放置元器件

当用户将相应的元器件原理图符号库装入设计系统后，就可以从装入的库中取用元器件并把它们放置到图纸上了。放置元器件前，用户首先要知道用到的元器件存放于哪一个元器件库中。本例中单片机最小系统共用到 7 种元器件。

- 电阻器 R1 ~ R2、电容器 C1 ~ C3、晶振 Y1 和发光二极管 D1 属于“Miscellaneous Devices.ddb”库文件中的“Miscellaneous Devices.lib”元器件库。
- 单片机 8031 属于“Protel DOS Schematic Libraries.ddb”库文件中的“Protel DOS Schematic Intel.lib”元器件库。
- 存储器 27128 属于“Protel DOS Schematic Libraries.ddb”库文件中的“Protel DOS Schematic Memory Devices.lib”元器件库。
- 地址锁存器 74LS373 属于“Protel DOS Schematic Libraries.ddb”库文件中的“Protel DOS Schematic TTL.lib”元器件库。

在原理图编辑器中，利用原理图编辑器的管理窗口、菜单命令、布线工具栏和快捷键放置上述元器件，如图 2-78 所示。

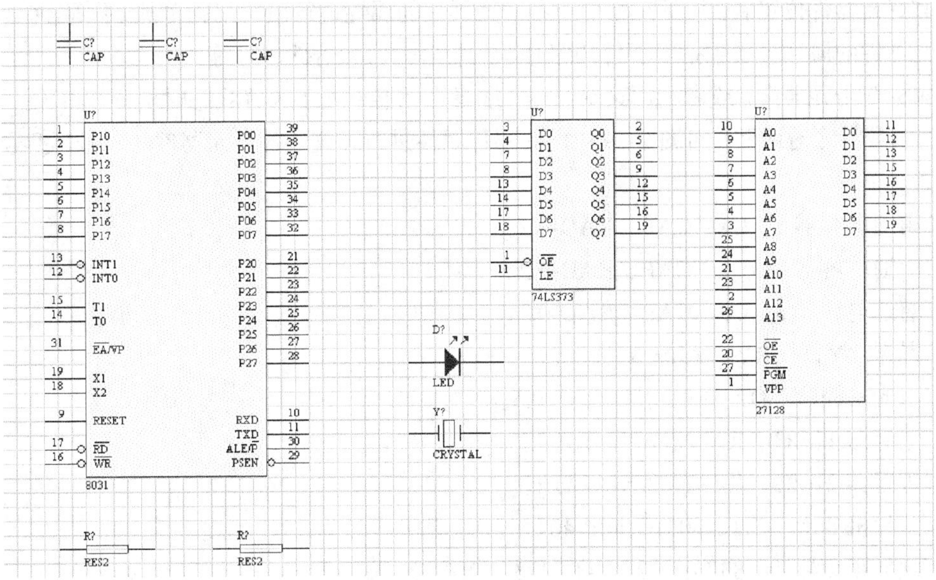

图 2-78　元器件放置后的结果

2.9.5　元器件位置调整

为了在绘制电路原理图时使布线距离最短且导线清晰明了，在元器件放置完毕后还需要对图纸上的元器件位置进行适当的调整，将元器件移动到适当的位置或将元器件旋转成所需要的方向。调整的结果如图 2-79 所示。

要点提示　对于较为复杂的电路原理图来说，元器件位置的调整往往会和布线过程同步进行，也就是说，在布线的同时应根据需要调整元器件的位置，以达到清晰、美观的效果。

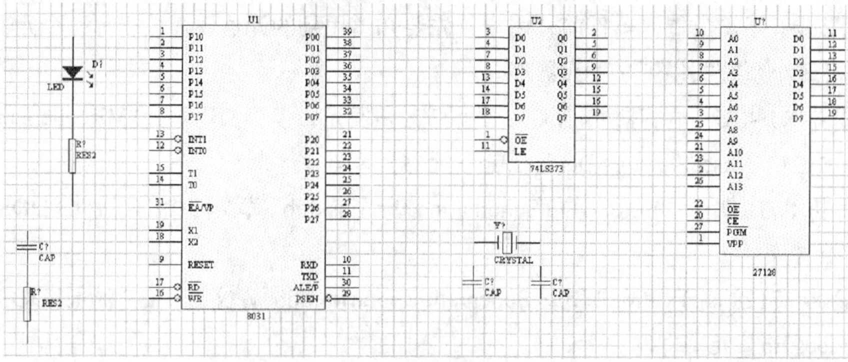

图 2-79　元器件位置调整后的结果

2.9.6　设置元器件属性

调整好元器件位置后，接下来就要对各个元器件的属性进行设置了，这项工作是 PCB 设计的基础。元器件的属性主要包括元器件的序号、封装形式、元器件型号等。

用鼠标双击元器件，或者利用菜单命令，或者当元器件处于放置状态时按下 Tab 键，均可打开【元器件属性】对话框，对图 2-79 中的元器件属性进行设置。各个元器件的序号、型号和封装形式设置如下。

- 普通电容器 1：C1、CAP、RAD-0.2。
- 普通电容器 2：C2、CAP、RAD-0.2。
- 普通电容器 3：C3、CAP、RAD-0.2。
- 晶振：Y1、CRYSTAL、XTAL-1。
- 发光二极管：D1、LED、DIODE-0.4。
- 电阻器 1：R1、RES2、AXIAL-0.4。
- 电阻器 2：R2、RES2、AXIAL-0.4。
- 单片机 8031：U1、8031、DIP-40。
- 地址锁存器 74LS373：U2、74LS373、DIP-20。
- 存储器 27128：U3、27128、DIP-28。

设置全部元器件的属性后，结果如图 2-80 所示。

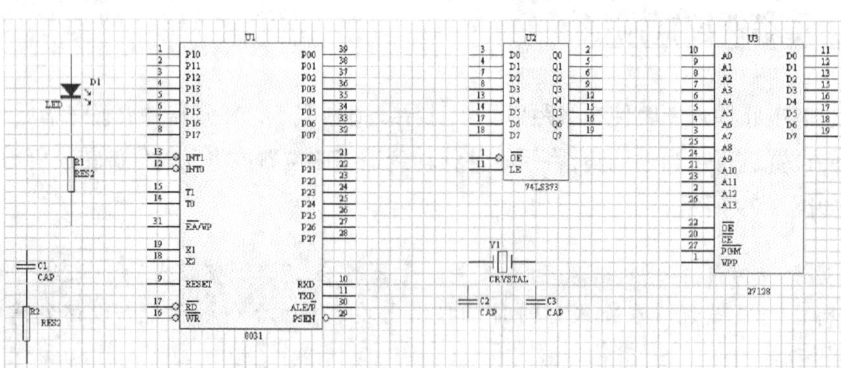

图 2-80　设置元器件属性后的原理图

2.9.7　原理图布线

在调整好元器件的位置并设置好元器件的属性后，就可以在原理图上布线了。

导线连接是将各元器件的引脚通过导线直接连通，是最常用的一种布线手段。网络标号同样具有电气连接意义，相同的网络标号的引脚之间实际上是相连的，只不过其间没有导线。电源及接地符号从根本上讲是一类特殊的网络标号，只不过为了满足电路图的表达习惯，将它们赋予了特定的形状。总线区别于前面的 3 种图件，它是没有电气连接意义的，引入总线的目的是简化图纸的绘制，使图纸简洁、清晰。

绘制导线、放置电源及接地符号和网络标号的原理图如图 2-81 所示。

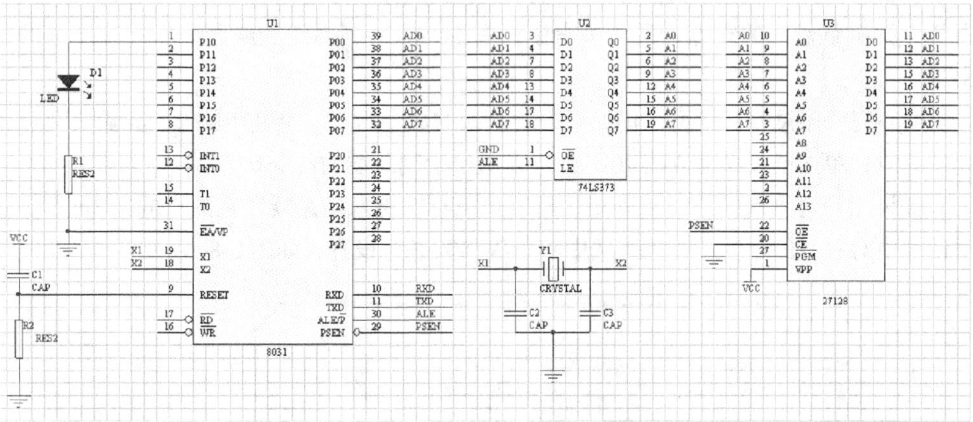

图 2-81　布线后的原理图

1．放置总线

总线是多条具有相同性质的信号线的总称。在实际的电子设备中，常见的数据线、地址线都是总线。在电路原理图中，使用总线来绘图可以有效减少图中导线的数量，使图纸清晰易懂。

但是，总线不能代替导线，因为两者存在着本质上的不同。总线本身并不具备电气连接意义，而需要由总线接出的各单一导线上的网络标号来完成电气意义上连接，这一点用户一定要注意。

使用总线代替一组导线时，通常需要与总线分支线相配合。

下面利用放置总线和总线分支线的方法，将图 2-81 中单片机 8031 的数据总线（P00 ~ P07）与存储器 27128 的数据总线（D0 ~ D7）连接起来。

放置总线前，首先需要在对应引脚上放置网络标号，由于网络标号已经在前面的步骤中放置完毕，这里不再重复。

（1）执行放置总线的命令。完成该步操作有以下几种方法。

- 单击布线工具栏（Wiring Tools）中的按钮。
- 选取菜单命令【Place】|【Bus】。
- 使用快捷键 P/B。

（2）放置总线。执行放置总线的命令，当鼠标指针处出现十字光标时，就可以放置总线了。放置总线的操作方法和放置导线的操作方法完全一样。首先，在适当的位置单击鼠标左键以确定总线的起点，如图 2-82 所示。

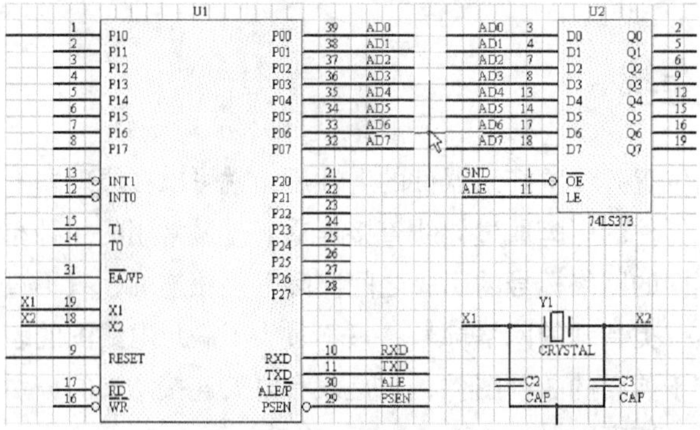

图 2-82　确定总线的起点

（3）移动光标开始画总线。在每一个转折点单击鼠标左键确认绘制的这一段总线。在末尾处单击鼠标左键确认总线的终点，最后单击鼠标右键结束一条总线的绘制工作。绘制好的总线如图 2-83 所示。

（4）绘制完一条总线后，系统仍处于绘制总线的命令状态。重复步骤 2、步骤 3 可以继续绘制其他的总线，单击鼠标右键或按 Esc 键可以退出绘制总线的命令状态。

（5）如果用户对绘制的总线不满意，可以用鼠标左键双击总线，在弹出的【Bus】（总线属性）对话框中对总线的宽度、颜色、选中状态等参数进行设置，如图 2-84 所示。

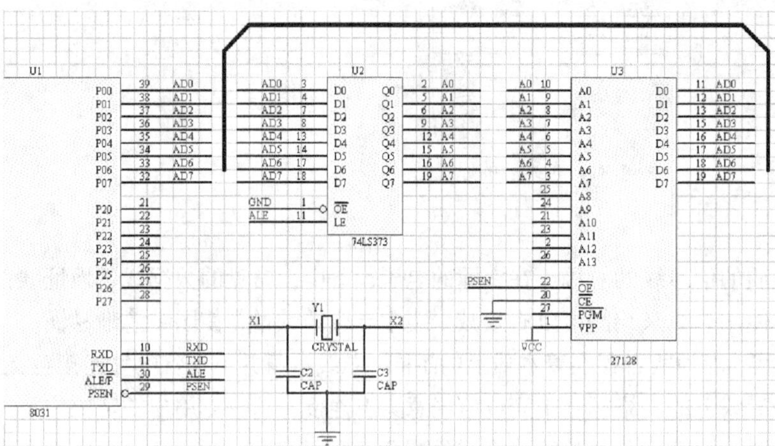

图 2-83　绘制好的总线

图 2-84【总线属性】对话框

2．放置总线分支线

绘制好总线后，还要将导线与总线“相连”，这里的“相连”并不是电气意义上的连接，仅仅是为了美观。总线与导线相连要使用总线分支线。下面介绍放置总线分支线的操作，将图 2-82 中地址锁存器 74LS373 的“Q0 ~ Q7”引脚与存储器 27128 的“A0 ~ A7”引脚用总线和总线分支线连接起来。

（1）按照前面介绍的方法放置一段总线，如图 2-85 所示。

（2）执行放置总线分支线命令。完成该步操作的方法有如下几种。

- 单击布线工具栏（Wiring Tools）中的按钮。
- 选取菜单命令【Place】|【Bus Entry】。
- 利用快捷键 P/U。

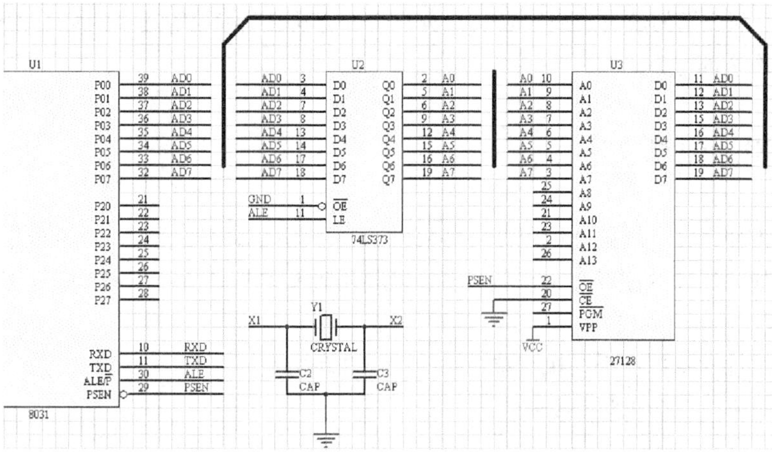

图 2-85　放置一段总线

（3）放置并调整总线分支线的方向。执行上一步的操作后，鼠标指针会出现十字光标，并带着总线分支线“/”或“\”，如图 2-86 所示。由于具体位置的不同，用户有时需要用总线分支线“/”，有时需要用“\”。若要改变总线分支线的方向，只要在命令状态下按 Space 键即可。

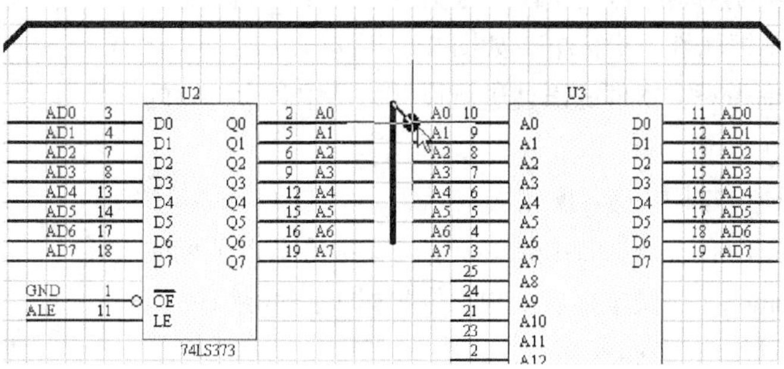

图 2-86　执行放置总线分支线命令的状态

（4）放置总线分支线时，只要将十字光标移动到所要放置的位置，单击鼠标左键，即可将分支线放置在当前位置。然后就可以继续放置其他的分支线了。放置好总线分支线的结果如图 2-87 所示。

（5）放置完所有的总线分支线后，单击鼠标右键或按 Esc 键即可退出命令状态。

（6）如果用户对绘制的总线分支线不满意，可以用鼠标左键双击总线分支线，在弹出的【Bus Entry】（总线分支线属性）对话框中对总线分支线的各项参数进行设置，如图 2-88 所示。

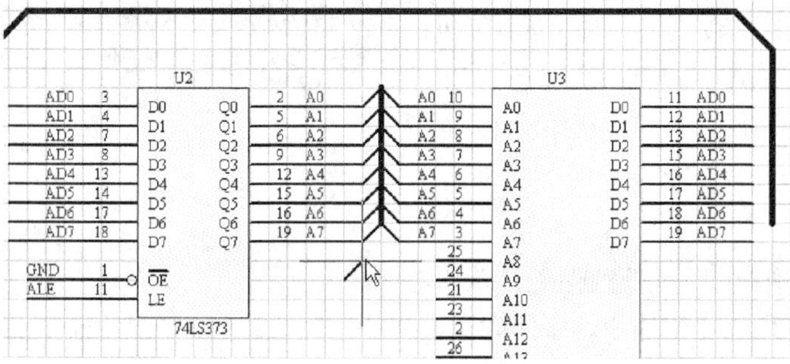

图 2-87　放置好总线分支线的结果

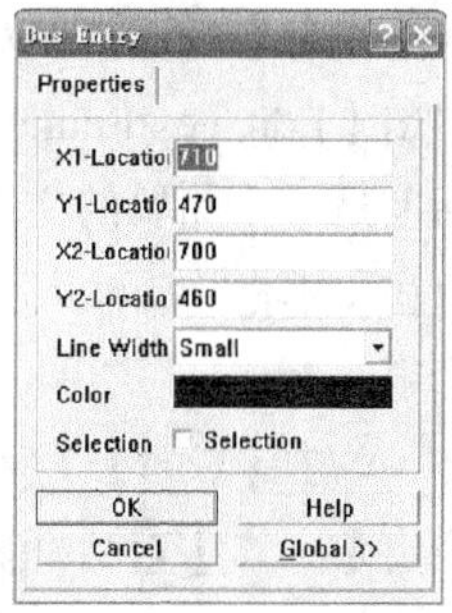

图 2-88 【总线分支线属性】对话框

（7）根据上面介绍的放置总线以及总线分支线的方法，继续放置其余的总线和分支线。至此，原理图布线工作全部结束。

2.9.8 添加注释文字

为了达到方便调试、增强图纸可读性等目的，在原理图布线完成后，还可根据需要添加一定的注释文字。如果添加的注释文字字数较多，就要用到文本框。使用文本框书写注释文字，既规范又清晰。

（1）执行添加文本框命令。执行该命令有如下 3 种方法。

- 单击画图工具栏中的▤按钮。

> **要点提示** 通过执行菜单命令【View】|【Toolbars】|【Drawing Tools】可以打开或关闭画图工具栏。

- 选取菜单命令【Place】|【Text Frame】。
- 按快捷键 P/F。

（2）这时工作区的鼠标指针处会出现十字光标，按 Tab 键，打开【Text Frame】（文本框属性）对话框，如图 2-89 所示。

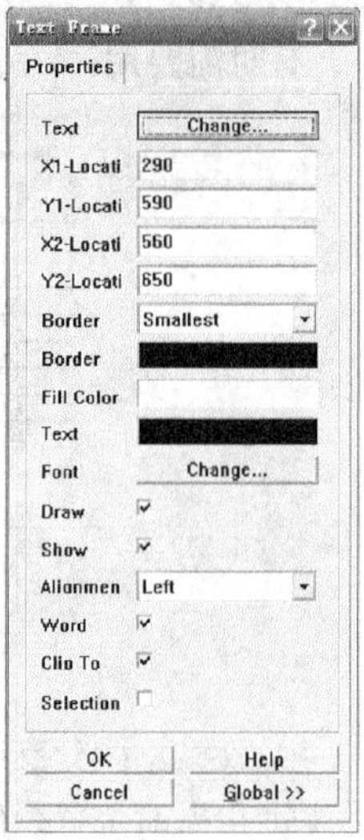

图 2-89 【文本框属性】对话框

（3）在该对话框中对文本框的属性进行设置，其中各个选项的具体功能如下。

【X1-Location】（文本框左下顶点横坐标）、【Y1-Location】（文本框左下顶点纵坐标）、【X2-Location】（文本框右上顶点横坐标）和【Y2-Location】（文本框右上顶点纵坐标）：确定文本框对角顶点的位置，可不做改动。

【Border Width】：设置边框宽度。这里设定为“Smallest”。

【Border】和【Fill Color】：分别设置边框和文本框填充的颜色，这里使用默认设置。

【Draw Solid】：使框内填充颜色。此处不选此项。

【Show Border】：选中显示边框。

【Alignment】：设置文本框内的文字对齐方式。这里设定为“Left”（左对齐）。

【Word Wrap】：选中该项后，当文字超出文本框边界时，程序自动使文字换行。

【Clip To Area】：选中该项后将强迫文本框内四周留下一个间隔区。

（4）单击【Text】（文本）选项后的 Change... 按钮，系统弹出【Edit TextFrame Text】（编辑文本框文字）对话框。它实际上是一个简单的文本编辑器。用户在它内部编辑的文本将显示在文本框中。输入如图 2-90 所示的文字，单击 OK 按钮确定。

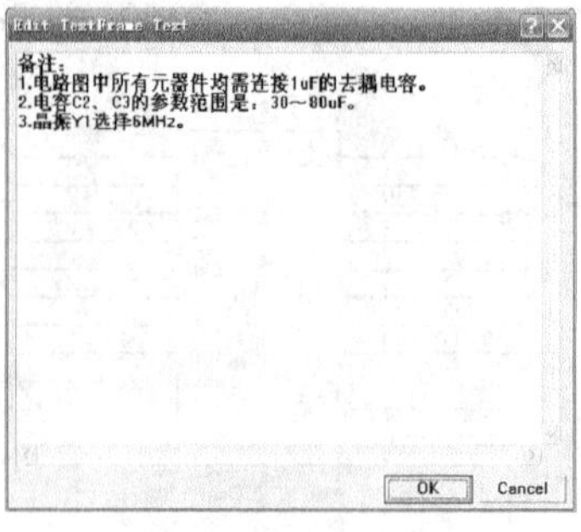

图 2-90 编辑文本框内容

（5）单击【Font】（字体）选项后的 Change... 按钮，系统弹出【字体】对话框。将字体设为【宋体】，字体大小设为【10】。单击 确定 按钮完成设置。

（6）设置完毕后单击 OK 按钮确定。

（7）将十字光标移动到适当位置，单击鼠标左键，则文本框的一个顶点被固定下来。移动十字光标，然后单击鼠标左键确定另外一个顶点，这样文本框放置完毕。

（8）第一次放好文本框后，其大小往往不够合适，不是不能显示所有文字，就是显示区域过大。单击该文本框，这时文本框四周出现用于调整其大小的小方块，如图 2-91 所示。

（9）将鼠标移至某一小方块上，按下鼠标左键并拖动鼠标，就能调整文本框的大小了。反复调整几次，直至满意。

（10）用鼠标左键单击文本框后，不放开左键，可使文本框跟随鼠标移动，将文本框放置到原理图的左上角的位置，松开鼠标，结果如图 2-92 所示。

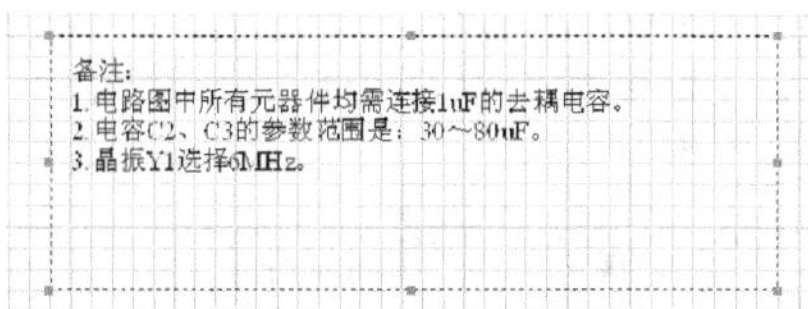

图 2-91　调整文本框大小

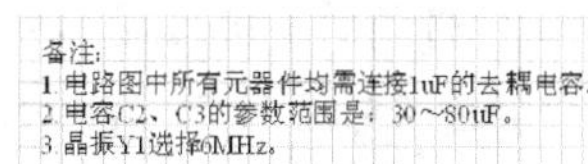

图 2-92　文本框实例

到此，电路原理图绘制工作基本完成，最终的绘制结果如图 2-72 所示。

2.10 知识拓展

2.10.1　原理图编辑器工具栏的管理

为了方便用户进行原理图绘制，Protel 99 SE 原理图编辑器提供了丰富的设计工具。但是，在进行某项设计时，用户并不会同时使用所有的设计工具，为了使绘图的工作区域更加简洁、明快，可以将不使用的工具栏关闭。此外，用户还可以根据不同的习惯，调整工具栏的布局。

1．工具栏的打开与关闭

在原理图编辑器中，执行菜单命令【View】|【Toolbars】，即可打开如图 2-93 所示的菜单命令列表。选择并执行相应的命令即可打开或关闭对应的工具栏。

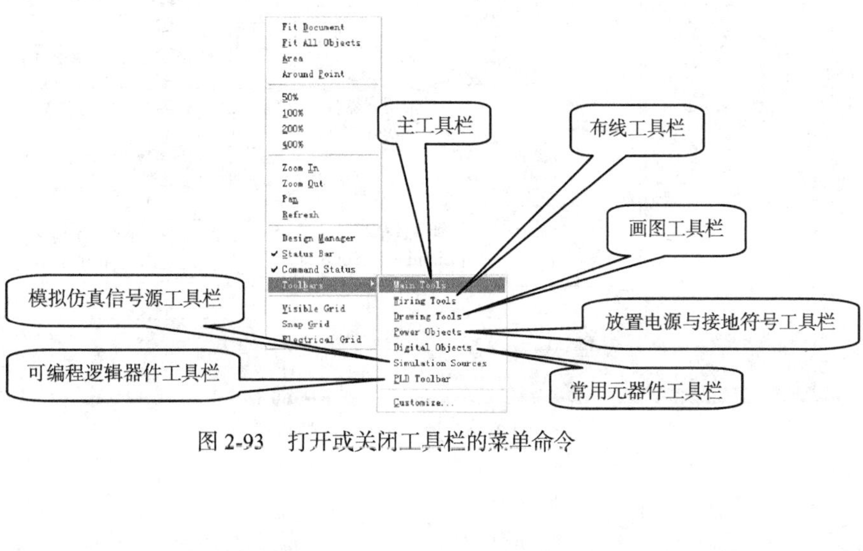

图 2-93　打开或关闭工具栏的菜单命令

- 主工具栏（Main Tools）的打开或关闭。

执行菜单命令【View】|【Toolbars】|【Main Tools】可以打开或关闭主工具栏。主工具栏打开后，屏幕显示如图 2-94 所示。

- 布线工具栏（Wiring Tools）的打开或关闭。

执行菜单命令【View】|【Toolbars】|【Wiring Tools】可以打开或关闭布线工具栏。布线工具栏打开后，屏幕显示如图 2-94 所示。

- 画图工具栏（Drawing Tools）的打开或关闭。

执行菜单命令【View】|【Toolbars】|【Drawing Tools】可以打开或关闭画图工具栏。画图工具栏打开后，屏幕显示如图 2-94 所示。

- 常用元器件工具栏（Digital Objects）的打开或关闭。

执行菜单命令【View】|【Toolbars】|【Digital Objects】可以打开或关闭常用元器件工具栏。常用元器件工具栏打开后，屏幕显示如图 2-94 所示。

- 电源及接地符号工具栏（Power Objects）的打开或关闭。

执行菜单命令【View】|【Toolbars】|【Power Objects】可以打开或关闭电源及接地符号工具栏。电源及接地符号工具栏打开后，屏幕显示如图 2-94 所示。

- 模拟仿真信号源工具栏（Simulation Sources）的打开或关闭。

执行菜单命令【View】|【Toolbars】|【Simulation Sources】可以打开或关闭模拟仿真信号源工具栏。模拟仿真信号源工具栏打开后，屏幕显示如图 2-94 所示。

- 可编程逻辑器件工具栏（PLD tools）的打开或关闭。

执行菜单命令【View】|【Toolbars】|【PLD Tools】可以打开或关闭可编程逻辑器件工具栏。可编程逻辑器件工具栏打开后，屏幕显示如图 2-94 所示。

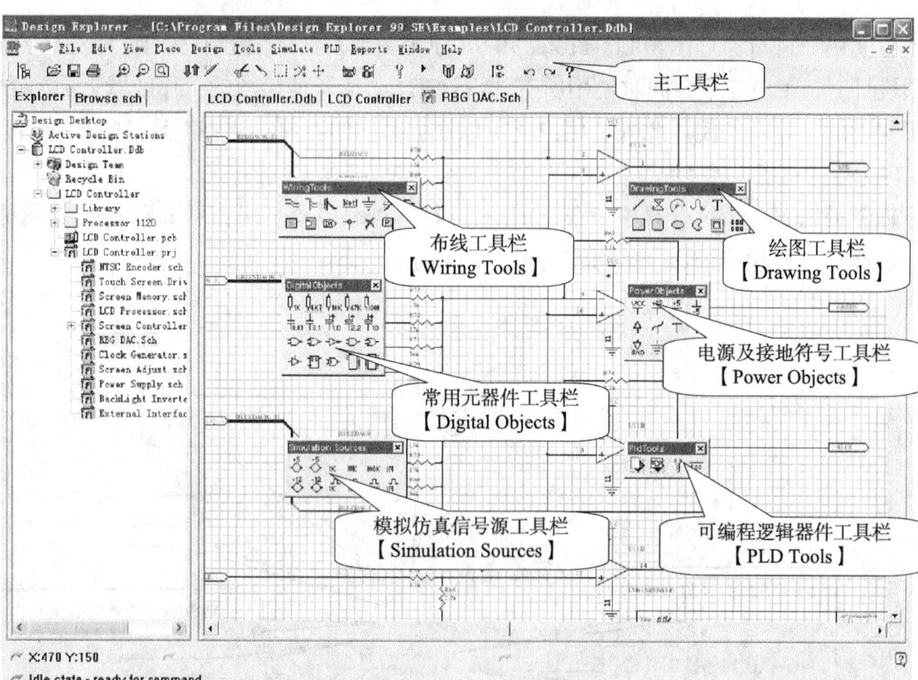

图 2-94　原理图编辑器的布局

要点提示 Protel 99 SE 提供的工具栏具有开关特性，即如果某一工具栏处于打开状态，则再次执行相应的菜单命令就可以关闭该工具栏。

2．工具栏的排列

从图 2-94 中可以看出，如果将各种工具栏都放在工作窗口的图纸区域，则会妨碍用户绘制原理图。此时，可以根据绘制原理图的需要和习惯，关闭一些暂时不用的工具栏，并将其余的工具栏放置在适当的位置。

调整工具栏的布局，只需用鼠标左键单击工具栏上方蓝条并按住左键不放，此时鼠标指针由“箭号”变成“箭号+纸状”，如图 2-95 所示。拖动该工具栏，放置到合适的地方。

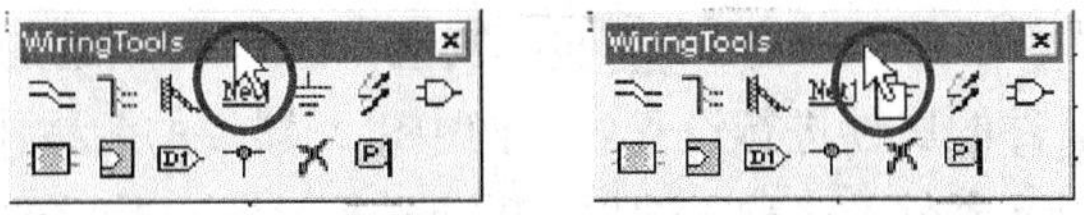

图 2-95　拖动工具栏前后鼠标指针的形状对比

通过这种方法，可以将原理图绘制过程中需要经常使用的工具栏调整到合理的状态，调整好的工具栏如图 2-96 所示。

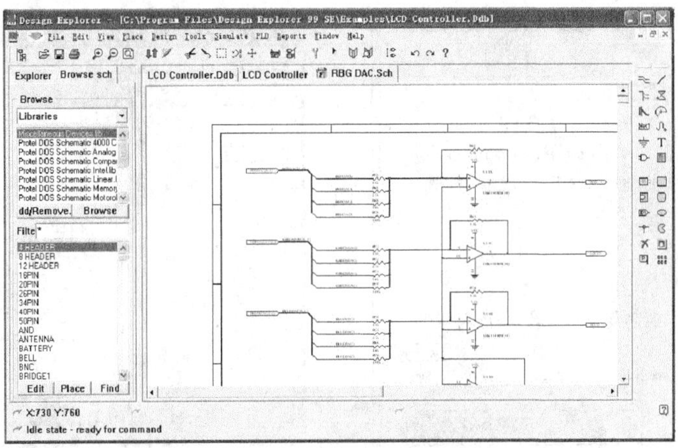

图 2-96　调整工具栏布局之后的原理图编辑器

如果需要将工具栏从原理图编辑器的边框移到图纸区域，则将鼠标移到工具栏中央的空白处，单击鼠标左键并按住左键不放，此时鼠标指针由“箭号”变成“箭号+纸状”，如图 2-97 所示。拖曳该工具栏，将其放置到合适的地方。

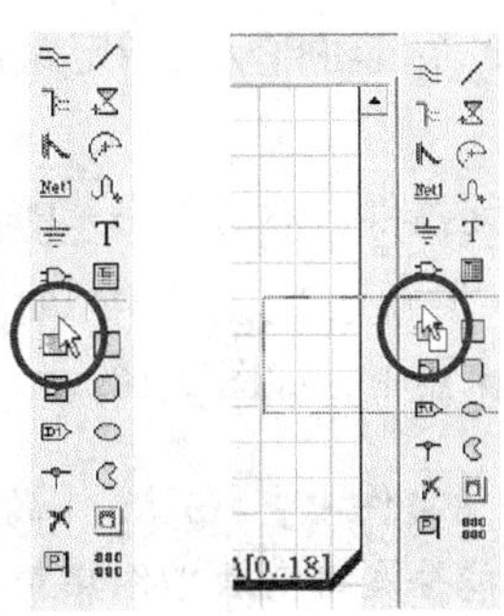

图 2-97　将工具栏拖动到工作窗口图纸区域

2.10.2 原理图编辑器的使用

本小节介绍利用原理图编辑器管理窗口在系统提供的所有元器件库文件中查找元器件，以及利用原理图编辑器管理窗口中的快速查找图件功能在原理图中快速查找并定位网络标号的方法。

1．查找元器件

在原理图编辑器管理窗口中单击 Find 按钮，即可打开【Find Schematic Component】（查找元器件）对话框。下面以查找元器件“MAX232”为例介绍在系统提供的元器件库中查找元器件的具体操作步骤。

（1）在原理图编辑器管理窗口中单击 Find 按钮，打开【查找元器件】对话框，在该对话框中可以对要查找的元器件的属性进行设置。本例中以元器件的名称作为查找条件，选中【By Library Reference】（通过元器件的名称）选项前的复选框，并在其后的文本框中输入搜索名称。为了扩大搜索的范围，本例中设置为“*MAX232*”，如图 2-98 所示。

（2）单击【Path】（路径）文本框后的 ... 按钮，打开【浏览文件夹】对话框。在该对话框中，用户可以指定查找元器件的路径，如图 2-99 所示。

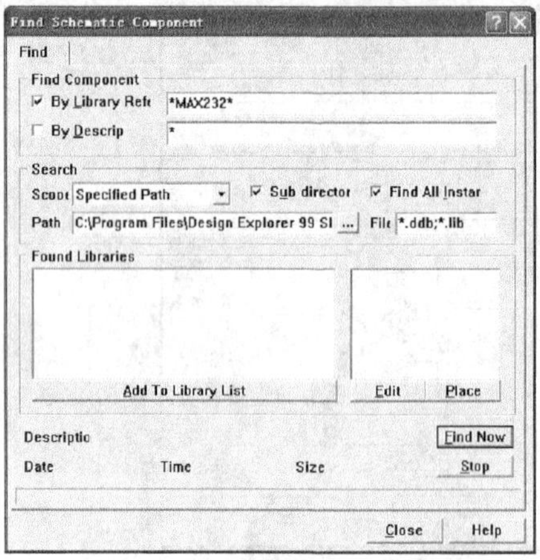

图 2-98 【查找元器件】对话框

图 2-99 【浏览文件夹】对话框

要点提示 本例拟在系统提供的所有元器件库中查找元器件，因此应当将查找元器件的路径设置为系统安装目录下的原理图库“...\Design Explorer 99 SE\Library\Sch\...”。

（3）设置好查找元器件的路径后，单击 确定 按钮回到【查找元器件】对话框，然后单击 Find Now 按钮执行查找元器件的命令，系统将自动在指定路径下的库文件中查找元器件，查找的结果如图 2-100 所示。

在查找结果列表框中选中需要的元器件，然后单击 Place 按钮即可将当前选中的元器件放置到原理图设计中，如图 2-101 所示。单击 Add To Library List 按钮，可以把当前选中的原理图库文件载入到原理图编辑器中，如图 2-102 所示。

要点提示 在系统提供的所有元器件库文件中查找元器件的适用情况是：用户仅知道元器件的名称，但不知道元器件可能会在哪个原理图库中。

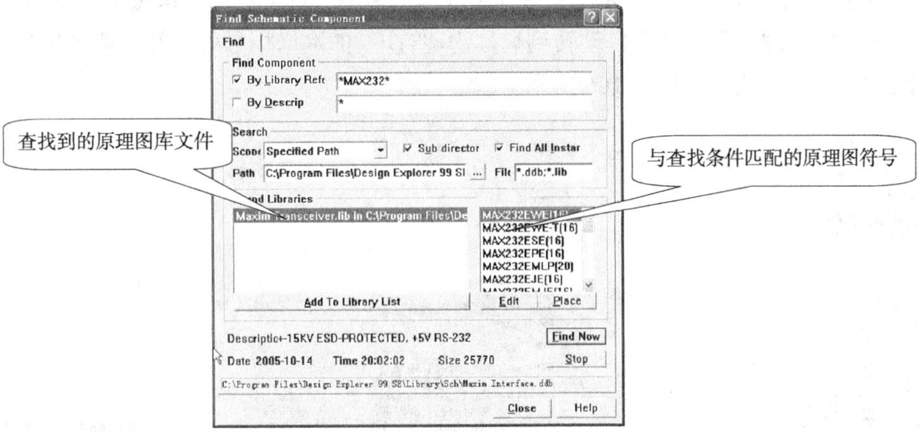

图 2-100　查找元器件的结果

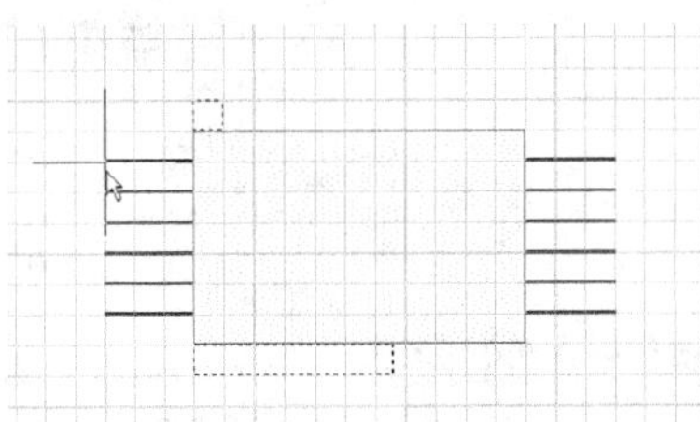

图 2-101　载入元器件

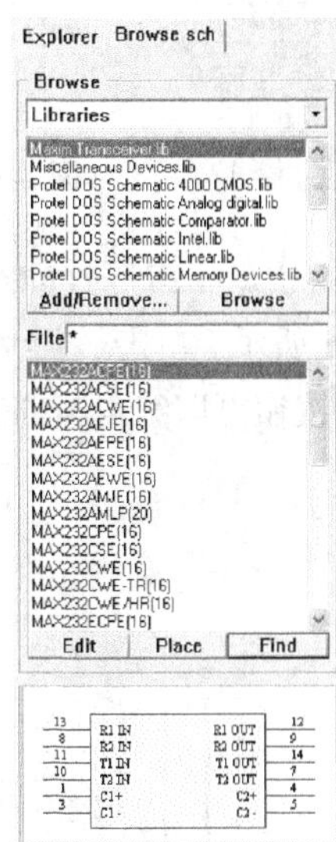

图 2-102　载入库文件

2．查找网络标号

在原理图设计中经常需要查看元器件之间的电气连接，即查找具有相同网络标号的元器件引脚之间的连接。

通过原理图编辑器管理窗口中查找图件的功能可以快速查找到网络标号，而且可以快速定位到网络标号在图纸上的具体位置。下面以查找网络标号“TDI”为例介绍在原理图设计中查找网络标号的具体操作步骤。

（1）执行菜单命令【File】|【Open…】，在 Protel 99 SE 的安装目录中找到并选中“…\Design Explorer 99 SE\Examples\LCD Controller.ddb”，打开其中的“LCD Processor.Sch”原理图设计文件。

（2）在原理图编辑器管理窗口中，将【Browse】选项区域文本框中的选项设置成【Primitives】，则原理图编辑器管理窗口将变为如图 2-103 所示的浏览图件模式。

（3）在图件分类列表栏中选择【Net Labels】（网络标号），系统将会变为查看网络标号的模式，并在图件列表栏中显示当前原理图设计中的所有网络标号，如图 2-104 所示。

（4）查找网络标号。将鼠标指针移到图件浏览栏中，单击鼠标左键激活图件列表栏，接着再按 T+D+I 组合键，系统将会自动转到名称为“TDI”的网络标号处，并且使名称为“TDI”的网络标号处于选中状态，如图 2-105 所示。

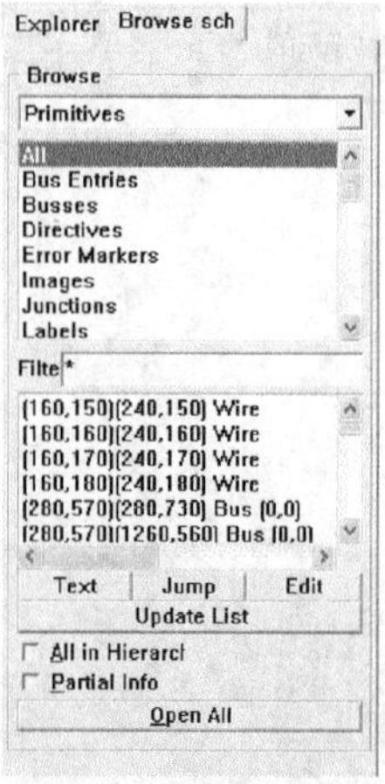

图 2-103　浏览图件模式

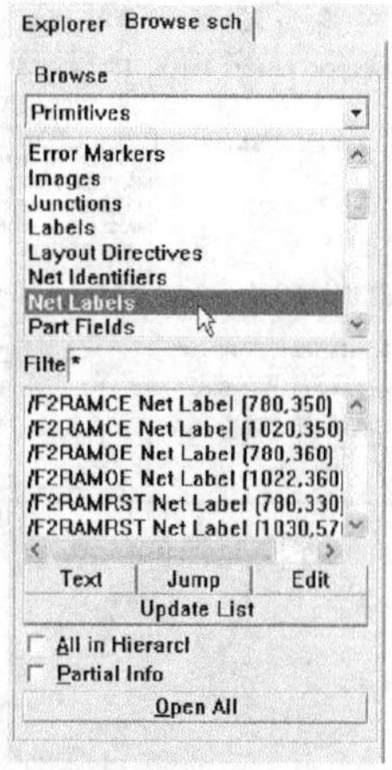

图 2-104　查看原理图设计中的网络标号

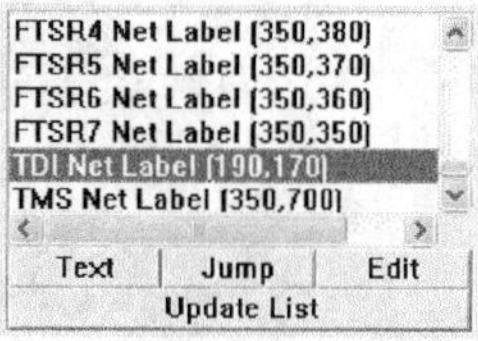

图 2-105　查找网络标号的结果

在图 2-105 中，单击 Jump 按钮即可跳转到当前选中的网络标号在原理图设计中所在的位置，如图 2-106 所示。单击 Text 按钮可以编辑当前选中的网络标号的名称，如图 2-107 所示。单击 Edit 按钮可以编辑当前选中的网络标号的属性，如图 2-108 所示。

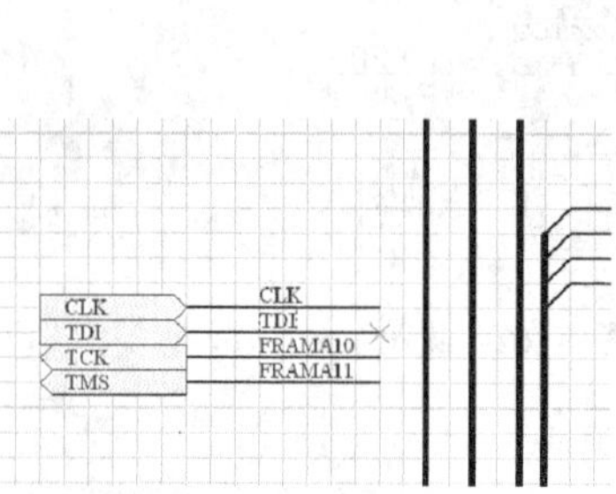

图 2-106　跳转到网络标号

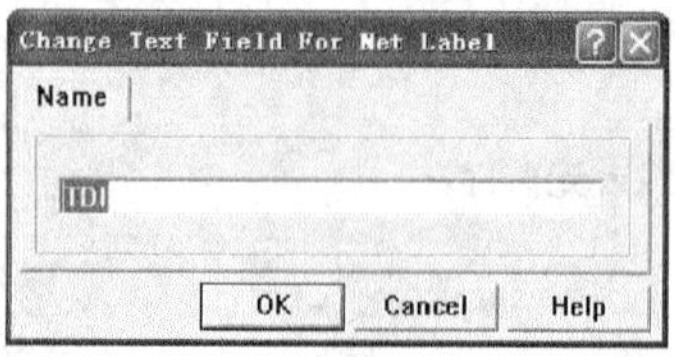

图 2-107　修改网络标号的名称

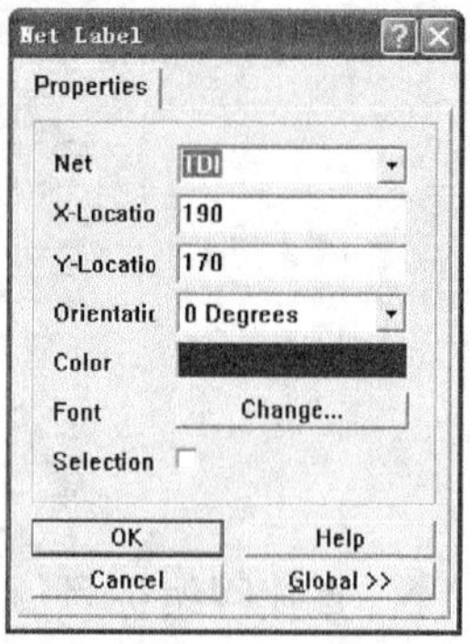

图 2-108　编辑网络标号的属性

利用原理图编辑器管理窗口快速查找并定位图件的功能来浏览、修改原理图设计，可以缩短查找图件的时间，提高原理图设计的效率。除了查找网络标号外，查找元器件也是常用的操作，其操作方法与查找网络标号的方法基本一样，只是要将图件的类型选择为【Parts】（元器件）。

2.10.3　画图工具栏的运用

画图工具栏主要是用来修饰和说明原理图的，如图 2-109 所示。当用户需要对原理图进行注释或加注调试信息时，就要用到画图工具栏来绘制所需的说明文字或图形了，而这些文字和图形并不影响原理图的功能。

图 2-109　画图工具栏

用画图工具栏中的工具画出的图形和文字都不具备电气意义，这一点有别于布线工具栏中的工具。

2.11 动手练习

2.11.1 电源电路绘制实例

一个电路板中可能会使用不同电压的电源，还可能使用地线隔离的电源，因此在绘制电源电路时应该加以注意。

下面通过绘制一个具有共地的+15V、−15V、+5V 输出以及另外一路地线隔离的+15V 电源电路，掌握放置元器件的方法、相同元器件符号连续放置的技巧、元器件符号的旋转与镜像、常用元器件符号在元器件原理图符号库中的分布、绘制连接元器件引脚间的电气导线以及电源和接地符号的方法。

使用变压器、78XX 和 79XX 系列三端稳压集成电路、接插件、电容器及熔断器等元器件绘制如图 2-110 所示的电源电路。

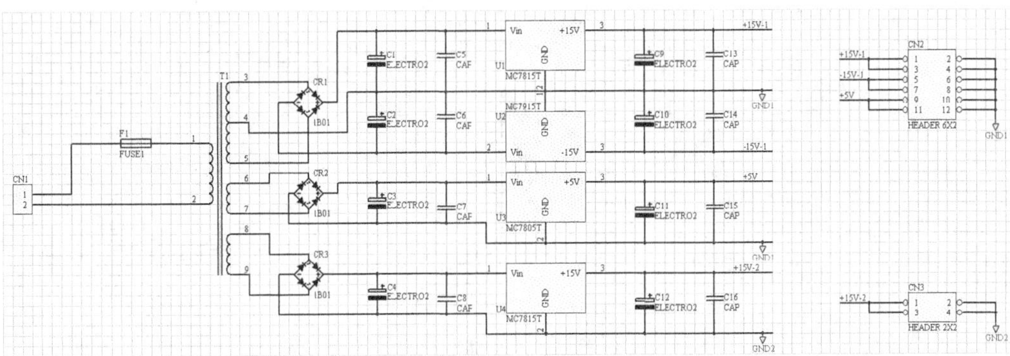

图 2-110 电源电路绘制实例

主要操作步骤如图 2-111 所示。

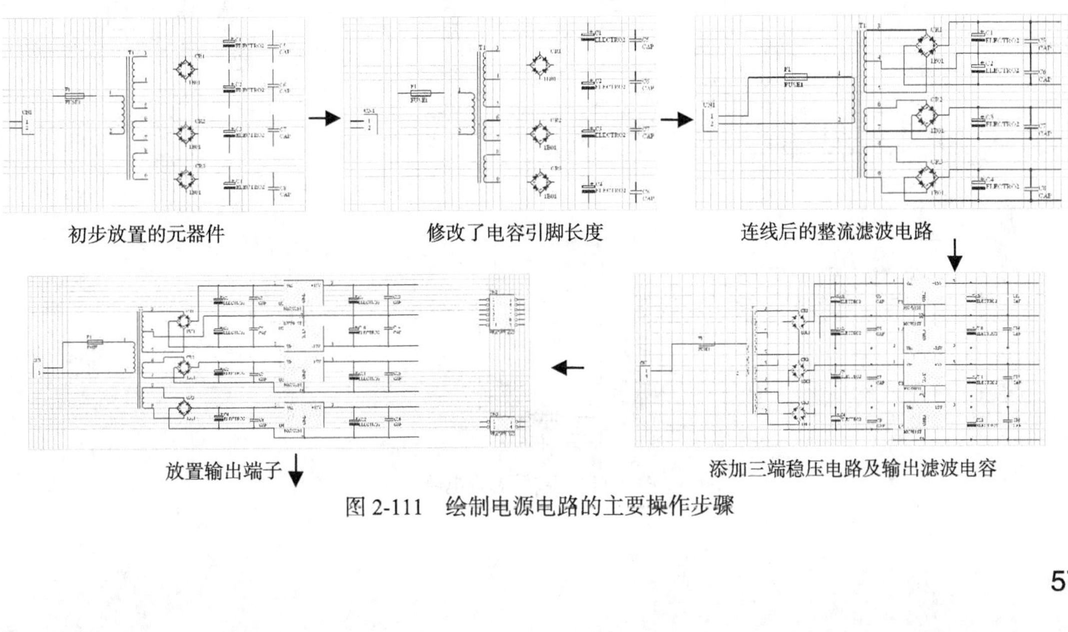

图 2-111 绘制电源电路的主要操作步骤

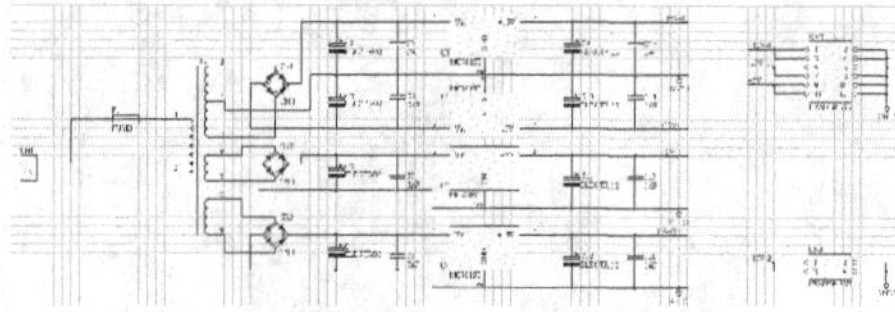

添加网络标号及接地符号

图 2-111　绘制电源电路的主要操作步骤（续）

2.11.2　数模混合电路实例

如图 2-112 所示是一种常见的数模混合电路。模拟电路主要由斩波电源电路组成，而数字电路则主要由单片机 AT89C555WD、A/D 转换电路及其外围电路组成。由于数字控制电路与斩波电源不共地，因此从斩波电源输出反馈的电压信号需要进行电隔离。本例采用电压霍尔传感器对输出电压进行隔离采样。传感器的输出信号经过滤波、放大后，输入由 MAX191 组成的 A/D 转换电路进行数字量转换。

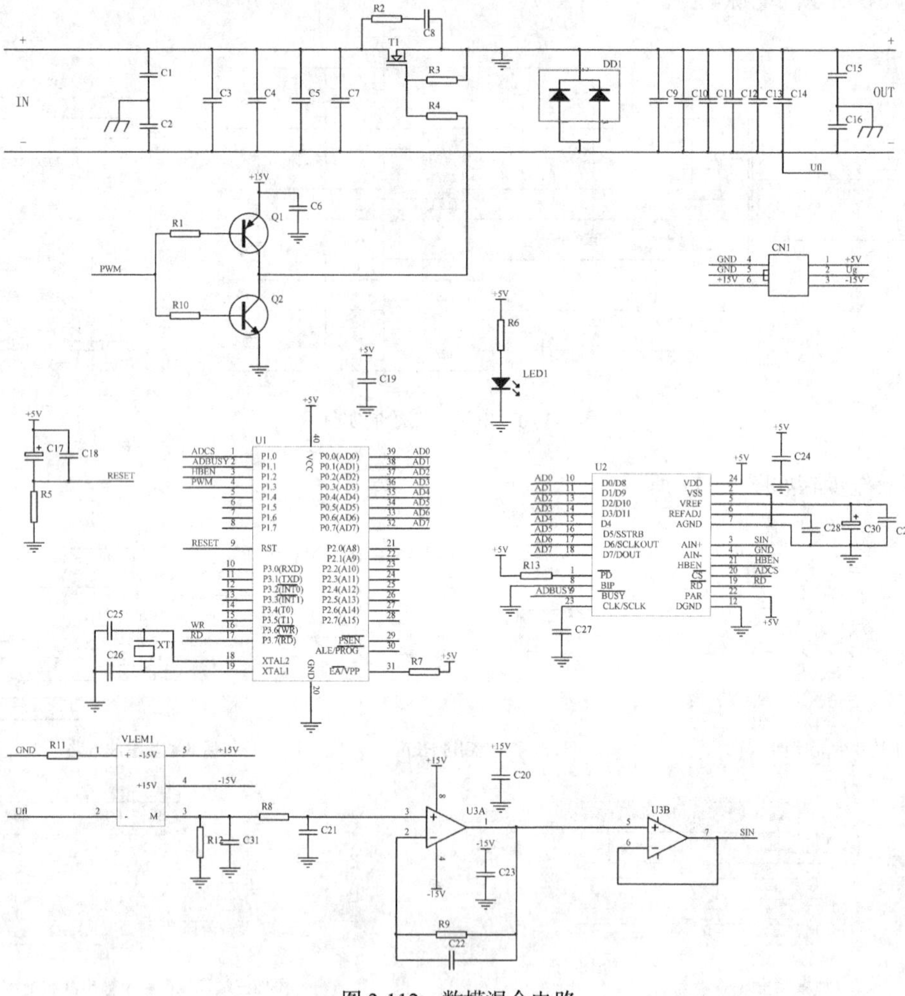

图 2-112　数模混合电路

对于这类电路，在绘制电路原理图时应注意以下几点。

（1）根据电路的功能，对电路进行分块，并分别进行绘制。本例中的数模混合电路由单片机电路、斩波电源、电压采集电路、信号放大电路和 A/D 转换电路等组成。

（2）电路原理图绘制过程中，由于控制电路中经常采用的运算放大器、比较器、与非门以及或非门电路较多，因此在放置这一类具有多路功能单元的元器件时，应以电气连接特性为指导思想，尽量将同一芯片的功能单元引脚靠近放在一起，以利于以后的 PCB 布线工作。

（3）元器件的编号既可以在绘制电路原理图的过程中进行，也可以在电路原理图绘制完后利用系统提供的自动编号功能对电路原理图进行编号。

2.12 小结

本章以“指示灯显示电路”和“单片机最小系统”为例介绍了绘制原理图的过程、原理图设计的基本流程等知识。

- 原理图设计的基本流程：原理图的设计步骤包括创建原理图设计文件、设置图纸区域工作参数、载入原理图库、放置元器件、调整元器件位置、编辑元器件属性和布线。
- 设置图纸区域工作参数：用户可以根据个人的绘图习惯对原理图编辑器中的系统参数进行设置，以提高绘图的效率。
- 载入原理图库：原理图库是存储原理图符号的文件，只有在载入了原理图库之后，用户才能在原理图库中找到需要放置的元器件。
- 放置元器件：介绍了几种常用的放置元器件的方法。
- 调整元器件位置：详细介绍了元器件的旋转、翻转、移动、删除、排列、对齐等调整元器件位置的知识。
- 编辑器元器件属性：可以在放置元器件的过程中按 Tab 键，或者是在放置完元器件后用鼠标左键双击已经放置好的元器件，打开【元器件属性】对话框对其属性进行设置。
- 原理图设计：介绍了原理图设计的方法，以及放置导线、网络标号、总线等常用工具的具体操作步骤。
- 添加注释文字：为了达到方便调试、增强图纸可读性等目的，在原理图布线完成后，还要根据需要添加一定的注释文字。

2.13 习题

1．填空题

（1）新建文件的快捷键为________，取消选取所有对象的快捷键为________，使当前视图能够刚好查看原理图上所有图件对象的快捷键为________。

（2）原理图编辑中的查找命令或替换命令是针对________对象进行的。

（3）删除对象除了使用【Delete】命令之外还可以使用________命令，它的快捷键为________。

（4）【Document Options】对话框中的________选项可以控制图纸的放置方向，而________选项可以控制栅格捕捉的开关。

（5）在【Preferences】对话框中，通过________选项可以改变光标的形状；若要使元器件只能正交移动，则必须选中________选项。

（6）在编辑原理图时，绘制导线的命令是________，使用在两个连接点上放置相同名称的________同样可以使两者具有电气连接关系。

（7）在放置元器件的十字光标命令状态下，可以按________键调出【元器件属性】对话框，按________键可以旋转元器件，按________或者________键可以将元器件以相应的坐标轴镜像翻转。

2．选择题

（1）电路原理图中的某一个元器件已经与其他一些元器件有了相应的电气连接关系，如果想在移动元器件的过程中保持这种连接关系，应该使用【Move】子菜单中的（　　）命令。

A．【Move】　　B．【Drag】　　C．【Drag Selection】

（2）如果要删除原理图中的许多对象，可以先选取这些对象，然后利用【Edit】菜单中的（　　）命令将它们一次性全部删除。

A．【Cut】　　B．【Delete】　　C．【Clear】

（3）使用【Window】菜单中的（　　）命令，可以让 Protel 99 SE 中所有打开的窗口重叠排列。

A．【Tile】　　B．【Cascade】　　C．【Arrange Icons】

（4）若想将两个元器件的某些管脚对应地连接起来，可以使用（　　）命令。

A．【Wire】　　B．【Bus】　　C．【Net Label】

（5）在【Preferences】对话框的【Schematic】选项卡中，如果取消选择【Auto-Junction】复选框，当原理图中出现 T 型连接的时候，表面上连在一起的导线实际上并没有在电气意义上连接，这时需要用（　　）命令才能将交叉的导线连接起来。

A．【Place】|【Net Label】

B．【Place】|【Wire】

C．【Place】|【Junction】

（6）如果想将 Protel 99 SE 中原理图的一部分元器件复制并粘贴到 PowerPoint 文档中，必须在【Preferences】对话框的【Graphical Editing】选项卡中取消选择（　　）选项。

A．【Add Template to Clipboard】

B．【Clipboard Reference】

C．【Convert Special Strings】

3．原理图设计的基本流程是什么？

4．可视栅格、捕捉栅格和电气栅格各有什么作用？试设置不同值，观看效果。

5．放置元器件有哪几种方法？

6．调整元器件位置主要有几种方式？

7．在原理图设计过程中，修改元器件的属性主要有几种方法？

8．原理图布线通常有几种方法？

9．导线与网络标号都是常用的布线工具，那么二者各在什么情况下适用？

10．按照下列要求设置一张电路图纸：图纸尺寸为 A4 号，水平放置，图纸标题栏采用标准型。

11．原理图编辑器布线工具栏中的、、和按钮的作用是什么？与它们对应的菜单命令和快捷键分别是什么？

12．原理图编辑器布线工具栏中放置电路节点的按钮是什么？

第 3 章

制作原理图符号

在绘制原理图的过程中，用户可能会发现有的原理图符号在系统提供的元器件库中找不到，此时就需要自己动手制作一个原理图符号。本章通过接插件原理图符号和 IGBT 模块的绘制介绍绘图工具栏的使用和原理图符号的绘制技巧。接插件原理图符号和 IGBT 模块原理图符号分别如图 3-1 和图 3-2 所示。

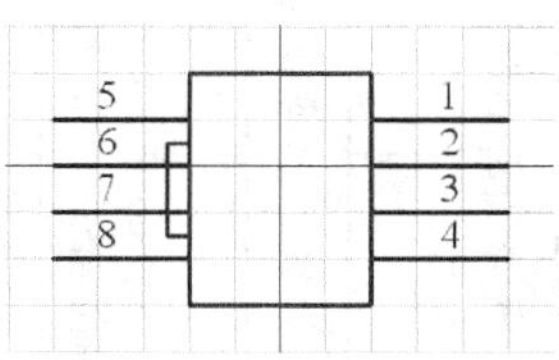

图 3-1　接插件原理图符号

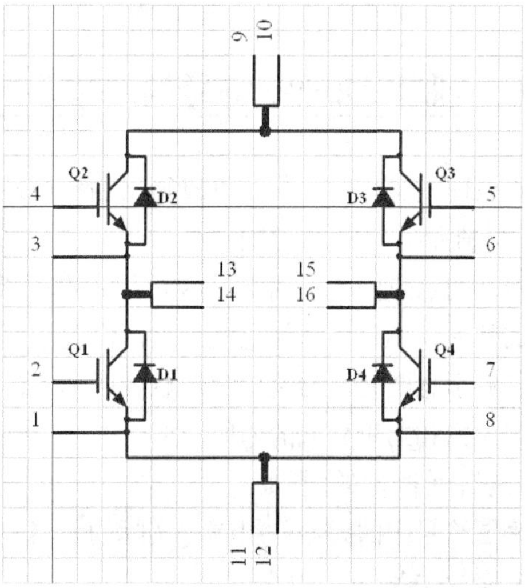

图 3-2　IGBT 模块原理图符号

3.1 制作原理图符号基础知识

本节主要介绍原理图符号的组成、制作原理图符号的基本步骤等基础知识，学习本节有助于用户掌握制作原理图符号的要领。

3.1.1 概念辨析

元器件原理图符号的制作经常涉及原理图符号和原理图库这两个概念。

- 原理图符号：代表二维空间内元器件引脚电气分布关系的符号，它除了表示元器件引脚的电气分布外，没有其他的实际意义。
- 原理图库：存储原理图符号的设计文件。

3.1.2 原理图符号的组成

一般的原理图符号主要由 3 部分组成：第 1 部分是用来表示元器件电气功能或几何外形的示意图；第 2 部分是构成该元器件的引脚；第 3 部分是一些必要的注释。如图 3-3 所示。

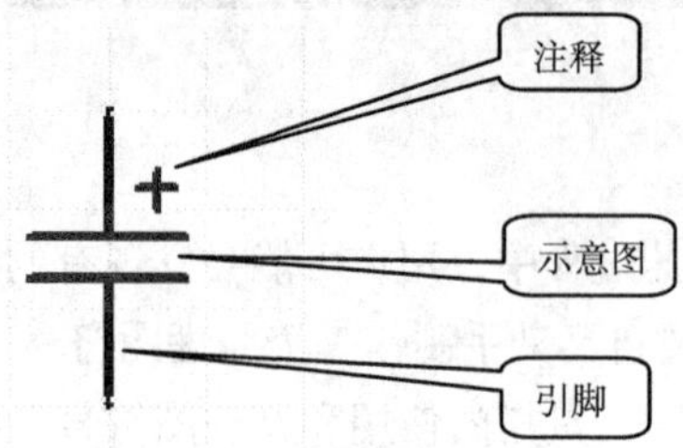

图 3-3 原理图符号的组成

3.1.3 制作原理图符号的基本步骤

根据原理图符号的组成，可以得出制作原理图符号的基本步骤，如图 3-4 所示。

1．绘制元器件的示意图

元器件的示意图主要用来表示元器件的功能或者是元器件的外形，不具备任何电气意义。因此，用户在绘制元器件的示意图时可绘制任意形状的图形，但是必须本着美观大方和易于交流的原则。

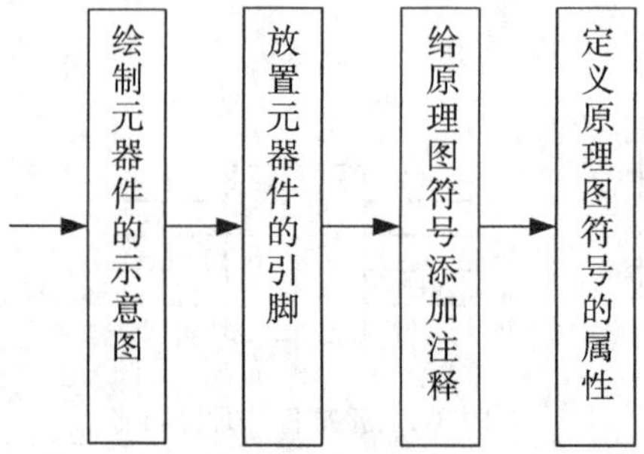

图 3-4 制作原理图符号的基本步骤

2．放置元器件的引脚

原理图符号中的元器件引脚与实际的元器件引脚具有一一对应的关系。

在制作原理图符号时，放置元器件的引脚时应当注意以下 3 点。

- 正确设置元器件引脚的序号。

虽然原理图符号中的元器件引脚与实际的元器件引脚具有一一对应的关系，但是为了方便原理图设计中的布线，原理图符号中的引脚顺序可以不按照实际元器件的引脚顺序来放置，如图 3-5 所示。

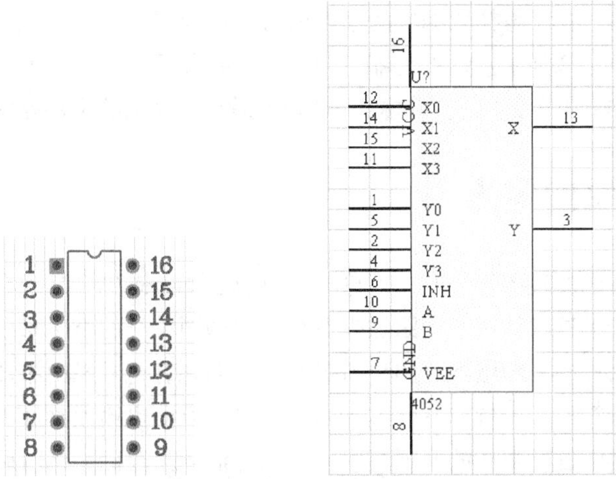

（a）元器件引脚的编号方法　　（b）放置好的原理图符号的引脚

图 3-5　元器件引脚的编号与原理图符号的引脚

要点提示 以集成电路为例，实际的元器件引脚从左至右沿逆时针方向编号，如图 3-5 所示。

- 正确放置元器件引脚的电气热点。

在放置原理图符号的引脚时，元器件引脚的电气热点应当远离元器件示意图，否则在绘制原理图时，该引脚不能与相连的导线或网络标号形成电气上的连接。

- 元器件引脚的名称应当能够直观地体现该引脚的功能。

一般来说，元器件引脚的名称要求能够直观地体现出元器件引脚的电气功能，目的是增强原理图的可读性。当然，这也不是必须的，用户可以随意填写或者不写。

3．给原理图符号添加注释

在图 3-3 中，为了区分电解电容和普通电容，给原理图符号添加上了一个表示极性的符号“+”，使得该原理图符号一目了然。因此，在绘制原理图符号的过程中可以根据需要在原理图符号上添加必要的注释。

4．定义原理图符号的属性

定义原理图符号的属性，主要包括添加该原理图符号默认的序号、注释和默认的元器件封装等，如图 3-6 所示。

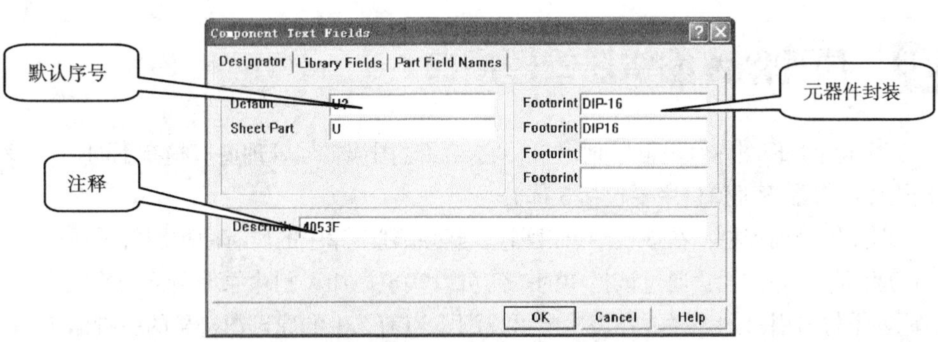

图 3-6　定义原理图符号的属性

定义原理图符号的属性后，可以省去在原理图编辑器中放置原理图符号时的很多工作，例如，在元器件编号时只需将“？”替换成相应的序号即可，这种“U?”的方式对元器件的自动编号非常方便。而为原理图符号添加了默认的元器件封装后，在原理图设计中就可以利用这个默认的封装，而不必特意去添加元器件的封装，这样可以大大提高原理图的设计效率。

3.2 新建原理图库

当用户需要绘制新的原理图符号时，理论上是可以在 Protel 99 SE 现有的原理图库中添加并编辑新的原理图符号的，这种做法对于添加少数几个原理图符号的情况来说是可取的。但是，随着用户用到的新型元器件的不断增加，用户需要不断地向现有符号库中添加这些元器件，这样做的结果一方面使得现有符号库包含的器件过于繁杂，另一方面也给元器件的查找工作带来一定困难。所以，给新的元器件创建独立的原理图库，并把它们分类存储，将对后续的绘图工作大有帮助。新建原理图库编辑器的界面如图 3-7 所示。

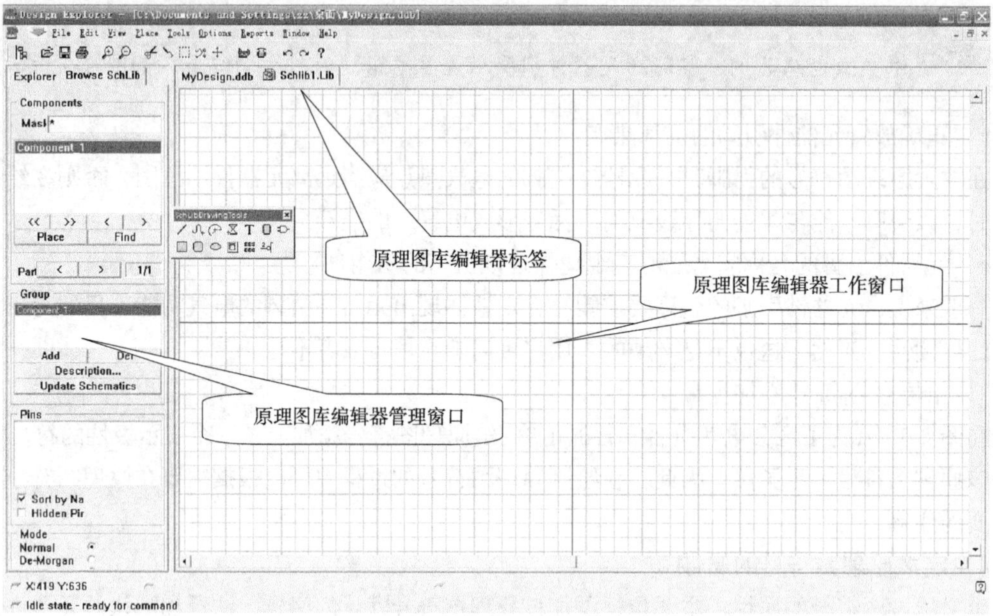

图 3-7 原理图库编辑器界面

3.3 原理图库编辑器管理窗口

图 3-8 所示为原理图库编辑器管理窗口，它与原理图编辑器管理窗口稍有不同。

原理图库编辑器管理窗口主要包括 3 部分。

- 原理图符号列表栏：在该栏中可以浏览当前原理图库中的所有原理图符号。
- 原理图符号操作栏：通过该栏中的按钮可以实现添加、删除原理图符号的操作。
- 原理图符号引脚列表栏：在该栏中可以浏览当前选中的原理图符号的引脚信息。

下面将分别介绍原理图符号列表栏和原理图符号操作栏的应用。

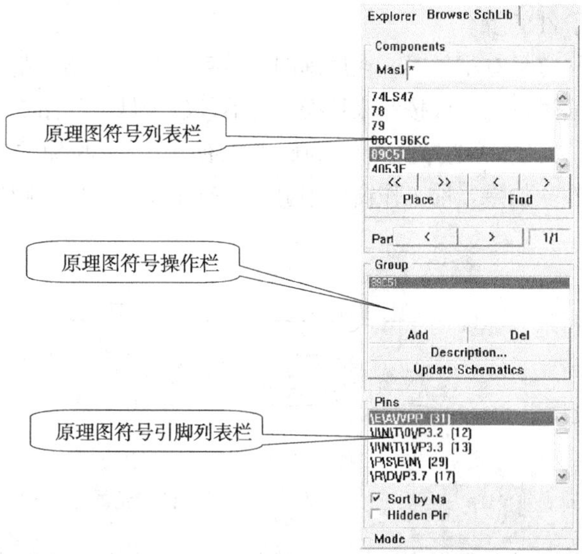

图 3-8　原理图库编辑器管理窗口

3.3.1　原理图符号列表栏

原理图符号列表栏主要用于浏览当前原理图库中的所有原理图符号，其方法与在原理图管理窗口中浏览元器件的方法相同。

下面介绍一下原理图符号列表栏中各按钮的功能。

1．浏览原理图符号的操作

<< ：单击该按钮可以直接回到原理图符号列表的顶端，此时编辑器工作窗口中将会显示该原理图符号，如图 3-9 所示。

>> ：单击该按钮可以直接回到原理图符号列表的底端，此时编辑器工作窗口中将会显示该原理图符号，如图 3-10 所示。

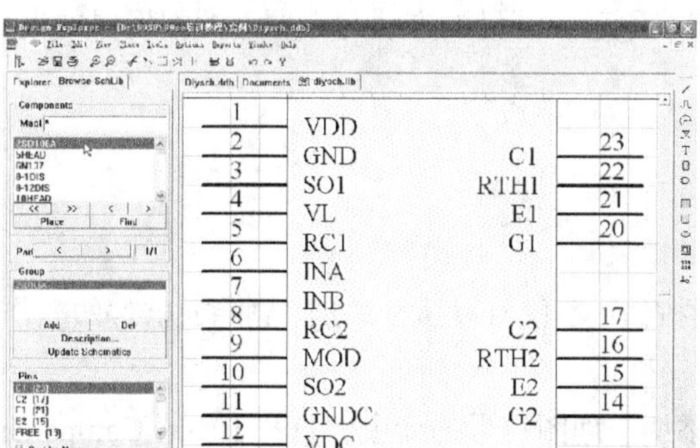

图 3-9　显示列表顶端的原理图符号

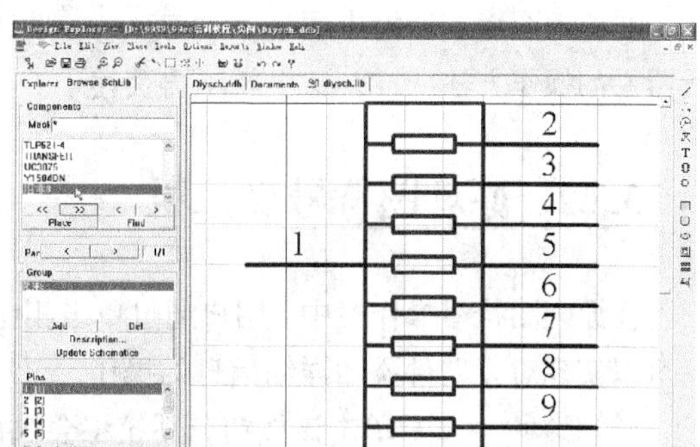

图 3-10　显示列表底端的原理图符号

< ：单击该按钮可以在原理图符号列表中从下往上逐个浏览原理图符号。

> ：单击该按钮可以在原理图符号列表中从上往下逐个浏览原理图符号。

2．浏览原理图符号子件的操作

当一个元器件的原理图符号有子件时，在原理图符号列表栏中只能浏览其中一个子件。如果要浏览所有的子件，则可通过浏览子件按钮来切换该元器件的子件，如图 3-11 所示。

下面以如图 3-12 所示的多通道选择器 4053 为例来介绍浏览子件按钮的应用，其中 A、B、C 分别为该元器件的 3 个子件。如果当前工作窗口中显示的是第 2 个子件，则浏览子件按钮状态变为 Part < > 2/3 。

图 3-11　浏览子件按钮

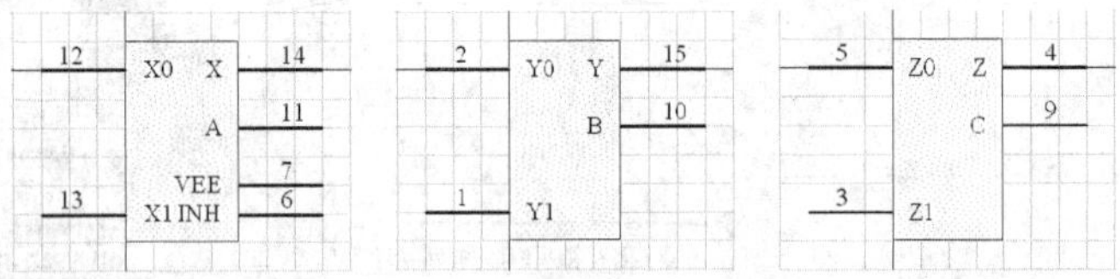

子件 1　　子件 2　　子件 3

图 3-12　元器件 4053

< ：浏览当前子件之前的那一个子件。本例中，单击该按钮，可以将子件切换到子件 1，此时浏览子件按钮的状态变为 Part < > 1/3 。

> ：浏览当前子件之后的那一个子件。本例中，单击该按钮，可以将子件切换到子件 3，此时浏览子件按钮的状态变为 Part < > 3/3 。

3．放置元器件的操作

Place ：单击该按钮，可将当前选中的原理图符号放置到原理图设计文件中。如果当前没有激活的原理图设计文件，那么系统将会在库文件所属的设计数据库文件中新建并打开一个原理图设计文件，以放置该元器件。

Find ：单击该按钮，可打开【Find Schematic Component】（查找原理图符号）对话框，如图 3-13 所示。

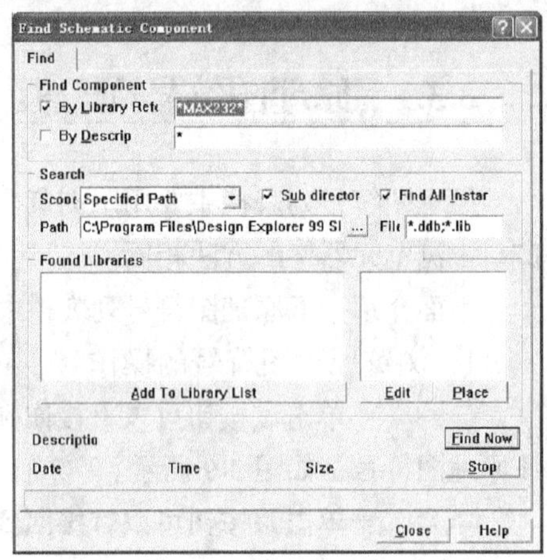

图 3-13 【查找原理图符号】对话框

在原理图库编辑器中通过 Find 按钮查找原理图符号的方法与在原理图编辑器中查找元器件的操作方法一样，这里就不再赘述了。

3.3.2　原理图符号操作栏

在原理图符号操作栏中，用户通过单击相应的按钮，不仅可以执行添加、删除元器件的操作，还可以实现对元器件添加详细信息的操作。

Add ：单击该按钮，系统将会执行添加原理图符号的命令，打开【New Component Name】（新建原理图符号名称）对话框，如图 3-14 所示。单击 OK 按钮，即可添加一个新的原理图符号。

Del ：单击该按钮可以删除原理图库中当前选中的原理图符号。

Description... ：单击该按钮可以打开【Component Text Fields】（原理图符号属性）对话框，如图 3-15 所示。

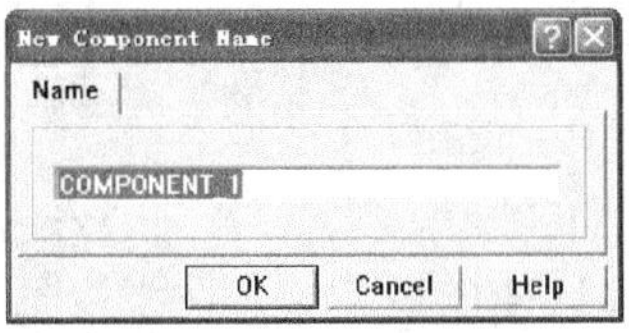

图 3-14 【新建原理图符号名称】对话框

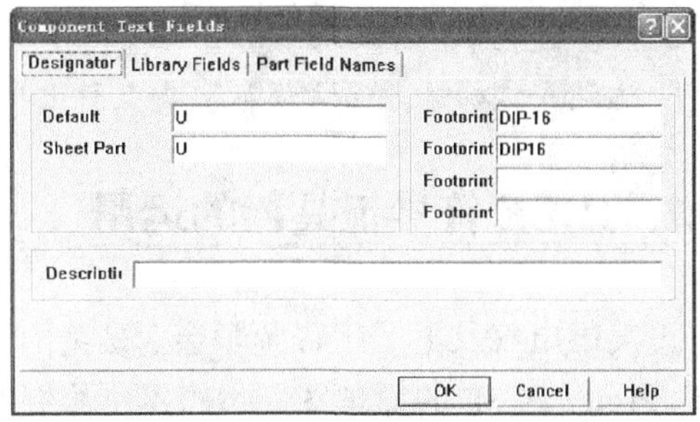

图 3-15 【原理图符号属性】对话框

在该对话框中，常用的选项有以下两个。

- 【Default】（元器件默认的序号）：用来设定元器件默认的序号。一般情况下，在制作集成电路原理图符号时将其设置为“U?”，以方便元器件的编号。
- 【Footprint】（元器件封装）：如果在制作原理图符号时添加上默认的元器件封装，则在原理图绘制过程中就不用再次添加元器件封装，只需采用默认的元器件封装即可。

Update Schematics：单击该按钮可以将原理图库编辑器中对原理图符号的修改更新到原理图设计中。

3.4 常用绘图工具

在认识了原理图库编辑器后，接下来介绍绘制原理图符号的常用工具及使用方法。

3.4.1 原理图符号绘图工具栏的运用

Protel 99 SE 的原理图库编辑器提供了功能强大的原理图符号绘图工具栏（SchLib Drawing Tools）。用户在绘制原理图符号时要用到的基本命令都可以通过单击原理图符号绘图工具栏中相应的命令按钮来实现。使用该工具栏中的各种画图工具，可以很方便地在图纸上绘制直线、曲线及矩形等图形。原理图符号绘图工具栏如图 3-16 所示。

原理图符号绘图工具栏中的一些功能按钮与画图工具栏（Drawing Tools）中的按钮基本是相同的，只是多了放置元器件引脚工具 。

元器件引脚代表着实际元器件的电气分布关系，是具有电气特性的图件。元器件引脚主要由具有电气热点的示意图形、引脚名称和引脚编号组成。元器件引脚的名称通常用来标注引脚的电气功能，而元器件引脚的编号与元器件封装的焊盘编号一一对应。执行放置引脚命令的结果如图 3-17 所示。将引脚移动到合适的位置后，单击鼠标左键放置引脚，引脚放置完毕后，代表电气热点的灰色圆点自动隐藏。

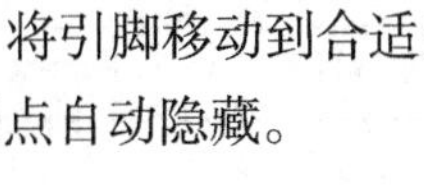

图 3-16　原理图符号绘图工具栏

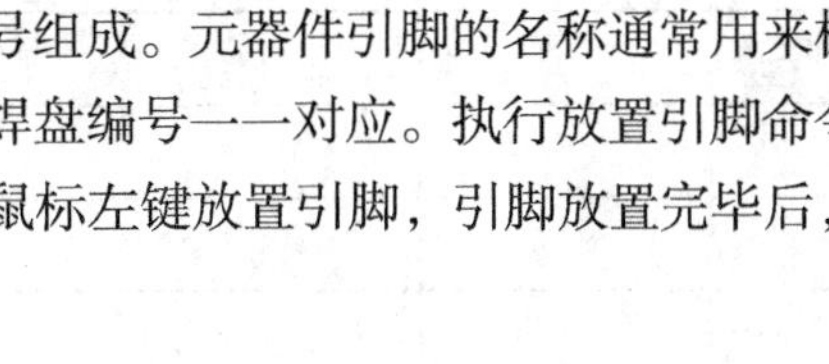

图 3-17　执行放置引脚命令

> **要点提示** 放置过程中应适当按 Space 键调整引脚的位置，使电气热点始终位于原理图符号的远端。这样一方面方便从引脚上引出导线，另一方面也符合绘图习惯。

3.4.2　IEEE 符号工具栏的运用

IEEE（美国电气及电子工程师学会）是美国制定电气标准的专业性组织。Protel 99 SE 的原理图库编辑器所绘制的原理图符号使用标准的 IEEE 符号。IEEE 符号通常用来表示元器件引脚的输入/输出属性，它们仅仅是一种用来修饰原理图符号的图形，没有任何电气意义。Protel 99 SE 提供了一个专门的 IEEE 符号工具栏，如图 3-18 所示。

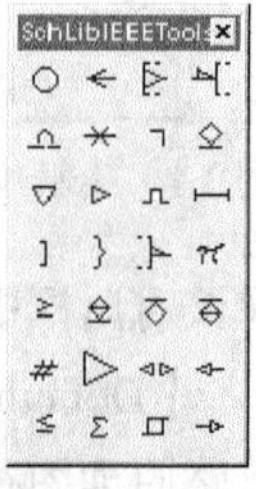

图 3-18　IEEE 符号工具栏

IEEE 符号工具栏中各个按钮的功能如表 3-1 所示。

表 3-1　IEEE 符号及电气意义

工具按钮图标	电气意义
	放置低电平触发信号标志
	放置从右至左信号流标志
	放置时钟信号标志
	放置低电平输入信号标志
	放置逻辑信号标志
	放置非逻辑信号连接标志
	放置缓冲输出信号标志
	放置集电极开路信号标志
	放置高阻态信号标志
	放置大电流信号标志
	放置脉冲信号标志
	放置延时信号标志
	放置多条 I/O 组合信号标志
	放置二进制组合信号标志
	放置低态触发输出信号标志
	放置 π 信号标志
	放置大于或等于符号标志
	放置集电极上拉信号标志
	放置射极开路信号标志
	放置射极开路下拉信号标志
	放置数字信号标志
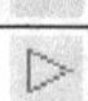	放置反向器信号标志

续表

工具按钮图标	电气意义
	放置输入输出双向信号标志
	放置左移信号标志
	放置小于或等于符号标志
	放置求和符信号标志
	放置施密特触发信号标志
	放置右移信号标志

IEEE 符号工具栏中各个按钮的功能也可以通过选取菜单【Place】|【IEEE Symbols】中的对应命令来实现。

IEEE 符号的放置方法很简单，只要用鼠标左键单击需要的符号按钮，该符号就会附着在鼠标指针上，移动鼠标指针到需要放置 IEEE 符号的原理图符号上，再次单击鼠标左键，IEEE 符号就会被放置在当前位置。放置低电平触发 IEEE 符号后鼠标指针的状态如图 3-19 所示。

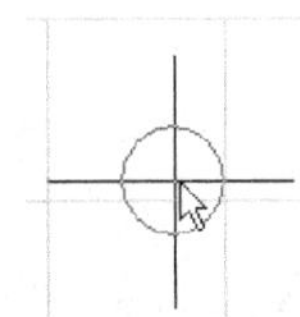

图 3-19 放置 IEEE 符号后鼠标指针的状态

3.5 制作接插件的原理图符号

本节将以一种常见的插接件为例，介绍简单元器件的创建过程。这种插接件的外形如图 3-20 所示。

（1）新建或打开已有的原理图库文件。本例中新建一个名为“diysch.lib”的原理图库设计文件，如图 3-21 所示。

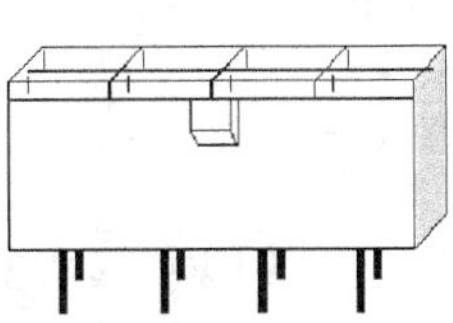

图 3-20 插接件外形图

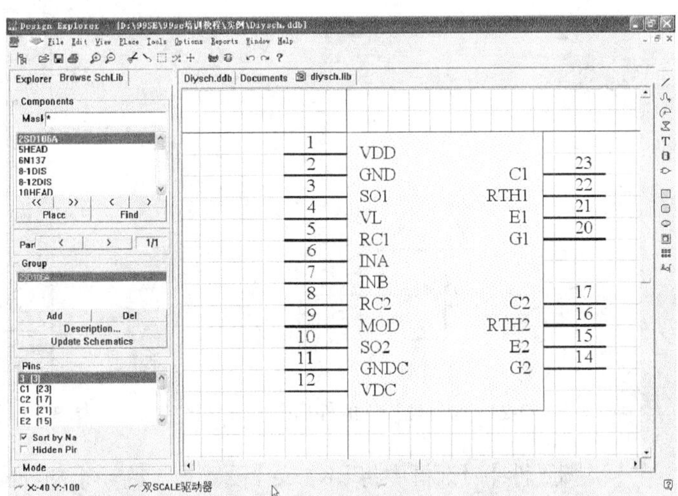

图 3-21 新建的原理图库设计文件

（2）执行菜单命令【Tools】|【New Component】，新建一个原理图符号，系统将会创建一个名为“COMPONENT_1”的元器件，结果如图 3-22 所示。

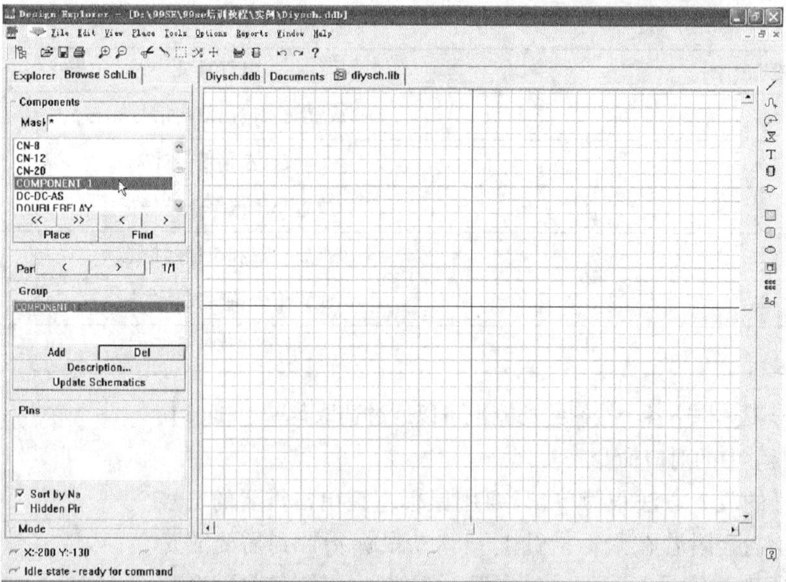

图 3-22　新建一个原理图符号

（3）把鼠标指针移到绘图区域的中央，将绘图区域放大至合适比例。注意，要将绘图区域的（0,0）点置于当前屏幕的可视范围之内。

（4）单击原理图符号绘图工具栏中的 ⁄ 按钮，在绘图区域的（0,0）点附近绘制插接件的外形，结果如图 3-23 所示。

（5）单击原理图符号绘图工具栏中的 按钮，然后按下 Tab 键打开【引脚属性】对话框，如图 3-24 所示。

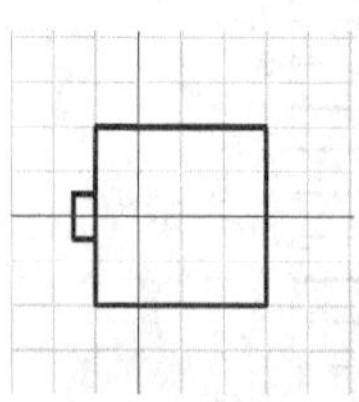

图 3-23　绘制插接件的外形图

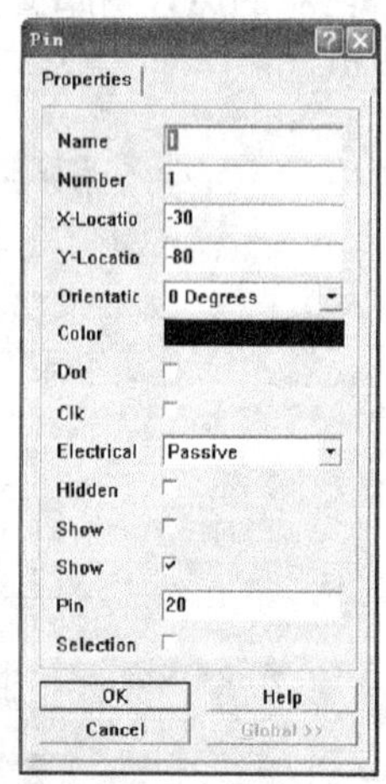

图 3-24　【引脚属性】对话框

在【引脚属性】对话框中将【Name】设置为“1”，【Number】设置为“1”，【Electrical type】设置为【Passive（无源）】，然后单击 OK 按钮确认。

（6）调整引脚的位置。当系统处于放置引脚的命令状态时，按空格键可以旋转引脚方向，将引脚设置为合适的方向（注意，带有电气节点的一端要远离元器件外形），单击鼠标左键，将元器件引脚放置在指定的位置，如图 3-25 所示。

（7）重复步骤 5 和步骤 6 放置其他的元器件引脚。在放置元器件的过程中，元器件的引脚编号会自动按顺序递增。本例中除了【Name】和【Number】两个属性之外，各引脚的其他属性都是相同的，因此在放置后面的引脚时，可依次直接进行放置，不必再对引脚属性进行设置。引脚放置完毕后的结果如图 3-26 所示。

（8）编辑原理图符号的属性，单击原理图库管理窗口中的 Description... 按钮，打开【Component Text Fields】（原理图符号属性）编辑对话框，如图 3-27 所示。

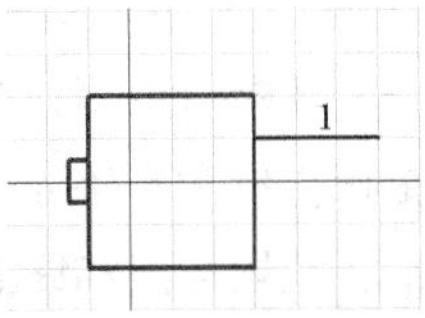

图 3-25　放置第 1 个引脚

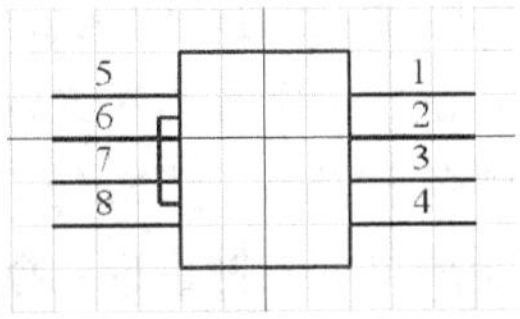

图 3-26　放置引脚后的元器件

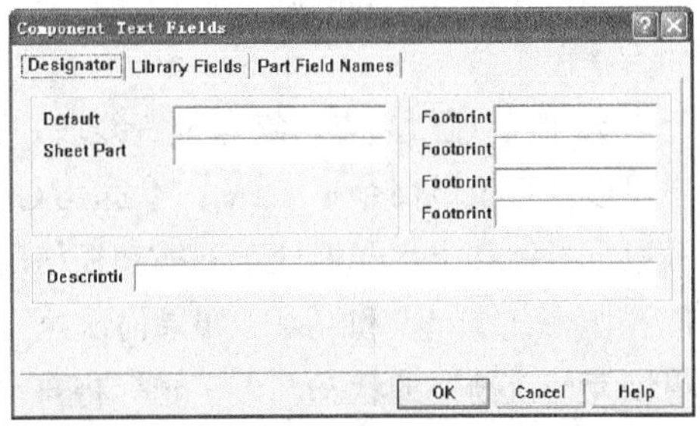

图 3-27　编辑【原理图符号属性】对话框

在该对话框中，主要设置原理图符号的序号和默认的元器件封装等。本例中将【Default】设置为“CN?”，将【Footprint】设置为“CN8”。

（9）执行菜单命令【Tools】|【Rename Component…】，将元器件更名为“CN-8”。

（10）至此，就完成了一个原理图符号的绘制。最后，将制作好的元器件保存到当前元器件库中。

3.6 绘制 IGBT 模块

IGBT 是绝缘栅双极晶体管（Insulated-gate Bipolar Transistor）的简称，1986 年投入使用后，已经抢占了电力晶体管（GTR）和一部分电力场效应晶体管（MOSFET）的市场。它是组成中小功率电力电子设备的主导器件，由单个 IGBT 组成的模块应用也相当广泛。图 3-28 所示是国际整流器公司（IR）的全桥 IGBT 模块 20MT120UF 外形图，图 3-29 所示是 IR 公司提供的该 IGBT 模块的数据说明书，该图除了对这个模块的各个引脚做了编号外，还对各引脚功能做了图解说明，图 3-30 所示是本例最终建立的全桥 IGBT 模块的原理图符号。

图 3-28　全桥 IGBT 模块 20MT120UF 外形图

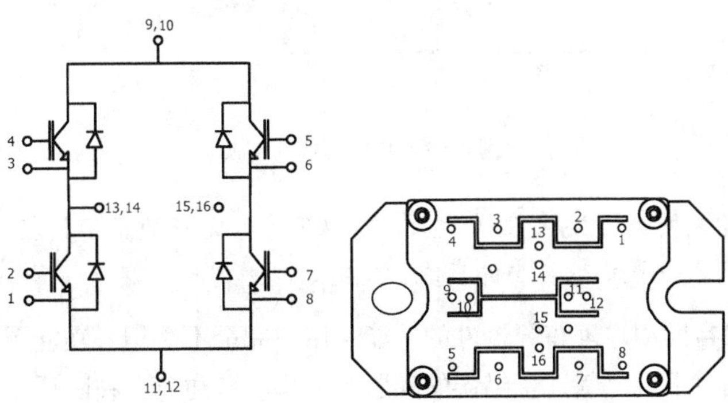

图 3-29　20MT120UF 数据说明书中引脚功能说明及编号

（1）在用户选择的原理图库文件中新建一个原理图符号，命名为“IGBT-FB”。

（2）单击原理图符号绘图工具栏中的 ⁄ 按钮，绘制 IGBT 模块的图形符号的直线段部分，如图 3-31 所示。

用户可能会发现符号上的线段有的需要倾斜，有的起点、终点不在栅格顶点上，下面分别介绍这些位置比较特殊的线段的绘制方法。

① 绘制斜线段。当用户开始绘制直线且通过单击一次鼠标确定起点后，连续按下 Space 键，系统将循环进入不同的画线模式，如图 3-32 所示。通过这种方法，用户可以绘制出倾斜一定角度的直线段。

② 绘制任意起点与终点位置线段。如果需要绘制出起点、终点位置不受栅格限制的线段，用户可以执行菜单命令【View】|【Snap Grid】来切换绘制直线时是否捕获栅格，图 3-31（a）所示的鼠标指针和十字光标处于不捕获栅格的状态，鼠标指针和十字光标始终重合，此时可以将任意位置作为直线起点和终点。如果再次执行菜单命令【View】|【Snap Grid】，鼠标指针和十字光标将恢复捕获栅格的状态，十字光标将自动跳到距离鼠标指针最近的栅格顶点上，线段起点和终点只能在栅格上，如图 3-31（b）所示。

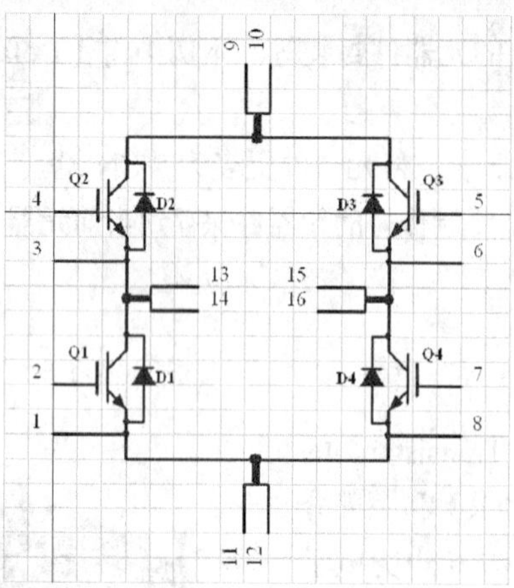

图 3-30　最终完成的 IGBT 模块原理图符号

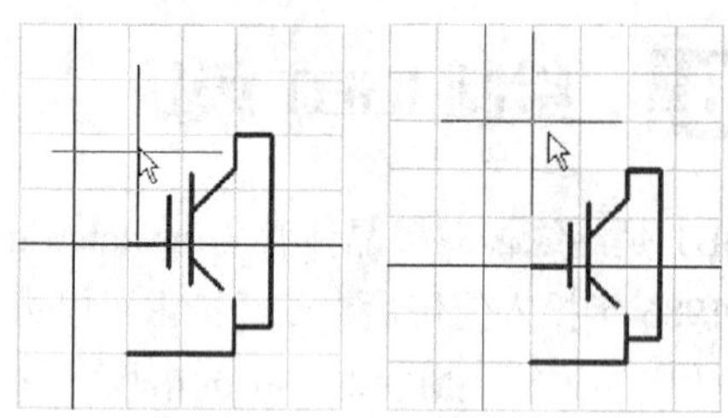

（a）　（b）

图 3-31　功能图形符号直线段部分

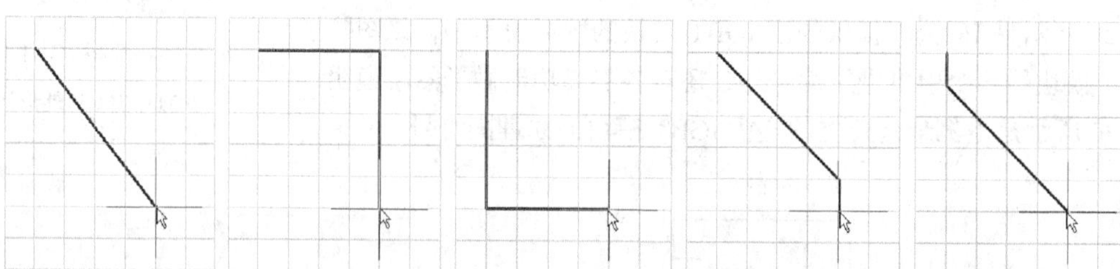

图 3-32　画线模式的切换

要点提示 用户在绘制图形时按住 Ctrl 键，也可以使十字光标处于不捕获栅格的状态，从而绘制出方向及位置都很自由的直线。

图形符号只用来帮助用户理解元器件的功能，用户完全不必担心功能图形的线条没有对准栅格而造成绘制原理图时出现电气连接错误的问题。但是应该注意，在随后添加元器件引脚时，必须将引脚放置在电气栅格上，否则会给原理图连线造成不必要的麻烦。

（3）绘制箭头。

① 单击原理图符号绘图工具栏中的按钮。

② 按照图 3-33 所示在 3 个合适的位置单击鼠标左键 3 次，分别确定箭头三角形的 3 个顶点。

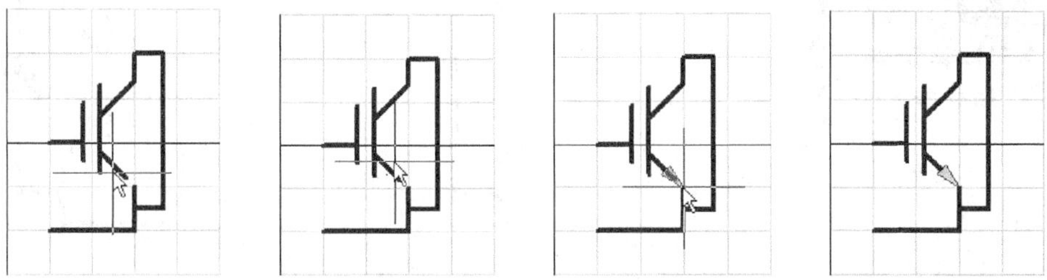

（a）　　（b）　　（c）　　（d）

图 3-33　箭头的绘制过程

③ 单击鼠标右键结束三角形的绘制，随后的图形符号如图 3-33（d）所示。

（4）更改箭头颜色。

① 如图 3-34 所示，在鼠标指针所在位置双击鼠标左键，因为需要修改的三角形箭头和下面的直线段一部分重合，双击鼠标左键后，系统会弹出菜单让用户确认选择的对象，在这里选择“(25，−7)（30，−10）Polygon（27，−7）”，系统将弹出【Polygon】（多边形属性）对话框，如图 3-35 所示。

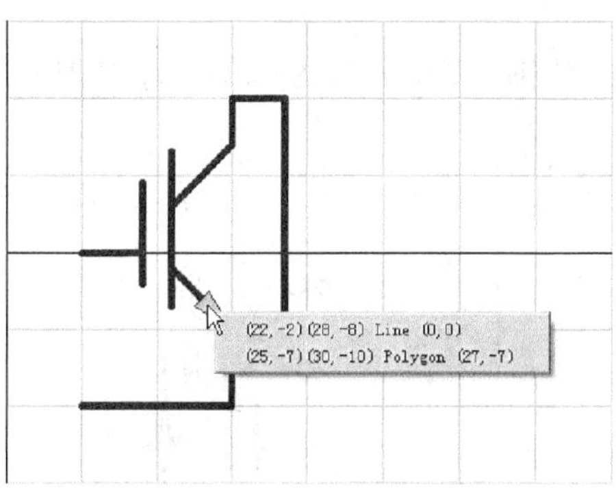

图 3-34　选择多边形

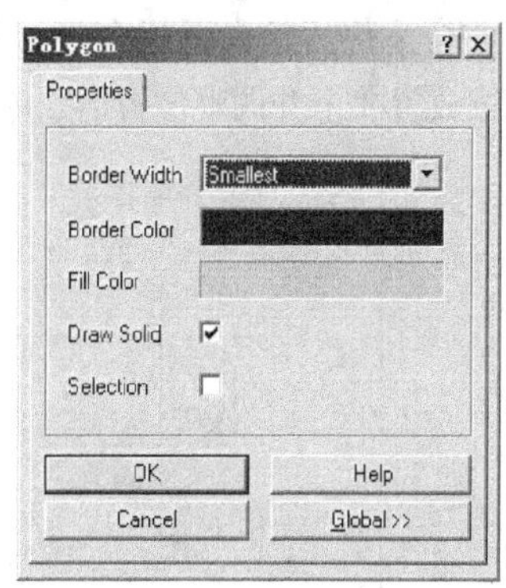

图 3-35 【多边形属性】对话框

② 单击【Fill Color】选项右侧的灰色区域，系统将弹出【Choose Color】（颜色选择）对话框。

为保证箭头内部颜色和其他部分颜色的一致性，在【Choose Color】对话框中选择编号为 229 的颜色后，单击 OK 确定，如图 3-36 所示。修改箭头颜色后的符号如图 3-37 所示。

（5）绘制续流二极管符号。

模块中续流二极管的绘制方法以及更改颜色的方法与第 3 步、第 4 步中箭头的绘制方法近似。这样，一个表示单个 IGBT 功能的图形符号便可绘制完成，如图 3-38 所示。

（6）复制图形符号。将图 3-30 和图 3-38 所示的符号进行比较，可知 IGBT 模块是由 4 个相同的单个 IGBT 组成的，因此可以将图 3-38 所示的单个图形符号进行复制。

① 选择要复制的单个 IGBT 符号，选中后的图形轮廓变为黄色。

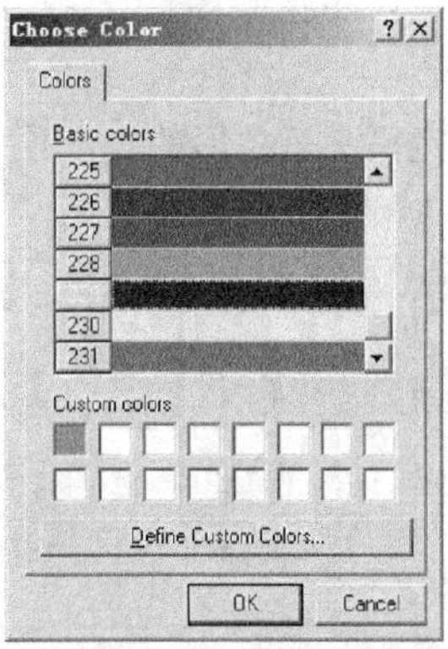

图 3-36　选择箭头颜色

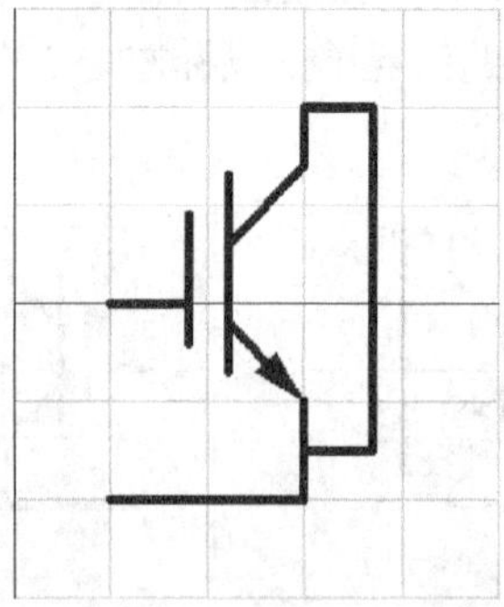

图 3-37　修改完箭头颜色后的符号

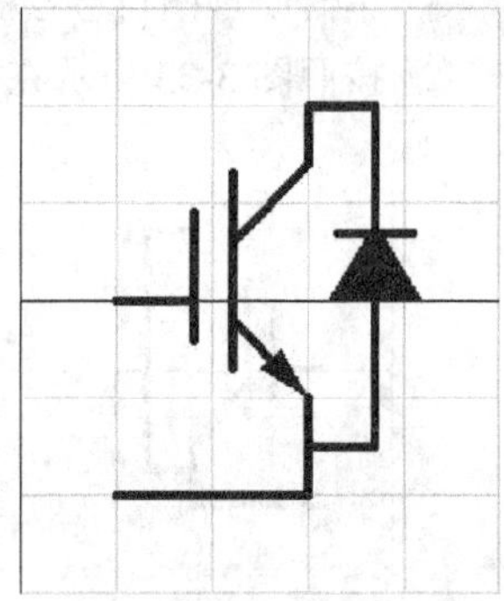

图 3-38　IGBT 功能图形符号

② 执行菜单命令【Edit】|【Copy】后，选择复制的基准点，也就是确定在随后粘贴中被复制图形相对于鼠标指针的位置。这里将图 3-39 中鼠标指针所在的位置确定为基准点，单击鼠标左键确定。

要点提示　复制命令是常用命令，用户可以在键盘上按 Ctrl+C 组合键，这将使复制操作变得更加快捷。

③ 执行菜单命令【Edit】|【Paste】，鼠标指针将带着刚才被复制的图形一起移动，如图 3-40 所示。在合适位置单击鼠标左键，放置复制图形。

连续放置 3 个并调整位置后，单击主工具栏中的按钮取消选择后的图形符号，如图 3-41 所示。

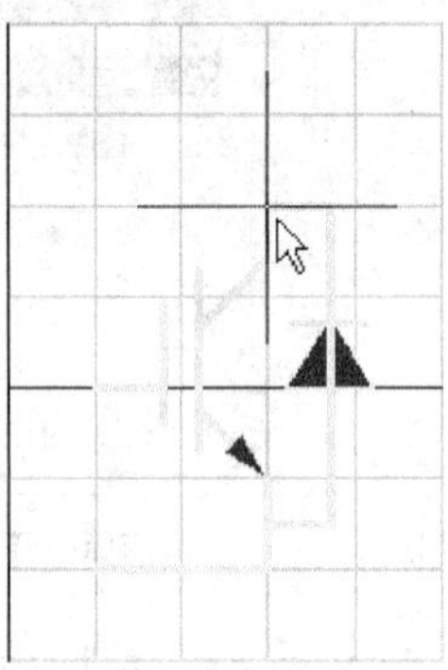

图 3-39　选择复制基准点

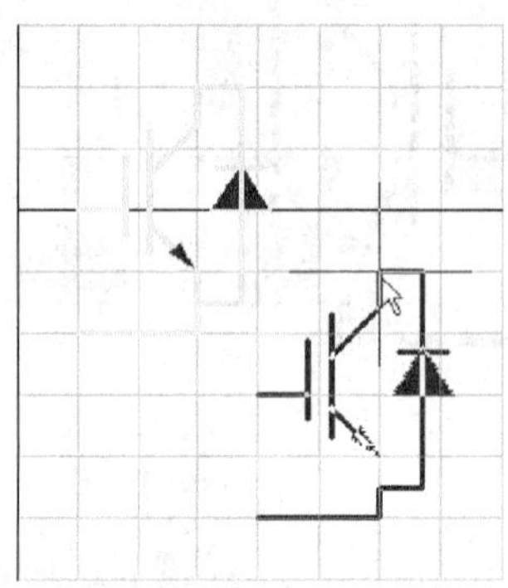

图 3-40　待粘贴的图形跟随鼠标指针移动

（7）镜像图形符号。对比图 3-41 和图 3-30 所示符号，用户可以发现右侧两个 IGBT 与左侧的正好是镜像关系，需要将右侧两个 IGBT 符号进行镜像。

① 选中右侧两个 IGBT。

② 将鼠标指针移至选中的图形上按住鼠标左键不放，此时在键盘上按 X 键，刚才选中的图形将以纵轴对称镜像到图 3-42 所示位置。

要点提示　在选中的图形上按住鼠标左键不放，再在键盘上按 Y 键，则所选图形将会以横轴对称镜像。

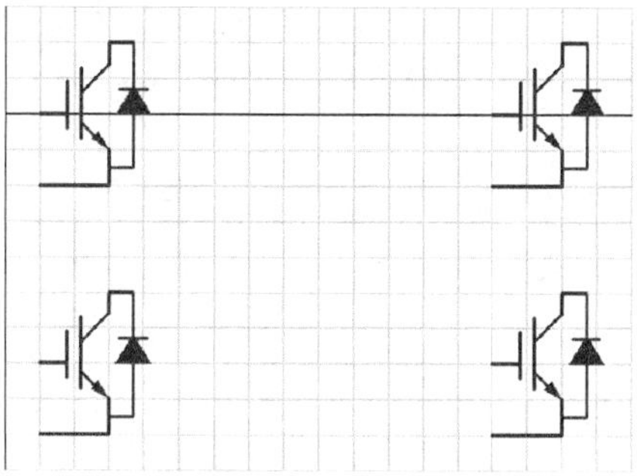

图 3-41　粘贴完毕且取消选择后的图形

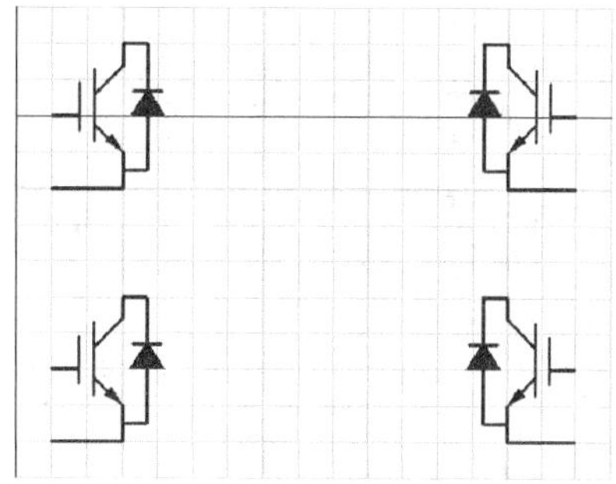

图 3-42　镜像后的图形符号

（8）连线。

① 使用直线工具，绘制出基本连线，如图 3-43 所示。

② 加粗局部线段。在图 3-43 中，鼠标指针位置的节点将有两个引脚，为表示这一含义，将鼠标指针所指的线段加粗。方法为双击该线段，系统弹出【线条属性】对话框，如图 3-44 所示。在【Line Width】下拉列表中选择【Medium】，然后单击 OK 按钮确认，得到修改线宽后的线条，如图 3-45 所示。

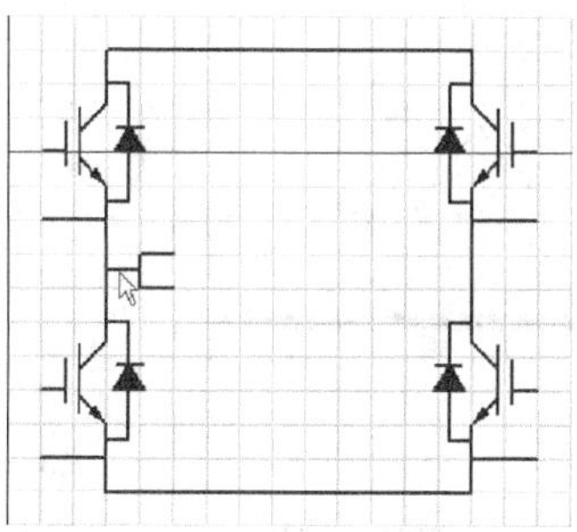

图 3-43　连线后的图形

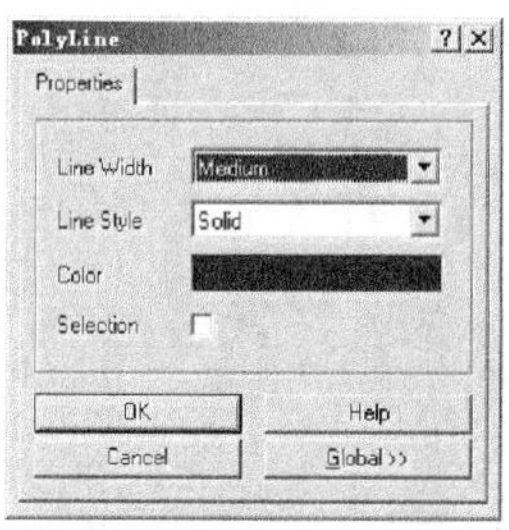

图 3-44　【线条属性】对话框

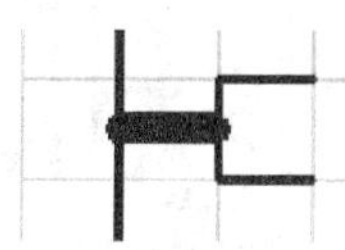

图 3-45　修改线宽后的线条

③ 利用复制工具，完成所有连线，如图 3-46 所示。

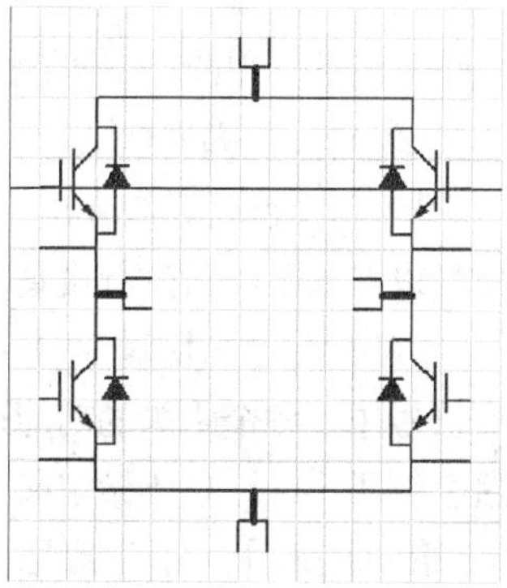

图 3-46　绘制好的功能图形符号

（9）绘制电气连接点。在电路原理图的绘制过程中，对于呈现“丁字”交叉的导线，系统会自动在交点处添加电气连接点，但是在电路原理图符号绘制中，所绘制的直线仅仅是表示功能的线条，不具备电气连接含义，要表示内部的连接，必须由用户来添加电气连接符号。这个电气连接符号通常用小直径圆来代替。绘制方法如图 3-47 所示。

① 单击原理图符号绘图工具栏中（绘制圆弧）按钮。

② 在绘图区单击鼠标左键确定圆的圆心，按住 Ctrl 键的同时在绘图区分多次单击鼠标左键用于确定 x 向半径、y 向半径、圆弧的起点和终点。按住 Ctrl 键是为了使所绘制的圆的半径不受栅格的限制。

③ 将绘制的电气连接符号放置在绘制好的符号上，如图 3-48 所示。

（10）添加引脚。

① 单击原理图符号绘图工具栏中的按钮，或者执行菜单命令【Place】|【Pins】后，鼠标指针将带着一个待放置引脚一起移动，如图 3-49 所示。

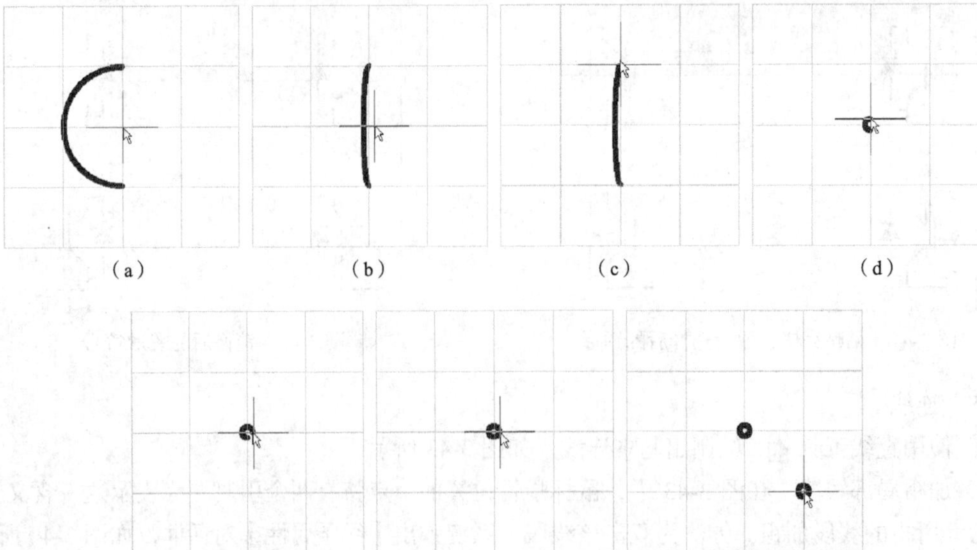

图 3-47　绘制原理图符号中的电气连接符号

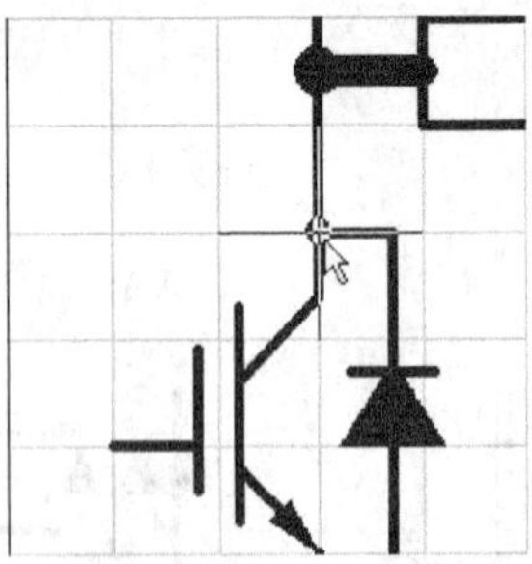

图 3-48　放置电气连接点

图 3-49　待放置的引脚跟随鼠标指针移动

要点提示　引脚两端的功能是不同的，带灰色原点的一端具有电气连接功能，在绘制原理图时将作为连接导线的端点。另外一端则连接在元器件图形符号上。

② 定义引脚属性。

按 Tab 键，系统弹出【引脚属性】对话框，如图 3-50 所示，用户可以对如下项目进行设置。

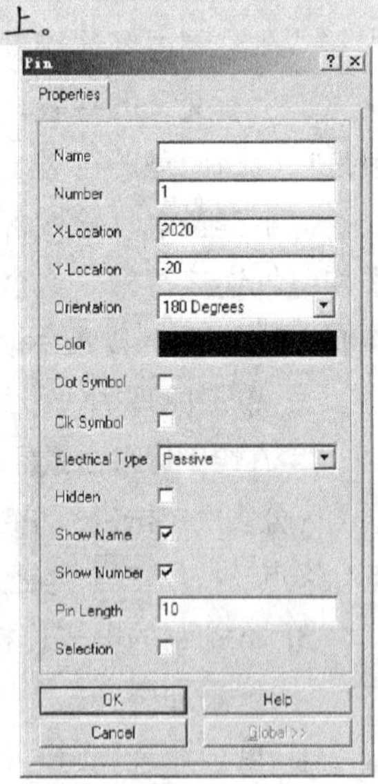

图 3-50 【引脚属性】对话框

【Name】（引脚名称）：引脚名称通常用来表达引脚功能。在这个符号中，各个引脚的功能通过图形符号已经很好地表达了，因此在这个例子中，此项不做定义。

【Number】（引脚编号）：引脚编号是必填项目，它的定义必须与 PCB 封装一致。在本例中，采用元器件供应商数据手册中对各引脚的定义。

【Pin Length】（引脚长度）：根据美观的要求对引脚的长度进行定义，本例中定义引脚长度为“10”。

【Show Name】（显示引脚名称）：选中该复选框，确认引脚名称将在符号上显示。

【Show Number】（显示引脚编号）：选中该复选框，确认引脚编号将在符号上显示。

③ 连续放置引脚。当用户在步骤 2 中定义好一个引脚的编号后，单击 OK 按钮就可以在绘图区域连续单击鼠标左键放置一系列引脚，此时连续放置的一系列引脚的编号将自动加 1。

④ 检查引脚编号。引脚编号对原理图符号来讲是非常关键的，要保证完全正确。如果编号或者其他信息有错，希望进行修改，可以双击待修改的引脚，此时系统将弹出与图 3-50 相同的对话框，在对话框中进行修改即可。

（11）放置文字注释。为了叙述方便，用户有必要对 IGBT 模块中的 4 个 IGBT 以及 4 个二极管进行文字标注，方法如下。

① 单击原理图符号绘图工具栏中的 T 按钮，或者执行菜单命令【Place】|【Text】。

② 按 Tab 键，系统弹出【Annotation】对话框，如图 3-51 所示，在对话框中可以对注释的属性进行定义。

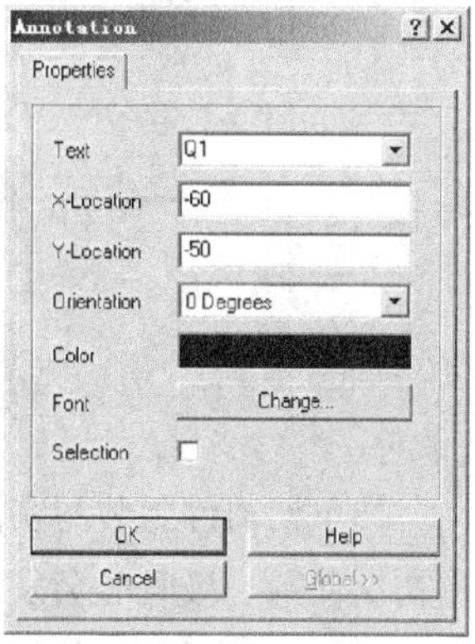

图 3-51 【注释属性】对话框

【Text】（注释文字）：在这一栏中填写需要在符号上添加的注释文字。

【Color】（注释文字颜色）：单击右侧色条，可以选择注释文字的颜色。

【Font】（字体）：单击 Change... 按钮，可以修改注释文字的字体。

③ 在需要添加注释的地方单击鼠标左键，将注释添加在原理图符号上。

如果用户在【Text】的末尾填写的是一个数字的话，连续单击鼠标，放置的注释文字的末尾数字将在原有基础上自动加 1。如图 3-51 所示，【Text】填写为"Q1"，那么随后单击鼠标左键放置的注释文字将是"Q2""Q3"等。

④ 修改注释。如果用户需要对已经添加的注释进行修改，则可以在注释上双击鼠标左键，系统会弹出与图 3-51 所示相同的对话框，用户可以对相应属性进行修改。

（12）确认基准点位置。完成以上步骤后，IGBT 模块的原理图符号基本完成，但绘制的原理图符号可能偏离了基准点。这样会给日后放置该元器件带来不必要的麻烦，用户可以将所绘制的原理图符号整体选中，将其左上角的引脚移至基准点。

至此就完成了这个 IGBT 模块的原理图符号的绘制，为慎重起见，用户应再次进行整体检查，然后保存。通过以上步骤完成的 IGBT 模块原理图符号如图 3-30 所示。

3.7 知识拓展

3.7.1 修改原理图符号

在电路原理图设计的过程中，用户可能会发现系统提供的原理图符号或自己制作的原理图符号存在一些不合理的地方，甚至有的原理图符号中还有错误，这时就需要重新进入原理图库编辑器对该原理图符号进行修改了。

下面介绍在相应的原理图库中修改原理图符号的方法。

1．需要修改的原理图符号

什么样的原理图符号需要修改呢？大体有以下几种情况。

（1）元器件的引脚过长，在原理图设计中影响到原理图的布局，如图 3-52 所示。

（2）元器件的引脚没有名称或者名称不能代表引脚的功能。图 3-53 中的光电耦合器 TLP521-1 没有引脚名称，在绘制原理图时如果不熟悉元器件引脚的功能就可能导致连线错误。这类原理图符号应当根据元器件的实际功能，添加适当的引脚名称。

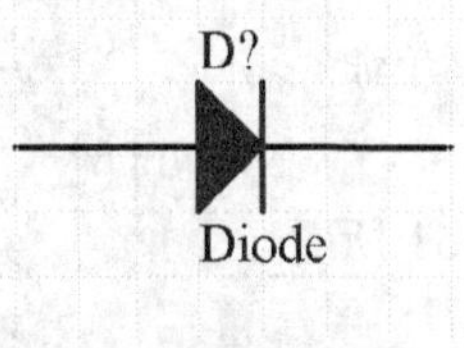

图 3-52　二极管的引脚过长

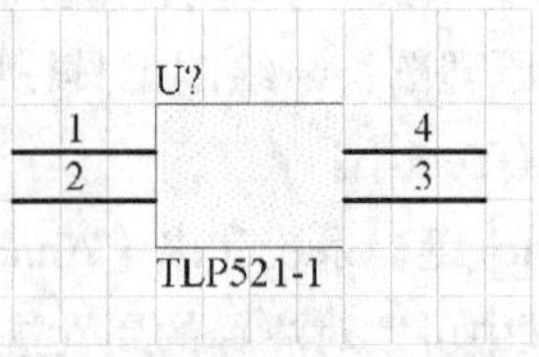

图 3-53　元器件引脚没有名称

（3）元器件封装与实际元器件引脚的对应关系不正确。有过 Protel 99 SE 使用经验的用户，在初次使用三极管时会发现其封装与实际元器件引脚的对应关系不正确。三极管的原理图符号和与之对应的元器件封装如图 3-54 所示。从图中可以看出，根据原理图符号中引脚的定义，如果三极管封装的平面向下，则焊盘从左至右依次为基极→集电极→发射极。而三极管实物（NPN 型和 PNP 型）的引脚名称是这样确认的：将三极管的平面面对自己（相当于元器件封装的平面向下），按照从左至右的顺序依次为发射极→基极→集电极。显然，元器件封装与实物引脚没有正确对应。因此，三极管的原理图符号和元器件封装必须至少修改其中一个，或改变原理图符号中的引脚序号，或改变元器件封装中的焊盘序号，否则会导致电路板的电气连接不正确。

（4）将元器件改为带子件的原理图符号，更方便原理图的布局、走线。图 3-55 中的两对触点的直流继电器的原理图符号存在不合理的地方，如果该继电器的触点被连接在原理图上不同的地方，势必导致连线过长，即使用网络标号表示也不方便阅览图纸。一个较好的方法就是将该继电器的原理图符号修改成带子件的原理图符号。

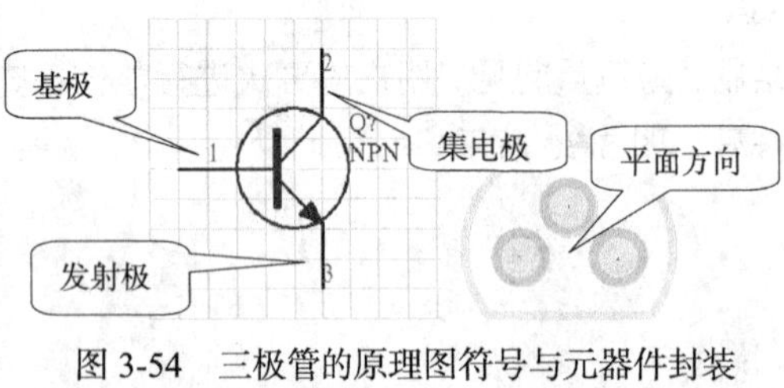

图 3-54　三极管的原理图符号与元器件封装

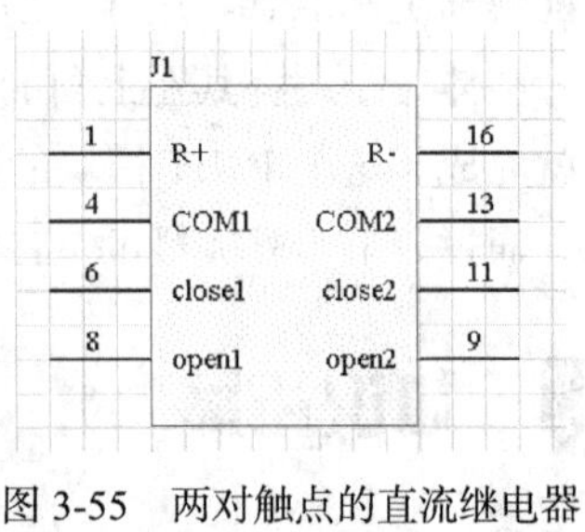

图 3-55　两对触点的直流继电器

（5）原理图符号没有默认的元器件封装。

（6）需要添加特定的注释文字。

总之，只要原理图符号不利于原理图设计、可能妨碍原理图的整体美观及图纸阅览，就需要对其进行修改。

2．修改原理图符号的方法

修改原理图符号主要是修改元器件引脚的属性（包括长度、名称、序号和隐藏属性等）、元器件的外形和添加必要的注释等。下面以修改一个电阻元件的引脚长度为例来介绍修改原理图符号的一般方法。

（1）首先将设计数据库文件“Miscellaneous Devices.ddb”载入到原理图编辑器中。

（2）在原理图编辑器管理窗口的符号库列表框中选择符号库文件“Miscellaneous Devices.lib”，然后再从元器件列表框中找到电阻元件“RES2”。结果如图 3-56 所示。

（3）单击管理窗口中的 Edit 按钮，系统会自动打开设计数据库文件“Miscellaneous Devices.ddb”，并且进入原理图符号编辑器，如图 3-57 所示。

图 3-56　在原理图符号库中找到电阻元件

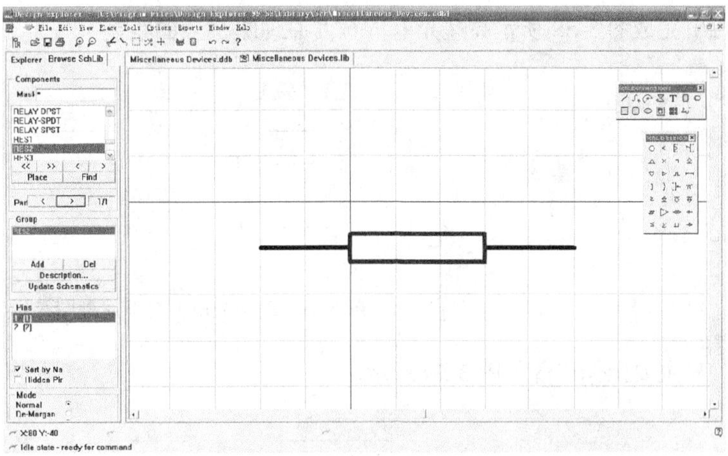

图 3-57　进入原理图符号编辑器

（4）在工作窗口中双击电阻元件其中一个引脚，打开【Pin】（引脚属性）对话框。将【Pin】（引脚长度）更改为“10”（mil），修改完毕后单击 OK 按钮确认。用同样的方法将另外一个引脚的长度也改为“10”（mil）。

要点提示　元器件引脚其他属性（引脚名称、序号及电气类型等）的修改也是通过【Pin】对话框实现。

（5）单击原理图库编辑器管理窗口中的 Update Schematics 按钮，更新原理图中的元器件属性，此后再打开原理图时用户便会发现所有的电阻引脚都变短了。

（6）选取菜单命令【File】|【Save】或单击主工具栏中的按钮均可将所作的修改保存下来，用户在再次放置电阻元件时，便会发现它们的引脚长度都为“10mil”。

3.7.2　元器件符号与原理图的同步更新

在绘制原理图时，因为所使用的元器件原理图符号错误或其他原因，用户可能会对原理图中所使用的元器件原理图符号进行修改。修改完毕后，Protel 99 SE 可以实现元器件符号与原理图的同步更新，而不需要用户重新放置元器件原理图符号。

具体操作是，将需要修改的元器件原理图符号修改后保存，执行菜单命令【Tools】|【Update Schematics】，系统将对当前打开的用到该元器件原理图符号的原理图进行更新。此后所打开的原理图中所有元器件符号将更新为修改后的元器件原理图符号。

3.8 动手练习

3.8.1 制作高速光电耦合器

6N137 是目前应用非常广泛的一款高速光电耦合器，它采用标准的 8 脚双列直插式封装。本节练习的目的是使学生掌握 8 脚双列直插式封装元器件绘制的方法和步骤。

完成图 3-58 所示高速光电耦合器原理图符号的绘制。

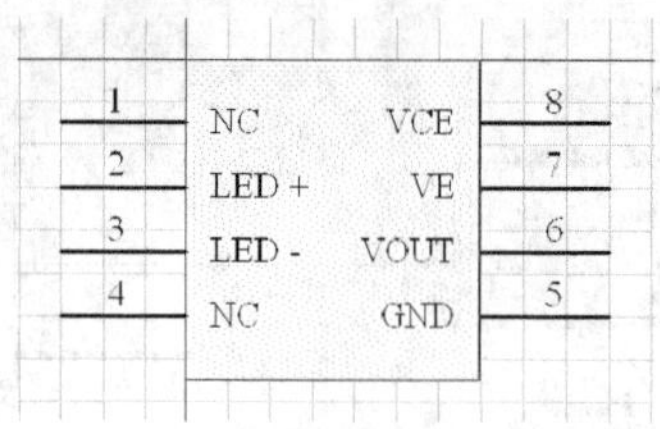

图 3-58 高速光电耦合器原理图符号

主要操作步骤如图 3-59 所示。

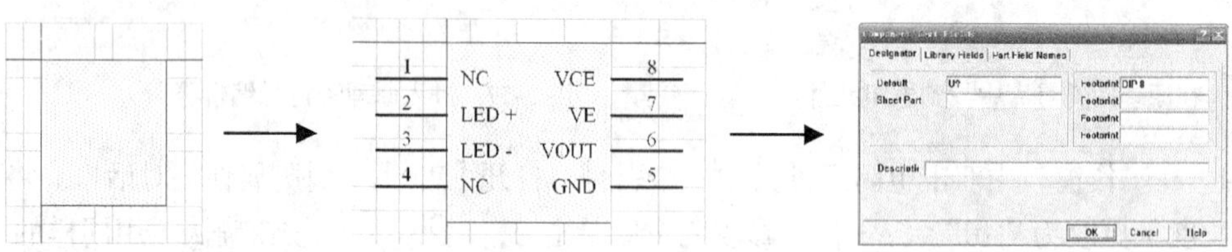

放置矩形框　　放置引脚　　设置元件默认属性

图 3-59 绘制高速光电耦合器原理图符号的主要操作步骤

3.8.2 绘制继电器原理图符号

电路设计中常用的元器件原理图符号，Protel 99 SE 自带的原理图库通常已经提供，即使没有与要使用的元器件完全相同的符号，也可以找到近似的。用户在绘制电路原理图时，通过修改近似符号，可以达到事半功倍的效果。

如图 3-60 所示的元器件为 Matsushita 公司的 NC4D-P 继电器。一般类型的继电器通常由线圈和一组或多组触点组成。Protel 99 SE 提供了多种继电器原理图符号，但是没有提供与图 3-60 完全相符的继电器符号，下面就通过 Protel 99 SE 已有符号来创建 NC4D-P 继电器的原理图符号。通过对该继电器原理图符号的绘制，目的是使学生掌握利用已有符号创建新元器件符号、相似引脚的阵列粘贴等的技术。

完成图 3-61 所示继电器原理图符号的绘制。

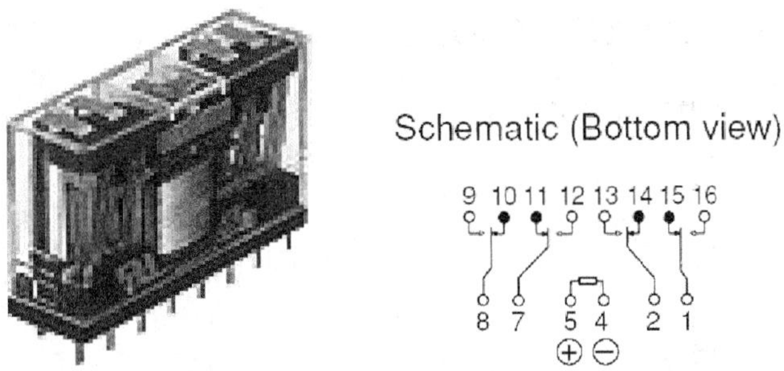

图 3-60　NC4D-P 继电器外形及数据手册提供的内部原理图

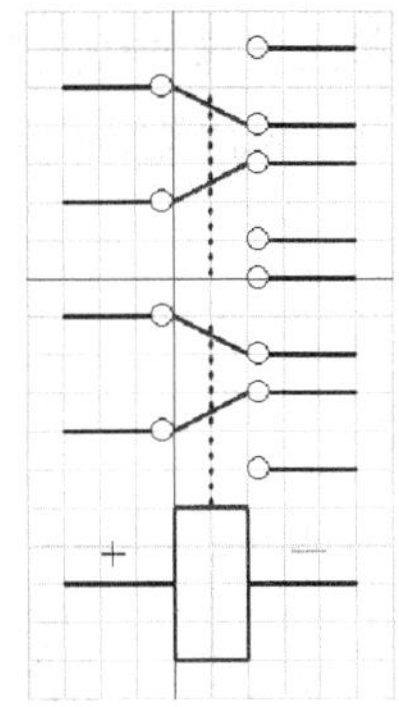

图 3-61　继电器原理图符号

主要操作步骤如图 3-62 所示。

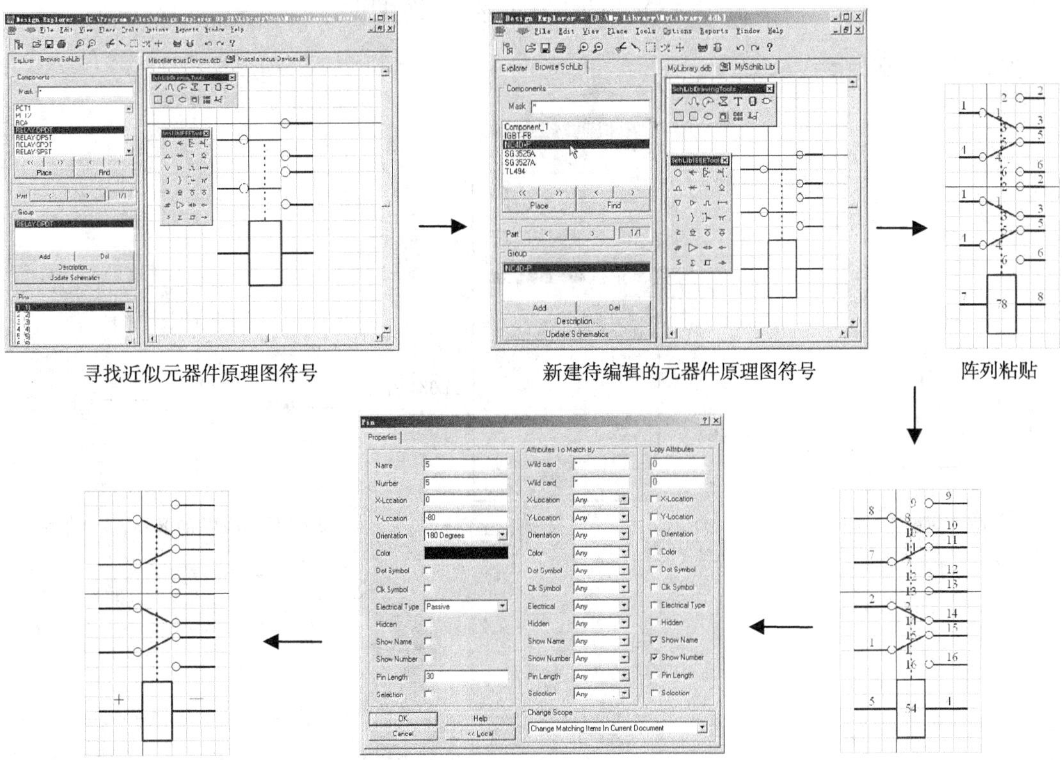

图 3-62　绘制 NC4D-P 继电器原理图符号的主要操作步骤

3.8.3　制作带子件的原理图符号

通常，在创建原理图符号时是将一个元器件的所有引脚放在一起的。但是，假如同一个元器件内部具有多个相同功能单元的元器件，那么这种方法往往不利于电路原理图设计的布局和美观。对于这种情况，就可以用子件来创建具有多个功能单元元器件的原理图符号了。

下面以一种常用的运算放大器 TL084 为例来介绍具有多个功能单元元器件的创建过程。运算放大器 TL084 的功能和引脚分布如图 3-63 所示。从图 3-63 中可以看出，此运算放大器包含 4 个功能单元，每个功能单元各有两个输入端和一个输出端，因此在元器件创建过程中也将其分为 4 个子件，电源输入引脚 VCC+和 VCC-可放置在第一个单元上。

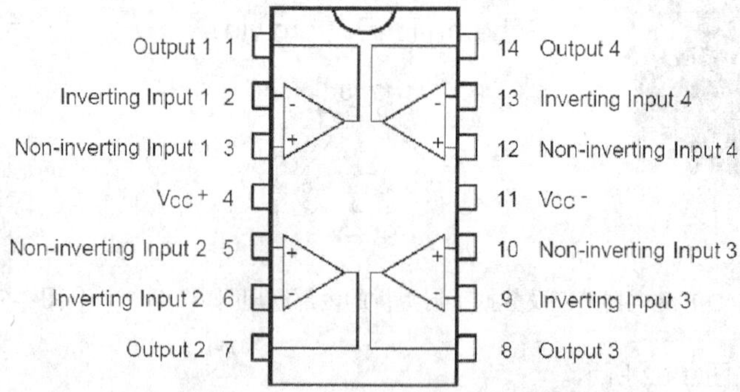

图 3-63　TL084 的功能及引脚分布图

主要操作步骤如图 3-64 所示。

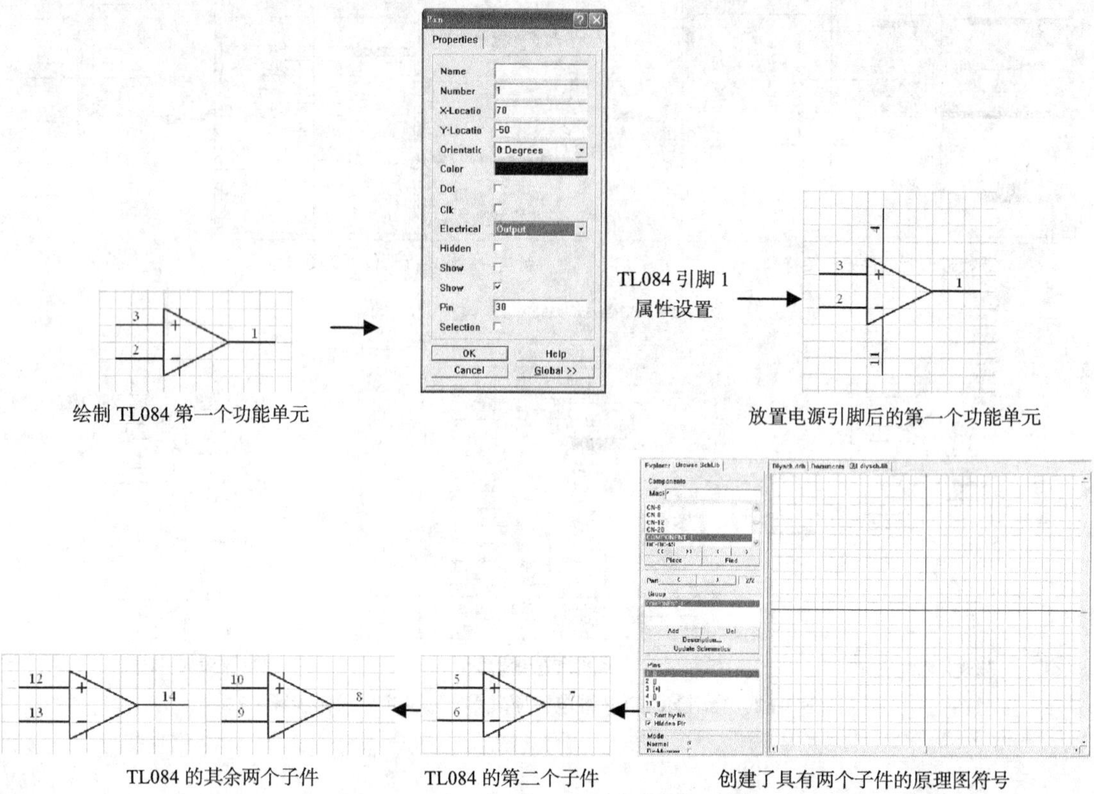

图 3-64　绘制带子件的原理图符号主要操作步骤

3.9 小结

本章主要介绍了制作原理图符号的基础知识，原理图库编辑器管理窗口、画图工具栏的使用以及利用这些工具进行原理图符号的制作等内容。

- 制作原理图符号的基础知识：主要介绍了原理图符号的组成和制作原理图符号的基本步骤。
- 创建原理图库文件：一般在绘制原理图符号之前，都要先创建一个原理图库文件，然后在其中制作原理图符号。
- 原理图库编辑器工作窗口：介绍了利用原理图库编辑器工作窗口浏览库文件中的原理图符号以及修改原理图符号的属性等知识。
- 绘图工具的使用：介绍了原理图符号绘图工具栏和 IEEE 符号工具栏中主要功能按钮的使用，为绘制原理图符号做了准备。
- 制作原理图符号：通过典型的实例介绍了原理图符号的制作全过程。

3.10 习题

1．填空题

（1）除了主工具条以外，元器件库编辑器还提供了两个重要的工具栏，即______和______。

（2）IEEE 符号通常用来表示________，它们仅仅是一种用来________，没有________。

（3）在浏览元器件库中的元器件时，可以用________编辑框对元器件名称进行过滤，过滤字符串中允许使用通配符________。

2．选择题

（1）元器件编辑器将元器件编辑区划分为 4 个象限，一般我们在（　　）进行元器件的编辑工作。

A．第 1 象限　　B．第 2 象限　　C 第 3 象限　　D．第 4 象限

（2）使用元器件库浏览器载入元器件库文件之后，可以在元器件库列表框中看到被载入当前设计项目的元器件库，它们是（　　）。

A．*.lib　　B．*.ddb　　C．*.sch

（3）在创建自定义元器件时，应该使用（　　）命令。

A．【Tools】|【New Component】

B．【Tools】|【New Part】

C．【File】|【New】

（4）创建自定义元器件时，（　　）属性会影响电气连接关系。

A．元器件的外形轮廓

B．元器件的管脚

C．元器件的类型

3．原理图符号由几部分组成？

4．制作原理图符号的基本步骤有哪些？各自的注意事项是什么？

5．试浏览原理图库“Miscellaneous devices.ddb”中的原理图符号。

6．简述原理图符号绘图工具栏中各个按钮的作用，并指出与这些按钮相对应的菜单命令。

7．菜单命令【Tools】|【New Component】、【Tools】|【Rename Component】、【Tools】|【Description】各自的功能是什么？

8．原理图库浏览器中 Update Schematics 按钮、Description... 按钮、Place 按钮和 Find 按钮各自的作用是什么？

第4章 原理图编辑器报表文件

在原理图设计完成后，通常要生成一些必要的报表文件以更好地进行下一步的设计工作。例如，生成 ERC 电气法则设计校验报告对原理图设计的正确性进行检查；生成元器件报表清单，以方便采购元器件和准备元器件封装；生成网络表文件为 PCB 设计做准备。本章将以图 4-1 所示的指示灯显示电路为例来讲述与原理图编辑器报表文件相关的知识。图 4-2、图 4-3、图 4-4 所示分别表示利用指示灯显示电路生成的电气法则测试、元器件清单报表和网络表。

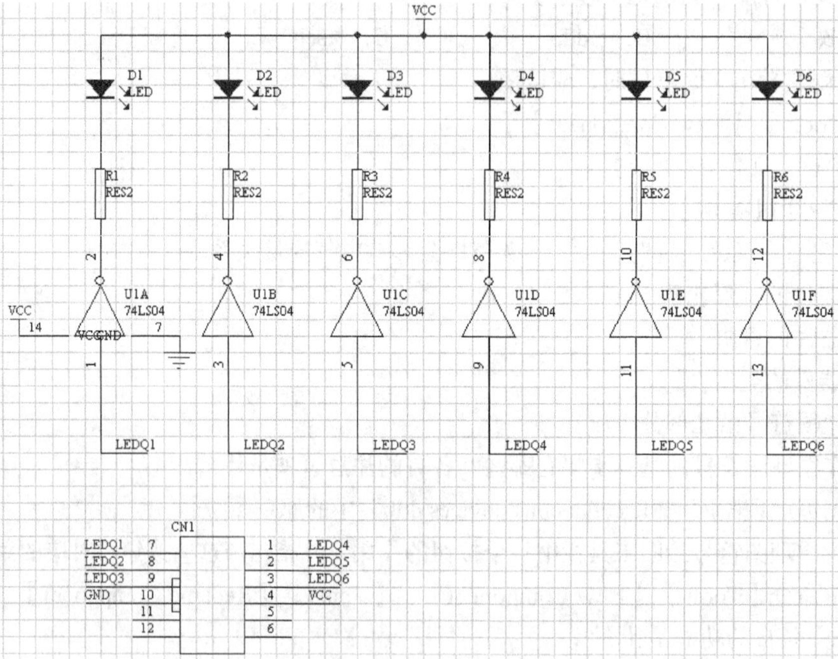

图 4-1　指示灯显示电路原理图

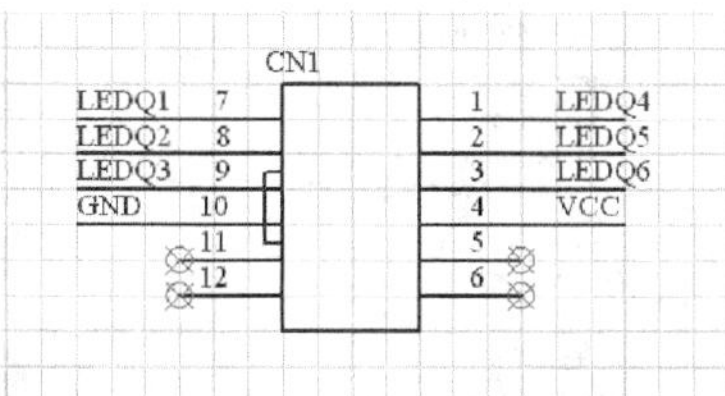

图 4-2　电气法则测试

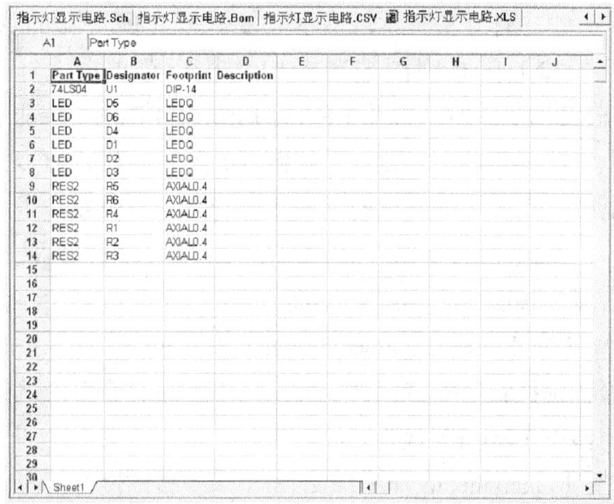

	A	B	C	D
1	Part Type	Designator	Footprint	Description
2	74LS04	U1	DIP-14	
3	LED	D5	LEDQ	
4	LED	D6	LEDQ	
5	LED	D4	LEDQ	
6	LED	D1	LEDQ	
7	LED	D2	LEDQ	
8	LED	D3	LEDQ	
9	RES2	R5	AXIAL0.4	
10	RES2	R6	AXIAL0.4	
11	RES2	R4	AXIAL0.4	
12	RES2	R1	AXIAL0.4	
13	RES2	R2	AXIAL0.4	
14	RES2	R3	AXIAL0.4	

图 4-3　元器件清单报表

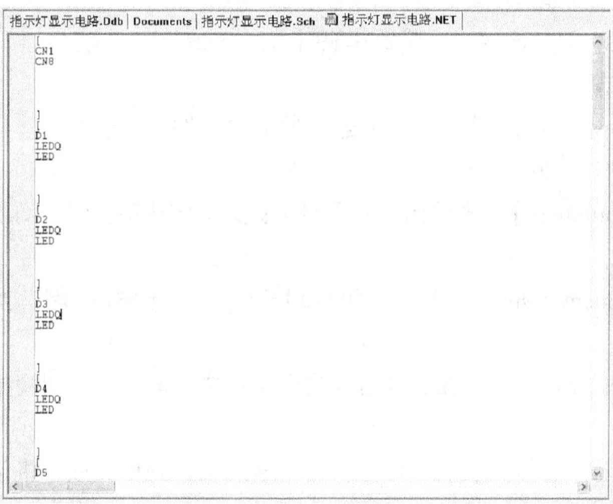

图 4-4　网络表

4.1　电气法则测试

在用 Protel 99 SE 生成网络表之前，通常会进行电气法则测试（Electrical Rules Check，ERC）。电气法则测试是利用电路设计软件对用户设计好的电路进行测试，以便检查人为的错误或疏忽，如空的引脚、没有连接的网络标号、没有连接的电源以及重复的元器件编号等。执行测试后，程序会自动生成电路中可能存在的各种错误的报表，并且会在电路图中有错误的地方进行标记，以便提醒设计人员进行检查和修改。用户在执行电气法则测试之前还可以人为的在原理图中放置“No ERC”符号以避开 ERC。

4.1.1　电气法则测试方法

下面利用指示灯显示电路来完成电气法则测试。

（1）打开“指示灯显示电路.Sch”原理图设计文件，如图 4-1 所示。

（2）在原理图编辑器中，执行菜单命令【Tools】|【ERC…】，即可打开【Setup Electrical Rule Check】（设置电气法则测试）对话框，如图 4-5 所示。用户可以利用该对话框对电气法则测试的各项测试规则进行设置。

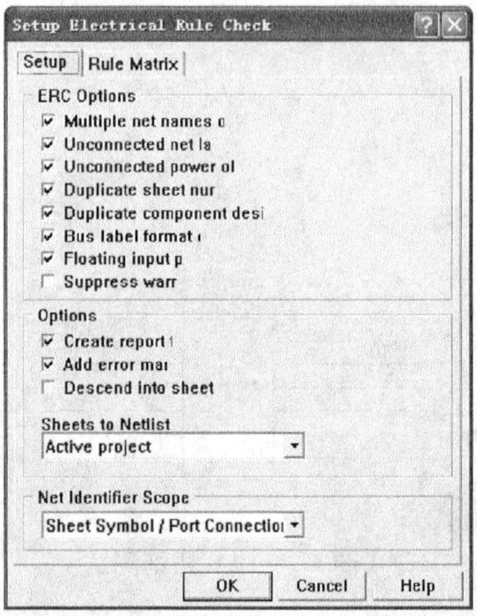

图 4-5 【设置电气法则测试】对话框

在该对话框中，【ERC Option】（电气法则测试选项）区域中各选项的具体意义如下。

【Multiple net names on net】（多网络名称）：选中该选项，则检测项中将包含“同一网络连接具有多个网络名称”的错误（Error）检查。

【Unconnected net labels】（未连接的网络标号）：选中该选项，则检测项中将包含“未实际连接的网络标号”的警告性（Warning）检查。所谓未实际连接的网络标号，是指有网络标号（Labels）存在，但是该网络未接到其他引脚或“Part”上，而处于悬浮的状态。

【Unconnected power objects】（未实际连接的电源图件）：选中该选项，则检测项中将包含“未实际连接的电源图件”的警告性检查。

【Duplicate sheet numbers】（电路图编号重号）：选中该选项，则检测项中将包含“电路图编号重号”检查。

【Duplicate component designator】（元器件编号重号）：选中该选项，则检测项中将包含“元器件编号重号”检查。

【Bus label format errors】（总线标号格式错误）：选中该选项，则检测项中将包含“总线标号格式错误”检查。

【Floating input pins】（输入引脚浮接）：选中该选项，则检测项中将包含“输入引脚浮接”的警告性检查。所谓引脚浮接，是指未连接。

【Suppress warnings】（忽略警告）：选中该选项，则检测项将忽略所有的警告性检测项，不会显示具有警告性错误的测试报告。

在电气法则测试中，Protel 99 SE 把所有出现的问题归为两类：“Error”（错误），例如，输入与输入相连接；“Warning”（警告），例如，引脚浮接。

【Options】（选项）区域中各选项的具体意义如下。

【Create report file】（创建测试报告）：选中该选项，则在执行完 ERC 后，系统会自动将测试结果保存到报告文件（*.erc）中，并且该报告的文件名与原理图的文件名相同。

【Add error markers】（放置错误符号）：选中该选项，则在执行完 ERC 后，系统会自动在错误位置放置错误符号。

【Descend into sheet parts】（分解到每个原理图）：选中该选项，则系统会将测试结果分解到每个原理图中，这主要是针对层次原理图而言的。

【Sheets to Netlist】（原理图设计文件范围）：在该下拉列表中可以选择所要进行测试的原理图设计文件的范围。

【Net Identifier Scope】（网络识别器范围）：在该下拉列表中可以选择网络识别器的范围。

（3）单击图 4-5 中的 Rule Matrix 选项卡，打开【电气法则测试选项阵列设置】对话框，如图 4-6 所示。

该对话框阵列中的每一个小方格都是按钮，学生们可以单击目标方格，该方格就会被切换成其他的设置模式并且改变颜色。对话框左上角【Legend】区域中的选项说明了各种颜色所代表的意义。

【No Report】（不测试）：绿色，表示对该项不做测试。

【Error】（错误）：红色，表示发生这种情况时，以“Error”为测试报告列表的前导字符串。

【Warning】（警告）：黄色，表示发生这种情况时，以“Warning”为测试报告列表的前导字符串。

如果用户想要恢复系统默认的设置，则可单击 Set Defaults 按钮。

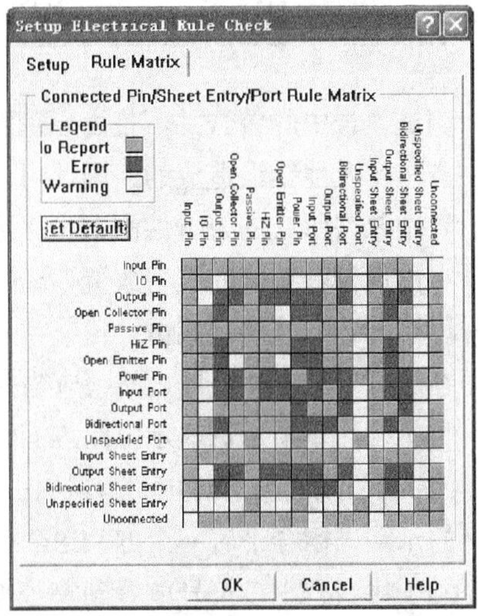

图 4-6 【电气法则测试选项阵列设置】对话框

在图 4-6 所示的对话框中，对指示灯显示电路原理图进行同一网络连接有多个网络名称检测、未连接的网络标号检测、未连接的电源检测、电路编号重号检测、元器件编号重复检测、总线网络标号格式错误检测以及输入引脚浮接检测等，结果如图 4-2 所示。

（4）单击 OK 按钮确认，然后系统将会按照设置的规则开始对原理图设计进行电气法则测试，测试完毕后自动进入 Protel 99 SE 的文本编辑器并生成相应的测试报告，结果如图 4-7 所示。

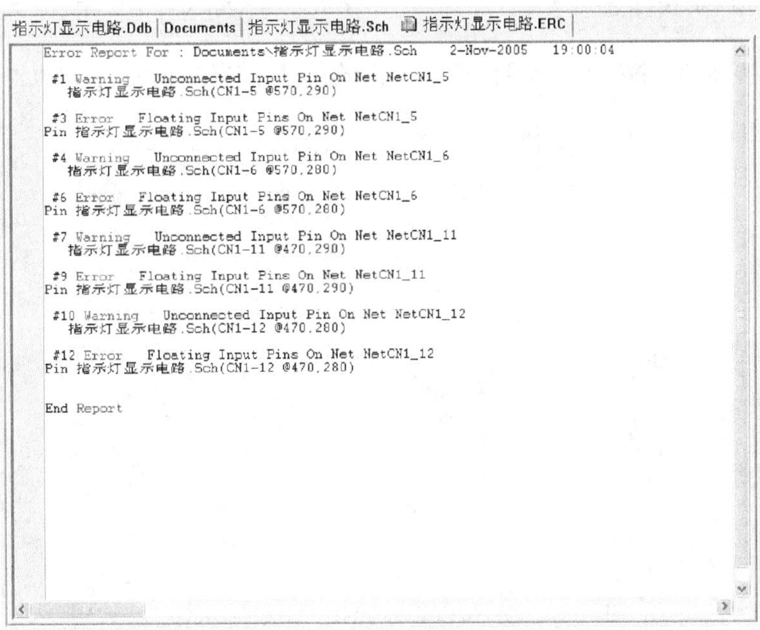

图 4-7　执行电气法则测试后的结果

（5）系统会在被测试的原理图设计中发生错误的位置放置红色的符号，如图 4-8 所示。

要点提示　对于系统自动放置的红色的错误或警告符号，可以像删除一般图件一样进行删除。

4.1.2 使用 No ERC 符号

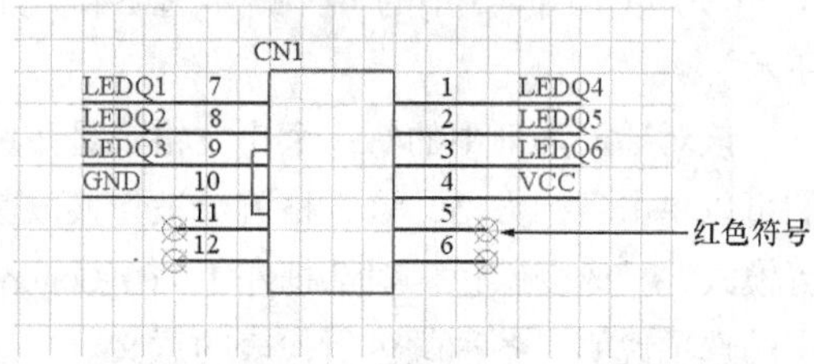

图 4-8　放置的错误或警告符号

测试报告中的警告并不是由原理图设计和绘制中产生实质性错误造成的，因此可以在测试规则设置中忽略所有的警告性测试项，或在原理图设计上出现警告符号的位置放置 No ERC 符号，这样可以避开电气法则测试。

在放置 No ERC 符号之前，应当先将上次测试产生的原理图警告符号删除。

（1）打开“指示灯显示电路.Sch”原理图设计文件，如图 4-1 所示。

（2）单击放置工具栏中的 ✕ 按钮，或者执行菜单命令【Place】|【Directives】|【No ERC】，鼠标的十字光标会带着一个 No ERC 符号出现在工作区，如图 4-9 所示。

（3）将 No ERC 符号放置到警告曾经出现的位置上，单击鼠标左键确认。单击鼠标右键可以退出命令状态。放置好 No ERC 符号的原理图如图 4-10 所示。

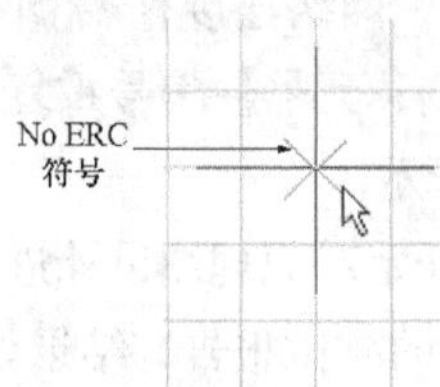

图 4-9　No ERC 符号

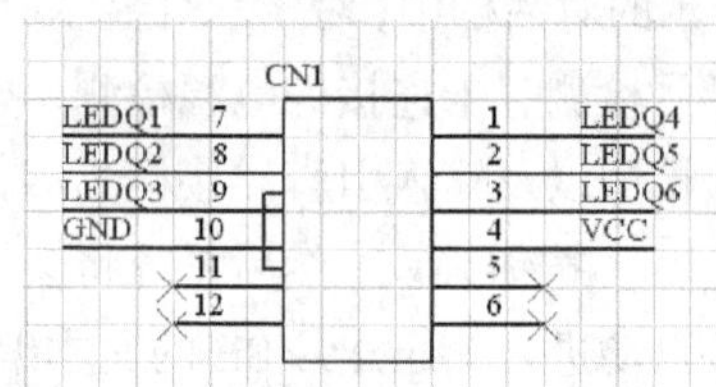

图 4-10　放置好 No ERC 符号的原理图

（4）再次对该原理图执行电气法则测试，这次所有的警告都没有出现，测试报告如图 4-11 所示。

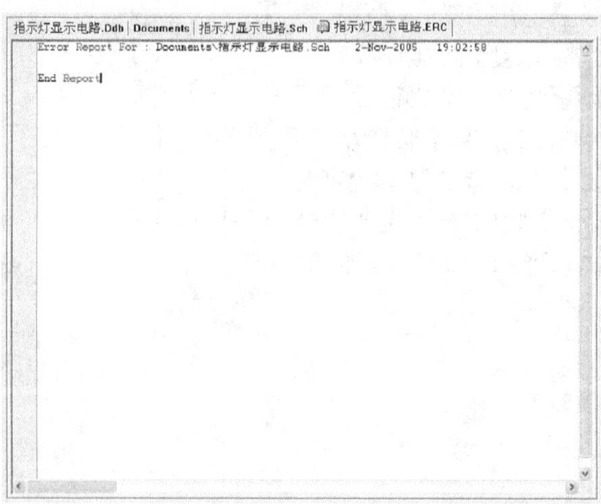

图 4-11　放置 No ERC 符号后的电气法则测试报告

4.2 创建元器件报表清单

当原理图设计完成后，接下来就要进行元器件的采购了。只有元器件完全采购到位后才能确定元器件的封装，才能进行 PCB 的设计。采购元器件需要有一个元器件的清单。对于比较大的设计项目，元器件种类很多、数目庞大，同一类元器件封装形式可能还会有所不同，单靠人工很难将设计项目所用到的元器件信息统计准确，这就需要用到 Protel 99 SE 提供的“元器件报表清单”工具。

（1）打开“指示灯显示电路.Sch”原理图设计文件，如图 4-1 所示。

（2）执行菜单命令【Reports】|【Bill of Material】（元器件报表清单），如图 4-12 所示。

（3）执行【Bill of Material】的命令，打开【BOM Wizard】对话框，如图 4-13 所示。选中【Sheet】（原理图设计文件）单选框，为当前打开的原理图设计文件生成元器件报表清单。

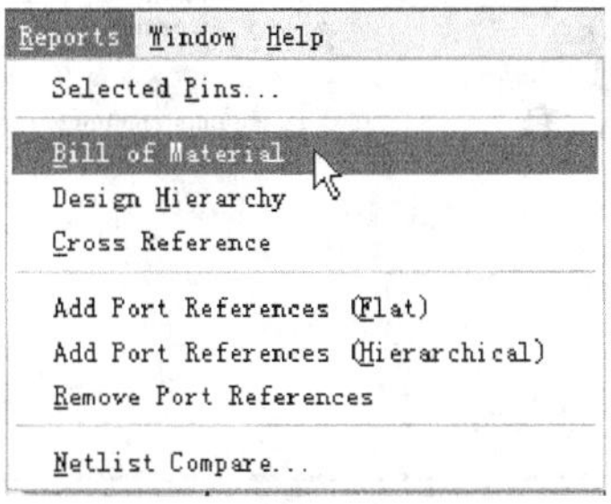

图 4-12　执行菜单命令【Reports】|【Bill of Material】

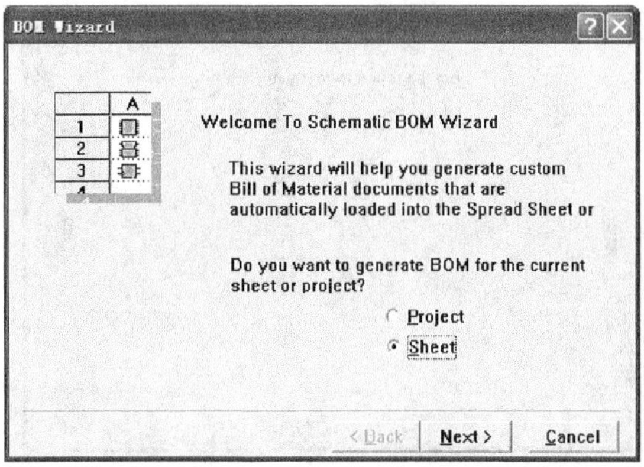

图 4-13　【BOM Wizard】对话框

（4）单击 Next > 按钮，打开如图 4-14 所示的对话框。在该对话框中可以设置元器件列表中所包含的内容。选中【Footprint】（元器件封装）和【Description】（详细信息）复选框，如图 4-14 所示。在该对话框中，无论选中什么选项，【Part Type】（元器件名称）和【Designator】（元器件序号）都会包括在元器件报表清单中。

（5）设置完元器件列表中的内容后，单击 Next > 按钮，打开如图 4-15 所示的对话框，在该对话框中可以定义元器件列表中各列的名称。

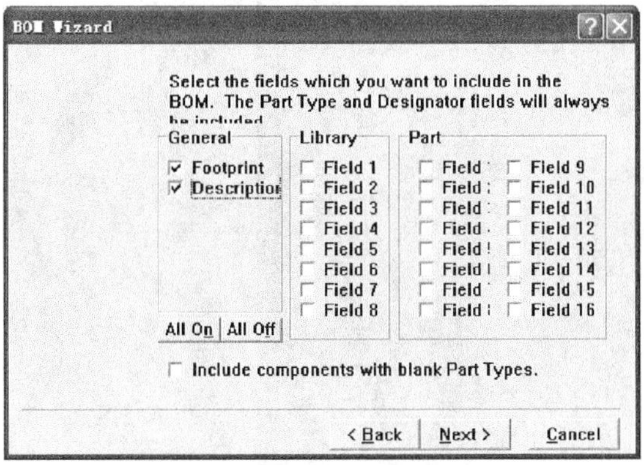

图 4-14　设置元器件列表中的内容

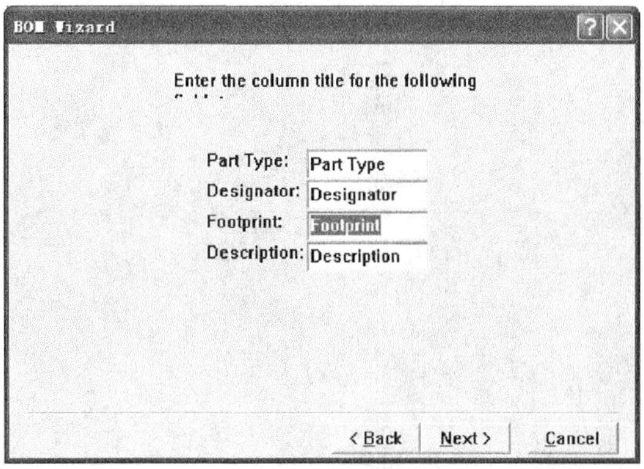

图 4-15　定义元器件列表中各列的名称

（6）设置完成后，单击 Next > 按钮，打开如图 4-16 所示的对话框。在该对话框中，可以选择元器件列表文件的存储格式。本例中将 3 种文件类型选项全部选中，如图 4-16 所示。

在该对话框中，Protel 99 SE 提供了 3 种元器件报表文件的存储格式。

【Protel Format】（Protel 格式）：选中该复选框，输出文件的格式为 Protel 格式，文件后缀名为“.bom”。

【CSV Format】（电子表格可调用格式）：选中该复选框，输出文件的格式为电子表格可调用格式，文件后缀名为“.csv”。

【Client Spreadsheet】（Protel 99 SE 的表格格式）：选中该复选框，输出文件的格式为 Protel 99 SE 的表格格式，文件后缀名为“.xls”。

（7）选择完文件格式后，单击 Next > 按钮，打开如图 4-17 所示的对话框。

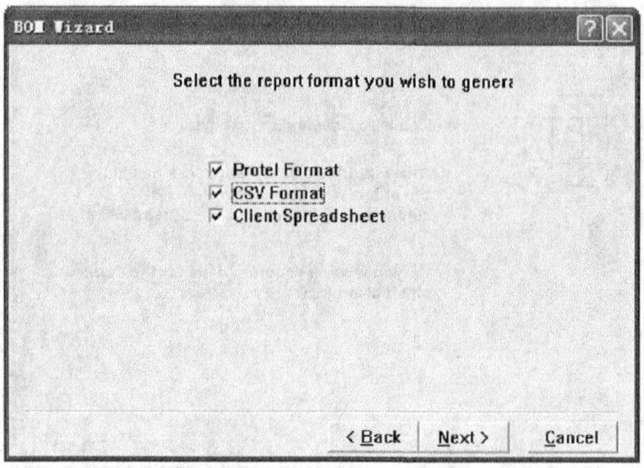

图 4-16　选择元器件列表文件类型对话框

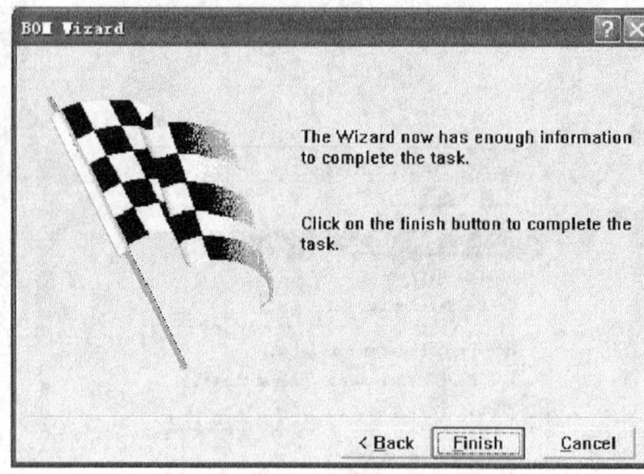

图 4-17　生成元器件列表对话框

（8）单击 Finish 按钮，系统会自动生成 3 种类型的元器件列表文件，并自动进入表格编辑器。3 种元器件报表文件分别如图 4-18、图 4-19 和图 4-20 所示，它们的文件名与原理图设计文件名相同，后缀名分别为“.bom”“.csv”和“.xls”。

（9）执行菜单命令【File】|【Save All】，将生成的元器件报表文件全部保存。

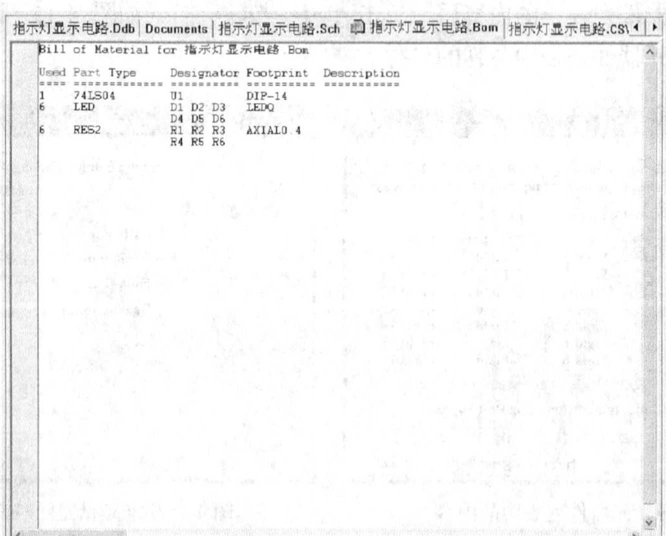

图 4-18　Protel 格式的元器件报表文件

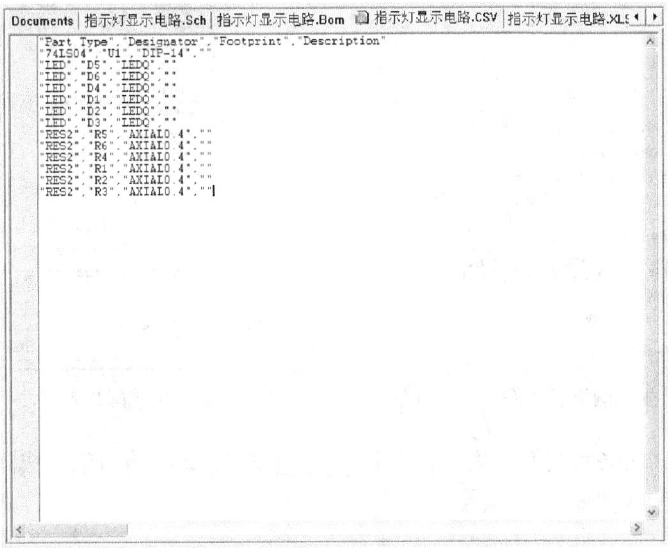

图 4-19　电子表格可调用格式的元器件报表文件

图 4-20　Protel 99 SE 表格格式的元器件报表文件

4.3 创建网络表文件

在 Protel 99 SE 中，网络表文件是连接原理图设计和 PCB 设计的桥梁和纽带，是 PCB 自动布线的根据。通过网络表文件，可以将原理图设计中的元器件封装和网络连接传递到 PCB 设计中，为电路板设计做好准备。

（1）打开“指示灯显示电路.Sch”原理图设计文件，如图 4-1 所示。

（2）执行菜单命令【Design】|【Create Netlist…】，如图 4-21 所示。

（3）执行网络表文件生成命令，打开【Netlist Creation】（生成网络表文件）对话框，如图 4-22 所示。

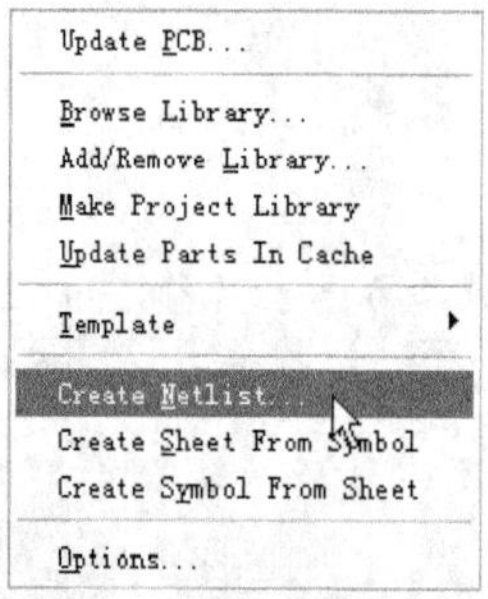

图 4-21　执行生成网络表文件的菜单命令

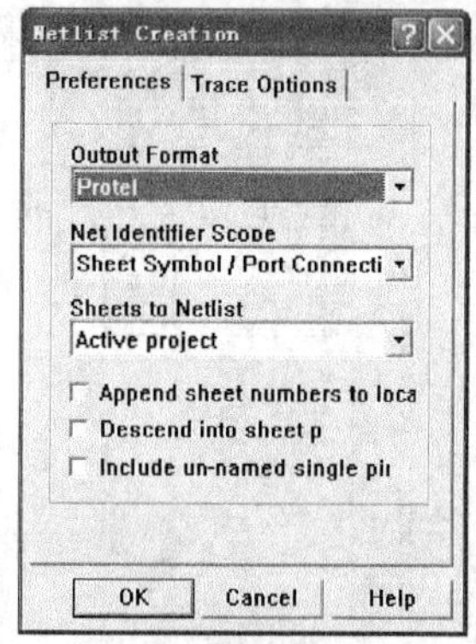

图 4-22 【生成网络表文件】对话框

（4）设置好生成网络表文件选项后，单击 OK 按钮，系统将自动生成网络表文件，并打开网络表文本编辑器，如图 4-23 所示。

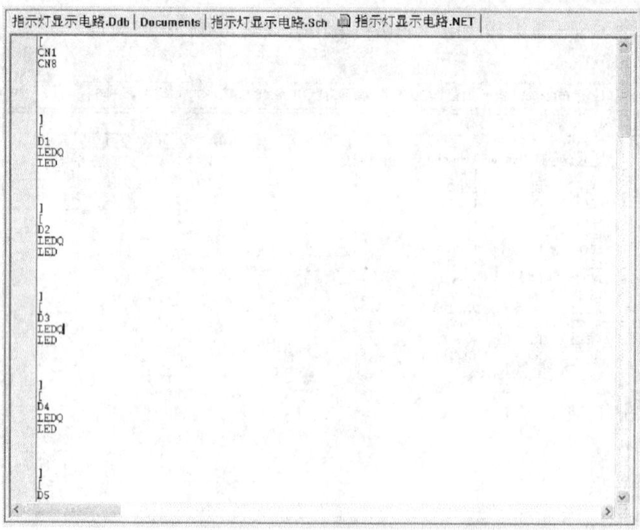

图 4-23　网络表文本编辑器

详细的网络表文件如下所示。

```
[
]

[
D1
LEDQ
LED
]

[
D2
LEDQ
LED
]

[
```

```
CN1
R1
AXIAL0.4
RES2
]

[
R2
AXIAL0.4
RES2
]

[
R3
AXIAL0.4
RES2
```

```
CN8
]


(
GND
CN1-10
U1-7
)

(
LEDQ1
CN1-7
U1-1
)
```

```
D3
LEDQ
LED
]

[
D4
LEDQ
LED
]

[
D5
LEDQ
LED
]

[
D6
LEDQ
LED
]

[
R4
AXIAL0.4
RES2
]

[
R5
AXIAL0.4
RES2
]

[
R6
AXIAL0.4
RES2
]

[
U1
DIP-14
74LS04
]

(
LEDQ2
CN1-8
U1-3
)

(
LEDQ3
CN1-9
U1-5
)

(
LEDQ4
CN1-1
U1-9
)

(
LEDQ5
CN1-2
U1-11
)

(
LEDQ6
CN1-3
U1-13
)

(
NetD1_2
D1-2
R1-2
)

(
NetD2_2
D2-2
R2-2
)

(
NetD3_2
D3-2
R3-2
)

(
NetD4_2
D4-2
R4-2
)

(
NetD5_2
D4-2
R4-2
)

(
NetD6_2
D6-2
R6-2
)

(
NetU1_2
R1-1
U1-2
)

(
NetU1_4
R2-1
U1-4
)

(
NetU1_6
R3-1
U1-6
)

(
NetU1_8
R4-1
U1-8
)

(
NetU1_10
R4-1
U1-10
)

(
NetU1_12
R6-1
U1-12
)

(
VCC
CN1-4
D1-1
D2-1
D3-1
D4-1
D4-1
D6-1
U1-14
)
```

网络表文件主要分为两部分：前半部分描述元器件的属性（包括元器件序号、元器件的封装形式和元器件的文本注释），其标志为方括号。例如，在元器件 D1 中，以“[”为起始标志，接着为元器件序号、元器件封装和元器件注释，以“]”为标志结束该元器件属性的描述。后半部分描述原理图文件中的电气连接，其标志为圆括号。该部分以“（”为起始标志，首先是网络标号的名称，接下来按字母顺序依次列出与该网络标号相连接的元器件引脚号，最后以“）”结束该网络连接的描述。该网络连接表明在 PCB 上“（）”括号中包含的元器件引脚是连接在一起的，并且它们具有共同的网络标号。例如，（NetD4_2　D4-2　R4-2）表示 D4 的第 2 脚和 R4 的第 2 脚进行电气连接。

4.4 电路原理图的打印输出

在原理图设计好后，为了方便检查原理图设计是否正确以及进行电路板设计，往往需要将原理图打印输出。打印机输出是一种常用的电路原理图输出方式，常用于小幅面图纸的输出。

在 Protel 99 SE 中，原理图打印输出通常有以下两种方式。

- 自动调整输出比例。
- 手动设置输出比例。

在输出原理图时，如果选中了自动调整输出比例的选项，则系统将根据选定的纸张大小，自动调整输出比例，使原理图能够最大限度地充满整张图纸。利用自动调整输出比例的功能来打印输出原理图，具有设置简单、快捷的优点，非常适合元器件较少、连线简单、图纸较小的原理图的打印输出。

当原理图设计比较复杂、元器件较多、图纸较大时，如果仍然采用自动调整输出比例来打印输出原理图，则输出的原理图比例会很小，输出的图纸不清晰，难于辨别，不利于图纸的阅读。这时，我们可以采用手动设置输出比例的方法来输出原理图。由于输出比例较大，最终的原理图图纸将由多张图纸拼接而成。因此，手动设置输出比例打印原理图又可以叫做拼接打印原理图。

要点提示 一般来讲，为了打印输出的图纸能够分辨清楚，缩放比例一般不低于 60%。

不管是自动调整输出比例还是手动设置输出比例，原理图打印输出的基本步骤都相同，如图 4-24 所示。

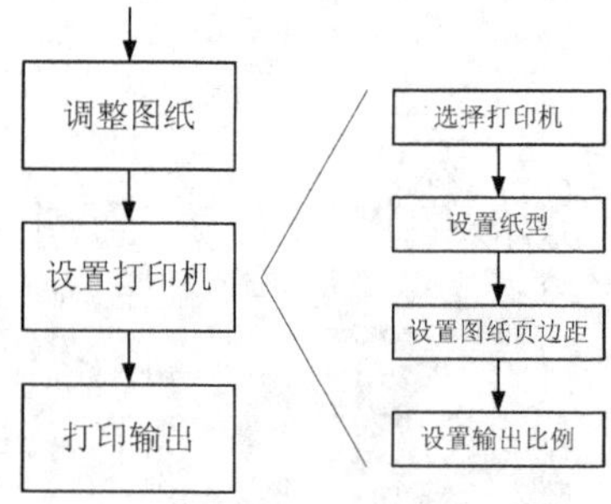

图 4-24　原理图打印输出基本步骤

1．调整图纸

在打印原理图之前，为了使原理图设计能够最大限度地充满图纸，应当对图纸的大小进行调整。调整图纸的大小，即调整图纸的尺寸，尽量减少图纸上的空白区域。

2．设置打印机

设置打印机是为原理图打印输出做准备的。设置打印机的主要内容包括选择打印机、设置纸型、设置图纸页边距和设置输出比例。

3．打印输出

设置好打印机后，单击 Print 按钮即可打印输出原理图。

（1）打开前面设计完成的“指示灯显示电路.ddb”设计数据库及该设计数据库文件下的“指示灯显示电路.Sch”原理图设计文件，如图 4-25 所示。

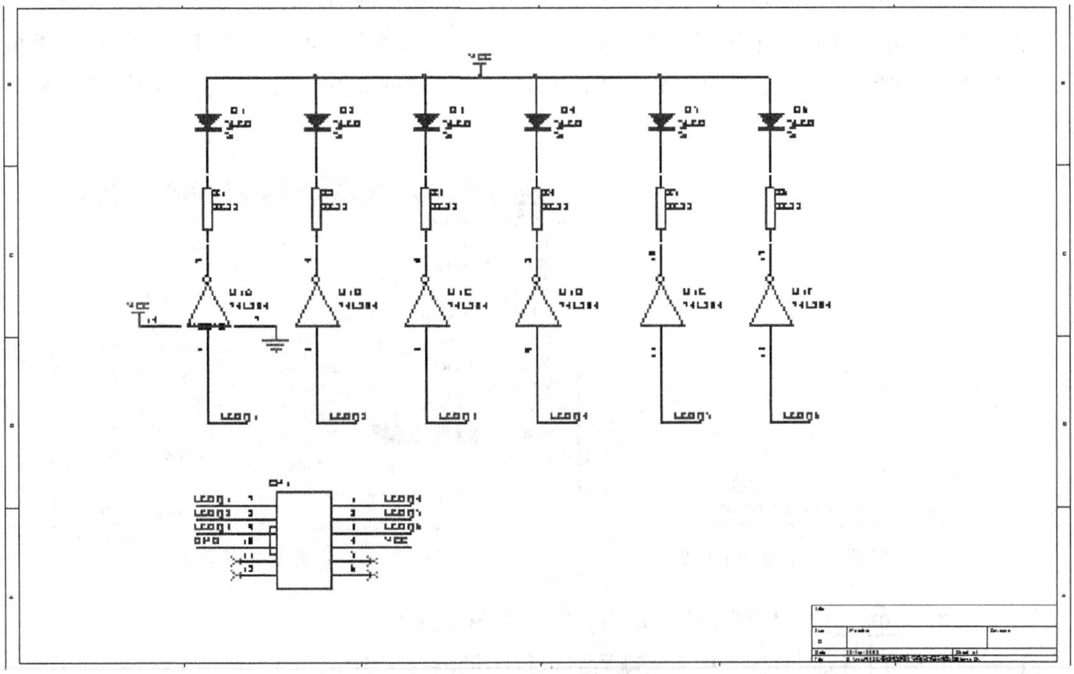

图 4-25　原理图设计文件

要点提示　为了尽可能在图纸上打印出最大的电路原理图，在打印之前应当调整图纸的大小，使图纸空白区域最小。

（2）调整电路原理图设计的位置。在调整图纸大小时，左下角是不动的，即图纸只能向上、向右改变大小，所以在调整图纸大小之前，用户要先将图中的图件移到左下角。移动图件后的结果如图 4-26 所示。

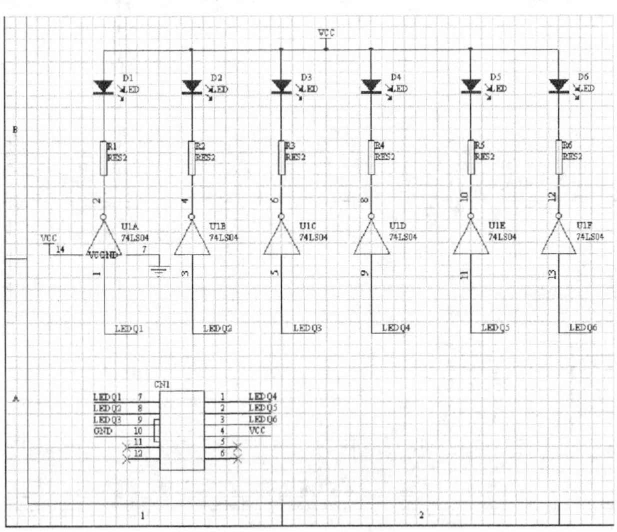

图 4-26　调整好位置后的电路原理图

（3）将鼠标指针移到图纸的右上边界处，状态栏将显示右上边界的坐标值（其中 *X* 值表示图纸的右边界，*Y* 值表示图纸的上边界），如图 4-27 所示。记录这组数据。

（4）执行菜单命令【Design】|【Options…】，打开【Document Options】（文档参数）对话框。

根据状态栏中显示的右上边界的坐标值（570，480），将【Custom Style】（默认图纸类型）选项区域中的图纸宽度（Custom Width）和高度（Custom Height）分别设置为“570”和“480”。如图 4-28 所示。

图 4-27　确定图纸的右边界和上边界

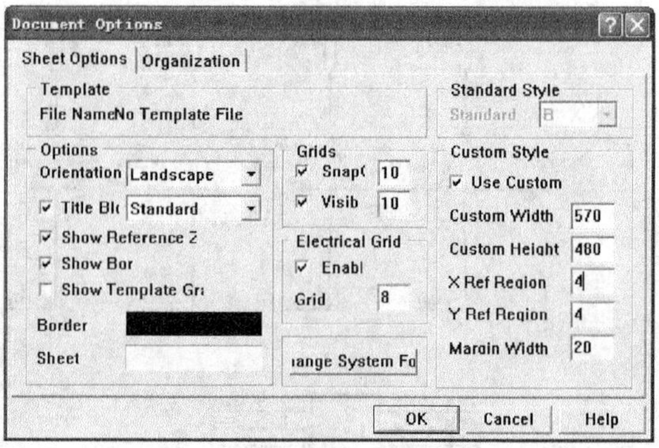

图 4-28　自定义图纸幅面大小

（5）单击 OK 按钮回到工作窗口中，得到如图 4-29 所示的调整结果。

这样就完成了图纸的调整，接下来就可以进行图纸的打印输出了。

（6）执行菜单命令【File】|【Setup Printer…】，打开【Schematic Printer Setup】（原理图打印输出设置）对话框，如图 4-30 所示。

（7）选择打印机。单击 Properties... 按钮，打开【打印设置】对话框，如图 4-31 所示。

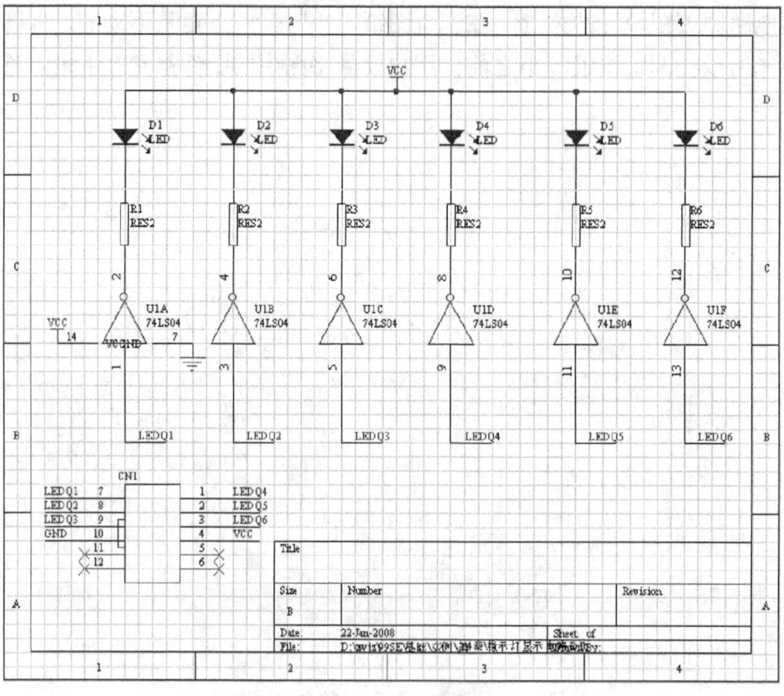

图 4-29　调整结果

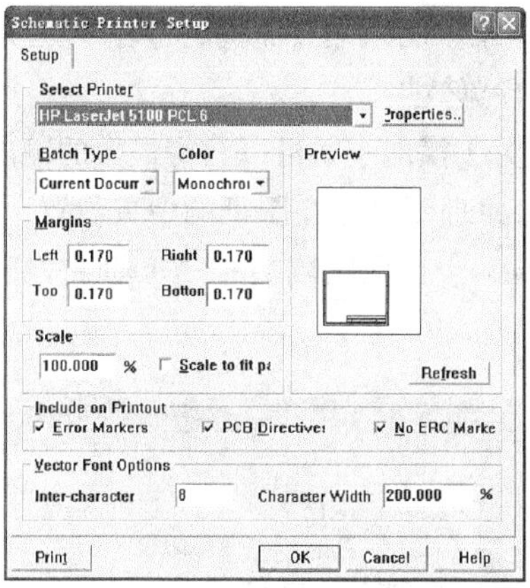

图 4-30 【原理图打印输出设置】对话框

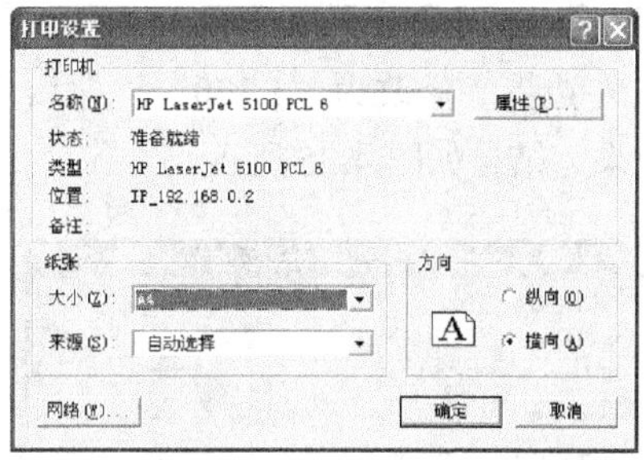

图 4-31 【打印设置】对话框

单击【打印机】选项区域中【名称】选项文本框后的下拉按钮，在打开的打印机列表中选择打印输出的打印机。如果在下拉列表中没有可以输出图纸的打印机，则需要返回 Windows 操作系统中安装打印机。

（8）设置纸型。在【纸张】选项区域中可以设置图纸的大小和方向。本例中将打印纸大小设置为【A4】，纸张的方向设为【横向】。

（9）设置好打印机和纸型后，单击 确定 按钮回到【原理图打印输出设置】对话框，此时选择的打印机和纸型设置将生效，系统将会根据选定的图纸大小和方向进行调整，调整的结果可通过【Preview】（预览）窗口浏览，如图 4-32 所示。

（10）设置图纸的页边距。页边距可以在【原理图打印输出设置】对话框的【Margins】（页边距）选项区域中进行设置。在该选项区域中，可以设置图纸的【Left】（左）、【Right】（右）、【Top】（上）及【Bottom】（下）边界。本例中采用自动调整输出比例模式，可先采用系统默认的页边距。

（11）设置图纸的输出比例。在【原理图打印输出设置】对话框的【Scale】（比例）选项区域中，选中【Scale to fit page】（根据图纸自动调整输出比例）复选框，使系统采用自动比例调整的打印输出模式，然后单击【Preview】选项区域中的 Refresh 按钮刷新图纸的预览效果。新的预览效果如图 4-33 所示。

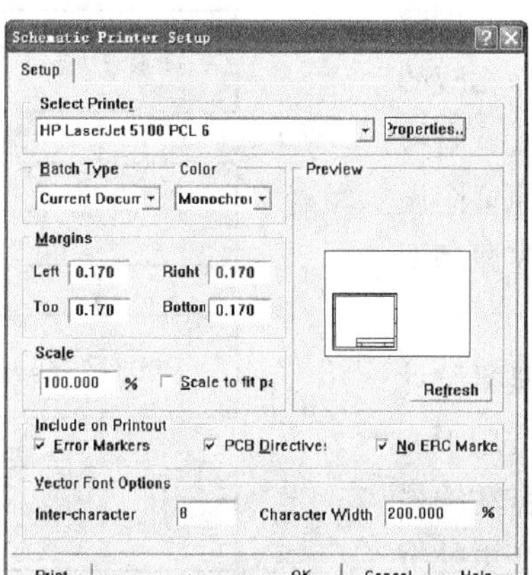

图 4-32　设置纸型后的预览结果

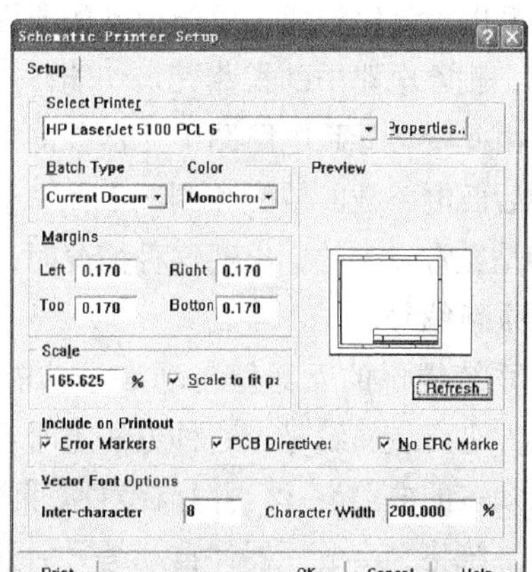

图 4-33　自动调整输出比例后的预览效果

（12）为了能够最大限度地利用打印纸，这里建议在调整图纸缩放比例的过程中更改一下打印纸的方向，图 4-34 是将图纸方向设置为【纵向】时的预览效果。

比较图 4-33 和图 4-34，可以看出将图纸方向设置为【横向】时可以获得最大的输出比例。

（13）重新设定图纸的边界和缩放的比例。为了将原理图打印在图纸的中央位置，本例中将【Left】（左边界）修改为“1.170”，然后单击【Preview】选项区域中的 Refresh 按钮刷新图纸的预览效果，结果如图 4-35 所示。

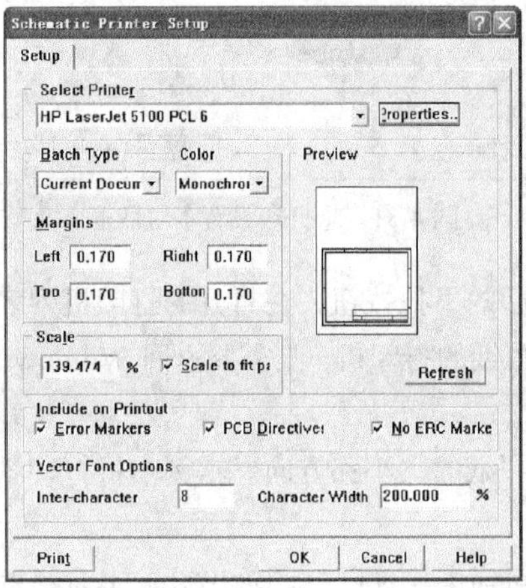

图 4-34　图纸方向设置为【纵向】时的预览效果

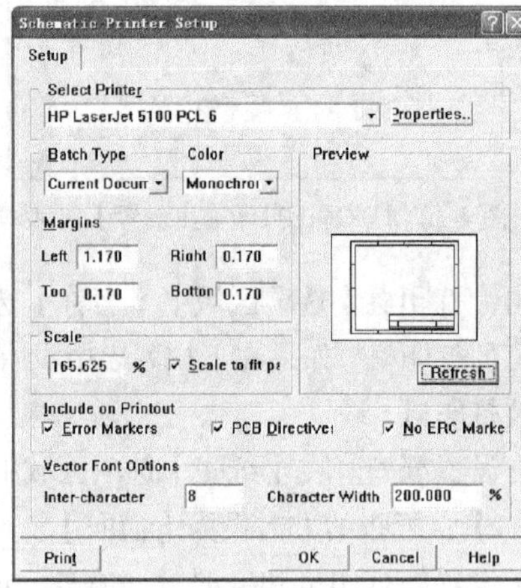

图 4-35　改变页边距后的预览效果

（14）从图 4-35 中可以看出，将图纸设置为【横向】，缩放比例可达 165.625%，图纸输出比例大，因此，本例中采用当前的设置输出原理图。

（15）单击 Print 按钮，即可进行打印输出。

4.5 知识拓展

4.5.1 生成元器件自动编号报表文件

当原理图设计完成后，由于设计的原因可能需要对原理图进行修改，删除电路中的某些冗余功能，同时也会删除相应的元器件，由此将会导致电路图中元器件的编号不连续，并有可能影响到后面电路板的装配和调试工作。这种情况在原理图设计的初期是经常发生的，出现这种情况时，通常需要对原理图设计进行重新编号。

利用系统提供的元器件自动编号功能对整个原理图设计中的元器件进行重新编号，这种方法省时省力，尤其适用于元器件数目众多的电路设计，并且在对原理图设计文件自动编号的同时，系统将会生成元器件自动编号后元器件序号变更的报表文件。图 4-36 所示为元器件自动编号的基本步骤。

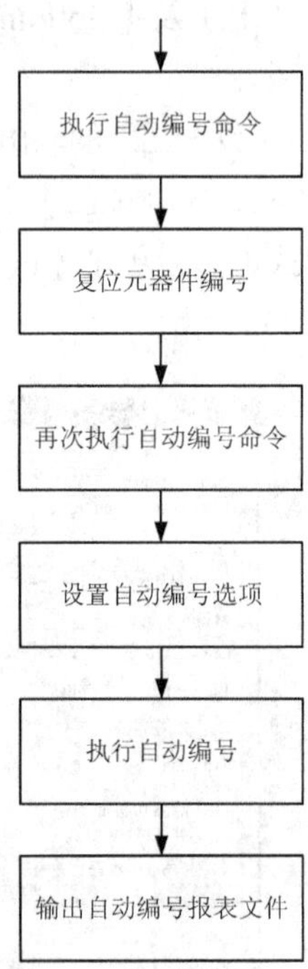

图 4-36　元器件自动编号的基本步骤

（1）打开“指示灯显示电路.Sch”原理图设计文件，如图 4-1 所示。

（2）执行菜单命令【Tools】|【Annotate…】，打开【Annotate】（元器件自动编号）对话框，如图 4-37 所示。

（3）复位元器件编号。单击【Annotate Options】选项区域中下拉列表框的 按钮，选择【Reset Designators】（复位元器件的序号）选项，复位原理图设计中所有元器件的编号，系统将会把原理图设计中所有元器件的编号复位为“*?”，如图 4-38 所示。

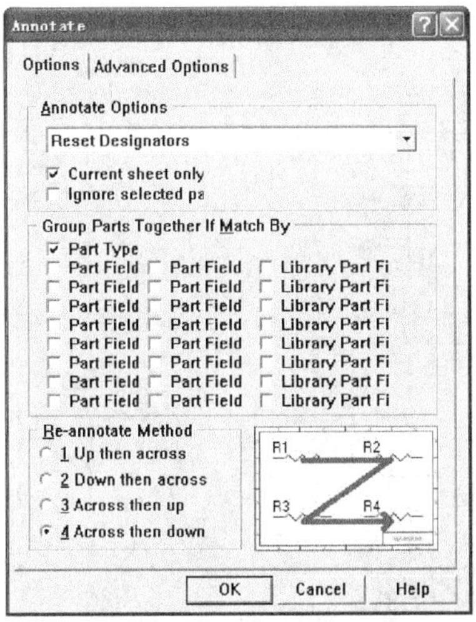

图 4-37 【元器件自动编号】对话框

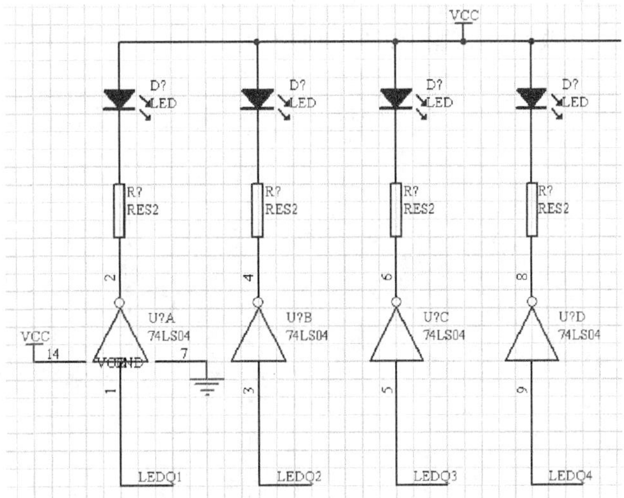

图 4-38　复位元器件编号的结果

（4）再次执行菜单命令【Tools】|【Annotate…】，打开【元器件自动编号】对话框，并对元器件自动编号的选项进行设置，各选项设置结果如图 4-39 所示。

（5）单击 OK 按钮，系统将会完成对元器件自动编号的操作，生成元器件自动编号报表并打开自动编号的文本编辑器，如图 4-40 所示。

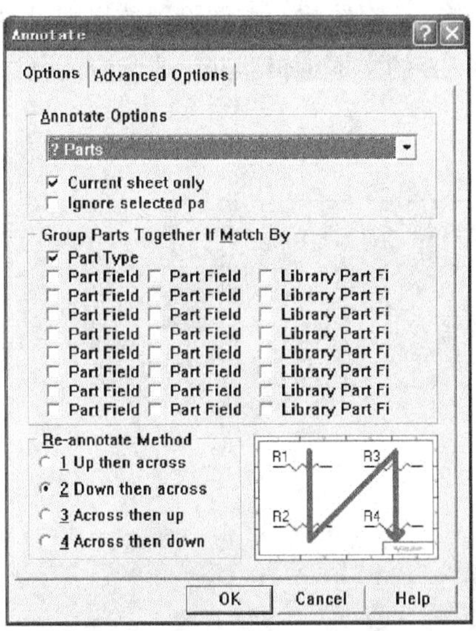

图 4-39　元器件自动编号选项设置

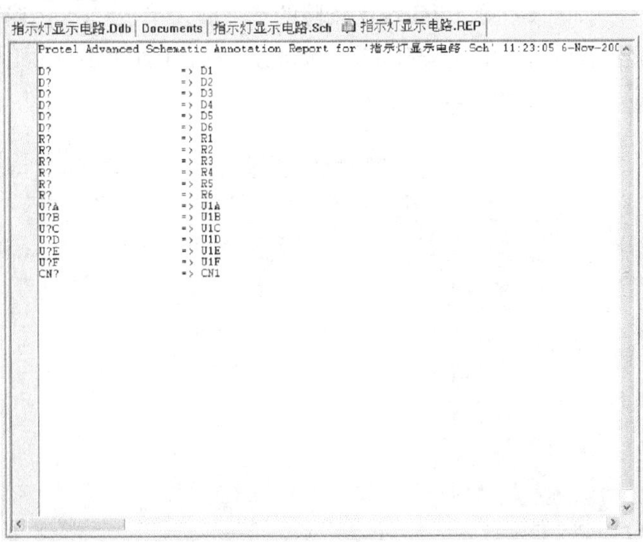
指示灯显示电路.Ddb | Documents | 指示灯显示电路.Sch | 指示灯显示电路.REP

Protel Advanced Schematic Annotation Report for '指示灯显示电路.Sch' 11:23:05 6-Nov-200

D? => D1
D? => D2
D? => D3
D? => D4
D? => D5
D? => D6
R? => R1
R? => R2
R? => R3
R? => R4
R? => R5
R? => R6
U?A => U1A
U?B => U1B
U?C => U1C
U?D => U1D
U?E => U1E
U?F => U1F
CN? => CN1

图 4-40　元器件自动编号报表文件

4.5.2 根据 ERC 报告修改原理图设计

本节仍以“指示灯显示电路.Sch”原理图为例进行 ERC 设计校验的练习，目的是加强对 ERC 设计校验知识的掌握。首先对原理图进行修改，制造两个错误。

- 将电阻“R1”的序号改为“R2”。
- 在电源符号“VCC”所在网络上再放置网络标号“+12V”。

修改后的原理图如图 4-41 所示。

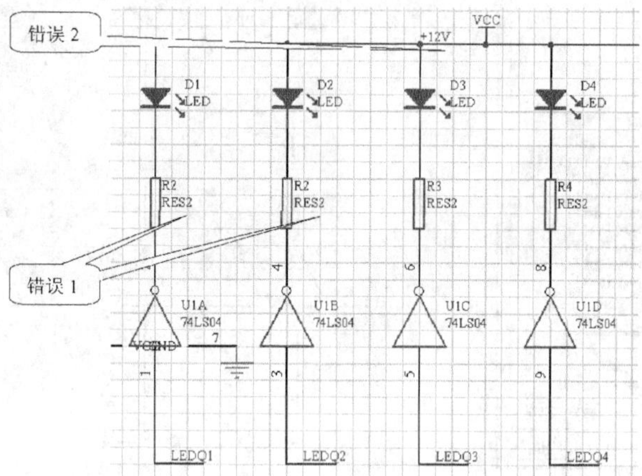

图 4-41 修改后的原理图

（1）在原理图编辑器中执行菜单命令【Tools】|【ERC…】，进入【Setup Electrical Rule Check】（设置电气法则测试）对话框，在该对话框中可以对电气法则测试的各项测试规则进行设置。在对测试规则进行设置时，一定要选中【Multiple net names on net】（多网络名称）和【Duplicate component designator】（元器件编号重号）两个选项前的复选框。

（2）设置好 ERC 设计校验的选项后，单击 OK 按钮确认，系统将会按照设置的规则对原理图设计进行电气法则测试，测试完毕后自动打开 Protel 99 SE 的文本编辑器并生成相应的测试报告，结果如图 4-42 所示。

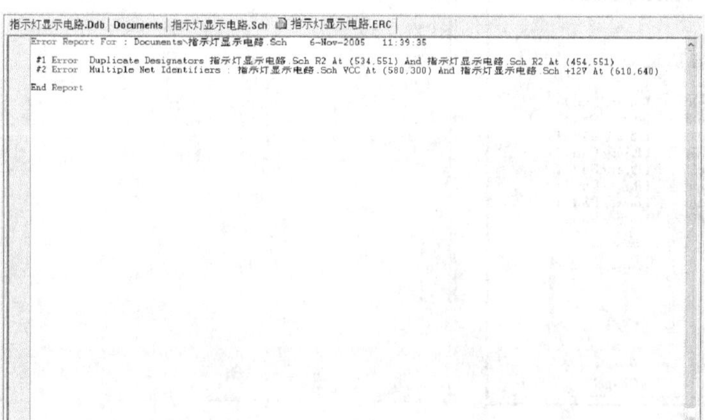

指示灯显示电路.Ddb | Documents | 指示灯显示电路.Sch | 指示灯显示电路.ERC

Error Report For : Documents\指示灯显示电路.Sch 6-Nov-2005 11:39:35

#1 Error Duplicate Designators 指示灯显示电路.Sch R2 At (534,551) And 指示灯显示电路.Sch R2 At (454,551)
#2 Error Multiple Net Identifiers : 指示灯显示电路.Sch VCC At (580,300) And 指示灯显示电路.Sch +12V At (610,640)

End Report

图 4-42 执行电气法则测试后的结果

同时系统还将在原理图设计中标出错误的位置，如图 4-43 所示。

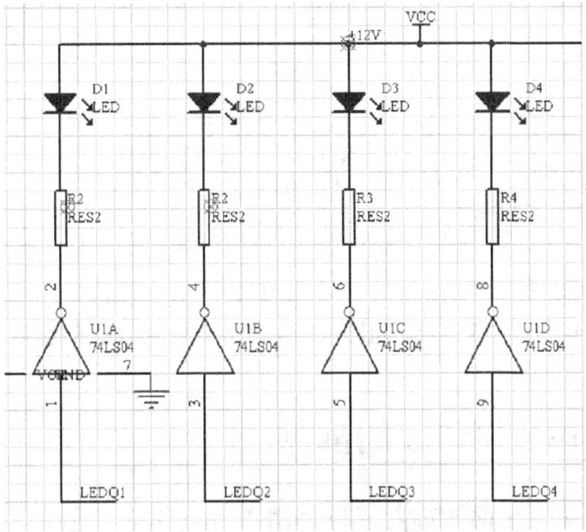

图 4-43　错误位置标记

（3）根据错误报告和原理图设计中的标记，对原理图设计进行修改。

（4）修改完所有错误后，再次执行菜单命令【Tools】|【ERC...】，对原理图设计进行检查，直至系统不报错。

4.6 动手练习

4.6.1 电气规则检查

本节练习的目的是使学生掌握原理图电气规则检查的方法和步骤。

利用图 4-44 所示的脉宽调制电路，完成电气规则检查。

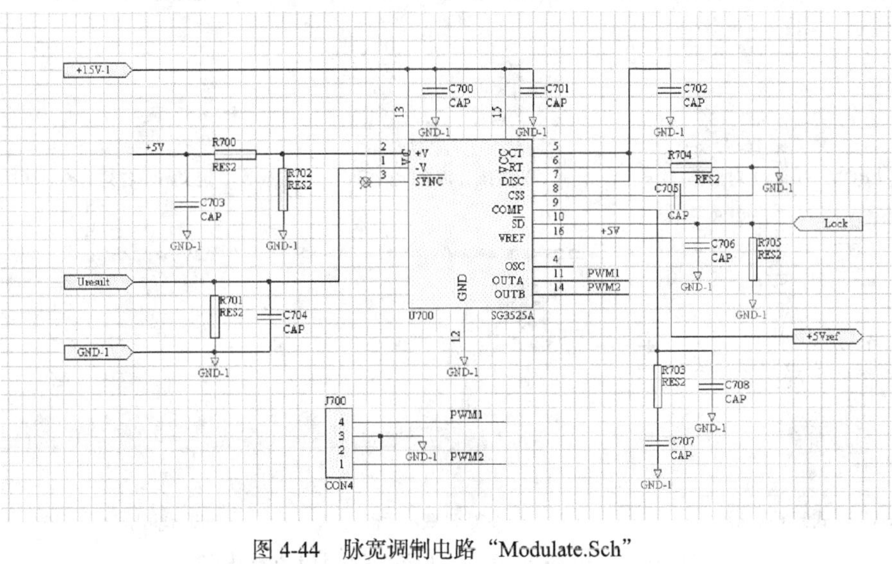

图 4-44　脉宽调制电路“Modulate.Sch”

主要操作步骤如图 4-45 所示。

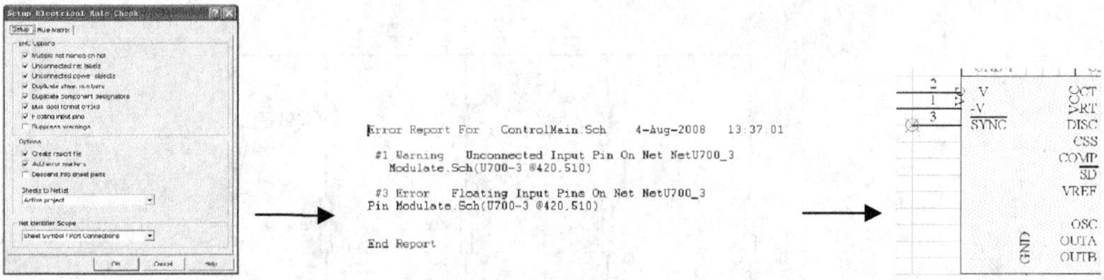

执行【Tools】|【ERC…】命令，弹出对话框　　电气规则检查　　显示错误标记

图 4-45　对脉宽调制电路进行电气规则检查的主要操作步骤

4.6.2　元器件清单及网络表的创建

本节练习的目的是使学生掌握原理图元器件清单和网络表的创建的方法和步骤，了解元器件清单和网络表的作用和含义。

利用图 4-46 所示的电源电路，完成元器件清单。

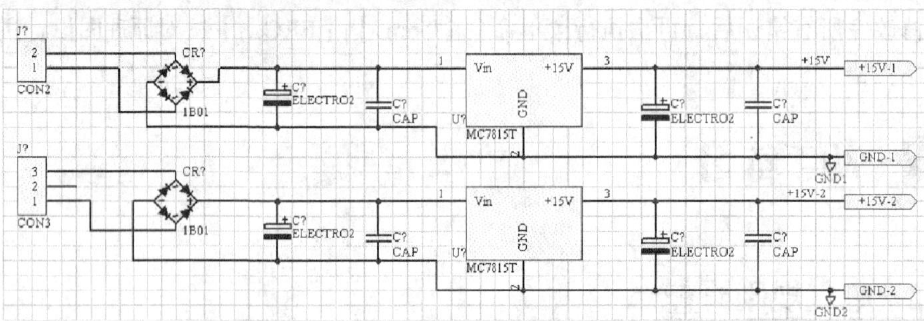

图 4-46　电源电路“Power.Sch”

主要操作步骤如图 4-47 所示。

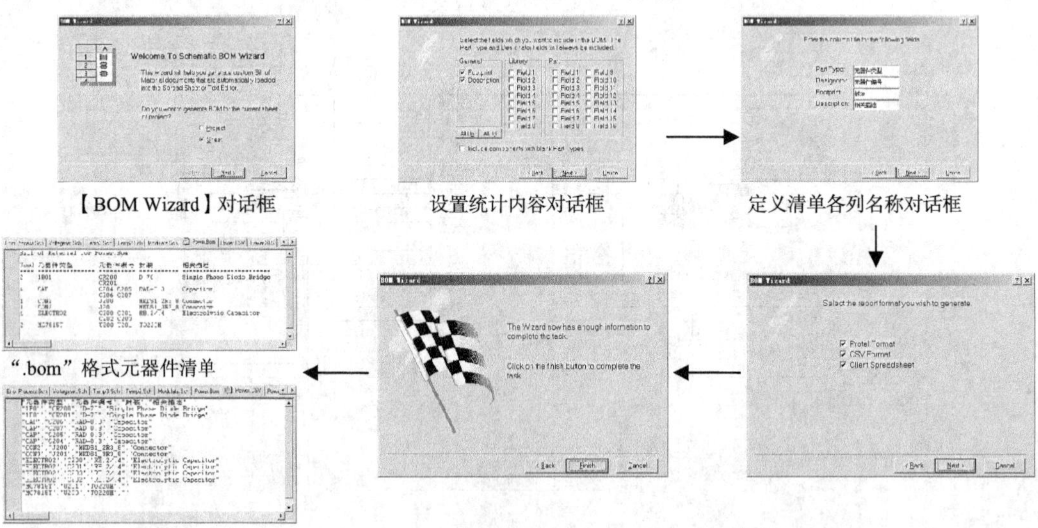

【BOM Wizard】对话框　　设置统计内容对话框　　定义清单各列名称对话框

“.bom”格式元器件清单

“.csv”格式元器件清单　　完成设置对话框　　设置输出清单文件格式对话框

图 4-47　利用电源电路完成元器件清单的主要操作步骤

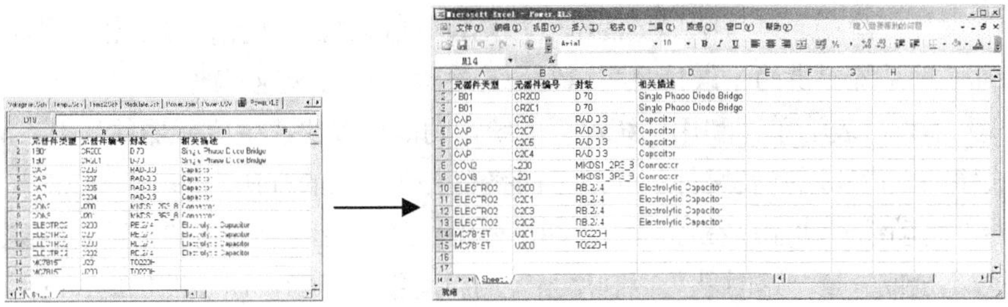

“.xls”格式元器件清单　　　　使用 Excel 打开输出的元器件清单文件

图 4-47　利用电源电路完成元器件清单的主要操作步骤（续）

利用图 4-48 所示的温度比较电路，完成网络表创建。

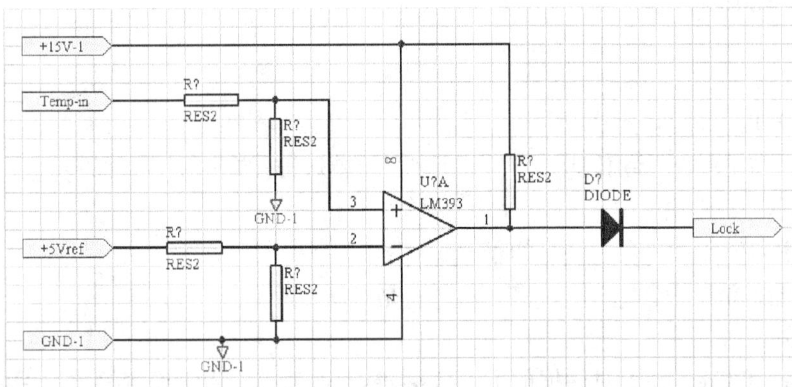

图 4-48　温度比较电路“Temp1.Sch”

主要操作步骤如图 4-49 所示。

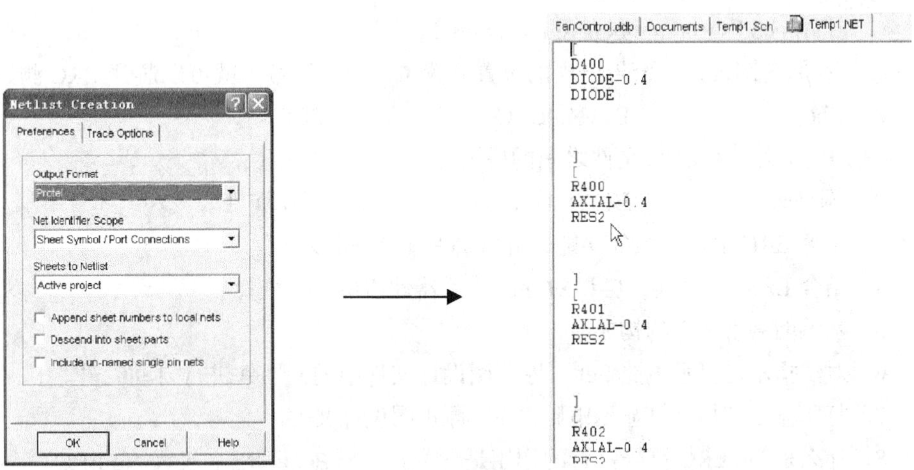

执行【Design】|【Creat Netlist】命令，系统弹出【Netlist Creation】对话框　　　　生成网络表文件

图 4-49　利用温度比较电路创建网络表的主要操作步骤

4.7 小结

本章主要介绍了几种有关原理图设计的常用报表文件的生成和使用方法。

- ERC 设计校验：通过系统提供的电气法则设计规则检查功能，可以查找出原理图设计中的错误，并且借助系统提供的错误信息可以对原理图设计进行快速修改。
- 生成元器件报表清单：利用系统提供的统计功能可以快速生成元器件的报表清单。
- 生成原理图设计网络表文件：介绍了网络表文件生成的方法。
- 元器件自动编号功能：在原理图设计过程中，经常会由于复制和粘贴、删除元器件而导致元器件序号不全或重复，这时就可以利用系统的自动编号功能快速、准确地实现元器件序号的重新排列。
- 原理图的打印输出：主要介绍了自动调整输出比例模式的原理图打印输出操作。

4.8 习题

1．填空题

（1）网络表是________，也是________。

（2）元器件清单列表主要用于________。元器件清单列表主要包括元器件的________、________、________等信息，以方便________。

（3）电气法则测试是________，以便________。

（4）在元器件清单中，________和________是必须的两项。

2．选择题

（1）【Netlist Creation】对话框的【Preferences】选项卡中用于设置输出文件格式的选项是（　　）。

A．【Output Format】

B．【Net Identifier Scope】

C．【Append sheet numbers to local nets】

（2）在原理图设计中警告出现的位置放置（　　）符号，就可以避开 ERC 测试。

A．Sheet　　B．No ERC　　C．PCB

（3）PCB 文件和 SCH 文件之间的桥梁是（　　）报表。

A．网络表　　B．元器件清单　　C．对象属性表

3．了解 ERC 设计校验的功能，并掌握其基本操作步骤。

4．结合 Excel 的功能，尝试对导出的元器件清单进行统计。

5．熟悉网络表文件的构成。

6．对“指示灯显示电路.Sch”原理图设计文件中的元器件进行自动编号。

7．打印输出“指示灯显示电路.Sch”原理图设计文件。

8．什么是 No ERC 符号？它的作用是什么？怎样在原理图上放置 No ERC 符号？

9．电气法则测试结果中两种类型的问题分别是什么？

10．如何通过改变电气法则测试规则来消除原理图中的测试警告？

第5章 PCB的设计

本章将介绍有关 PCB 设计的基础知识和 PCB 设计过程中相关参数的设置，并在此基础上从线性电源单面板设计、驱动电路及外接 IGBT 电路双面板设计两个方面来介绍 PCB 的全程设计。设计好的线性电源单面板和驱动电路及外接 IGBT 电路双面板分别如图 5-1 和图 5-2 所示。

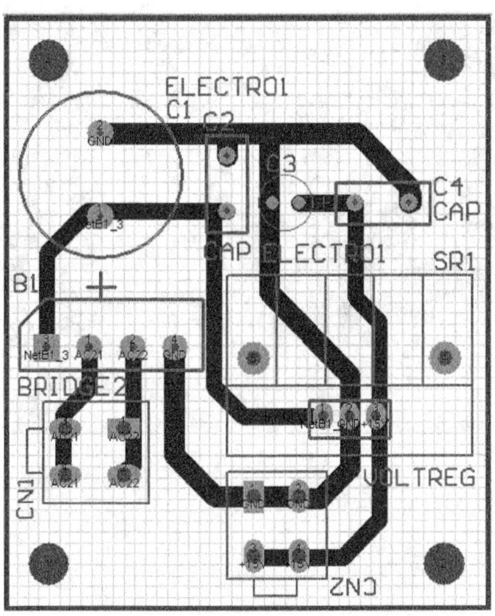

图 5-1　线性电源单面板

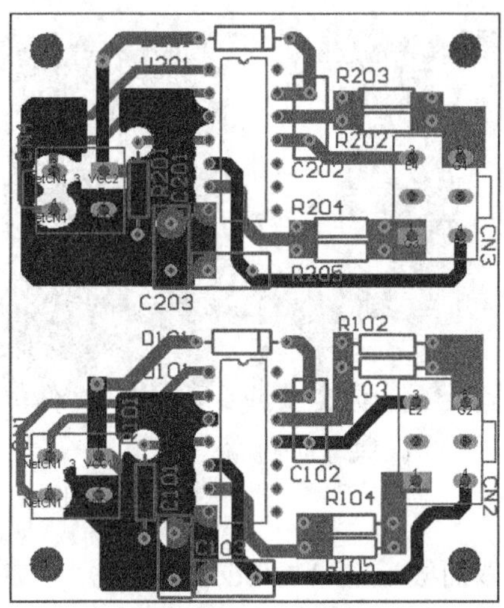

图 5-2　驱动电路及外接 IGBT 电路双面板

5.1 PCB 设计基础知识

PCB 设计是电路板设计中比较关键的一个环节。前面介绍的电路原理图的设计和元器件封装的制作都是为 PCB 设计做的准备。电路原理图设计是为了建立各个元器件之间的电气连接，而制作元器件封装则是为 PCB 设计准备元器件。

PCB 也称作印制电路板、印刷电路板或印制板。它是通过一定的制作工艺，在绝缘度非常高的基板上沉淀一层导电性良好的铜箔构成覆铜板，然后再根据具体的 PCB 设计图纸的要求，在覆铜板上蚀刻出导线，并钻出印制安装定位孔、焊盘和过孔等导电图形，最后还要喷涂上阻燃及丝印层等非导电图层。对于双面板和多层板，还需要对焊盘和过孔做金属化处理，即在焊盘和过孔的孔壁周围做沉铜和镀锡处理，以实现不同层之间的焊盘和过孔之间的电气连接。

PCB 按照电路板层数的多少主要可以分为 3 类：单面板、双面板和多层板。PCB 上的图件包括两大类：导电图件和非导电图件。导电图件主要包括焊盘、过孔、导线、多边形填充和矩形填充等。非导电图件主要包括介质、抗蚀剂及阻焊图形等。

下面介绍几个 PCB 设计中常提到的概念。

1．印制板（Printed Board）

又称印制线路板（Printed Wiring Board）或印制电路板（Printed Circuit Board）完成了印制线路和印制电路加工的板子的通称。根据工作层面的数目可以将印制电路板分为单面板、双面板和多层板。

2．单面板（Single Sided Board）

仅一个面上有导电图形的印制电路板，如图 5-3 所示。单面板只有一个面需要进行光绘等制造工艺处理，根据具体的设计要求可能是顶层（Top Layer），也可能是底层（Bottom Layer）。元器件一般插在没有导电图形的一面，以方便焊接。单面板的制造成本比其他类型的电路板要低得多。由于电路板的所有走线都必须放置在一个面上，因此单面板的布线相对来说比较困难，只适用于比较简单的电路设计。

（a）显示单面板顶层　　（b）显示单面板底层

图 5-3　单面板示意图

3．双面板（Double Sided Board）

两个面上都有导电图形的印制电路板，如图 5-4 所示。双面板在电路板的两个面上进行布线，一个为顶层（Top Layer），另一个为底层（Bottom Layer），上下两层间的电气连接主要通过过孔来实现，中间为绝缘层。由于双面板双面都可以走线，大大地降低了布线的难度，因此它是一种被广泛采用的印制电路板。

4．多层板（Multilayer Printed Board）

由 3 层或 3 层以上的导电图形层与其间的绝缘材料层相隔离、层压后结合而成的印制电路板，其各层间的导电图形按要求互连。在电路设计中，常用的是 4 层板和 4 层以上的印制电路板。一个设计好的多层板如图 5-5 所示。随着电子技术的飞速发展，芯片的集成度越来越高，多层板的应用也越来越广泛。

（a）显示顶层

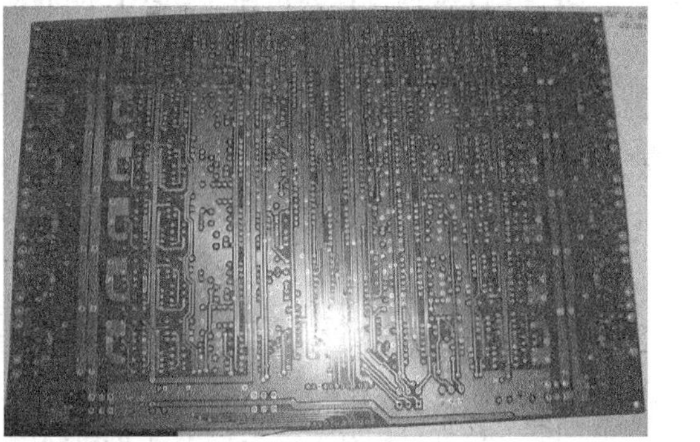

（b）显示底层

图 5-4　双面板

图 5-5　多层板

5．导电图形（Conductive Pattern）

印制电路板的导电材料所构成的图案结构。它包括导线、连接盘、金属化孔和印制元件等。

6．非导电图形（Non-conductive Pattern）

印制电路板的非导电材料（如介质、抗蚀剂和阻焊图形等）所构成的图案结构。

5.1.1　电路板类型的选择

在设计电路板时，电路板的类型选择主要从电路板的可靠性、工艺性和经济性等方面进行综合考虑，尽量从这几方面的最佳结合点出发来选择电路板的类型。

印制电路板的可靠性是影响电子设备和仪器可靠性的重要因素。从设计角度考虑，影响印制电路板可靠性的首要因素是所选印制电路板的类型，即印制电路板是单面板、双面板还是多层板。根据国内外长期使用这些类型印制电路板的实践证明，类型越复杂，可靠性越低。各类型印制电路板的可靠性由高到低的顺序是单面板→双面板→多层板，并且多层板的可靠性会随着层数的增加而降低。

在设计印制电路板的整个过程中，设计人员应当时刻考虑印制电路板的制造工艺要求和装配工艺要求，尽可能有利于制造和装配。在布线密度较小的情况下可考虑设计成单面板或双面板，而在布线密度很大、制造困难较大且可靠性不易保证时，可考虑设计成印制导线宽度和间距都比较大的多层板。对多层板的层数的选择同样既要考虑可靠性，又要考虑制造和安装的工艺性。

印制电路板的设计人员还应当把产品的经济性纳入设计过程中，这在商品生产竞争激烈的今天尤为必要。印制电路板的经济性与印制电路板的类型、基材选择、制造工艺方法和技术要求的内容密切相关。就电路板类型而言，其成本递增的顺序一般也是单面板→双面板→多层板。但是，在布线密度大到一定程度时，与其设计成复杂的、制造困难的双面板，倒不如设计成较简单的、低层次的多层板，这样也可以降低成本。

5.1.2　电路板设计中常用工作层面

如图 5-6 所示，方框区域内处于选中状态的工作层面即双面板设计中常用的工作层面。

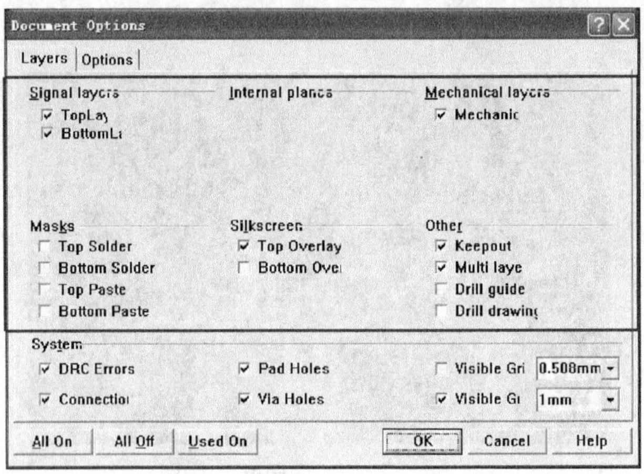

图 5-6　普通双面板包含的工作层面

下面以图 5-7 所示的双面电路板为例简单介绍电路板上的工作层面。

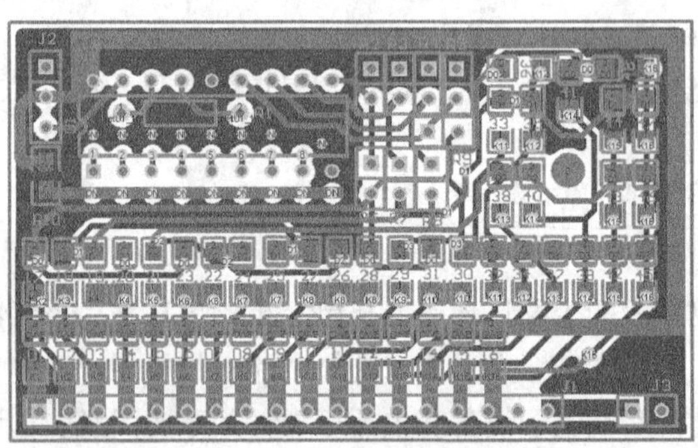

图 5-7　双面电路板示例

在 Protel 99 SE 的 PCB 编辑器中，按 Shift+S 组合键，将电路板的显示模式切换到单层显示模式，即可逐层显示电路板的工作层面。

要点提示　利用 Shift+S 组合键将电路板切换到单层显示模式时，应将输入法设置成英文的输入状态。

1.【TopLayer】(顶层信号层)

在双面板中，【TopLayer】(顶层信号层)用来放置铜箔导线，以连接不同的元器件、焊盘和过孔等实现特定的电气功能，如图 5-8 所示。

2.【BottomLayer】(底层信号层)

【BottomLayer】(底层信号层)的功能与顶层信号层的功能相同，也是用来放置导线的，如图 5-9 所示。

> **要点提示**　一般情况下，顶层信号层的导线为红色，底层信号层的导线为蓝色。在电路板布线时，为了提高电路板抗干扰的能力，顶层信号层布线横线居多，而底层信号层布线竖线居多。

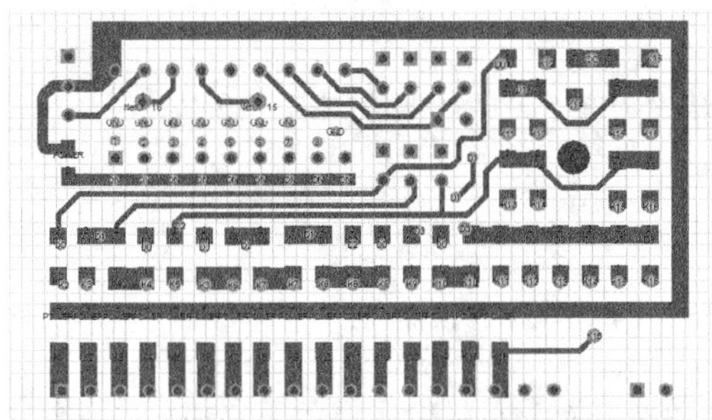

图 5-8　顶层信号层

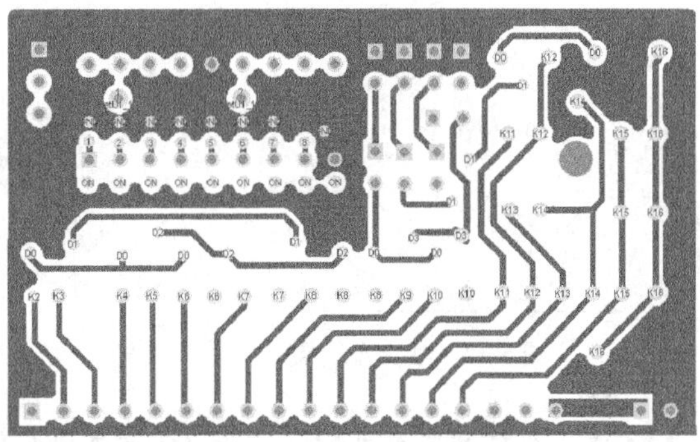

图 5-9　底层信号层

3.【Mechanical】(机械层)

【Mechanical】(机械层)主要用来对电路板进行机械定义，包括确定电路板的物理边界、尺寸标注和对齐标志等。在电路板设计过程中，通常将电路板的物理边界等同于电路板的电气边界，而不对电路板的物理边界进行规划。

4.【TopOverlay】(顶层丝印层)

【TopOverlay】(顶层丝印层)主要用来绘制元器件的外形和添加注释文字，如图 5-10 所示。

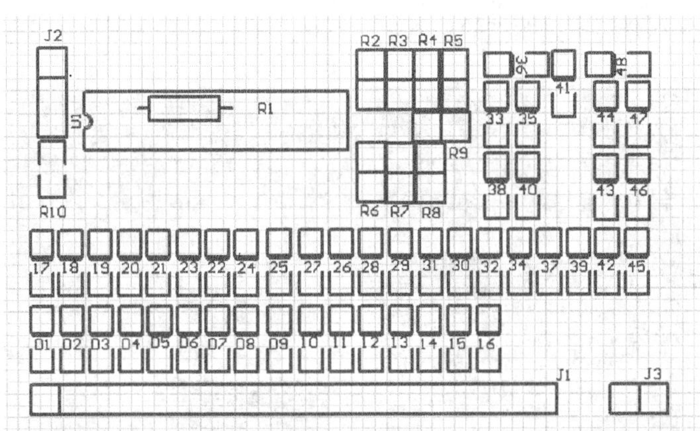

图 5-10　顶层丝印层

如果在双面板的底层放置有元器件，还应当激活【Bottom Overlay】(底层丝印层)。

5.【KeepOutLayer】(禁止布线层)

【KeepOutLayer】(禁止布线层)主要用来规划电路板的电气边界，电路板上所有的导电图件均不能超出该边界，否则系统在进行 DRC 设计校验时将会报告错误。图 5-11 所示为一个规划好的电路板的电气边界。

6.【MultiLayer】(多层面)

【MultiLayer】(多层面)主要用来放置元器件的焊盘和连接不同工作层面上的导电图件的过孔，如图 5-12 所示。

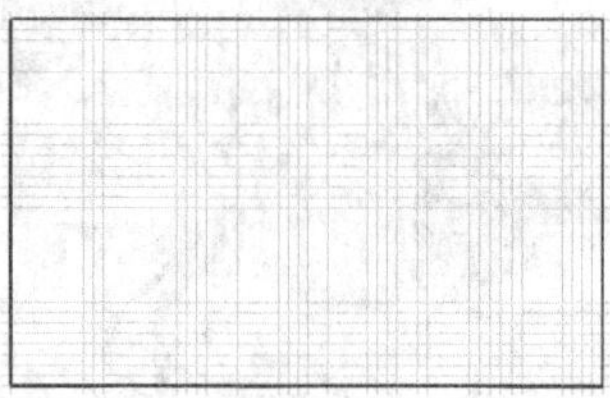

图 5-11　禁止布线层

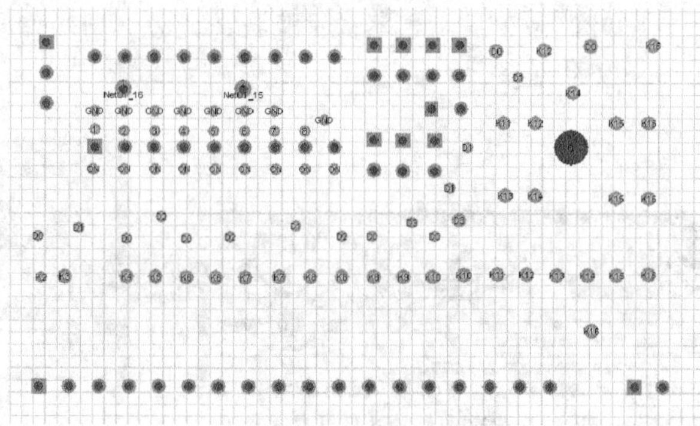

图 5-12　多层面

要点提示　单面板只有一个信号层，通常选用底层信号层。而多层板除了增加了内部电源层外，层数较多时可能还有多个信号层。

5.1.3　认识电路板上的图件

电路板上的图件包括两大类：导电图件和非导电图件。导电图件主要包括焊盘、过孔、导线、多边形填充和矩形填充等。非导电图件主要包括介质、抗蚀剂、阻焊图形、丝印文字和图形等。下面主要介绍导电图件。

图 5-13 所示为一个电路板的 PCB 文件，该电路板上的导电图件主要有焊盘、过孔、导线和矩形填充等。下面分别介绍这些图件的功能。

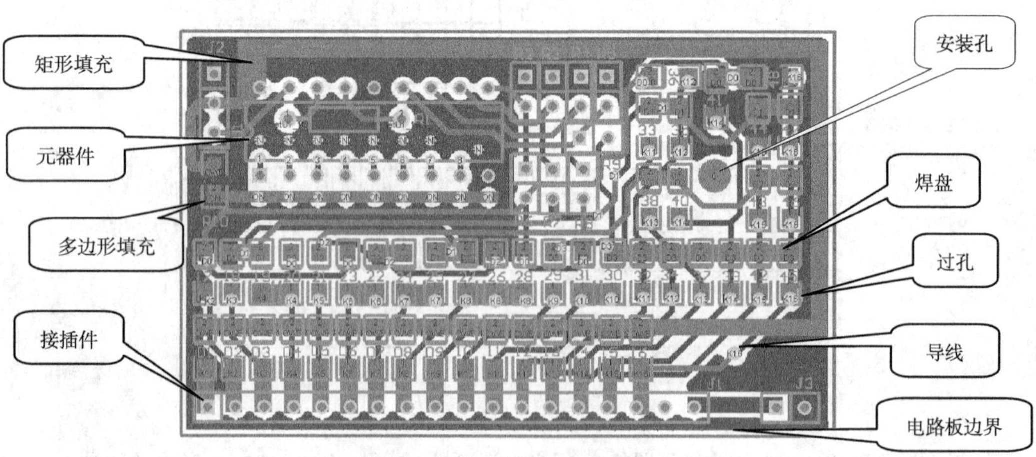

图 5-13　电路板的 PCB 文件

- 安装孔：主要用来把电路板固定到机箱上，图 5-13 中的安装孔是用焊盘制作的。
- 焊盘：用于安装并焊接元器件引脚的金属化孔。
- 过孔：用于连接顶层、底层或中间层导电图件的金属化孔。
- 元器件：这里指的是元器件封装，一般由元器件的外形和焊盘组成。
- 导线：用于连接具有相同电气特性网络的铜箔。
- 矩形填充：一种矩形的连接铜箔，其作用与导线一样，用于将具有相同电气特性的网络连接起来。
- 接插件：属于元器件的一种，主要用于电路板之间或电路板与其他元器件之间的连接。
- 电路板边界：指的是定义在机械层和禁止布线层上的电路板的外形尺寸。制板商最后就是按照这个外形对电路板进行剪裁的，因此用户所设计的电路板上的图件不能超过该边界。
- 多边形填充：主要用于地线网络的覆铜。

5.1.4　电路板的电气连接方式

电路板的电气连接方式主要有两种：板内互连和板间互连。

电路板内的电气构成主要有两部分：电路板上具有电气特性的点（包括焊盘、过孔以及由焊盘的集合组成的元器件）和将这些点互连的连接铜箔（包括导线、矩形填充和多边形填充等）。具有电气特性的点是电路板上的实体，连接铜箔是将这些点连接到一起实现特定电气功能的手段。

总的来说，通过连接铜箔可以将电路板上具有相同电气特性的点连接起来实现一定的电气功能，然后无数的电气功能的集合就构成了整块电路板。

以上介绍的电路板的电气构成属于电路板内的互连，还有一种电气连接是属于板间互连的。板间互连主要是指多块电路板之间的电气连接，它们主要采用接插件或者接线端子进行连接。

5.1.5　PCB 设计的基本原则

一个完整的 PCB 设计必须满足以下基本原则。

1．电气连接正确

电路板设计好后，保证电路板上各元器件之间的电气连接正确是 PCB 设计必须遵循的基本原则。如果电路板设计好后，电气连接与电路原理图设计不相符，则该电路板根本就不能正常地工作。

2．符合电路设计者意图

电路板设计是电路设计者设计思路的最终体现，是服务于电路设计的，因此最终的 PCB 设计必须严格符合电路设计者的意图。

3．符合电路板安装的要求

电路板设计、安装和调试好后，一般都要安装到某一个机箱中，因此电路板的外形、安装孔的大小及安装孔放置的位置等都应当事先进行设计，这也是需要严格遵循的原则。

4．元器件布局合理

元器件布局合理指的是在电路板设计中进行元器件布局时应当遵循一定的设计规则，比如，应当满足机械结构方面的要求、散热方面的要求，以及电磁干扰方面的要求等。

5．电路板布线合理

与元器件布局需要合理安排一样，电路板布线也需要遵循一定的原则，这些原则可以通过系统提供的电路板布线设计规则设置来实现。有关电路板布线设计规则的设置将在本章后面的小节中作详细的介绍。

6．便于安装和调试

电路板设计完后，需要安装和焊接元器件，还需要进行调试。为了方便安装和焊接元器件，就要在放置元器件时充分考虑元器件之间的间距是否足够大、元器件的序号是否一目了然、元器件是否方便辨认。为了方便调试，还需要在关键的网络上放置专门设计的测试点。

5.1.6 PCB 设计的基本流程

PCB 设计的基本流程主要包括以下步骤。

1．准备电路原理图和网络表

只有原理图和网络表生成后，才可能将元器件封装和网络表载入到 PCB 编辑器中，然后才能进行电路板的设计。网络表是印制电路板自动布线的灵魂，更是联系原理图编辑器和 PCB 编辑器的桥梁和纽带。

2．设置环境参数

在 PCB 编辑器中绘制电路板之前，用户可以根据自己的习惯定制 PCB 编辑器的环境参数，包括栅格大小、光标捕捉区域的大小、公制/英制转换等参数和工作层面颜色等。环境参数设置得是否合理，将会直接影响电路板设计的效率。

3．规划电路板

规划电路板包括以下内容。

- 电路板的选型：选择单面板、双面板或者多面板。
- 确定电路板的外形，包括设置电路板的形状、电气边界和物理边界等参数。
- 确定电路板与外界的接口形式，选择具体接插件的封装形式，以及接插件的安装位置和电路板的安装方式等。

考虑到设计的并行性，设计电路板的规划工作有一部分应当放在原理图绘制之前，比如，电路板类型的选择、电路板的接插件和安装形式等。在电路板的设计过程中，千万不能忽视这一步工作，否则有的后续工作将无法进行。

4．装入网络表和元器件封装

在 PCB 编辑器中，只有载入了网络表和元器件封装后才能开始电路板的绘制。电路板的自动布线是根据网络表来进行的。

在 Protel 99 SE 中，利用系统提供的更新 PCB 设计的功能或者载入网络表的功能，既可以在原理图编辑器中将元器件封装和网络表更新到 PCB 编辑器中，又可以在 PCB 编辑器中载入元器件封装和网络表。

5．元器件布局

元器件布局应当从机械结构、散热、电磁干扰以及将来布线的方便性等方面进行综合考虑。先布置与机械尺寸和安装尺寸有关的器件，然后是大的、占位置的器件和电路的核心元器件，再是外围的小元器件。

6．自动布线与手工调整

使用 Protel 99 SE 提供的自动布线功能时，用户只需进行简单和直观的设置，自动布线器就会根据设置好的设计法则和自动布线规则选择最佳的布线策略进行布线，使印制电路板的设计尽可能完美。

自动布线后，如果不满意自动布线的结果，用户还可以对结果进行手工调整，使之既能满足设计者特殊的设计意图，又能利用系统自动布线的强大功能使电路板的布线尽可能符合电气设计的要求。

7．覆铜

对信号层上的接地网络和其他需要保护的信号进行覆铜或包地，可以增强 PCB 抗干扰的能力和负载电流的能力。

8．DRC

对布完线的电路板进行设计规则检验，可以确保电路板设计完全符合用户制定的设计规则，确认所有的网络均已正确连接。

5.1.7　PCB 编辑器简介

下面首先介绍通过创建一个 PCB 设计文件来激活 PCB 编辑器的方法。

在 Protel 99 SE 中，创建 PCB 设计文件的方法主要有以下两种。

- 利用常规的方法创建 PCB 设计文件。
- 利用 PCB 设计文件生成向导创建 PCB 设计文件。

利用常规的方法创建 PCB 设计文件的操作比较简单，也比较容易掌握。利用 PCB 设计文件生成向导创建 PCB 设计文件，可以在创建 PCB 设计文件的过程中设置一些通用的参数，特别适合通用电路板的设计，能够大大减轻设计者设计电路板的工作量。因此，本节将介绍利用 PCB 设计文件生成向导创建 PCB 设计文件的操作步骤。

（1）首先创建一个设计数据库文件，然后打开该设计数据库文件下的“Documents”文件。

（2）执行菜单命令【File】|【New...】，打开【New Document】（新建文件）对话框，如图 5-14 所示。

（3）选择 Wizards 选项卡，出现新建设计文件向导信息，如图 5-15 所示。

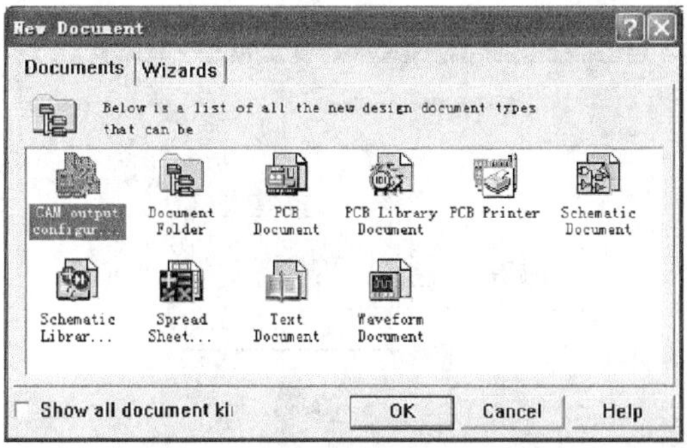

图 5-14 【新建设计文件】对话框

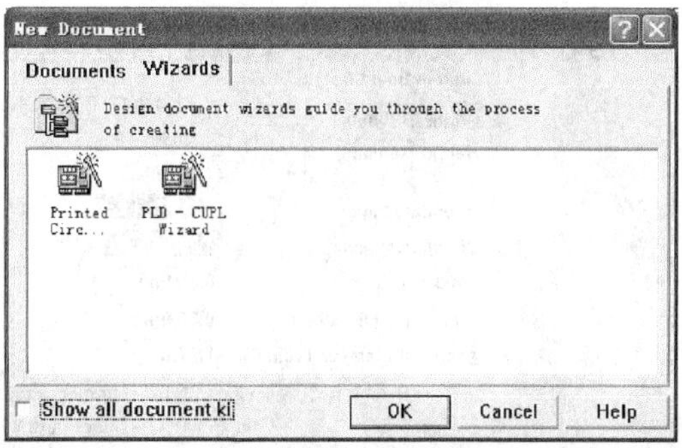

图 5-15　新建文件向导

（4）在【Wizards】选项卡中双击【Printed Circ...】（新建 PCB 设计文件向导）图标，打开

【Board Wizard】（创建 PCB 设计文件向导）对话框，如图 5-16 所示。

（5）单击 Next > 按钮，选择电路板类型和设置 PCB 的尺寸单位对话框。

在该对话框中，用户可以从 Protel 99 SE 提供的 PCB 模板库中为正在创建的 PCB 选择一种工业标准板，也可以选择【Custom Made Board】（自定义非标准板）选项。本例中选择【Custom Made Board】。

在 PCB 编辑器中，系统提供了公制和英制两种单位制，其换算关系为 1 mil=0.0254 mm。单击【Imperial】前的单选框，系统尺寸单位为英制“mil”；单击【Metric】前的单选框，系统尺寸单位为公制“mm”。本例中选择【Metric】，将系统单位设置为“mm”，如图 5-17 所示。

图 5-16 【创建 PCB 设计文件向导】对话框

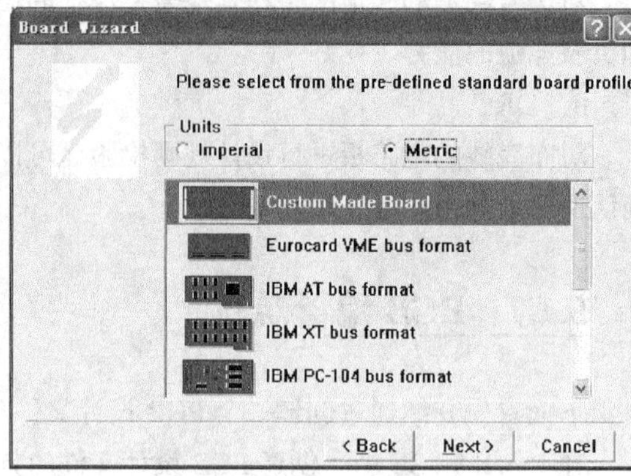

图 5-17 选择电路板类型并设置系统单位

（6）单击 Next > 按钮，打开【设置电路板外形】对话框。自定义非标准板生成向导支持【Rectangular】（矩形）、【Circular】（圆形）和【Custom】（系统默认）3 种外形。本例选择【Rectangular】，其余参数采用默认值，如图 5-18 所示。

（7）单击 Next > 按钮，打开【电路板外形尺寸】对话框。在该对话框中可以设置电路板的外形尺寸，如图 5-19 所示。

（8）单击 Next > 按钮，打开【电路板拐角尺寸设置】对话框。在该对话框中可以设定电路板的拐角尺寸，如图 5-20 所示。

（9）设置好电路板的拐角尺寸后，单击 Next > 按钮，打开【电路板内部镂空外形尺寸设置】对话框，如图 5-21 所示。

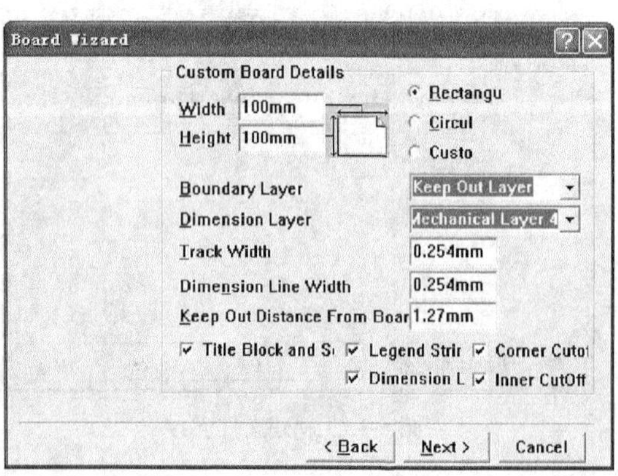

图 5-18 设置电路板的外形

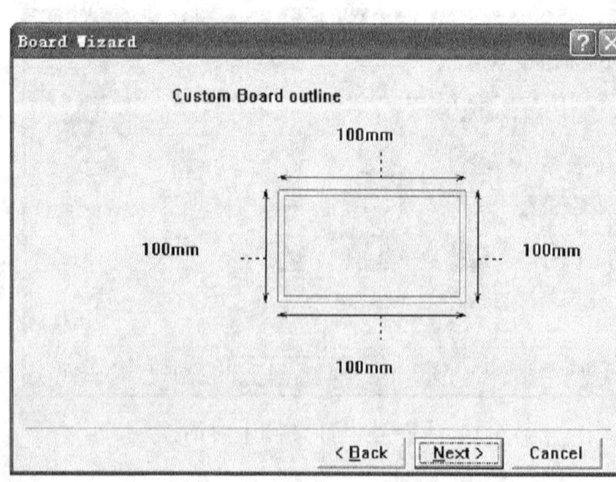

图 5-19 设置电路板外形尺寸

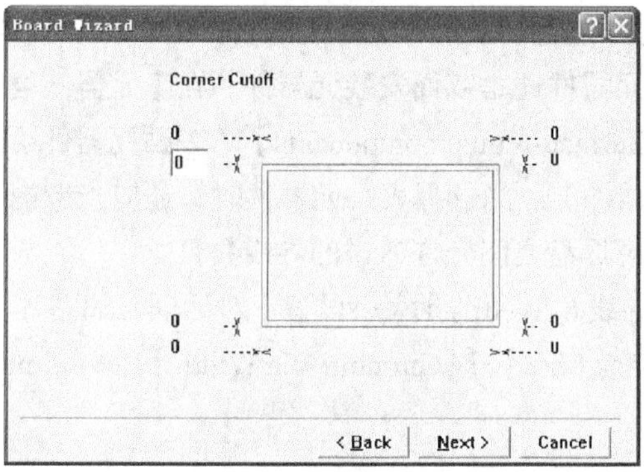

图 5-20　设置电路板的拐角尺寸

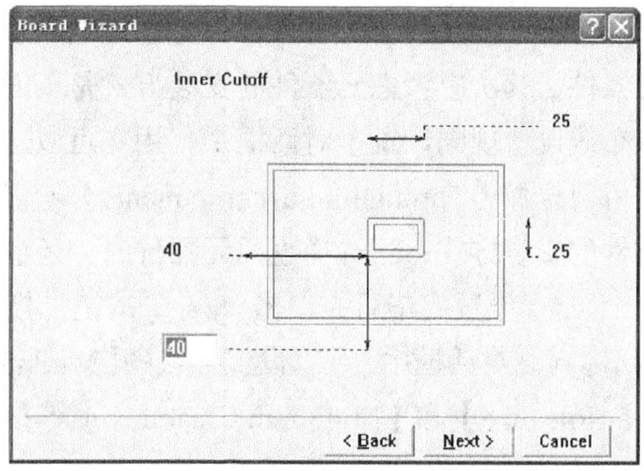

图 5-21　设置电路板内部镂空外形尺寸

（10）单击 Next > 按钮，可进入【电路板标题栏信息设置】对话框，如图 5-22 所示。

（11）设置好标题栏信息后，单击 Next > 按钮，可进入【工作层面设置】对话框。在该对话框中可以设定信号层和内电层的数目，如图 5-23 所示。

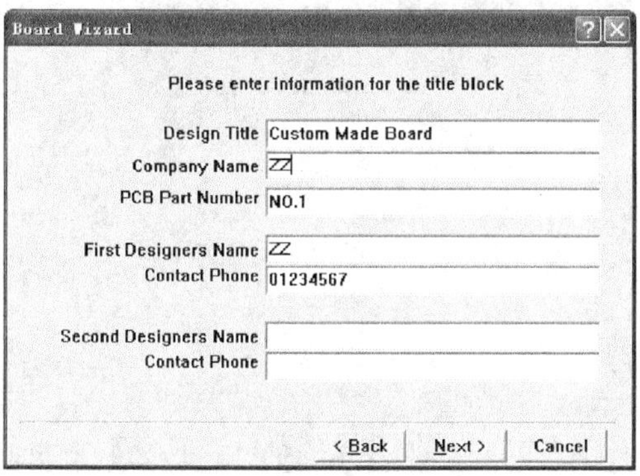

图 5-22　设置电路板标题栏信息

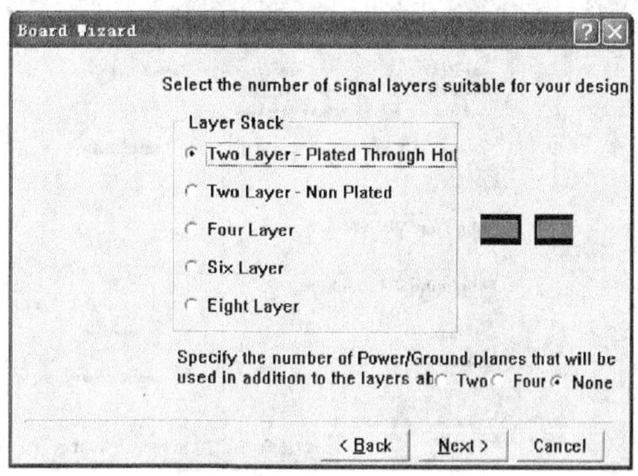

图 5-23　设置电路板类型和工作层面数

在图 5-23 所示的对话框中，用户可以根据电路板设计的需要选择电路板的类型、工作层面的数目和内电层的数目，本例中选择【Two Layer-Plated Though Hole】。

（12）单击 Next > 按钮，打开【过孔样式设置】对话框，如图 5-24 所示。在该对话框中，可以定义过孔的样式。Protel 99 SE 提供了两种过孔形式：【Thruhole Vias only】（通孔）和【Blind and Buried Vias only】（盲孔和深埋过孔）。双面板设计通常将过孔样式定义成通孔。

（13）单击 Next > 按钮，打开【元器件类型和布线设计规则设置】对话框，如图 5-25 所示。

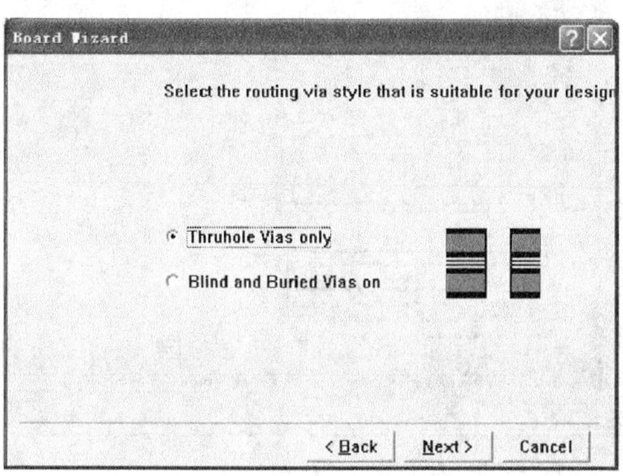

图 5-24　设置过孔样式

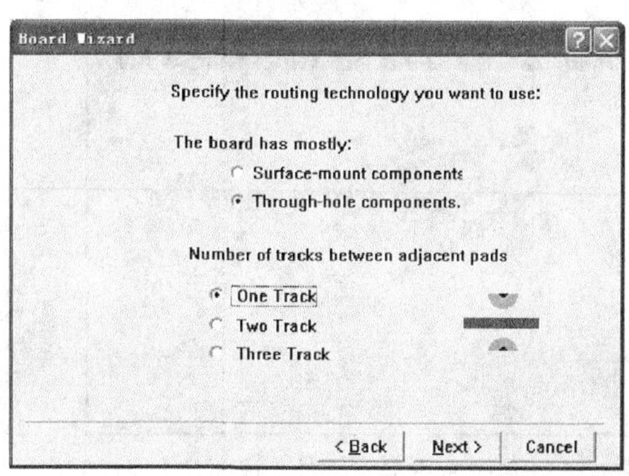

图 5-25　设置元器件类型和布线设计规则

在设计 PCB 之前，用户首先应考虑电路板上所要放置的元器件的类型是直插元器件还是表贴元器件，其次应考虑元器件的安装方式是单面安装元器件还是双面安装元器件。在【元器件类型和布线设计规则设置】对话框中，用户可以选择【Surface-mount components】（表贴元器件），也可以选择【Through-hole components】（直插元器件）。当选择表贴元器件时，还应当考虑元器件的安装方式；当选择直插元器件时，还应当考虑焊盘之间允许通过的导线数目。

（14）设置完毕后，单击 Next> 按钮，打开【导线宽度和过孔大小设置】对话框，如图 5-26 所示。在该对话框中，可以设置导线的【Minimum Track Size】、【Minimum Via Width】、【Minimum Via Hole Size】和【Minimum Clearance】等参数。

要点提示　上述布线设计规则可以采用系统提供的默认值，然后在 PCB 编辑器中再设置。

（15）单击 Next> 按钮，打开【存储模板】对话框，如图 5-27 所示。在该对话框中如果选中文字中的复选框，则可将本次设置好参数的电路板存储为模板。

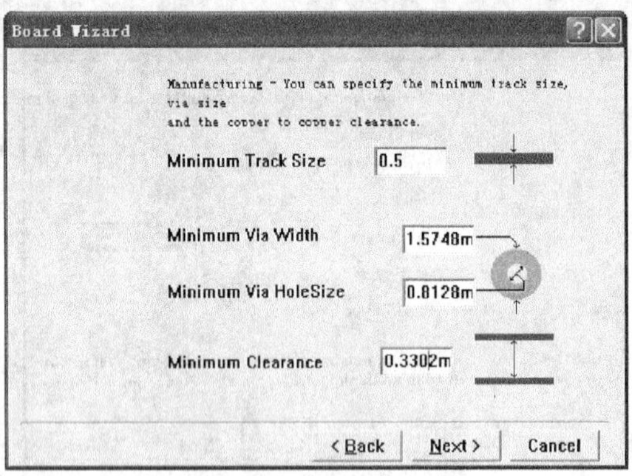

图 5-26　设置导线宽度和过孔大小

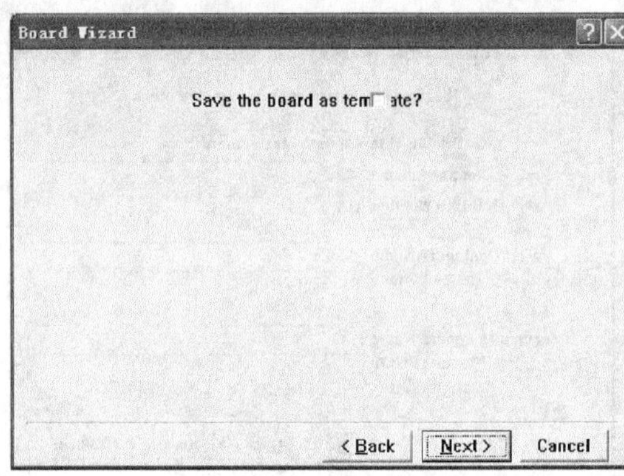

图 5-27 【存储模板】对话框

（16）单击 Next> 按钮，打开【完成 PCB 设计文件生成向导】对话框，如图 5-28 所示。

在该对话框中单击 Finish 按钮即可完成 PCB 生成向导的设置，系统将创建一个 PCB 设计文件，并且激活 PCB 编辑器服务程序。生成的 PCB 设计文件如图 5-29 所示。

图 5-28 【完成 PCB 设计文件生成向导】对话框

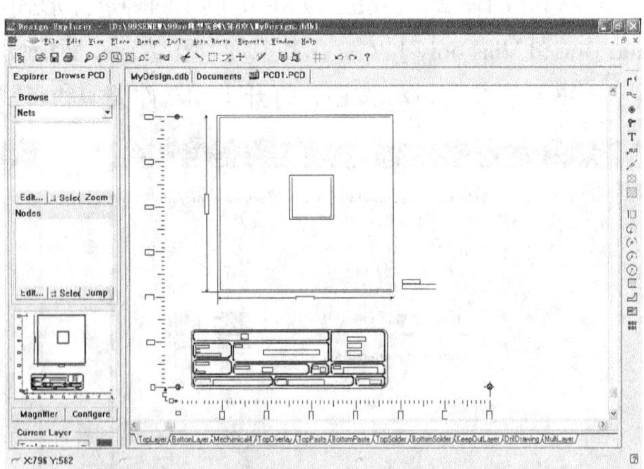

图 5-29　生成的 PCB 设计文件

要点提示　在利用 PCB 设计文件生成向导创建 PCB 设计文件的过程中设置的参数，也可以在进入 PCB 编辑器之后进行设置。

利用 PCB 设计文件生成向导创建的 PCB 设计文件会自动存储为“.PCB”文件，其默认的名称为“PCB1”，并且生成的 PCB 设计文件会自动地添加到当前的“Documents”文件中。

（17）更改 PCB 设计文件的名字为“Myfirst.PCB”，然后存储该设计文件。

下面将以图 5-30 所示的 PCB 编辑器窗口为例对 PCB 设计的工作环境进行简要介绍。

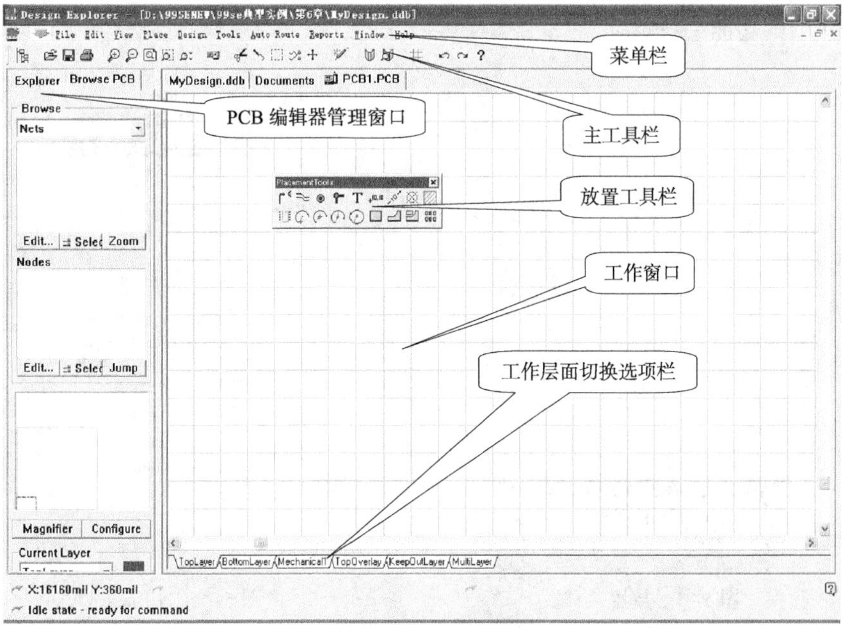

图 5-30　PCB 编辑器窗口

1．菜单栏

PCB 编辑器的菜单栏与原理图编辑器的菜单栏大致相同，这里只介绍几个常用菜单的功能。

【Design】（设计菜单）：主要包括设置 PCB 设计规则的菜单命令、装载网络表和元器件封装的命令，以及关于元器件封装库的操作命令。

【Tools】（工具菜单）：主要包括电路板设计完成后的设计规则校验（DRC）菜单命令和元器件自动布局的菜单命令，以及电路板设计完成后的一些处理操作命令。

【Auto Route】（自动布线菜单）：主要包括自动布线策略的设置命令，以及各种自动布线的操作命令。

【Reports】（生成报告菜单）：主要包括生成电路板信息、网络表状态和图件距离报告等菜单命令。

以上菜单命令在后面的电路板设计实例中都会用到，到时再进行详细的介绍。

2．主工具栏

PCB 编辑器的主工具栏主要是一些常用的菜单命令的快捷操作方式，利用这些工具可以大大提高电路板的设计效率。

3．放置工具栏

PCB 编辑器的放置工具栏如图 5-31 所示。

在 PCB 编辑器中，绘图工具的使用方法与原理图编辑器中的使用方法基本相同，只是由 PCB 绘图工具栏绘制出的图形被赋予了新的意义。以矩形填充为例，当其在电路板的顶层时，就表示电路板顶层的一整块矩形覆铜，具有电气功能；当其在顶层丝印层时，只表示一个丝印的矩形符号，没有任何导电意义。因此，在 PCB 编辑器中，图形所在的工作层面不同，具有的意义也就各不相同。

在 PCB 编辑器中放置导线或其他图形时，除了可以单击放置工具栏中的各按钮外，还可以通过选取【Place】菜单中相应的命令来实现，如图 5-32 所示。【Place】菜单中的各命令与放置工具栏中各个按钮的功能一一对应。

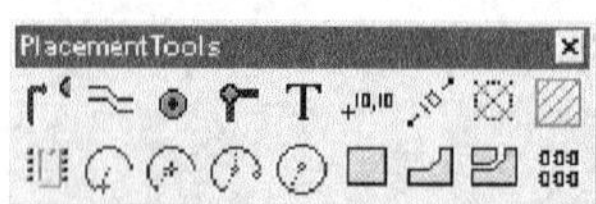

图 5-31　放置工具栏

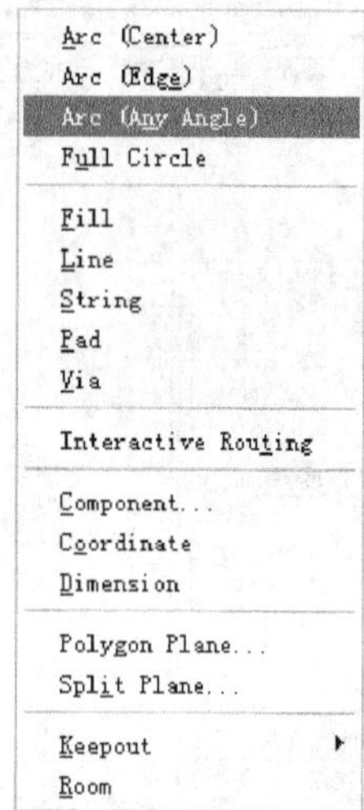

图 5-32　【Place】菜单

放置工具栏中的各个按钮功能和对应的菜单命令如下。

：绘制导线。对应的菜单命令为【Place】|【Interactive Routing】。

：画线。对应的菜单命令为【Place】|【Line】。

：放置焊盘。对应的菜单命令为【Place】|【Pad】。

：放置过孔。对应的菜单命令为【Place】|【Via】。

T：放置字符串。对应的菜单命令为【Place】|【String】。

：放置位置坐标。对应的菜单命令为【Place】|【Coordinate】。

：放置尺寸标注。对应的菜单命令为【Place】|【Dimension】。

：设置坐标原点。对应的菜单命令为【Edit】|【Origin】|【Set】。

：放置元器件。对应的菜单命令为【Place】|【Component...】。

：中心法绘制圆弧。对应的菜单命令为【Place】|【Arc（Center）】。

：边缘法绘制圆弧。对应的菜单命令为【Place】|【Arc（Edge）】。

：任意角度的边缘法绘制圆弧。对应的菜单命令为【Place】|【Arc (Any Angle)】。

：绘制圆。对应的菜单命令为【Place】|【Full Circle】。

：放置矩形填充。对应的菜单命令为【Place】|【Fill】。

：放置多边形填充。对应的菜单命令为【Place】|【Polygon Plane...】。

：分割内电层。对应的菜单命令为【Place】|【Split Plane...】。

：阵列粘贴。对应的菜单命令为【Edit】|【Paste Special】。

熟练掌握放置工具栏中各按钮的功能，可以提高 PCB 设计的速度。

放置工具栏的打开与关闭，可以通过执行菜单命令【View】|【Toolbars】|【Placement Tools】来实现。

4．工作窗口

PCB 编辑器的工作窗口主要用来绘制印制电路板。规划电路板、放置元器件和电路板的布线等工作都是在工作窗口中完成的。

5．PCB 编辑器管理窗口

通过 PCB 编辑器管理窗口可以对 PCB 设计文件中的所有图件和设计规则等进行快速的浏览、查看和编辑，包括对网络标号的浏览、查询和编辑，对元器件的浏览、查询和编辑，对元器件封装库的浏览、查询和编辑，对电路板设计规则冲突的浏览、查询以及对电路板设计规则的浏览、查询等。单击【Browse PCB】（浏览 PCB 设计）选项卡下文本框后的按钮，即可弹出 PCB 编辑器管理窗口的管理项目，如图 5-33 所示。

图 5-33 中各项目的意义如下。

【Nets】（网络标号）：选择该选项可以将 PCB 编辑器管理窗口切换到浏览网络标号的模式，如图 5-34 所示。

【Components】（元器件）：选择该选项可以将 PCB 编辑器管理窗口切换到浏览元器件的模式，如图 5-35 所示。

【Libraries】（元器件封装库文件）：选择该选项可以将 PCB 编辑器管理窗口切换到浏览 PCB 编辑器中载入的元器件封装库的模式，如图 5-36 所示。

【Net Classes】（网络标号类）：选择该选项可以将 PCB 编辑器管理窗口切换到浏览网络标号类的模式。

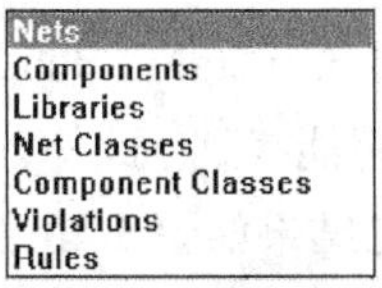

图 5-33　原理图管理窗口项目

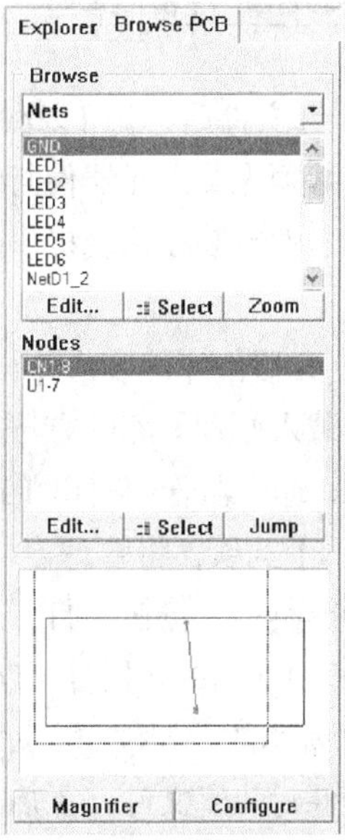

图 5-34　浏览网络标号

【Component Classes】（元器件类）：选择该选项可以将 PCB 编辑器管理窗口切换到浏览元

器件类的模式。

【Violations】（违反设计规则）：选择该选项可以将 PCB 编辑器管理窗口切换到浏览违反设计规则的设计的模式。该模式通常在 DRC 设计校验后使用，利用管理窗口的跳转和放大功能可以快速地定位到违反设计规则的设计处，然后进行修改。

【Rules】（设计规则）：选择该选项可以将 PCB 编辑器管理窗口切换到浏览电路板设计中设置的设计规则的模式，如图 5-37 所示。

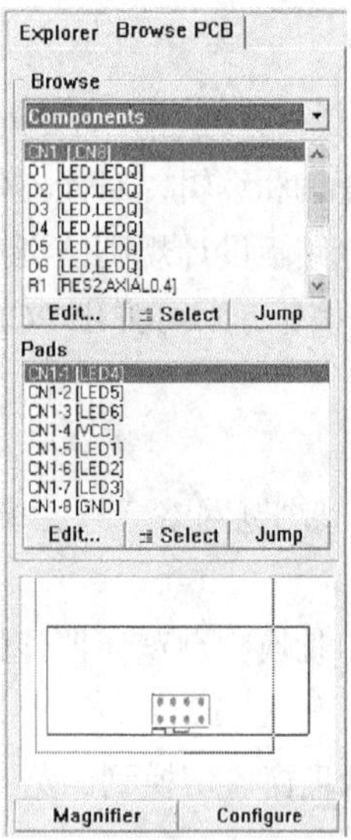

图 5-35 浏览元器件

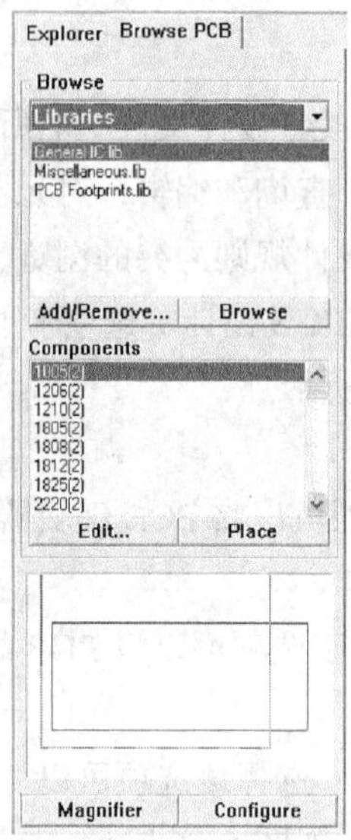

图 5-36 浏览载入的元器件封装库

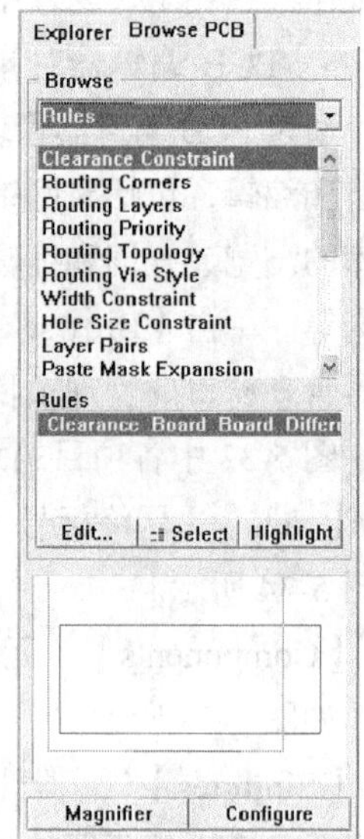

图 5-37 浏览设计规则

5.1.8 载入元器件封装库

在创建 PCB 设计文件后，就可以载入元器件封装和网络表了。为了保证能够顺利的载入元器件封装和网络表，必须先载入元器件封装库，否则将导致网络表和元器件的装入失败。

如果所需的元器件封装在系统提供的元器件封装库中查找不到，则还应当首先制作该元器件封装。

下面将对 PCB 元器件库的装入作详细的介绍。在 PCB 编辑器中载入元器件封装库的方法与在原理图编辑器中载入原理图库的方法完全相同。

（1）单击 PCB 编辑器管理窗口【Browse】选项区域中文本框后的▾按钮，在弹出的快捷菜单中选择【Libraries】选项，将管理窗口切换到浏览元器件封装库的模式，如图 5-38 所示。

（2）单击 Add/Remove... 按钮，打开【PCB Libraries】对话框，如图 5-39 所示。

在 Protel 99 SE 中常用的元器件封装库有“Advpcb.ddb”、“General IC.ddb”和“Miscellaneous.ddb”等。在这几个常用的元器件封装库中一般的元器件封装都能找到。此外，还可以添加上设计者自己制作的元器件封装库文件。添加好元器件封装库文件的结果如图 5-40 所示。

（3）单击 OK 按钮，即可返回 PCB 编辑工作窗口。添加元器件封装库文件后的管理窗口如图 5-41 所示。

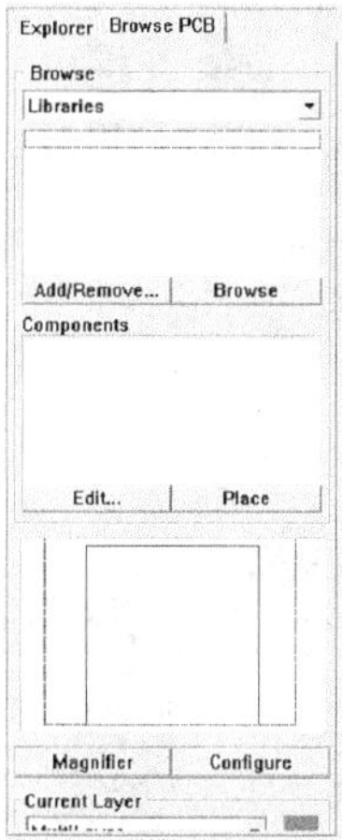

图 5-38　浏览元器件封装库的模式

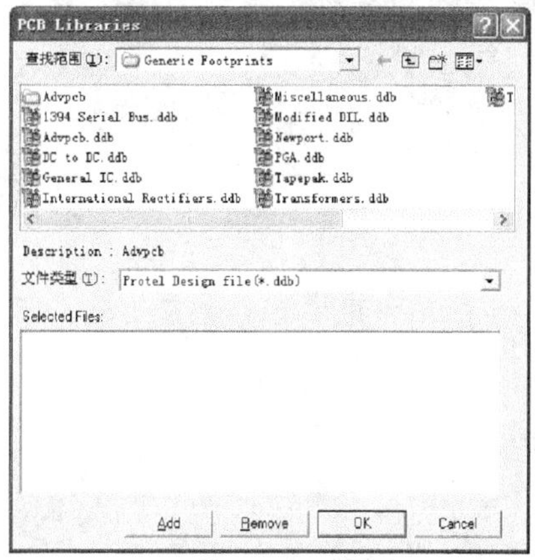

图 5-39 【PCB Libraries】对话框

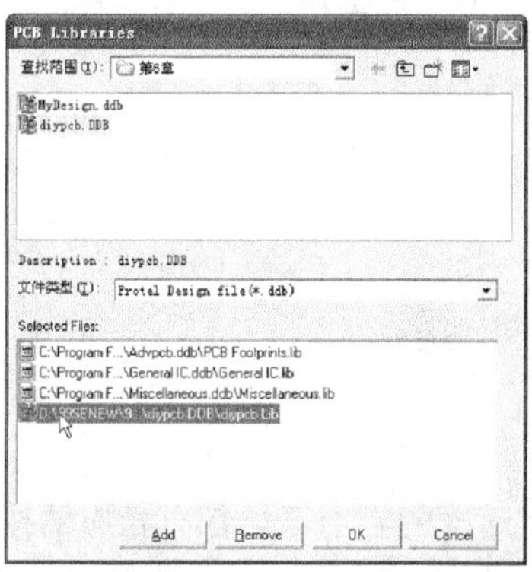

图 5-40　添加元器件库文件的结果

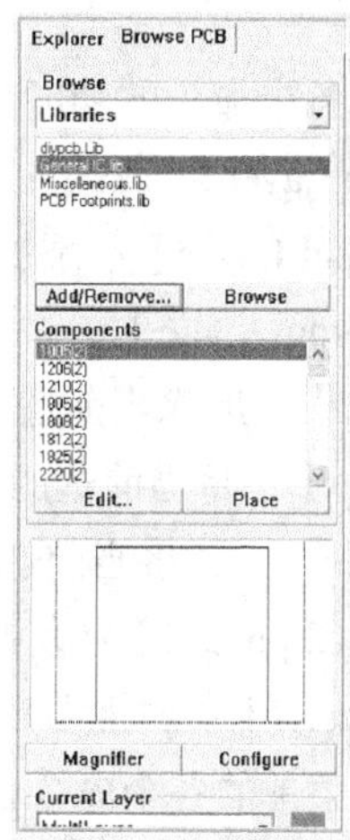

图 5-41　添加元器件封装库文件后的结果

5.1.9　PCB 设计工作参数的设置

PCB 设计工作参数的设置包括电路板类型的设置、工作层面属性的设置和环境参数的设置等。

1．电路板类型的设置

按照电路板层数的多少，电路板主要可以分为 3 类：单面板、双面板和多层板。在进行 PCB 设计之前，首先应当选好电路板的类型，然后在 PCB 编辑器中进行选择。

下面，首先介绍一下电路板类型的设置。

（1）选取菜单命令【Design】|【Layer Stack Manager…】，打开【Layer Stack Manager】（图层堆栈管理器）对话框，如图 5-42 所示。在该对话框中，用户可以选择或设置电路板的类型和设置电路板工作层面的属性参数。

（2）将鼠标指针移动到【图层堆栈管理器】对话框的左下角，单击 Menu 按钮，打开选择电路板类型的菜单，如图 5-43 所示。

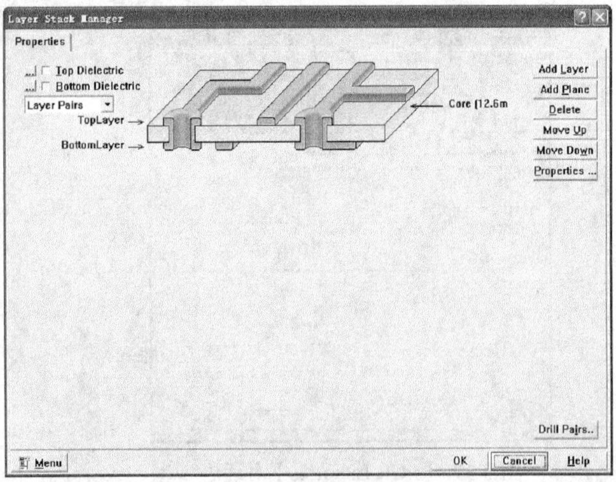

图 5-42 【图层堆栈管理器】对话框

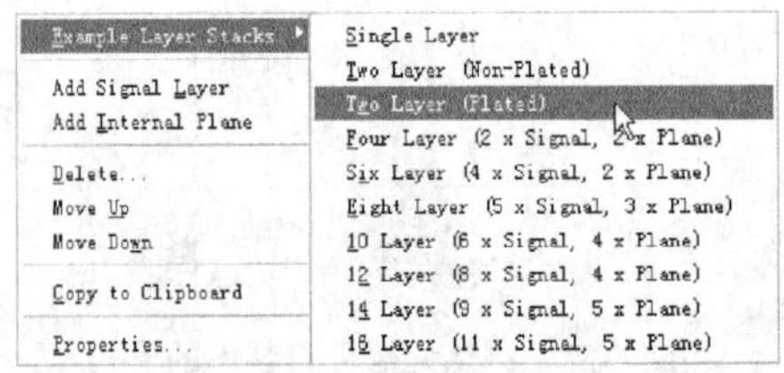

图 5-43 【Menu】菜单选项

该菜单下各个命令的功能如下。

【Example Layer Stacks】：在该命令的子菜单中，为用户提供了多种电路板模板。

【Add Signal Layer】：添加信号层。

【Add Internal Plane】：添加内电层。

【Delete…】：删除当前选中的工作层面。

【Move Up】：将当前选的中工作层面向上移动一层。

【Move Down】：将当前选中的工作层面向下移动一层。

【Copy to Clipboard】：复制到剪贴板。

【Properties…】：属性参数设置。

【Menu】菜单的各个命令在【图层堆栈管理】对话框的右上区域都有相应的按钮，用户可以执行【Menu】菜单的命令，也可以单击对话框中相应的命令按钮，其操作效果一样。

（3）本例将 PCB 设定为双面板，其他参数均为默认参数。完成图层设置后，单击 OK 按钮即可关闭【图层堆栈管理器】对话框。

这样，就将当前的 PCB 的类型设置为双面板了。

2．设置工作层面属性

在电路板的类型确定后，就可以设置电路板上各工作层面的参数了。工作层面参数的设置包括工作层面颜色的设置和显示/隐藏属性的设置。下面先介绍工作层面颜色的设置。

（1）选取菜单命令【Tools】|【Preferences…】，打开【Preferences】（系统参数）设置对话框，如图 5-44 所示。

（2）单击【Colors】（颜色）选项卡，即可打开【工作层面颜色设置】对话框，如图 5-45 所示。

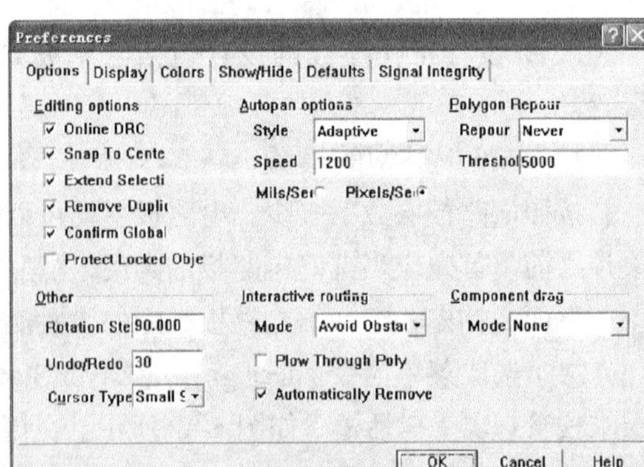

图 5-44 【系统参数设置】对话框

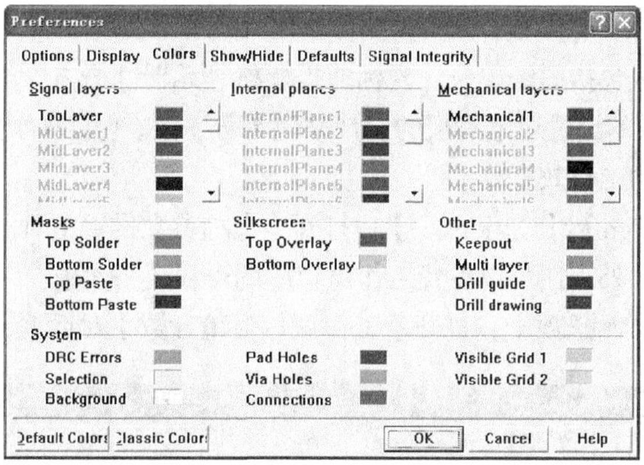

图 5-45 【工作层面颜色设置】对话框

（3）设置工作层面的颜色。在图 5-45 所示的【工作层面颜色设置】对话框中，用户可以根据习惯设置各个工作层面的颜色。每一个工作层面的后面都有一个带颜色的矩形框，单击该矩形框即可弹出【工作层面颜色设置】对话框。例如，将鼠标指针移到【TopLayer】（顶层）后的红色矩形框上单击鼠标左键，即可打开【Choose Color】（选择颜色）对话框，在该对话框中可重新选择或设置当前选中的工作层面的颜色，如图 5-46 所示。

要点提示 Protel 99 SE 提供了两种快捷的工作层面颜色的设置方式，在【工作层面设置】对话框中单击 Default Colors 按钮，可以将工作层面颜色设置为系统默认的颜色；单击 Classic Colors 按钮，可以将工作层面颜色设置为经典的颜色。

接下来介绍工作层面的显示/隐藏属性的设置。

（1）选取菜单命令【Design】|【Options…】，打开【Document Options】（文档选项）对话框，如图 5-47 所示。

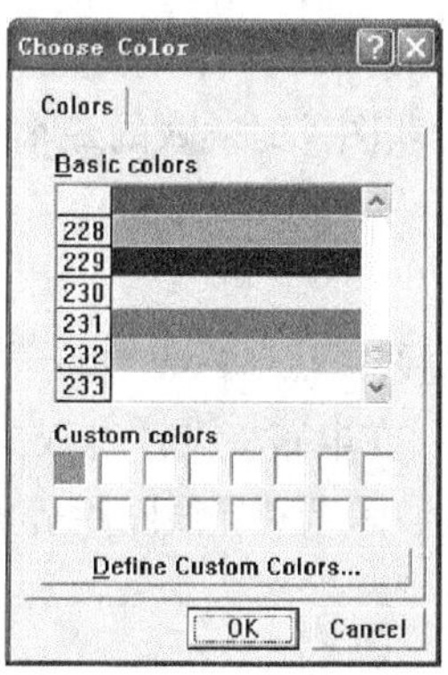

图 5-46 【Choose Color】对话框

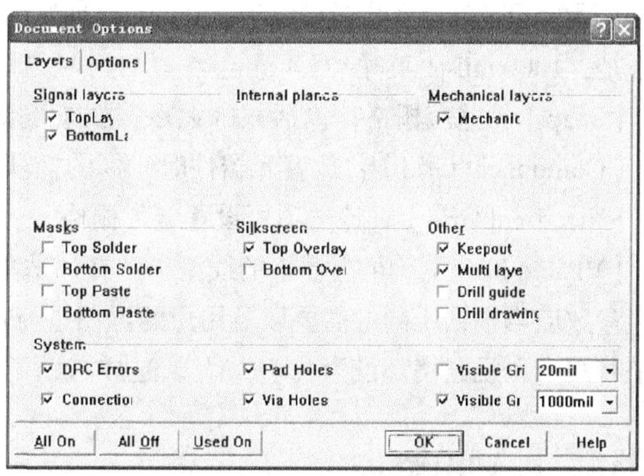

图 5-47 【文档参数设置】对话框

（2）在【文档参数设置】对话框中选中工作层面选项前面的复选框，即可在工作窗口中显示该工作层面。反之，则可以隐藏该工作层面。例如，取消【TopLayer】选项前复选框的选中状态，则可以在工作窗口中隐藏顶层信号层。

利用系统提供的显示/隐藏工作层面的功能，可以屏蔽某些不需要显示的工作层面，利用系统提供的这种功能可以随意地查看电路板设计上的任何工作层面。

3．设置工作窗口的环境参数

工作窗口的环境参数包括图纸单位、光标捕捉栅格、元器件栅格、电气栅格、可视栅格和其他图纸参数等。这些参数的设置对电路板的设计来说十分重要，它贯穿于整个电路板的设计过程，直接影响着电路板设计的工作效率。

选取菜单命令【Design】|【Options…】，打开【文档参数设置】对话框，在该对话框中除了可以设置工作层面的属性外，还可以设置工作窗口中的可视栅格参数。

单击图 5-47 中的 Options 选项卡，打开【工作窗口环境参数】对话框，如图 5-48 所示。

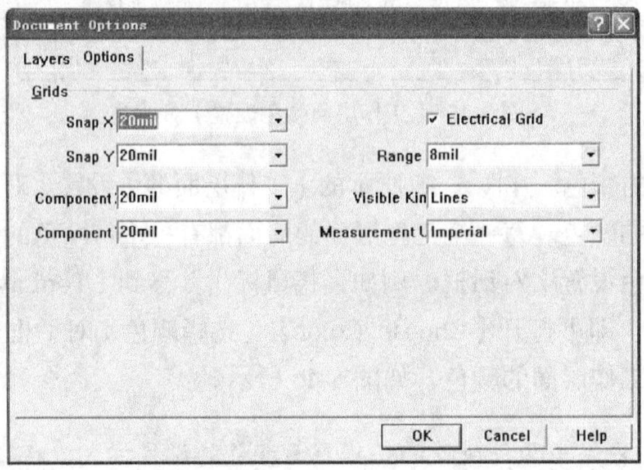

图 5-48　设置【工作窗口环境参数】对话框

在该对话框中，用户可以对【Measurement Unit】（图纸单位）、【Snap Grid】（光标捕捉栅格）、【Component Grid】（元器件栅格）和【Electrical Grid】（电气栅格）等图纸参数进行设定。各参数具体功能说明如下。

- 【Measurement Unit】：设定 PCB 编辑器工作窗口中图纸的度量单位。单击【Measurement Unit】选项后的按钮，系统提供了英制（Imperial）和公制（Metric）两种度量单位，其换算的比例关系是：1000 mil=1 英寸=25.4 mm。
- 【Snap】：捕获栅格，包括 x 和 y 两个方向，指的是光标捕获图件时跳跃的最小间隔。
- 【Component Grid】：放置元器件时光标的捕获栅格，包括 x 和 y 两个方向。
- 【Electrical Grid】：该选项可设置电气栅格。
- 【Visible Kind】（可视栅格的线型）：在该选项中可以选择线或点（Line/Dots）。

环境参数应当根据不同的需要以及用户的习惯进行设置。例如，在电路板设计过程中有的用户就习惯将两个可视栅格都设为“1 mm”，这样有助于掌握元器件、图纸和导线间距等的大小。

5.1.10　规划电路板

在进行电路板设计之前，必须首先明确电路板的形状，并预估其大小，然后再设定电路板的边界和放置安装孔。电路板的边界包括物理边界和电器边界，物理边界是定义在机械层上的，而电气边界是定义在禁止布线层上的。通常情况下，制板商认为物理边界与电气边界是重合的，因此在定义电路板的边界时，可以只定义电路板的电气边界。

下面介绍定义电路板电气边界的操作步骤。本例中将电路板定义为长和宽均为 100 mm 的矩形。

（1）确定电路板的形状和大小。

（2）将当前的工作层面切换到【KeepOut Layer】。单击工作窗口下方的Keep-Out Layer标签即可将当前的工作层面切换到【KeepOut Layer】。

（3）确定电路板的电气边界。执行菜单命令【Place】|【Track】或单击按钮，鼠标指针变成十字光标。将十字光标移动到工作窗口中的适当位置，连续放置 4 条线段，结果如图 5-49 所示。

（4）设置新的坐标原点。执行菜单命令【Edit】|【Origin】|【Set】，鼠标指针变成十字光标，移动鼠标指针到电路板下边界的线段的左端点，然后单击鼠标左键即可将新的坐标原点设置在线段的左端点，则电路板的边界的 4 个顶点相对新坐标原点的坐标分别为（0,0），（100,0），（100,100）和（0,100）。

（5）修改前面绘制的线段的坐标值以确定电路板的电气边界。在电路板下边界的线段上双击鼠标左键，打开【修改线段属性】对话框，设置好的参数如图 5-50 所示。

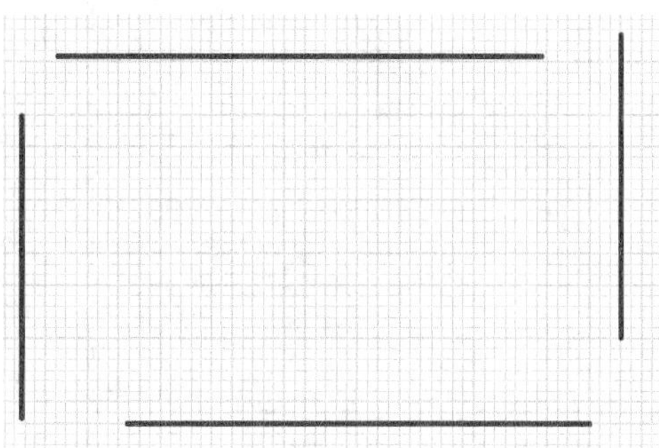

图 5-49　放置好的 4 条线段

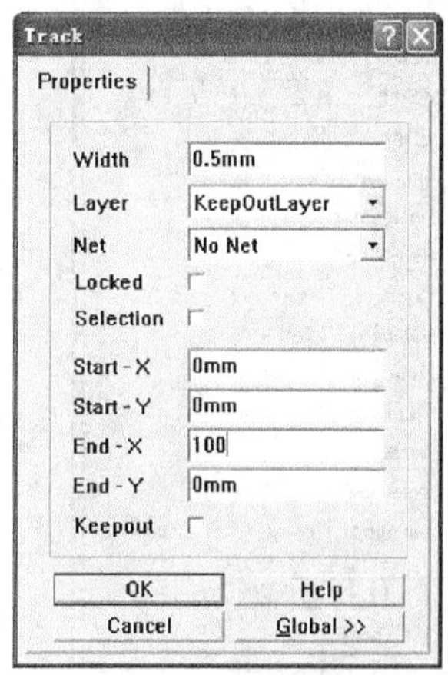

图 5-50　修改下边界线段的坐标

（6）按照步骤 5 的方法，以及步骤 4 中电路板的顶点确定电路板的其他边界，调整好的电气边界如图 5-51 所示。

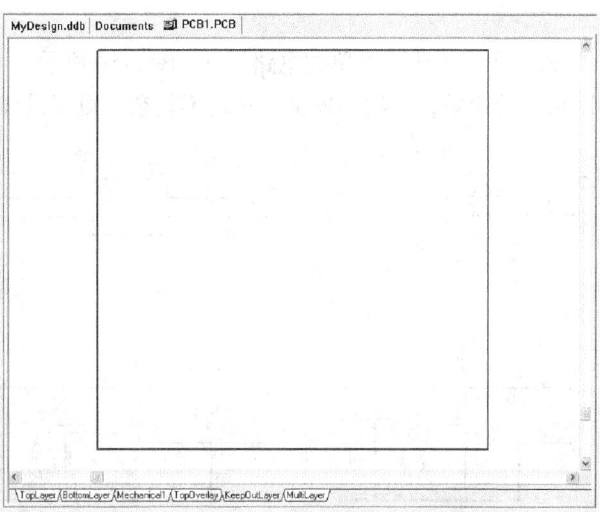

图 5-51　调整好的电气边界

下面介绍电路板安装孔的放置方法。

一般情况下，对于 3mm 的螺钉，可以采用内外径均为 4mm 的焊盘来充当电路板的安装孔。

（7）单击放置工具栏中的 ◉ 按钮，执行放置焊盘的命令，此时鼠标指针变成十字光标，并且有一个焊盘“粘”在光标上，系统处于放置焊盘的命令状态。

（8）单击 Tab 键，打开【Pad】（焊盘属性）对话框，将焊盘的孔径和外径都修改成“4mm”，如图 5-52 所示。

（9）单击 OK 按钮确认参数修改，然后回到放置焊盘的命令状态，在电路板的 4 个角依次放置 4 个焊盘，结果如图 5-53 所示。

焊盘与电路板边界的距离可以在放置完焊盘后进行调整，也可以在电路板绘制完成后调整。

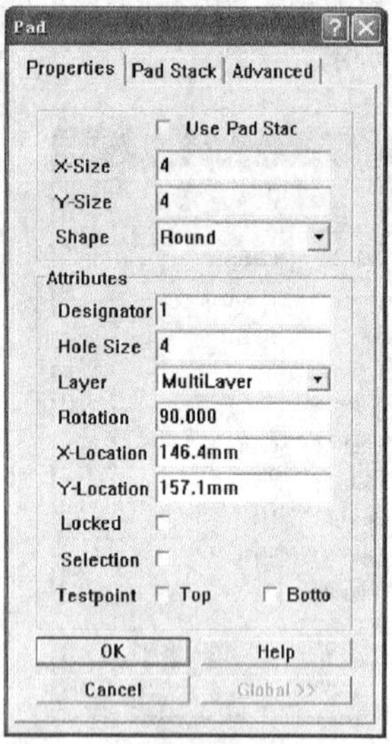

图 5-52　修改电路板安装孔的尺寸

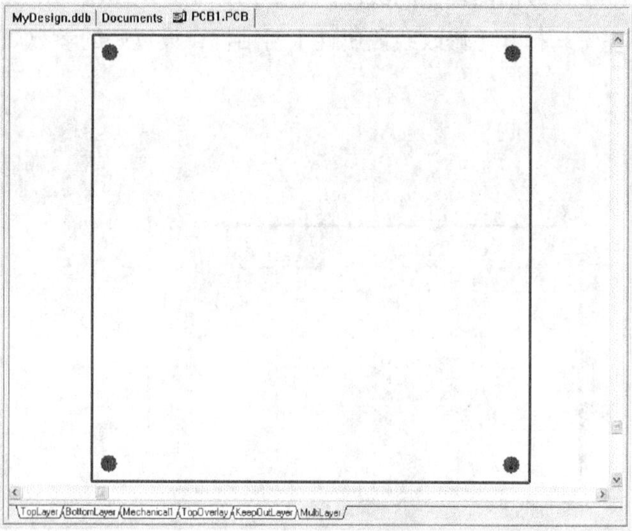

图 5-53　放置好安装孔的结果

5.2　线性电源单面板设计

前面已经介绍过，单面板适用于比较简单的电路设计。图 5-54 所示为由三端集成稳压器构成的+15V 线性电源，该电路比较简单，元器件较少，布线不复杂，可以设计成单面板。

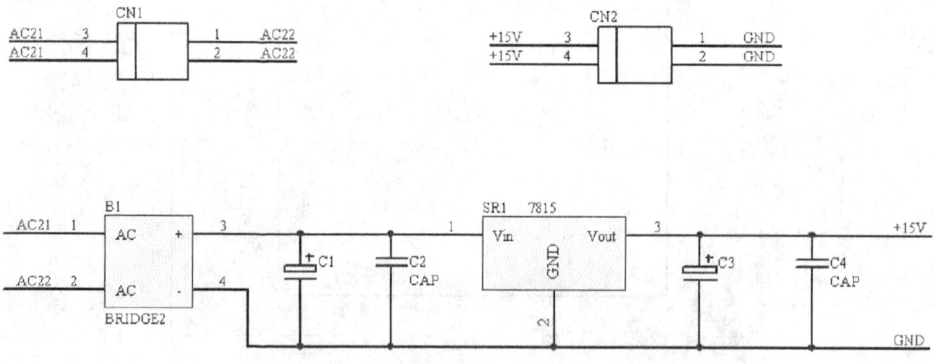

图 5-54　三端集成稳压器构成的+15 V 线性电源

本节将以此原理图设计为例介绍单面板设计的操作步骤。

（1）准备原理图，结果如图 5-54 所示。

（2）执行菜单命令【Design】|【Create Netlist...】，生成网络表文件。

（3）创建一个 PCB 设计文件，并命名为"线性电源.PCB"，如图 5-55 所示。

（4）设置电路板的类型。执行菜单命令【Design】|【Layer Stack Manager...】，打开【图层堆栈管理器】对话框，将电路板的类型设置为单面板，如图 5-56 所示。

（5）设置 PCB 设计的环境参数。

（6）规划电路板，结果如图 5-57 所示。

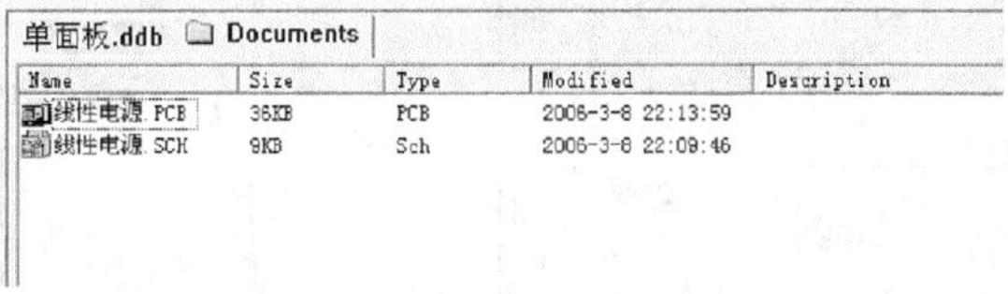

图 5-55　新建 PCB 设计文件

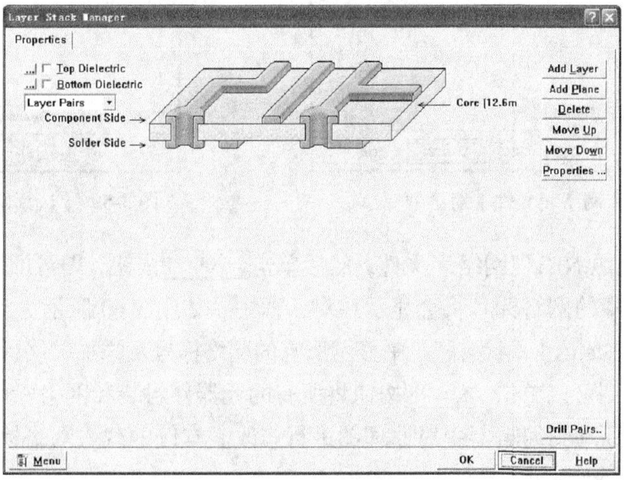

图 5-56　设置电路板的类型

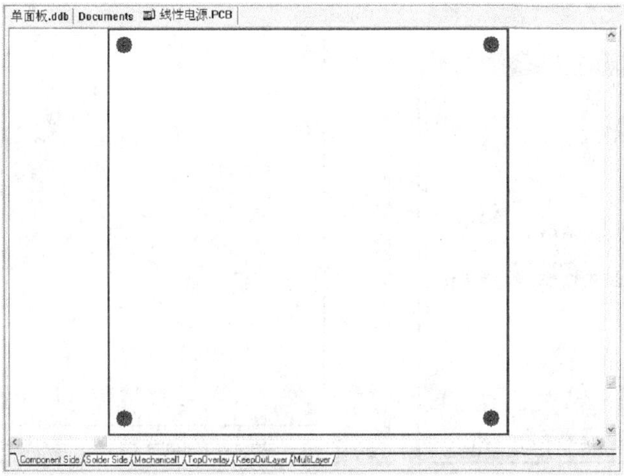

图 5-57　规划好的电路板

（7）载入元器件封装和网络表。

① 在载入元器件封装和网络表之前，应当将需要用到的元器件封装所在的元器件封装库载入到 PCB 编辑器中，否则将会导致载入元器件封装和网络表的操作失败。

② 执行菜单命令【Design】|【Load Nets…】，打开【Load/Forward Annotate Netlist】（载入网络表文件）对话框，如图 5-58 所示。

③ 单击 Browse... 按钮，打开【选择网络表文件】对话框，如图 5-59 所示。

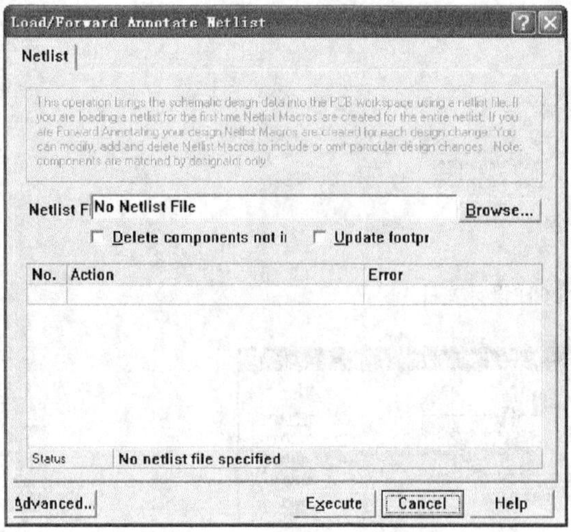

图 5-58 【载入网络表文件】对话框

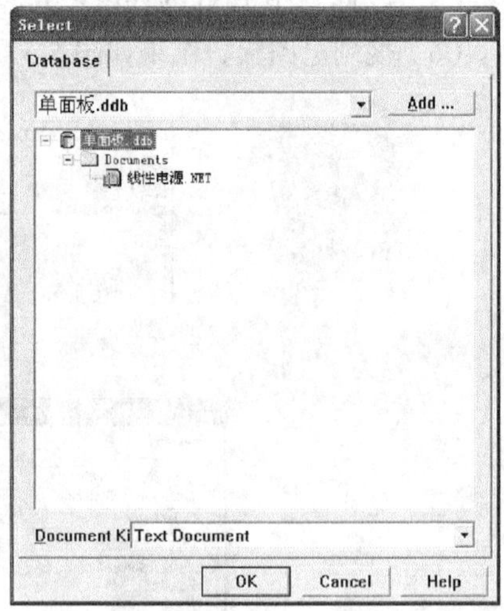

图 5-59 【选择网络表文件】对话框

④ 选中“线性电源.NET”网络表文件，然后单击 OK 按钮，即可回到【载入网络表文件】对话框，原理图设计中的网络标号将会显示在对话框中，如图 5-60 所示。

⑤ 如果系统的【Status】（状态栏）中显示所有的网络标号及添加网络标号的操作都正确（All macros validated），则可以单击 Execute 按钮将所有的元器件封装和网络标号载入到 PCB 编辑器中，否则应当返回到原理图编辑器中对原理图进行修改。本例中载入网络标号和元器件封装后的 PCB 编辑器如图 5-61 所示。

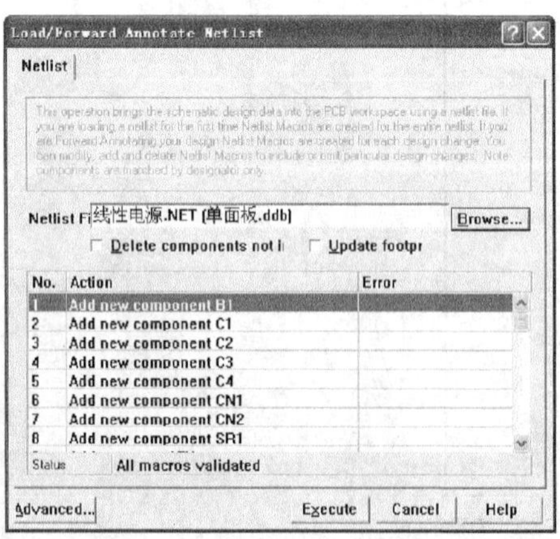

图 5-60 添加网络标号的结果

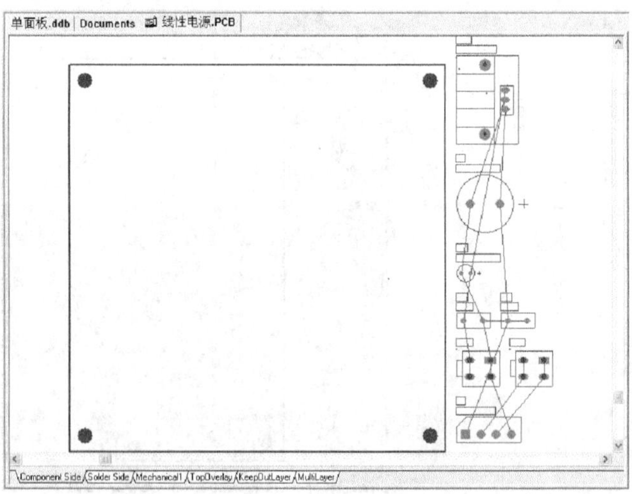

图 5-61 载入网络标号和元器件封装后的 PCB 编辑器

（8）设置单面板的布线规则，包括单面板布线工作层面限制设计规则、布线宽度限制设计规则、短路限制设计规则和安全间距限制设计规则等。

不管是手动布线还是自动布线，用户在布线之前都需要设置电路板的布线设计规则。执行菜单命令【Design】|【Rules…】，打开【布线设计规则】对话框，如图 5-62 所示。

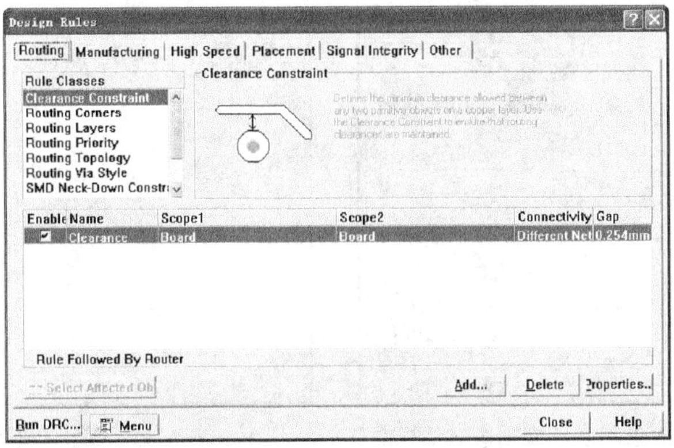

图 5-62 【布线设计规则】对话框

常用的布线设计规则主要包括以下几项。

【Clearance Constraint】（安全间距限制设计规则）：该项设计规则适用于在线 DRC 或运行 DRC 和自动布线过程。

【Short Circuit】（短路限制设计规则）：该项设计规则适用于在线 DRC 或运行 DRC 和自动布线过程。

【Width Constraint】（布线宽度设计规则）：该项设计规则适用于运行 DRC 和自动布线过程。

此外，在单面板设计中，除了需要在图层堆栈管理器中将电路板的类型设置为单面板外，还需要在设计规则中设置【Routing Layers】（电路板布线工作层面限制设计规则），只有这样才能真正地实现在电路板的指定工作层面上进行布线。

下面介绍布线工作层面限制设计规则的设置。

① 执行菜单命令【Design】|【Rules…】，打开【布线设计规则】对话框，如图 5-62 所示。

② 在【布线设计规则】对话框中，选中【Routing Layers】选项，结果如图 5-63 所示。

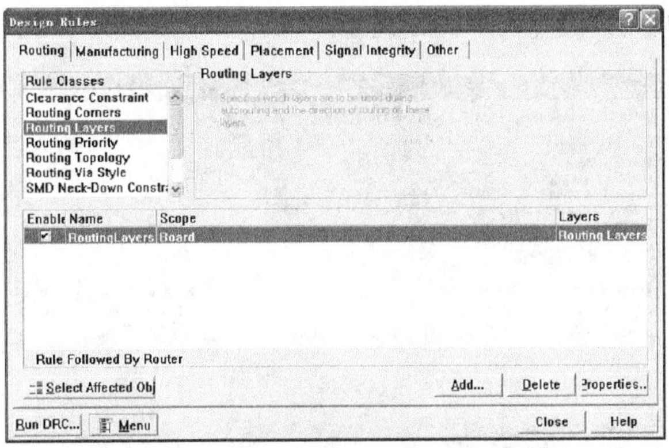

图 5-63　选中【Routing Layers】后的结果

③ 选中系统提供的默认设计规则，然后单击Properties..按钮，打开电路板【布线工作层面限

制设计规则】对话框，如图 5-64 所示。

④ 本例中将元器件放置在电路板的顶层，而在电路板的底层进行布线，因此应当禁止在顶层布线，选中【Not Used】选项即可，如图 5-65 所示。

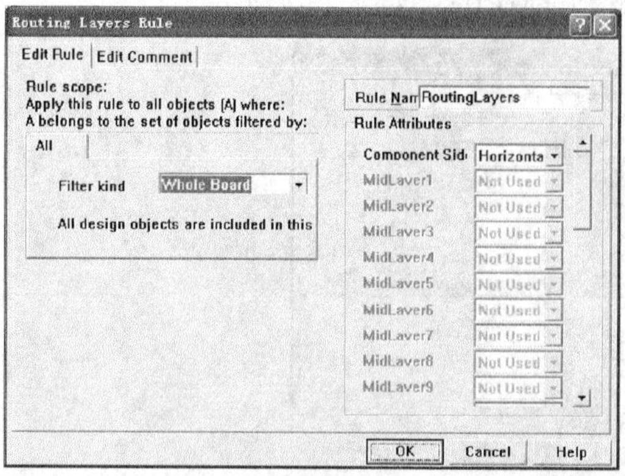

图 5-64 【布线工作层面限制设计规则】对话框

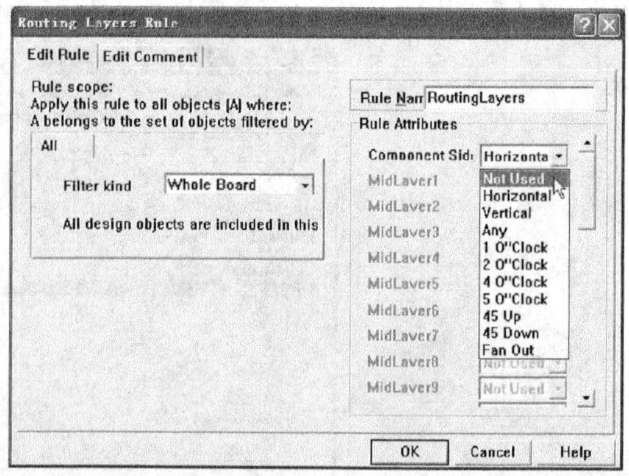

图 5-65 禁止在电路板的顶层布线

这样就完成单面板布线工作层面限制设计规则的设置了。其余的设计规则设置如下。

- 安全间距限制设计规则的设置如图 5-66 所示。

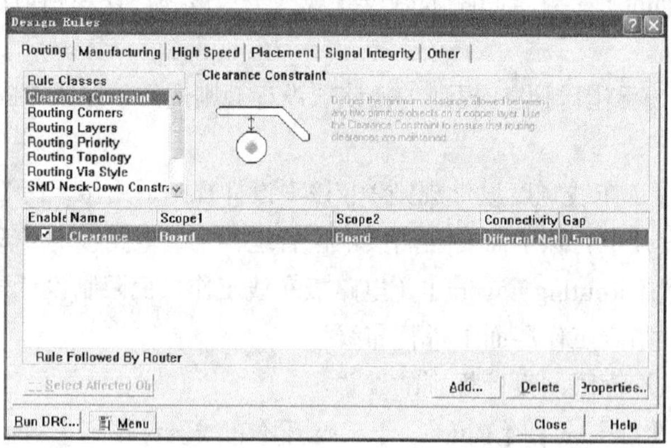

图 5-66 安全间距限制设计规则的设置

- 布线宽度设计规则的设置如图 5-67 所示。

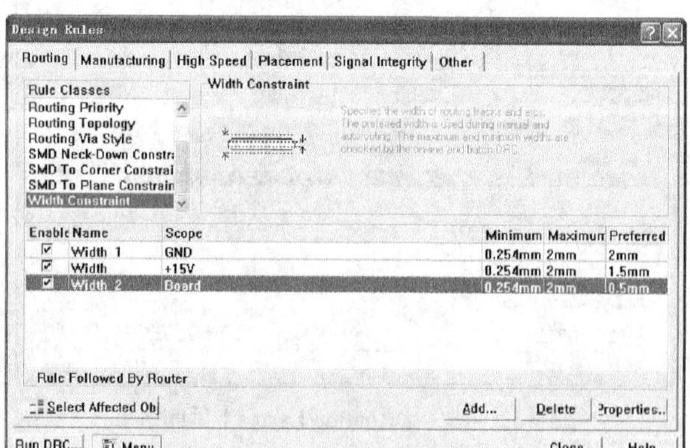

图 5-67 布线宽度设计规则的设置

- 短路限制设计规则的设置如图 5-68 所示。

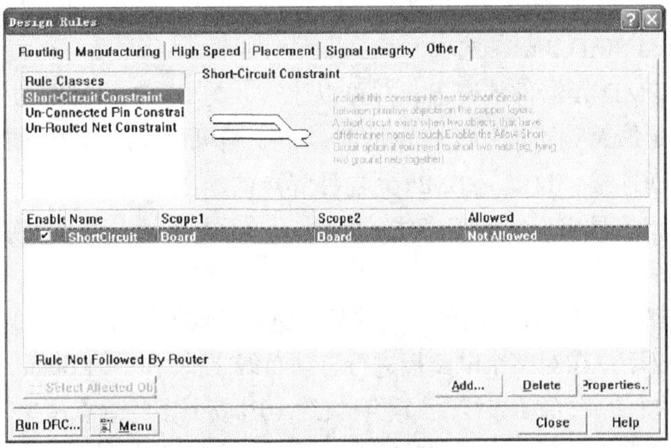

图 5-68　短路限制设计规则的设置

（9）元器件布局。由于该电路的元器件比较少，因此可以采用手动布局的方法对元器件进行布局，布局的结果如图 5-69 所示。

（10）电路板的自动布线。

单面板的设计由于元器件比较少，电路也比较简单，元器件之间的连线也比较短，因此选用自动布线将会是一个很好选择，可以极大地提高电路板的设计效率。

自动布线之前，应当对自动布线器的参数进行设置，使自动布线的结果能够最大限度地满足电路板设计的需要。

① 自动布线器参数设置。执行菜单命令【Auto Route】|【Setup…】，打开【自动布线器参数设置】对话框，如图 5-70 所示。

在该对话框中，有 4 个选项区域，分别是【Router Passes】、【Manufacturing Passes】、【Pre-routes】和【Routing Grid】。

➢ 【Router Passes】选项区域

- 【Memory】选项

如果在电路板上存在存储器元器件，并且用户关心这些元器件的放置位置和定位等，那么可以选中此项设置，对存储器元器件上的走线方式进行最佳的评估。对地址线和数据线，一般是采用有规律的平行走线方式。这种布线方式对电路板上的所有存储器元器件或有关的电气网络有效。

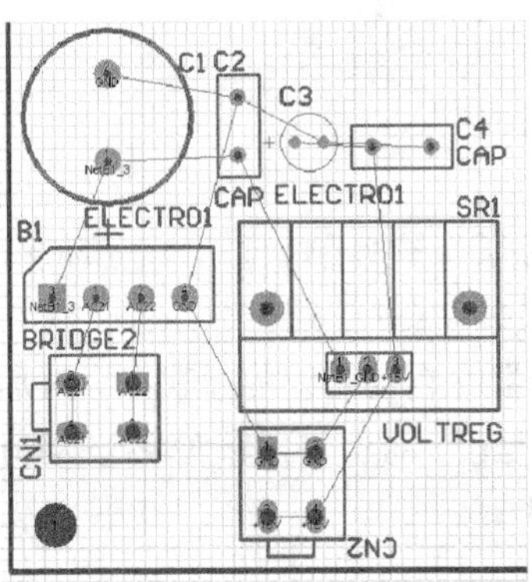

图 5-69　元器件布局的结果

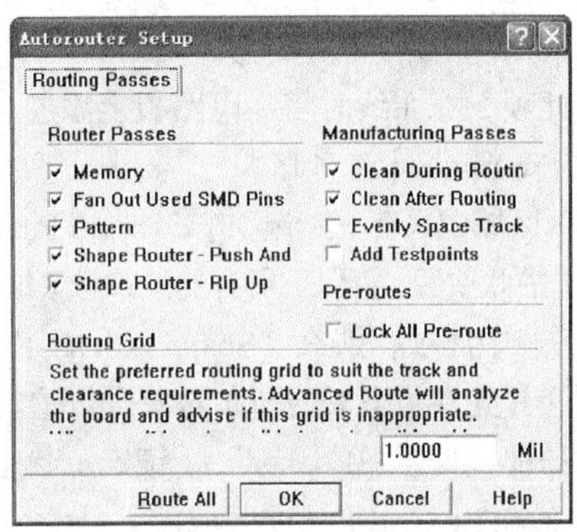

图 5 70 【自动布线器参数设置】对话框

要点提示 即使电路板上并不存在存储器元器件，选中此项功能对布线也是有利的。

- 【Fan Out Used SMD Pins】选项

本选项可以进行 SMD 元器件的扇出，并可以让过孔与 SMD 元器件的引脚保持适当的距离。当 SMD 元器件焊点走线跨越不同的工作层面时，本规则可以先从该焊点走一小段导线，然后通过过孔与它的工作层面连接，这就是 SMD 元器件焊点的扇出。

扇出布线程序采用的是启发式和搜索式的算法。对于电路板上扇出失败的地方，将以一个内含×号的黄色圆圈表示。

对于顶层或底层都密布 SMD 元器件的电路板，进行 SMD 元器件焊点的扇出（Fan Out）是一件很困难的操作。建议用户在对整个电路板进行自动布线之前，在【Router Passes】选项区域中只选中本设置项，试着进行一次自动布线。如果有大约 10%或更多的焊点扇出失败的话，那么在正式自动布线时，是无法完成的。解决这个问题的办法是，在电路板上调整扇出失败的元器件的位置。

- 【Pattern】选项

本选项用于设置是否采用布线拓扑结构进行自动布线。

- 【Shape Router-Push And Shove】选项

选中本选项后，布线器可以对走线进行推挤操作，以避开不在同一个网络中的过孔或焊盘。

- 【Shape Router-Rip Up】选项

在“Push And Shove”布线器进行布线时，电路板上可能存在着间距冲突的问题（在图上以绿色的小圈表示）。“Rip Up”布线器可以删除那些与间距有关的已布导线，并进行重新布线以消除这些冲突问题。

➢ 【Manufacturing Passes】选项区域

- 【Clean During Routing】选项

在布线过程中对冗余的导线进行清除。

- 【Clean After Routing】选项

在布线之后清除冗余的导线。

- 【Evenly Space Tracks】选项

当设置的布线参数允许在集成电路芯片相邻的两个焊盘间穿过两条导线，而实际上只放置了一条导线时，放置的这条导线可能距其中一个焊盘为 20mil（一般集成电路芯片中相邻两个焊盘的间距为 100mil，焊盘外径为 50mil），那么选中此项，在布线器运行后，这条导线将被调整到两个焊盘的正中央。

- 【Add Testpoints】选项

选中此项，在布线时将在电路板上添加全部网络的测试点。

➢ 【Pre-routes】选项区域

本选项区域中只有一个选项【Lock All Pre-route】，它用于保护所有的预布线、预布焊盘和过孔。

- 选中此项后，将保护所有的预布对象，而不管这些预布对象是否处于“Locked”（锁定）状态。
- 不选中此项，那么“Shape Router-Rip Up”布线器在自动布线的过程中会对那些未处于“Locked”（锁定）状态下的预布对象进行重新调整。也就是说，对这些预布对象起不到保护作用，而只能保护那些处于“Locked”（锁定）状态下的预布对象。

➢ 【Routing Grid】选项区域

本选项区域用于指定布线格点，也就是布线的分辨率。布线的格点值越小，布线的时间就越长，所需的内存空间也越大。

格点值的选取必须和设计规则中所设定的导线（Track）和焊盘（Pad）间的安全间距值相匹配。开始自动布线的时候，布线器会自动分析格点—导线—焊盘（Grid-Track-Pad）的尺寸设置，如果设置的格点值不合适，程序会告知用户所设置的格点值不合适，并给出一个建议值。

设置完自动布线参数后，就可以开始自动布线了。Protel 99 SE 中自动布线的方式灵活多样，根据布线的需要，用户可以对整块电路板进行全局布线，也可以对指定的区域、网络、元器件甚至是连接进行布线，因此，用户可以充分利用系统提供的多种自动布线方式，根据设计过程中的实际需要灵活选择最佳的布线方式。如果没有特殊的要求，用户可以直接对整个电路板进行布线，即所谓的全局布线。

② 电路板的自动布线。在图 5-70 中单击 Route All 按钮即可进入自动布线状态，自动布线完成后的结果如图 5-71 所示。

（11）对自动布线的结果进行手动调整，调整的结果如图 5-72 所示。

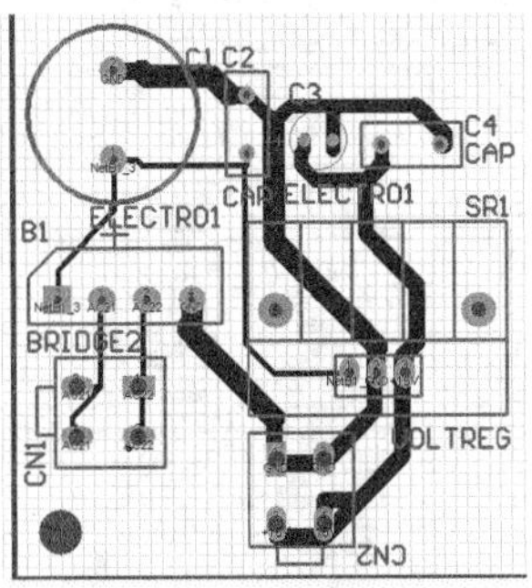

图 5-71　自动布线的结果

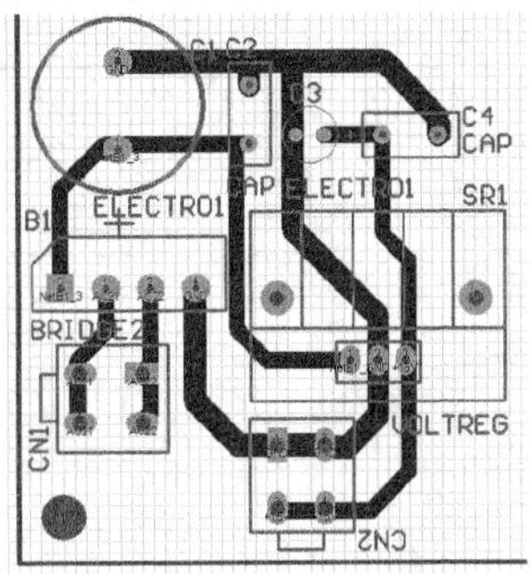

图 5-72　手动调整的结果

（12）接下来调整安装孔和电路板的边界，调整的方法与定义电路板边界的方法基本一样。调整好安装孔和电路板边界后的结果如图 5-73 所示。

至此，该单面板基本上就设计好了。

（13）单击 按钮保存设计好的电路板。

PCB 设计完成后，还可以看一下电路板的 3D 效果，以确认元器件之间是否距离太近，会不会造成元器件之间的相互干涉。

（14）执行菜单命令【View】|【Board in 3D】（电路板 3D 效果图），系统将会自动生成电路板的 3D 效果图，如图 5-74 所示。

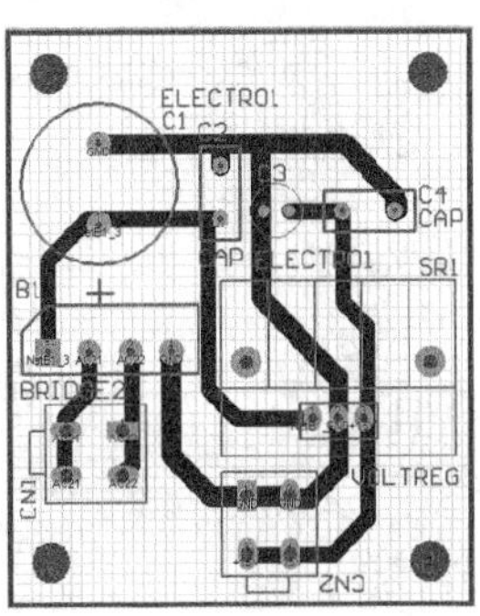

图 5-73　调整好的电路板

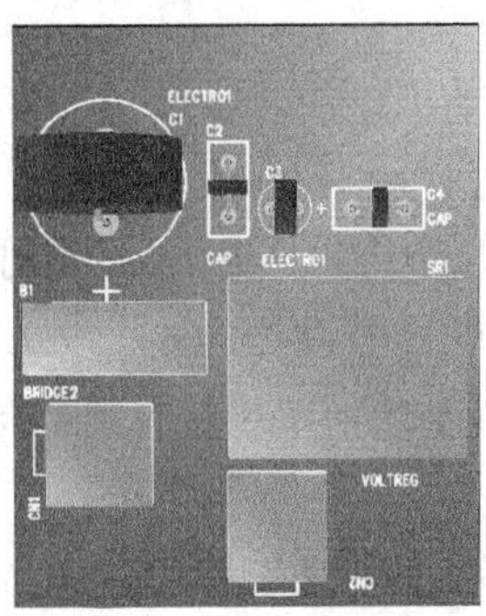

图 5-74　单面板的 3D 效果图

5.3 驱动电路及外接 IGBT 电路的双面板设计

由于双面板在电路板的两个面上进行布线，大大地降低了布线的难度，同时其成本也比较低，因而是目前应用最为广泛的一种电路板。下面介绍双面板的设计。

5.3.1 准备电路原理图设计

设计好的驱动电路及外接 IGBT 电路的电路原理图如图 5-75 所示。

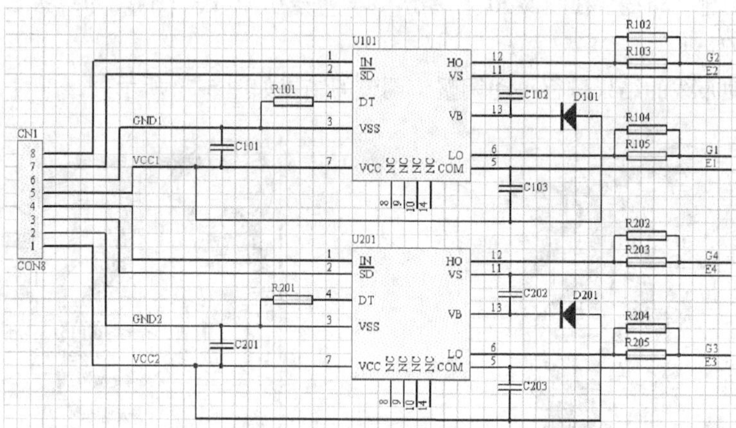

（a）驱动电路

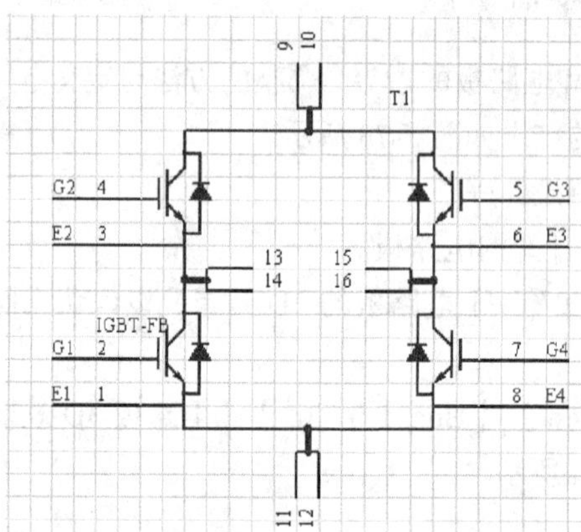

（b）外接 IGBT 电路

图 5-75　驱动电路及外接的 IGBT 电路

在图 5-75 中，采用两片美国 IR 公司的 IR21844 集成驱动芯片来驱动全桥 IGBT 模块中的 4 个 IGBT，IR21844 可以驱动母线电压低于 600 V 的功率场效应管和高速 IGBT 模块，且具有死区设置功能。

在图 5-75 所示的驱动电路中还应当添加驱动信号外接的接插件，添加的接插件如图 5-76 所示。

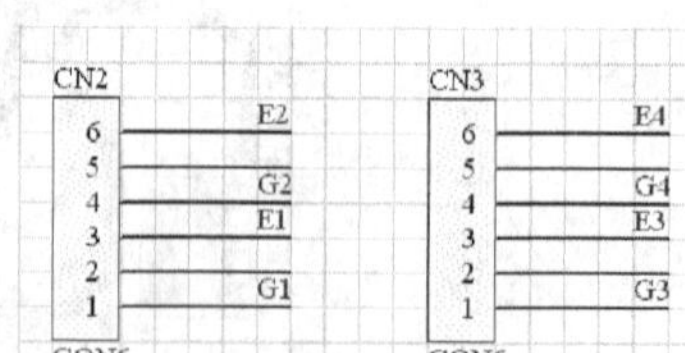

图 5-76　添加的驱动信号接插件

电路原理图绘制完成后，就可以进行 PCB 的设计了。

5.3.2　创建一个 PCB 设计文件

在进行 PCB 设计之前，必须先创建一个 PCB 设计文件。本节中将以常规的方法来创建 PCB 设计文件。

（1）执行菜单命令【File】|【New…】，打开【New Docment】（新建文件）对话框，如图 5-77 所示。

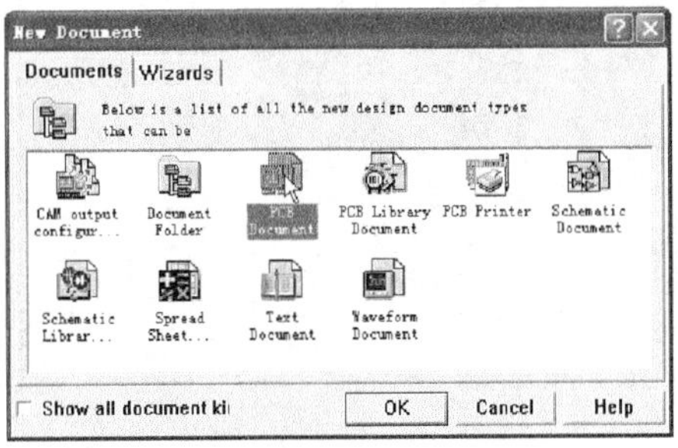

图 5-77 【新建文件】对话框

（2）选择【PCB Document】图标，然后单击 OK 按钮，系统将会自动创建一个 PCB 设计文件。

（3）将该 PCB 设计文件更名为“双面板.PCB”，结果如图 5-78 所示。

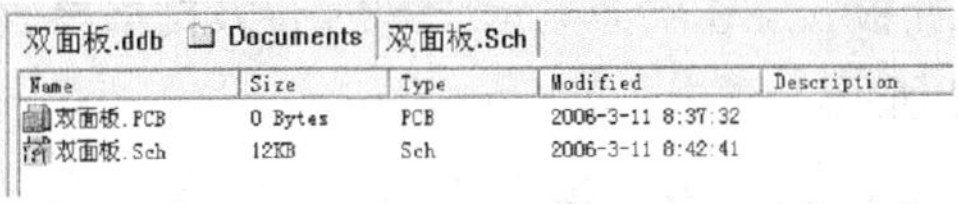

图 5-78　新建的 PCB 设计文件

（4）在 PCB 文件上双击鼠标左键，即可激活 PCB 编辑器，进入 PCB 设计文件编辑窗口，如图 5-79 所示。

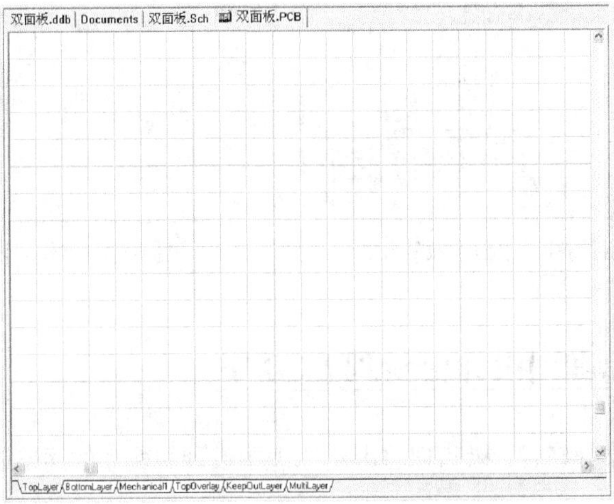

图 5-79　PCB 设计文件编辑窗口

5.3.3 PCB 设计的前期准备

在创建好 PCB 设计文件后，就可以进行 PCB 设计的前期准备工作了，包括规划电路板、设置电路板的工作类型和工作层面属性以及电路板的工作环境参数。

规划电路板的结果如图 5-80 所示。

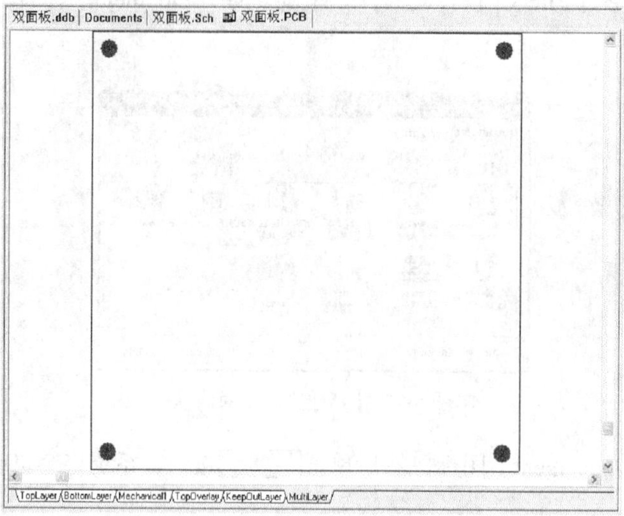

图 5-80　规划好的双面板

电路板的类型设置为双面板，工作层面显示/隐藏属性及栅格参数的设置如图 5-81 所示，工作环境参数的设置如图 5-82 所示。

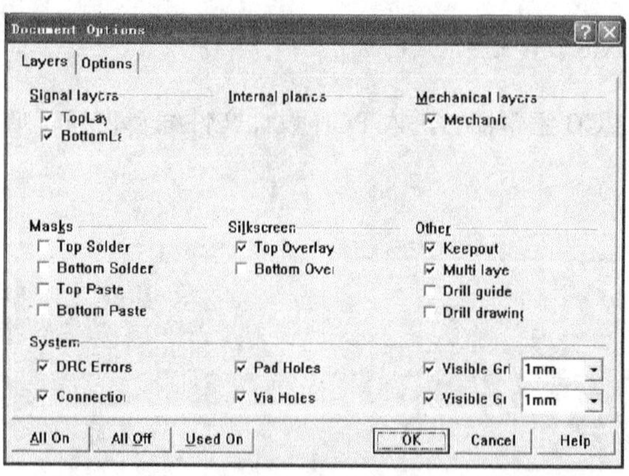

图 5-81　工作层面显示/隐藏属性及栅格参数的设置

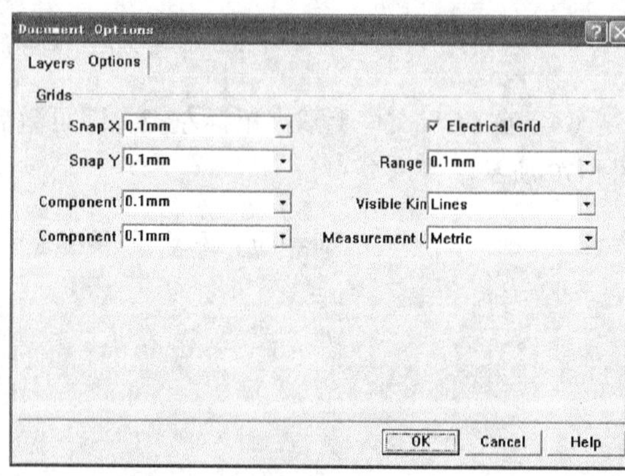

图 5-82　工作环境参数的设置

5.3.4 将电路原理图设计更新到 PCB 中

在电路板的准备工作做好后，就可以将电路原理图设计中建立的网络表和元器件封装导入到 PCB 编辑器中了。

Protel 99 SE 提供了真正的双向同步设计功能，网络表和元器件封装既可以在 PCB 编辑器中载入，也可以在电路原理图设计中将元器件封装和网络表更新到 PCB 编辑器中。如果是在原理图编辑器中更新 PCB 设计，就不用生成网络表文件了。

本节将介绍在原理图编辑器中将原理图设计更新到 PCB 设计中的操作。

（1）将工作窗口切换到原理图编辑器窗口。

（2）选取菜单命令【Design】|【Update PCB…】，打开【Update Design】（更新 PCB 设计）对话框，如图 5-83 所示。

（3）单击 Execute 按钮，执行更新 PCB 设计的命令。将工作窗口切换到 PCB 编辑器，更新后的电路板设计如图 5-84 所示。

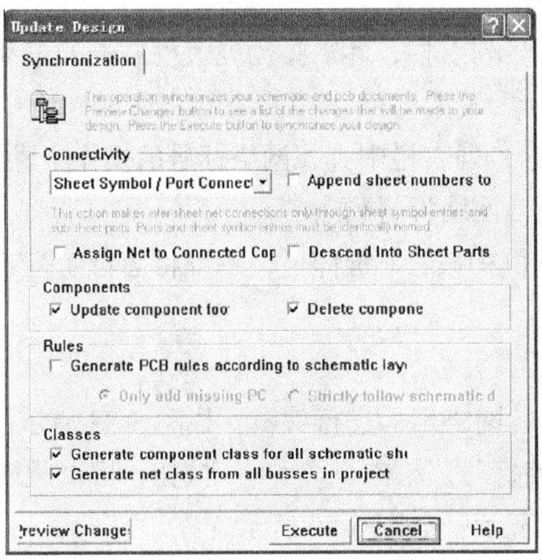

图 5-83 【更新 PCB 设计】对话框

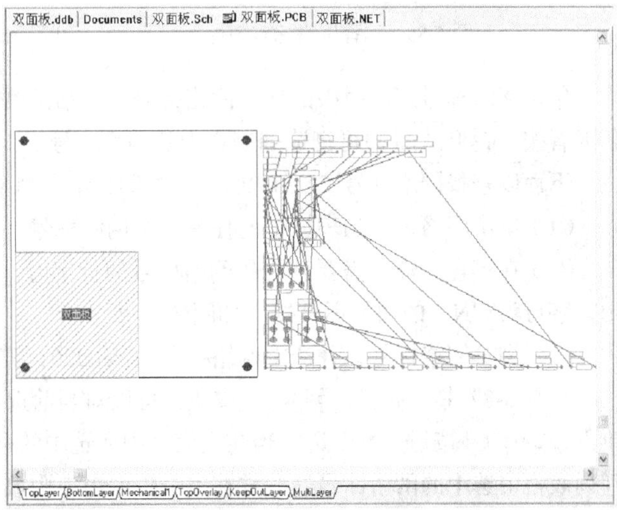

图 5-84 更新后的 PCB 设计

5.3.5 PCB 编辑器管理窗口简介

通过 PCB 编辑器管理窗口可以对 PCB 设计文件中的所有图件和设计规则等进行快速的浏览、查看和编辑，其中包括对网络标号的浏览、查询和编辑，对元器件的浏览、查询和编辑，对元器件封装库的浏览、查询和编辑，对电路板设计规则冲突的浏览、查询，以及对电路板设计规则的浏览和查询等。

下面将对网络标号和元器件的浏览、查询和编辑功能进行介绍。

1. 网络标号

通过 PCB 编辑器管理窗口可以对 PCB 设计文件中的网络标号进行管理，包括对网络标号的浏览、查找、跳转和编辑。浏览网络标号的基本步骤如下。

（1）在 PCB 编辑器中，单击 Browse PCB 标签，切换到 PCB 编辑器管理窗口。

（2）单击【Browse】选项区域中文本框后的▾按钮，在弹出的下拉列表中选择【Nets】（网络标号）选项，将 PCB 编辑器管理窗口切换到浏览网络标号的模式，如图 5-85 所示。

选择网络标号选项后，PCB 编辑器管理窗口将会切换到浏览网络标号的模式，在网络标号列表栏中显示当前 PCB 设计文件中所有的网络标号，如图 5-86 所示。

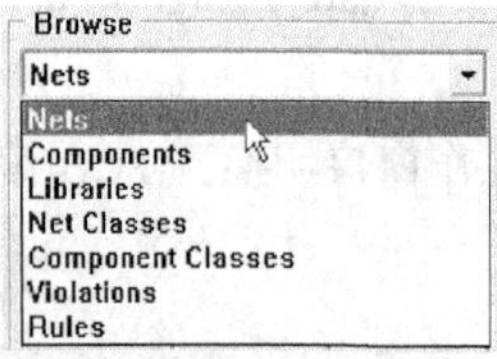

图 5-85　选择网络标号图件

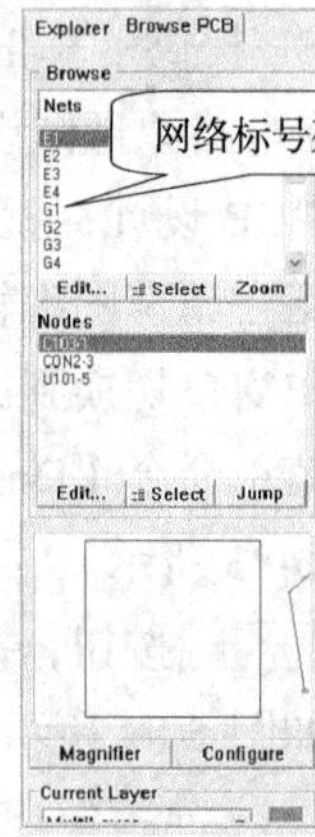

图 5-86　浏览网络标号模式下的 PCB 编辑器管理窗口

单击网络标号列表栏中的任一网络标号，激活网络标号列表栏，然后拉动列表栏右侧的滚动条或者按↑键和↓键即可浏览列表栏中的网络标号。

下面以查找网络标号“NetU201_4”为例介绍在网络标号列表栏中查找网络标号的操作步骤。

（1）单击网络标号列表栏中的任意一个网络标号，激活网络标号列表栏。

（2）在键盘上输入需要查找的网络标号的首字母，本例中按 N 键即可，系统将会自动跳转到首字母为“N”的网络标号处，如图 5-87 所示。

（3）浏览网络标号，并选中网络标号“NetU201_4”。

在图 5-87 中，单击 Edit... 按钮，可以对当前选中的网络标号进行编辑，如图 5-88 所示。单击 Select 按钮，可以选中当前列表栏中所选中的网络标号。单击 Zoom 按钮，可以跳转到列表栏中选中的网络标号处，并在整个工作窗口中放大显示，如图 5-89 所示。

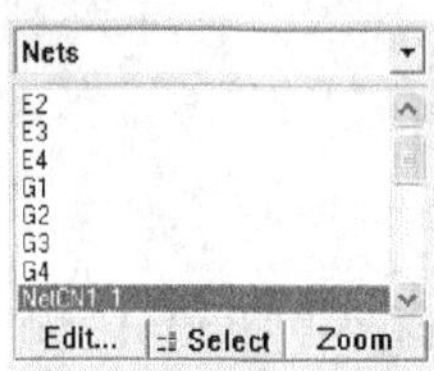

图 5-87　查找首字母为“N”的网络标号

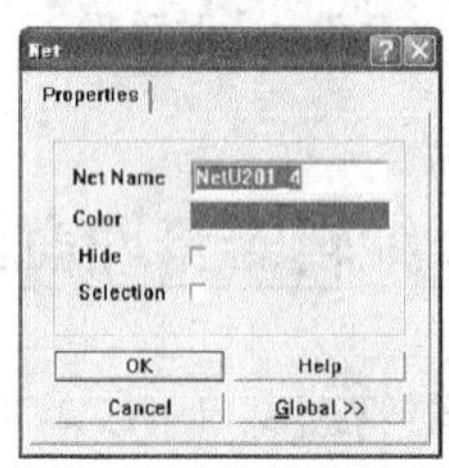

图 5-88　编辑网络标号属性

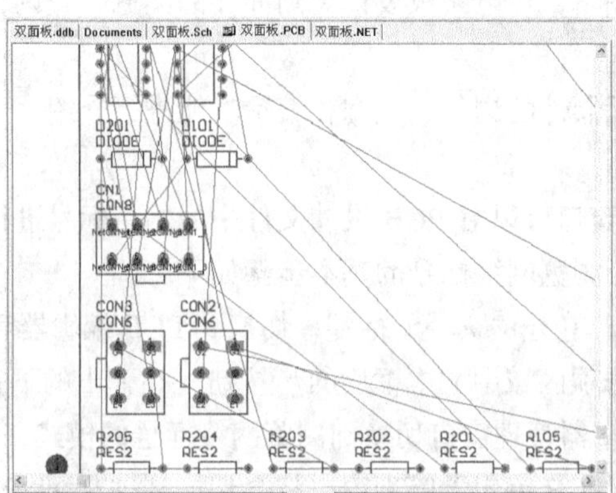

图 5-89　跳转并放大显示网络标号

2．元器件

单击【Browse】选项区域中文本框后的▾按钮，在弹出的下拉列表中选择【Components】选项，将 PCB 编辑器管理窗口切换到浏览元器件模式，PCB 编辑器管理窗口将显示当前 PCB 设计文件下的所有元器件，如图 5-90 所示。

在图 5-90 所示的 PCB 编辑器管理窗口中，可以浏览元器件，具体的操作方法请参考浏览网络标号的操作。

下面以查找元器件“D101”为例介绍快速查找和定位元器件的方法。

（1）单击元器件列表栏中的任意一个元器件，激活元器件列表栏。

（2）在键盘上输入需要查找的元器件的首字母，本例中按 D 键即可，系统将会自动跳转到首字母为“D”的元器件处，如图 5-91 所示。

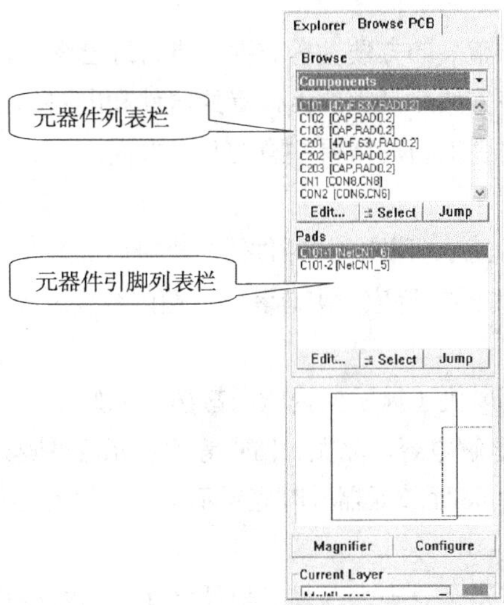

图 5-90　浏览元器件模式下的 PCB 编辑器管理窗口

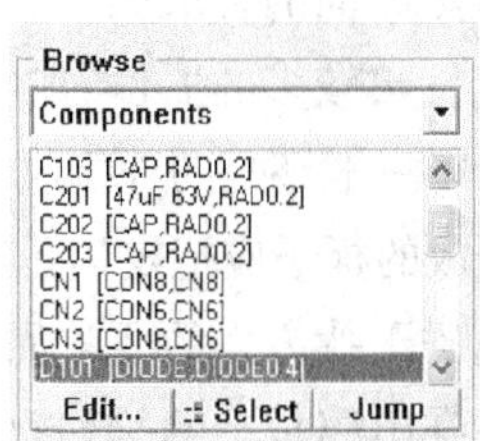

图 5-91　查找元器件“D101”

在图 5-91 中，单击 Edit... 按钮，可以对当前选中的元器件进行编辑，如图 5-92 所示。单击 Select 按钮，可以在 PCB 上选中当前列表栏中选中的元器件。单击 Jump 按钮，可以跳转到列表栏中选中的元器件处，并在整个工作窗口中放大显示该元器件如图 5-93 所示。

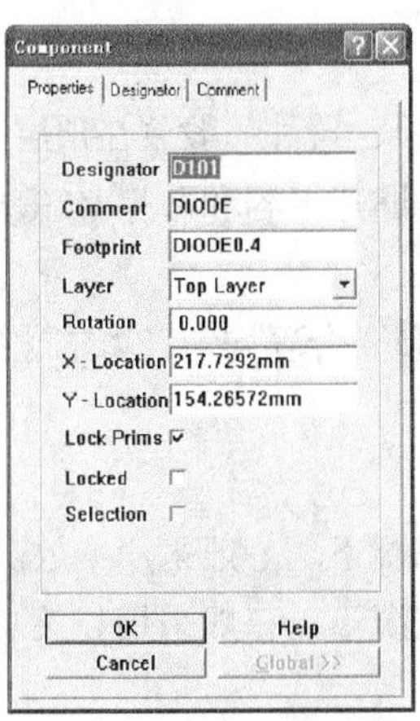

图 5-92　编辑元器件属性

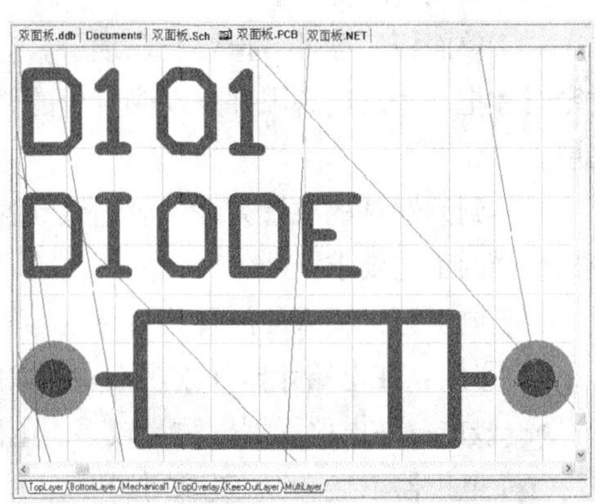

图 5-93　跳转并放大显示元器件

利用上述快速查找元器件的方法可以提高电路板设计的效率，尤其适用于元器件比较多和电路板的尺寸比较大的电路板设计。

5.3.6 元器件布局

除了高质量的元器件和设计合理的电路外，印刷线路板的元器件布局和电气连线方向的正确结构设计也是制造一台性能优良的设备的关键因素。有同一种元器件和参数的电路，元器件布局和电气连线方向的不同，其结果可能存在很大的差异。电路板上元器件布局的好坏，不仅影响到后面布线工作的难易程度，而且会关系到电路板实际工作情况的好坏。合理的元器件布局，既可以消除因布线不当而产生的噪声干扰，也便于生产中的安装、调试与检修等。

1．元器件布局的基本要求

元器件布局要从机械结构、散热、电磁干扰和将来布线的方便性等方面来进行综合考虑。一般情况下先布置与机械尺寸有关的器件并锁定这些器件，然后是大的占位置的器件和电路的核心元器件，最后是外围的小元器件。下面简要介绍元器件手工布局需要注意的几个方面。

（1）机械结构方面的要求如下。

外部接插件和显示器件等的放置应整齐，特别是板上各种不同的接插件需从机箱后部直接伸出时，更应从三维角度考虑器件的安放位置。板内部接插件的放置应考虑总装时机箱内线束的美观。

（2）散热方面的要求如下。

板上有发热较多的器件时应考虑加散热器甚至轴流风机（风机向内吹时散热效果好，但板子容易脏，所以一般还是向外排风较为多见），并与周围电解电容、晶振、锗管等怕热元器件隔开一定距离。竖放的板子应把发热元器件放置在板的最上面，双面放元器件时底层不得放发热元器件。

（3）电磁干扰方面的要求如下。

元器件在电路板上的排列要充分考虑抗电磁干扰问题，原则之一是各部件之间的引线要尽量短。在布局上，要把模拟信号、高速数字电路和噪声源（如继电器、大电流开关等）这 3 部分合理地分开，使相互间的信号耦合为最小。随着电路设计的频率越来越高，EMI 对电路板的影响越来越突出。在设计电路原理图时可以加上功能电路块、电源滤波用磁环、旁路电容等器件。每个集成电路的电源脚附近都应有一个旁路电容（一般使用 0.1 μF 的电容）连到地，有时候关键电路还需要加金属屏蔽罩。

（4）其他要求如下。

对于单面板，器件一律要放在顶层。对于双面板或多层板，器件一般放在顶层，只有在器件过密时才把一些高度有限并且发热量少的器件，如贴片电阻、贴片电容和贴片 IC 等放在电路板的底层。

具体到元器件的放置方法，应当做到各元器件排列、分布要合理均匀，力求达到整齐美观、结构严谨的工艺要求。

（5）电阻、二极管的放置分为平放与竖放两种。

- 平放：在电路元器件数量不多、电路板尺寸较大的情况下，一般采用平放。
- 竖放：在电路元器件数量较多、电路板尺寸不大的情况下，一般采用竖放。

（6）电位器/IC 座的放置原则如下。

- 电位器：电位器的安放应当满足整机结构安装及面板布局的要求，尽可能放在电路板的边缘，使可调旋钮朝外，方便调试时改变电位器的阻值。

- IC 座：在设计电路板时，在使用 IC 座的情况下，一定要特别注意 IC 座上定位槽放置的方向是否正确，并注意各个 IC 脚位是否正确。例如，IC 座的第 1 引脚只能位于 IC 座的右下角或者左上角，而且紧靠定位槽。一般情况下，为了防止在元器件装配时将 IC 座的方向装反，在同一块电路板上所有的 IC 座的方向在布局时与定位槽的方向都一致。

2. 交互式元器件布局的基本步骤

元器件布局有自动布局和手工布局两种方式，用户可以根据绘制电路板的习惯，以及电路板设计的需要选择布局方式。但是，在很多情况下往往需要两者结合才能达到更好的效果，这样做既省时省力，又能最大限度地满足电路设计的需要。

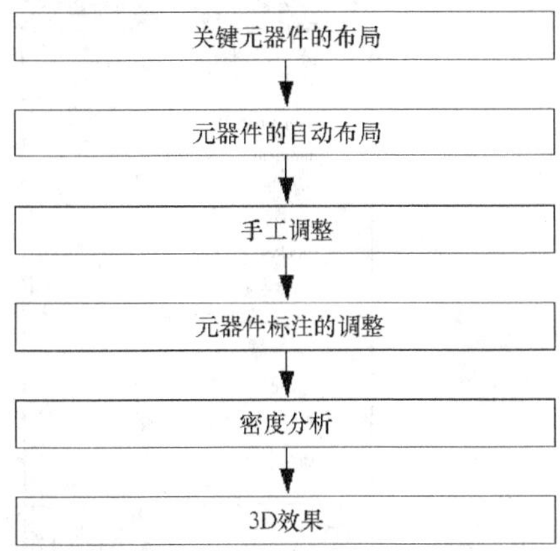

图 5-94　元器件布局流程

下面介绍一种交互式元器件布局的方法，即自动布局和手工布局相结合的元器件布局的方法。这种方法主要包括以下几个步骤，如图 5-94 所示。

（1）关键元器件的布局。

关键元器件指的是与机械尺寸有关的元器件、大的占位置的元器件和电路的核心元器件等。

交互式的元器件布局方法首先应当对所有的元器件进行筛选，找出关键元器件，并对这类元器件进行布局，然后锁定这些元器件。

（2）元器件的自动布局。

利用 Protel 99 SE 的 PCB 编辑器提供的自动布局功能，进行简单的元器件布局规则的设置后，执行相应的菜单命令就能完成元器件的布局，这样可以更加快速、便捷地完成元器件的布局工作。

（3）手工调整。

在元器件自动布局完成后，可能有的元器件的位置不是十分理想，用户可以根据设计的需要采用手工的方法进行调整。

（4）元器件标注的调整。

所有的元器件布局完成后，为了方便后面电路板的装配和调试，需要将元器件的标注放置到易于辨识元器件的位置。例如，所有的元器件标注、序号都放置在元器件的左上角。

（5）密度分析。

利用系统提供的密度分析工具可以对布局好的电路板进行分析，并可以根据分析报告结果对电路板上元器件的布局进行优化调整。

（6）3D 效果图。

元器件布局完成后，为了使布局最合理，可以应用系统提供的 3D 功能图来查看电路板上的元器件布局的仿真效果。

3. 关键元器件的布局

关键元器件的布局可以分成以下几个步骤。

- 对所有的元器件进行分类，找出电路板上的关键元器件。
- 放置关键元器件。
- 锁定关键元器件。

下面主要介绍锁定放置好的关键元器件的方法。

（1）根据电路设计的要求，放置好关键元器件。

（2）将鼠标移到需要锁定的元器件上，然后双击鼠标左键，打开【元器件属性】对话框，如图 5-95 所示。

（3）在【元器件属性】对话框中选中【Locked】（锁定）选项后的复选框即可锁定当前元器件。

当元器件位置处于锁定状态时，在工作窗口中对元器件位置的操作都将无效。如果用户要移动元器件的位置，则系统将会打开【Confirm】（确认移动元器件）对话框，如图 5-96 所示。

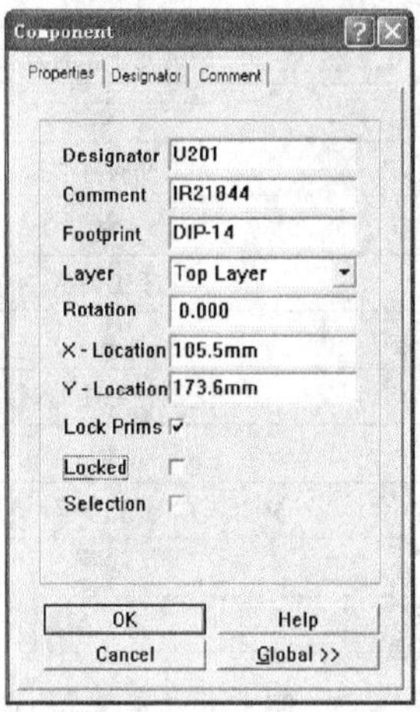

图 5-95 【元器件属性】对话框

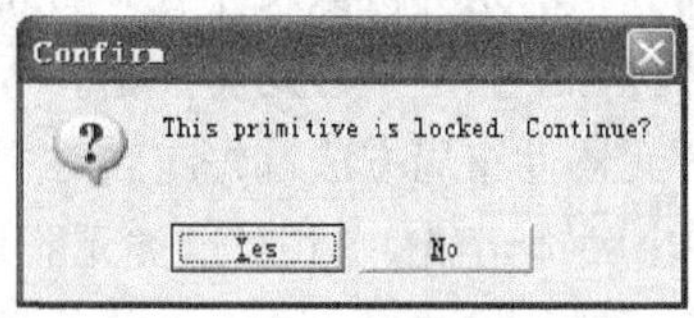

图 5-96 【确认移动元器件】对话框

在该对话框中，单击 Yes 按钮即可移动元器件到指定的位置。

4．元器件的自动布局

Protel 99 SE 提供了强大的元器件自动布局功能，元器件的自动布局主要分为以下两个步骤。

- 设置与元器件布局有关的设计规则。
- 选择自动布局的方式，并进行自动布局的操作。

为了保证元器件的自动布局能够按照用户的意图进行，在元器件自动布局之前应当对元器件自动布局设计规则进行设置。下面介绍元器件自动布局设计规则的设置方法。

在 PCB 编辑器中，选取菜单命令【Design】|【Rules...】，打开【Design Rules】（电路板设计规则）对话框，然后单击 Placement 选项卡，打开【元器件布局设计规则】对话框，如图 5-97 所示。

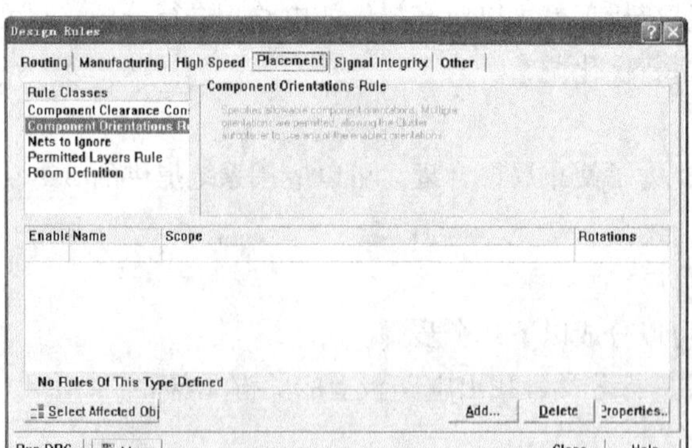

图 5-97 【元器件布局设计规则】对话框

在【Rule Classes】列表框中有 5 个选项可以进行设置，各选项具体的功能如下。

【Component Clearance Constrain】（元器件安全间距限制）：该设计规则用于设置自动布局过程中元器件之间的最小距离。

【Component Orientations Rule】（元器件方位约束）：该设计规则用于设置元器件放置的方位。

【Nets to Ignore】（可以忽略的电气网络）：该设计规则用于设置元器件自动布局时可以忽略的电气网络。忽略一些电气网络可以提高自动布局的质量和速度。其设置方法与上面的布局规则相同，在本例中不对电路板上的电气网络进行忽略。

【Permitted Layers Rule】（允许放置元器件的工作层面）：该设计规则用于设定允许放置元器件的工作层面。前面已经讲过，只有信号层中的顶层和底层才可以放置元器件，因此在这个设置选项中，只需要指定这两层中的某一层（或全部）可以放置元器件即可。一般情况下，只要元器件不是太多，都放在顶层。

【Room Definition】（定义块）：用户可以将具有相同电气特性的电路定义成一个块，以方便管理。默认情况下，在第一次载入网络表和元器件封装时，系统会自动将同一张电路原理图内的元器件定义成一个块。

一般情况下，在元器件布局设计规则的设置中，只对元器件的安全间距和元器件方位约束进行设置就可以了。如果是单面板，还应对元器件放置的工作层面进行设置。

下面介绍元器件安全间距限制设计规则的设置。

（1）单击【Component Clearance Constrain】选项，打开【元器件安全间距限制设计规则选项】对话框，如图 5-98 所示。

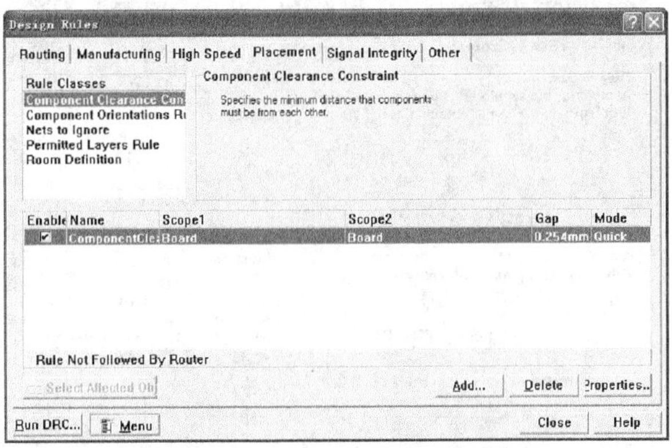

图 5-98 【元器件安全间距限制设计规则选项】对话框

（2）选中系统默认的元器件安全间距，然后单击 roperties.. 按钮，打开【Component Clearance】（元器件安全间距限制设计规则）对话框，如图 5-99 所示。

在该对话框中，可以设置元器件之间的安全间距限制。元器件安全间距限制一般要求设置两个彼此之间需要限定间距的对象，该对象可在图 5-100 所示的下拉列表中进行选择。

在【Rule Attributes】选项区域的【Gap】（间距）中可以设置图件之间的最小距离。在【Check Mode】（计算方法）的下拉列表中可以选择计算距离的方法。根据元器件外形边界的不同，计算元器件距离的方法可分为以下 3 种。

【Quick Check】（快速计算方法）：采用包含元器件外形轮廓的最小矩形来计算元器件之间的间距。

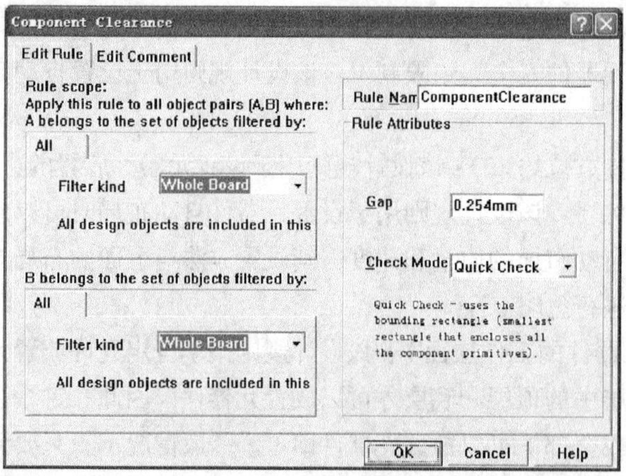

图 5-99 【元器件安全间距限制设计规则】对话框

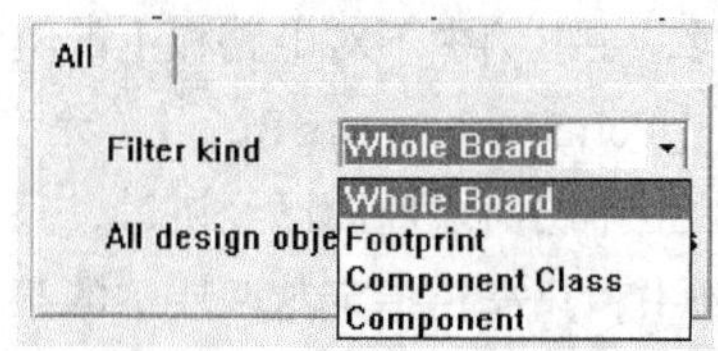

图 5-100 选择安全间距限制的对象

【Multi Layer Check】（多层面图件计算方法）：这种方法考虑到了元器件焊盘（位于多层面上的焊盘）与底层表面封装元器件的间距，采用包含元器件焊盘的最大外形轮廓的最小矩形来计算元器件之间的间距。

【Full Check】（完全计算方法）：使用元器件的精确外形轮廓来计算元器件之间的间距。

在本例中，为了方便元器件的装配和以后的布线，设置电路板上所有元器件的最小间距均为 0.5 mm，采用【Full Check】作为距离的计算方法。设置好元器件安全间距限制设计规则参数的对话框如图 5-101 所示。

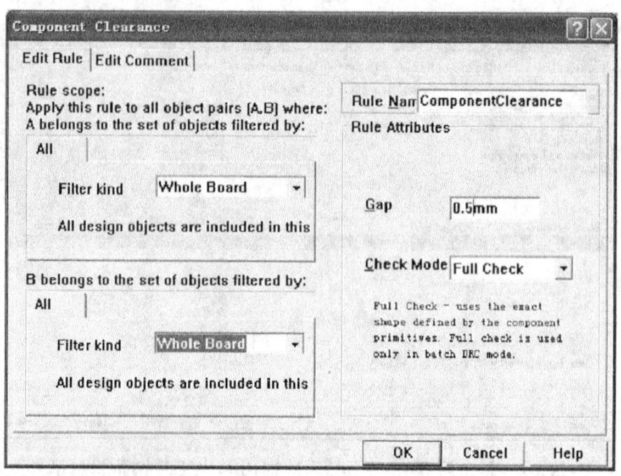

图 5-101 设置好元器件安全间距限制设计规则后的对话框

（3）设置好安全间距限制设计规则后，单击 OK 按钮即可回到【元器件安全间距限制设计规则】设置选项对话框。

其余的元器件自动布局设计规则的设置方法与此大致相同，这里就不再介绍了。

设置好元器件自动布局设计规则后，就能进行元器件的自动布局了。下面介绍具体的操作步骤。

（4）在 PCB 编辑器中，执行菜单命令【Tools】|【Auto Placement】|【Auto Placer…】，打开下一级自动布局的子菜单，如图 5-102 所示。

【Auto Placer…】：元器件自动布局。

【Stop Auto Placer】：停止元器件自动布局。

【Shove】：推挤元器件。执行此命令后，鼠标指针变成十字光标形状，单击进行推挤的基准元器件，如果基准元器件与周围元器件之间的距离小于允许距离，则以基准元器件为中心向四周推挤其他元器件。

【Step Shove Depth…】：设置推挤元器件的程度。

【Place From File…】：从文件中放置元器件。

（5）执行菜单命令后，将会打开【Auto Place】（元器件自动布局）对话框，如图 5-103 所示。

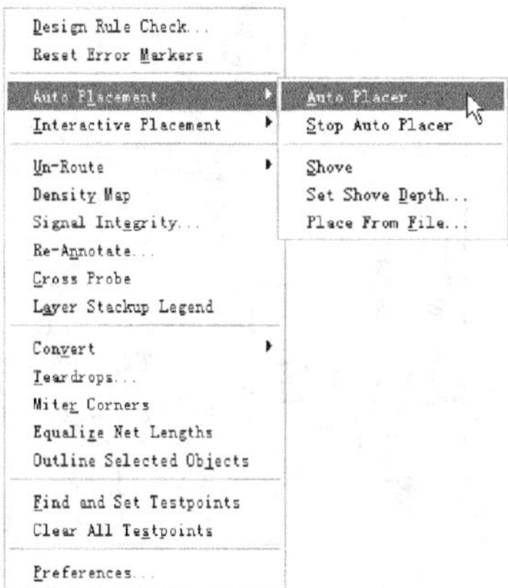

图 5-102　执行自动布局菜单命令

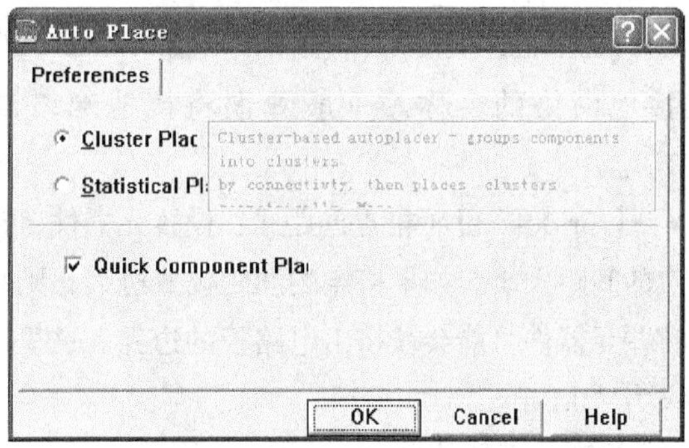

图 5-103　【元器件自动布局】对话框

在该对话框中可以选择元器件自动布局的方式。元器件的自动布局主要有两种方式：成组布局方式和基于统计的布局方式。该对话框中各选项的含义如下。

- 【Cluster Placer】（成组布局方式）：这种基于组的元器件自动布局方式根据连接关系将元器件划分成组，然后按照元器件之间的几何关系放置元器件组。该方式适合元器件较少的电路。
- 【Statistical Placer】（基于统计的布局方式）：这种布局方式根据统计算法放置元器件，使元器件之间的连线长度最短。该方式适合元器件较多的电路。
- 【Quick Component Placement】（快速元器件布局）：该选项只有在选中成组布局方式时才有效。选中该选项可以加快元器件自动布局的速度。

（6）选中【Statistical Placer】前的单选框，即可打开基于统计布局方式的自动布局对话框，如图 5-104 所示。

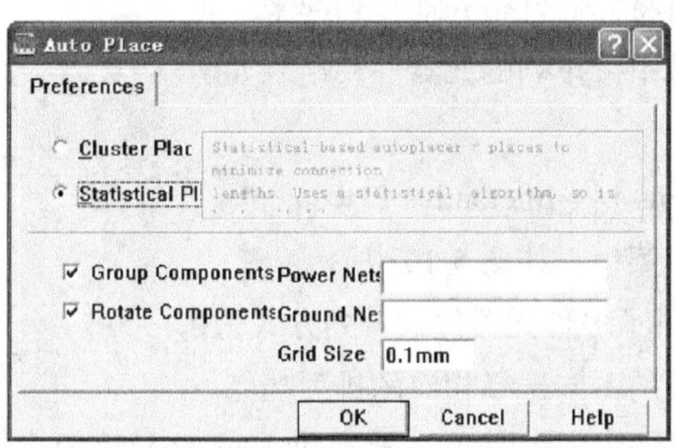

图 5-104　统计布局方式下的元器件自动布局对话框

该对话框中各个选项的含义如下。

- 【Group Components】（元器件分组）：该选项的功能是将当前 PCB 设计中与网络连接

密切的元器件归为一组。排列时该组的元器件将作为整体考虑，默认为选中状态。

- 【Rotate Components】（旋转元器件）：该选项的功能是根据当前网络连接与排列的需要旋转元器件或元器件组的方向。若未选中该复选框，则布局过程中元器件将按原始位置放置，默认为选中状态。
- 【Power Nets】（电源网络名称）：该选项用于定义电源网络的名称。一般习惯将电源网络设置为“VCC”。
- 【Ground Nets】（接地网络名称）：该选项用于定义接地网络的名称。一般习惯将接地网络设置为“GND”。
- 【Grid Size】（格点间距）：设置元器件自动布局时格点的间距大小。如果格点的间距设置过大，则自动布局时有些元器件可能会被挤出电路板的边界。这里将栅格距离设为“0.1 mm”。

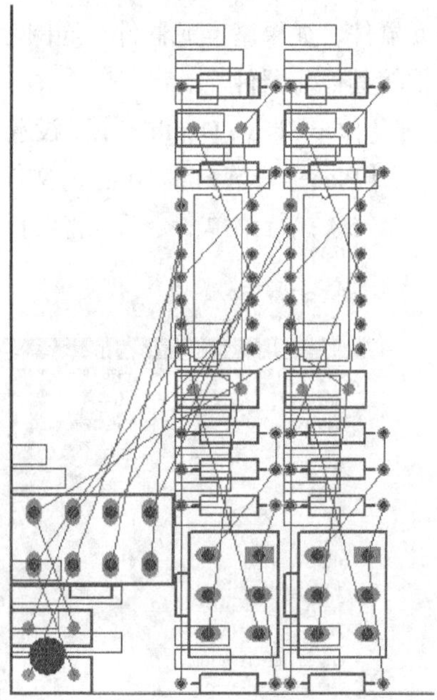

图 5-105　自动布局后的结果

（7）设置好元器件自动布局参数后，单击 OK 按钮即可开始元器件的自动布局。图 5-105 所示为选中成组布局方式，并同时选中【Quick Component Placement】复选框后自动布局的结果。

要点提示　即使对同一个电路采用相同的自动布局方式，程序每次执行元器件自动布局的结果也可能不相同，用户可以根据电路板设计的要求从多次自动布局的结果中选择一个比较满意的。

5．元器件布局的自动调整

在很多情况下，利用 Protel 99 SE 提供的元器件自动排列功能对元器件布局进行调整可以得到意想不到的效果，尤其在元器件排列整齐方面。

下面介绍元器件自动排列的菜单命令。

（1）排列元器件。利用系统提供的自动排列元器件的功能，只要先选中需要排列的元器件，然后执行相应的命令，即可将元器件整齐地排列起来。

① 在 PCB 编辑器中选中待排列的元器件，结果如图 5-106 所示。

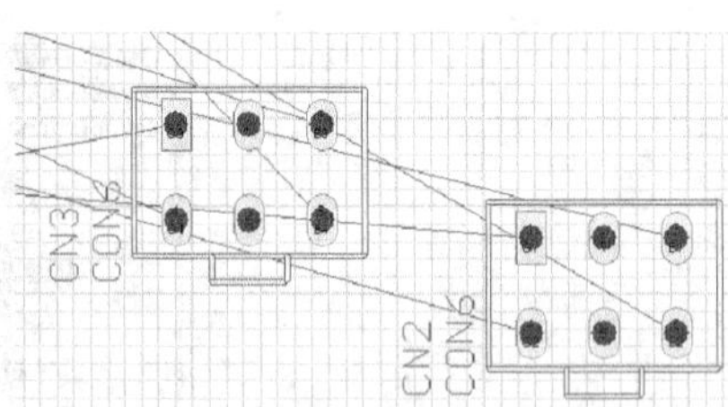

图 5-106　选中待排列的元器件

② 执行菜单命令【Tools】|【Interactive Placement】，将会打开排列元器件的命令菜单，如图 5-107 所示。

Protel 99 SE 为用户提供了多种元器件的排列方式，用户可以根据元器件相对位置的不同选择相应的排列功能。本例只介绍执行菜单命令【Tools】|【Interactive Placement】|【Align】的操作步骤，其余排列元器件的菜单命令的操作与之基本相同。

③ 执行菜单命令【Align】，打开【Align Component】（排列元器件）对话框，如图 5-108 所示。

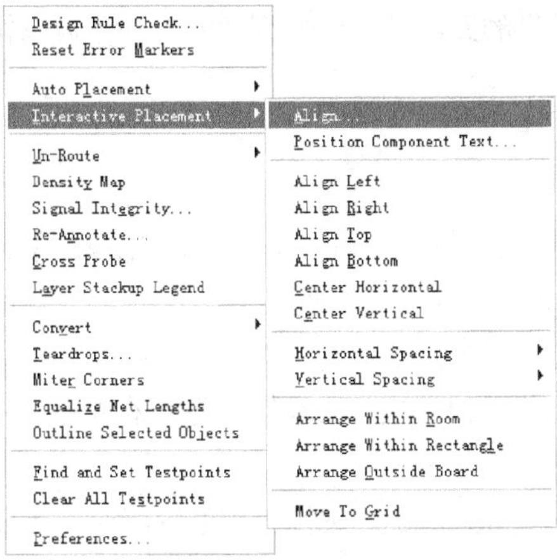

图 5-107　排列元器件命令菜单

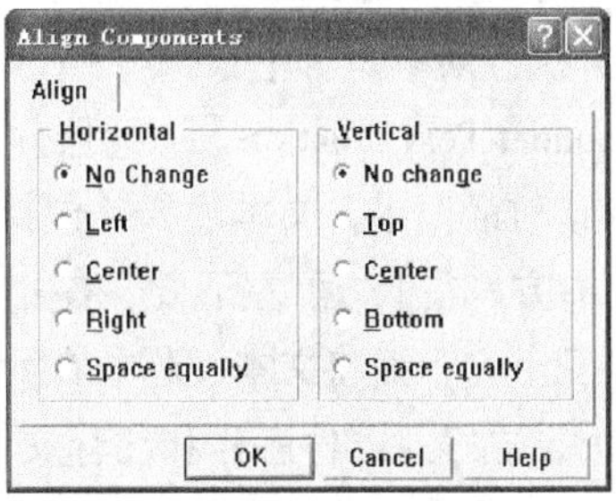

图 5-108 【排列元器件】对话框

排列元器件的方式分为水平和垂直两种，即水平方向的对齐和垂直方向的对齐两种。两种方式既可以单独使用，也可以复合使用，用户可以根据需要任意配置。因此，在 Protel 99 SE 中元器件的自动排列是十分方便的。在【排列元器件】对话框中各个选项的具体功能如下。

- 【Horizontal】（水平方向）：所选元器件在水平方向的排列方式，其中包含下列选项。

【No Change】（不变）：所选元器件在水平方向上排列方式不变。

【Left】（左）：所选元器件在水平方向上按照左对齐方式排列。

【Center】（中间）：所选元器件在水平方向上按照中心对齐方式排列。

【Right】（右）：所选元器件在水平方向上按照右对齐方式排列。

【Space equally】（等间距）：所选元器件在水平方向上等间距均匀排列。

- 【Vertical】（垂直方向）：所选元器件在垂直方向的排列方式，其中包含下列选项。

【No Change】（不变）：所选元器件在垂直方向上排列方式不变。

【Top】（顶部）：所选元器件在垂直方向上按照顶部对齐方式排列。

【Center】（中间）：所选元器件在垂直方向上按照中心对齐方式排列。

【Bottom】（底部）：所选元器件在垂直方向上按照底部对齐方式排列。

【Space equally】（等间距）：所选元器件在垂直方向上等间距均匀排列。

设置好的排列元器件选项如图 5-109 所示。

④ 单击 OK 按钮，自动执行排列元器件的命令，结果如图 5-110 所示。

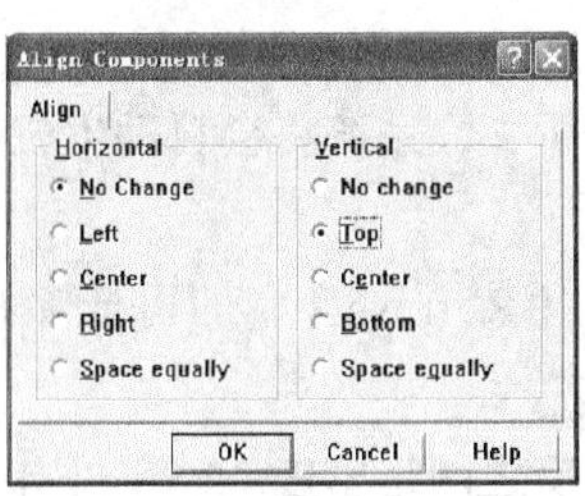

图 5-109　设置好的排列元器件选项

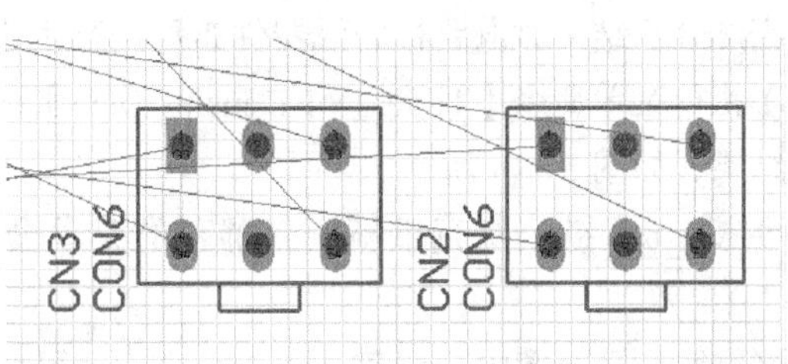

图 5-110　调整结果

由此可见，Protel 99 SE 提供的元器件自动排列功能在元器件对齐和 PCB 板的整体布局上是非常有用的。

（2）排列元器件的序号和注释文字。利用系统提供的元器件自动排列功能，除了可以排列元器件外，还可以对元器件的序号和注释文字进行调整。

下面介绍排列元器件的序号和注释文字的操作步骤。

① 选中需要排列序号和注释文字的元器件。

② 执行菜单命令【Tools】|【Interactive Placement】|【Position Component Text…】，打开【Component Text Position】（元器件文本位置）对话框，如图 5-111 所示。

在该对话框中，文本注释（包括元器件的序号和注释）的排列有正上方、正中间、正下方、左方、右方、左上方、左下方、右上方、右下方和不变 10 种方式。在本例中将元器件序号放置在元器件正上方，而将文本注释放在元器件的正下方。

③ 设置好元器件序号和注释文字的排列位置后，单击 OK 按钮，则系统将会按照设置好的规则自动调整元器件序号和注释文字，结果如图 5-112 所示。

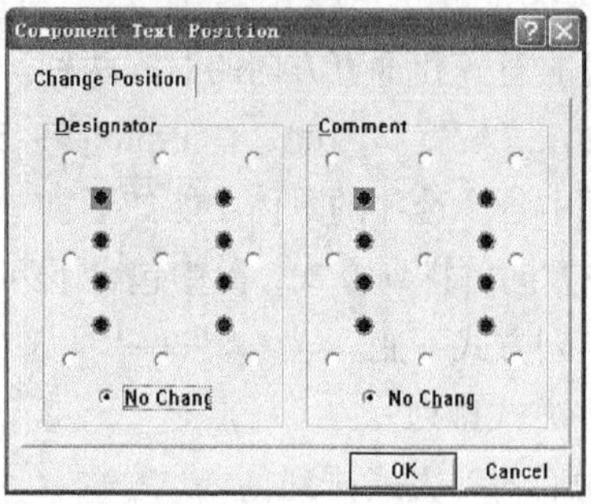

图 5-111 【元器件文本位置】对话框

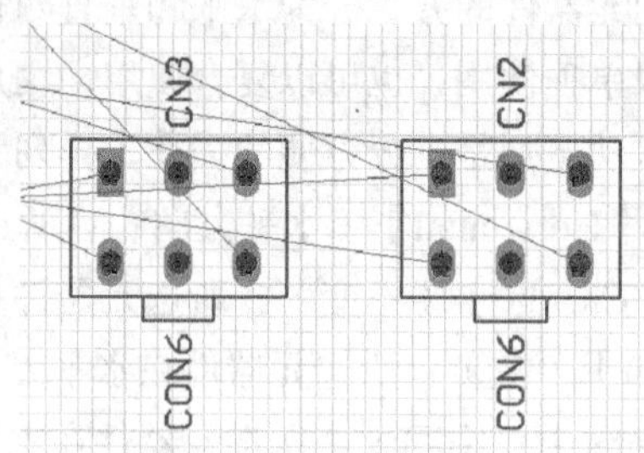

图 5-112 调整好元器件序号和注释文字后的结果

6. 手工调整

很多时候，元器件的自动布局并不能完全符合设计需要，即使是通过元器件的自动调整。这时就需要对自动布局进行手工调整了。

手工调整元器件布局的操作主要包括对元器件进行移动和旋转等。在移动和旋转元器件时要遵循一定的电气原则，还要考虑电路板整体设计的美观。调整元器件序号的标准是大小适中，以能清晰查看为准，排列尽量整齐美观、易于查找。

对元器件自动布局手工调整后的结果如图 5-113 所示。

7. 网络密度分析

在元器件布局完成后，用户可以利用系统提供的网络密度分析工具对电路板的布局进行分析，并根据密度分析结果对电路板的元器件布局进行优化。

（1）执行菜单命令【Tools】|【Density Map】（网络密度分析），系统将会自动生成网络密度分析结果，如图 5-114 所示。

（2）按 End 键或执行重新刷新屏幕的菜单命令【View】|【Refresh】，即可清除密度分析图。

在网络密度分析图中，颜色越深的地方表示网络密度越大，反之网络密度就越小。有了密度分析这个工具，就可以按照最优化的方法对电路板的元器件进行布局了。一般认为网络密度相差很大，元器件布局就不合理。但是，也不要认为分布绝对均匀就合理。实际的密度分配和具体电路有很大关系，例如，一些大功耗元器件，产生热量大，需要周围元器件少些、密度小些。相反，小功率元器件就可以安排得紧密一些。密度分析仅仅是一个参考依据，具体问题还要具体分析。

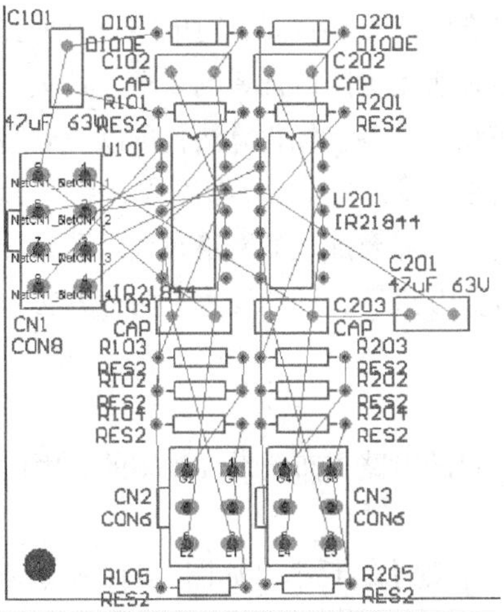

图 5-113　手工调整的结果

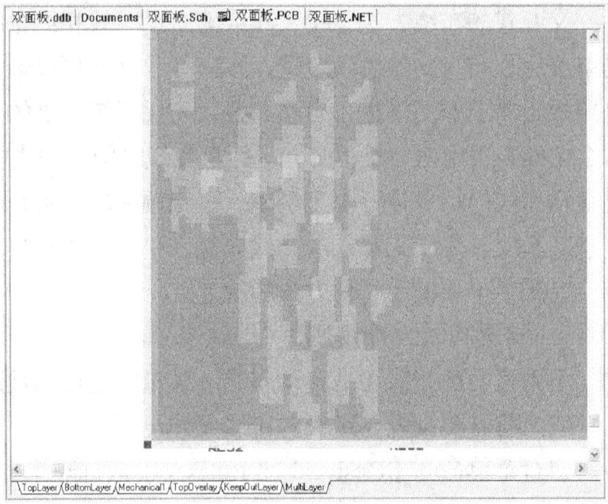

图 5-114　网络密度分析图

8．3D 效果图

利用 3D 效果图可以分析元器件布局的实物效果。在 3D 效果图上可以看到 PCB 板的实际效果及全貌。

（1）执行菜单命令【View】|【Board in 3D】，PCB 编辑器的工作窗口变为 3D 仿真图形，如图 5-115 所示。

通过电路板元器件布局的 3D 效果图，用户可以查看元器件封装是否正确，元器件之间的位置是否有干涉、是否合理等。总之，在 3D 效果图上，可以看到印制电路板的全貌，也可以在设计阶段把一些错误给消灭掉，从而缩短设计周期和降低成本。因此，3D 效果图是一个很好的元器件布局分析工具，用户在今后的工作中应当熟练掌握。

（2）3D 效果图预览工作窗口与 PCB 编辑器中的其他窗口一样，可以进行切换和关闭。

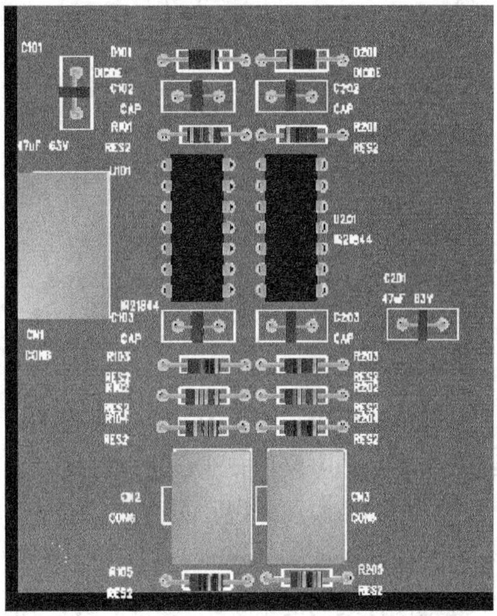

图 5-115　3D 效果图

5.3.7　电路板布线

在元器件布局完成之后，就可以进行电路板的布线了。电路板布线可以采用手工布线，也可以采用自动布线。

所谓的自动布线，就是 PCB 编辑器内的自动布线系统，根据设定的布线设计规则和选择的自动布线策略，并依照一定的拓扑算法，按照事先生成的网络自动在各个元器件之间进行连线的过程。

一般的电路板往往需要采用手工布线与自动布线相结合的方法，这样既能保证电路板能够满足用户的要求，又能快速高效地完成电路板的设计。

交互式的布线方法是手工布线与自动布线相结合的一种布线方法。首先，对电路板上重要的网络进行预布线，然后锁定这些预布线，这样可以最大限度地满足电路设计者的要求。其次，对电路板上剩余的网络进行自动布线，利用系统提供的自动布线器和各种优化算法，可以使电路板符合电路自身电气特性的要求，并且在短时间内完成电路板的布线，大大提高布线的效率。最后，对自动布线的结果进行手工调整，手工调整的对象是那些绕远和需要加粗的网络布线以及部分不合理的布线。采用交互式的布线方法，手工布线与自动布线交互进行，完全发挥了两种方法的优点，克服了单独使用一种方法的缺点。

1. 设置布线设计规则

不管是手动布线还是自动布线，其布线过程都是遵循一定的电路板布线设计规则的。因此，在布线之前需要设置电路板的布线设计规则。

执行菜单命令【Design】|【Rules…】，打开【布线设计规则】对话框，如图 5-116 所示。

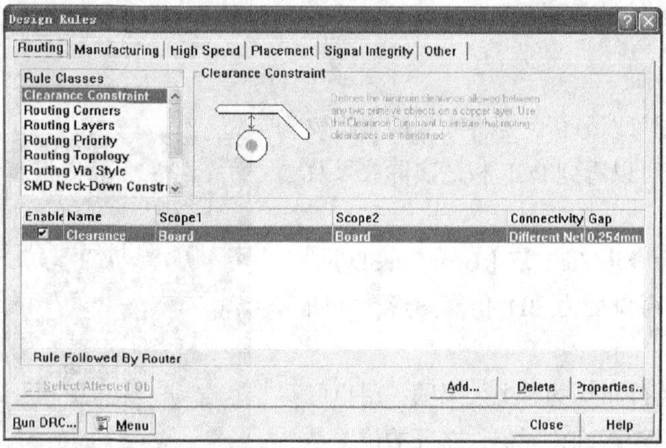

图 5-116 【布线设计规则】对话框

与电路板布线相关的设计规则较多，大多数都可以采用系统提供的默认设置，因此本章只介绍几个常用的电路板布线设计规则的设置。

常用的布线设计规则主要包括以下几项。

【Clearance Constraint】（安全间距限制设计规则）：该项设计规则用来设置电路板布线过程中导电图件之间的最小距离。例如，当正在放置的导线与其他导电图件之间的距离小于安全间距时，系统将会提示错误，并且不能放置该导线。该项设计规则适用于在线 DRC 或运行 DRC 和自动布线过程。

【Short Circuit】（短路限制设计规则）：该项设计规则用来设置电路板上不同网络的导电图件之间是否允许短路。一般情况下，采用系统默认的设置即可，即不允许电路板上出现短路的现象。该项设计规则适用于在线 DRC 或运行 DRC 和自动布线过程。

【Width Constraint】（布线宽度设计规则）：该项设计规则用来设置电路板上不同网络布线的宽度，利用该项设计规则可以根据元器件之间的电气要求采用不同宽度的导线进行连接。比如，电源网络“VCC”就可以采用较粗的导线进行连接，而普通的信号线由于载流能力要求不高，则可以采用较细的导线进行连接。该项设计规则适用于运行 DRC 设计规则检查、自动布线过程。

【Polygon Connect Style】（多边形填充的连接方式设计规则）：该布线规则适用于设置多边形填充与相同网络的焊盘、过孔和导线等图件的连接方式。

下面将对上述几项常用的布线设计规则作较为详细的介绍。

（1）设置安全间距限制设计规则。

安全间距限制设计规则属于电气规则的范畴。

① 执行菜单命令【Design】|【Rules…】，然后再单击【Routing】（布线）选项卡，打开电路板布线设计规则对话框。

② 单击【Clearance Constraint】选项，在列表框中显示安全间距限制设计规则。

③ 在需要编辑的设计规则上双击鼠标左键，打开【Clearance Rule】（安全间距限制设计规则）对话框，如图 5-117 所示。

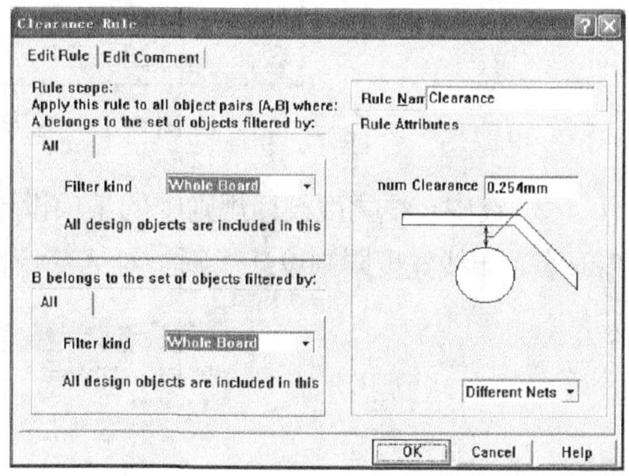

图 5-117 【安全间距限制设计规则】对话框

在图 5-117 所示的对话框中，可以对【Rule scope】（设计规则适用范围）、【Rule Name】（设计规则名称）和【Rule Clearance】（安全间距）等参数进行设置。本例中将电路板上所有导电图件之间的安全间距设定为“0.5 mm”。

（2）设置短路限制设计规则。

短路限制设计规则属于电气规则的范畴，一般情况下，电路板上不允许不同的网络短路连接。

① 在【布线设计规则设置】对话框中单击 Other 选项卡，打开【其他设计规则设置】对话框，如图 5-118 所示。

② 单击【Short-Circuit Constraint】选项，打开【短路限制设计规则】对话框，单击系统默认的【ShortCircuit】短路限制设计规则，然后再单击 Properties… 按钮，即可打开【Short-Circuit Rule】（短路限制设计规则）对话框，如图 5-119 所示。

通常情况下，电路板上不同网络的图件是不允许短路的。

③ 取消【Rule Attributes】（设计规则属性）选项区域中【Allow Short Circuit】（允许短路）复选框的选中状态，即可将该项设计规则设置成不允许短路的状态。

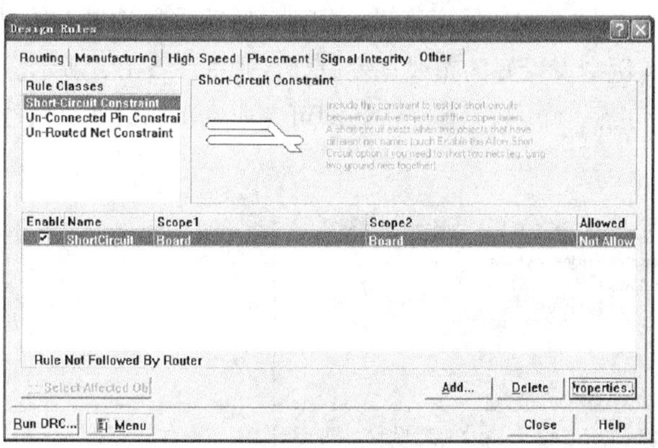

图 5-118 【其他设计规则设置】对话框

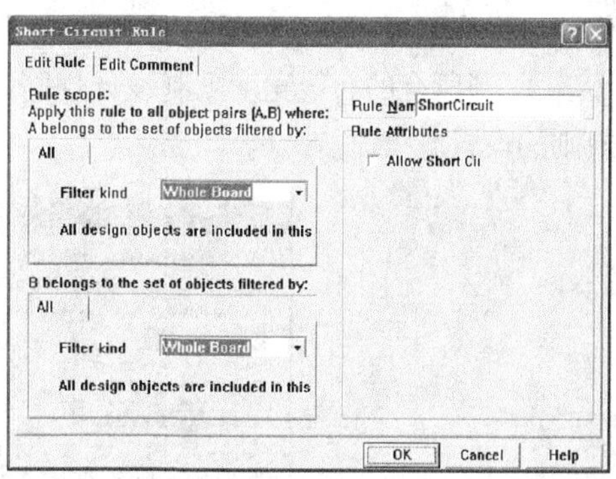

图 5-119 【短路限制设计规则】对话框

（3）设置布线宽度限制设计规则。

① 在电路板设计规则对话框中单击【Routing】选项卡，然后再单击【Width Constraint】选项，打开【布线宽度设计规则】主对话框，如图 5-120 所示。

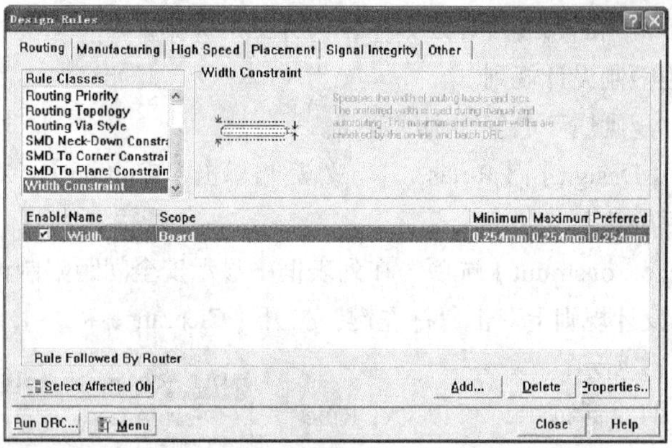

图 5- 120 【布线宽度设计规则】主对话框

② 选中布线宽度设计规则中的某项设计规则，然后单击 Properties... 按钮，即可打开【Max-Min Width Rule】（布线宽度限制设计规则）对话框，在该对话框中可以设置布线的宽度，如图 5-121 所示。

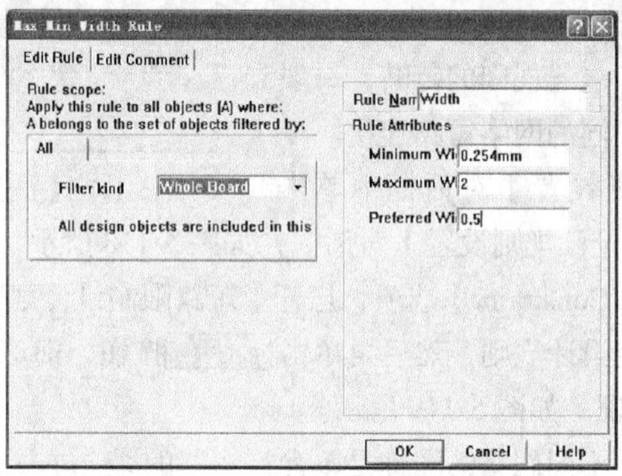

图 5-121 【布线宽度限制设计规则】对话框

③ 设置完布线宽度设计规则后，单击 OK 按钮即可回到【布线宽度设计规则】对话框，继续其他设计规则的设置。单击 Add... 按钮可添加新的布线宽度设计规则，然后重复步骤 2 的操作即可完成多项布线宽度设计规则的设置。本例中设置好的布线宽度设计规则如图 5-122 所示。

④ 当所有的布线宽度限制设计规则设置完后，单击 Close 按钮即可完成本次布线宽度限制规则的设置。

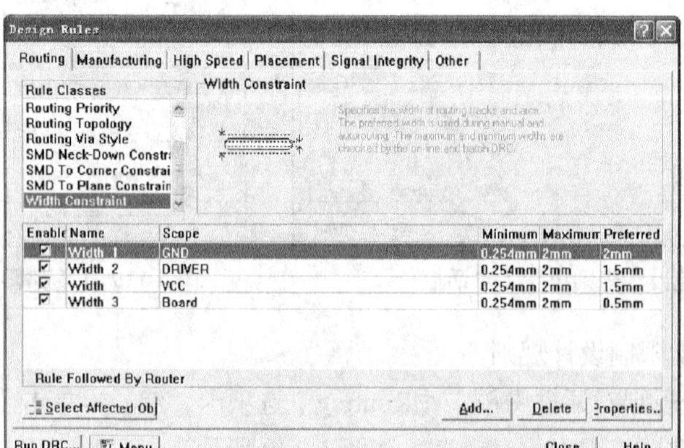

图 5-122 设置好的多项布线宽度限制设计规则

2．预布线

预布线主要包括两个步骤。

- 对重要的网络进行预布线。在进行布线的过程中，有时候可能需要事先布置一些走线（如电源线和地线），以满足一些特殊要求，并有利于改善随后的自动布线结果。
- 锁定预布线。如果不对这些预布线进行保护的话，那么在自动布线的时候，这些预布线会重新被调整，从而失去预布线的意义。

下面介绍预布线的操作步骤。

（1）对电路板上的所有网络进行分析，找出需要预布线的网络。本例中可以对电源网络“VCC”进行预布线。

（2）对电源网络进行预布线，结果如图 5-123 所示。

（3）锁定预布线。在任意一段导线上双击鼠标左键进入【导线属性】对话框，如图 5-124 所示。

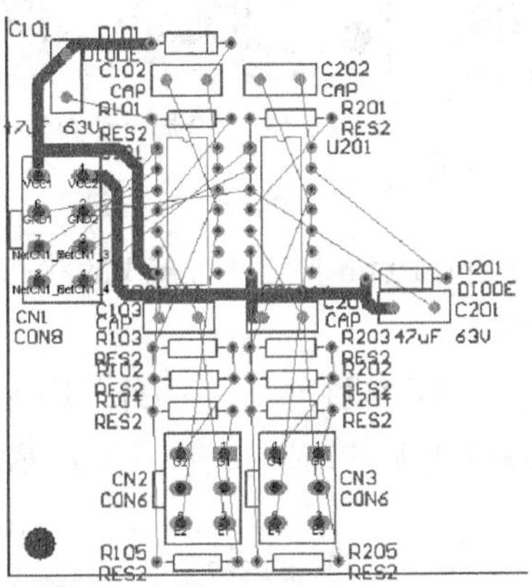

图 5-123　预布线的结果

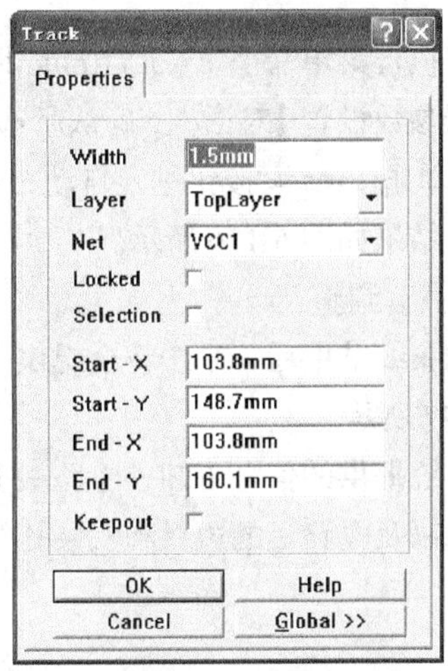

图 5-124　编辑【导线属性】对话框

（4）单击 Global >> 按钮，打开【全局编辑】对话框，对导线全局编辑的属性进行配置，以锁定所有预布的导线。全局编辑属性的配置结果如图 5-125 所示。

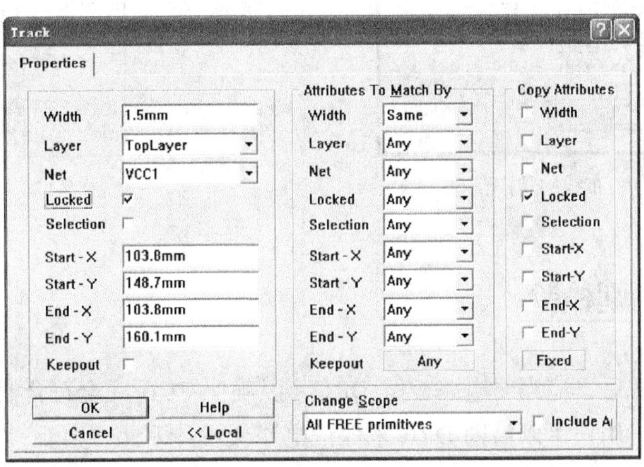

图 5-125　全局编辑属性设置

（5）单击 OK 按钮，将所有的预布线锁定。

3．自动布线

对电路板上的重要网络完成预布线后，就可以对剩下的网络进行自动布线了。执行菜单命令【Auto Route】|【Setup…】，打开【Autorouter Setup】（自动布线器参数设置）对话框，在该对话框中对自动布线器参数进行设置。

设置完自动布线参数后，就可以开始自动布线了。Protel 99 SE 中自动布线的方式灵活多样，根据布线的需要，既可以对整块电路板进行全局布线，也可以对指定的区域、网络、元器件甚至是连接进行布线，因此用户可以充分利用系统提供的多种自动布线方式，根据设计过程中的实际需要灵活选择最佳的布线方式对电路板进行布线。

下面采用全局布线命令对电路板上剩下的网络进行布线。

（1）执行菜单命令【Auto Route】|【All…】，打开【自动布线器参数设置】对话框，确认所选的布线策略是否正确。

（2）单击 Route All 按钮进入自动布线状态，全局自动布线完成后的结果如图 5-126 所示。

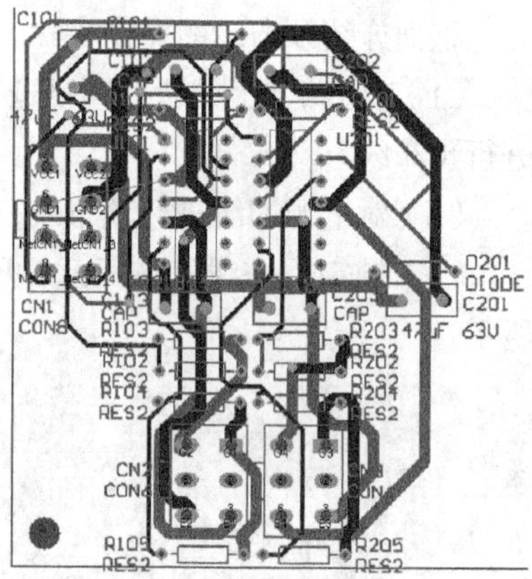

图 5-126　全局自动布线后的结果

4．手工调整

自动布线结束后，系统将会提供【Design Explorer Information】（自动布线的状态信息），如图 5-127 所示。

由系统提供的信息可知，电路板上仍然有网络未连接，需要进行调整。另外，绕远和拐角太多的导线以及电路板的边界和安装孔等也都需要调整。手工调整的结果如图 5-128 所示。

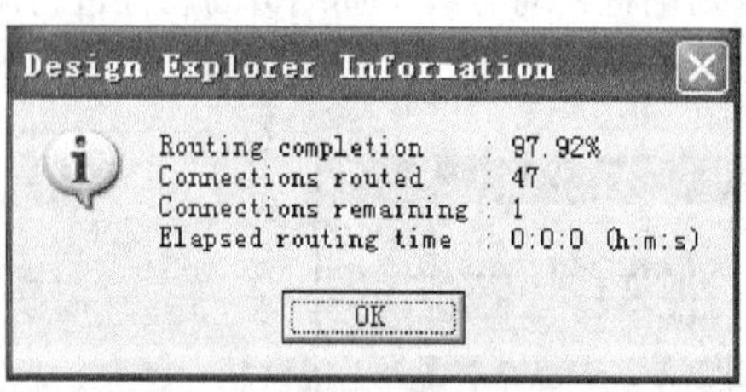

图 5-127　自动布线的状态信息

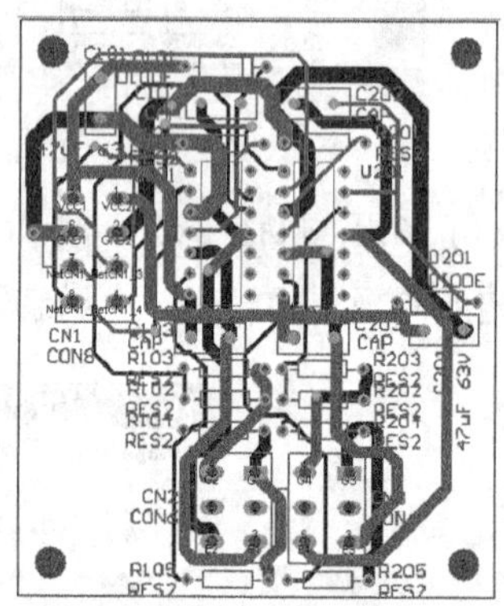

图 5-128　手工调整的结果

5.3.8　设计规则检验

在电路板布线完成后，应当对电路板做 DRC，以确保 PCB 完全符合设计规则的要求、所有的网络均已正确连接。用户可以借助 DRC 来保证电路板设计万无一失。

设计规则检验常用的检验项目主要有如下几个。

- 【Clearance Constraints】（安全间距限制）：该项为导电图件之间的安全间距限制检验项。
- 【Max/Min Width Constraints】（布线宽度限制）：该项为导线的布线宽度限制检验项。
- 【Short Circuit Constraints】（短路设计规则限制）：该项为电路板布线是否符合短路设计规则限制的检验项。
- 【Un-Routed Net Constraints】（未布线网络）：该项将对没有布线的网络进行检验。

（1）执行菜单命令【Tools】|【Design Rule Check…】，打开【Design Rule Check】（设计规则检验）对话框，如图 5-129 所示。

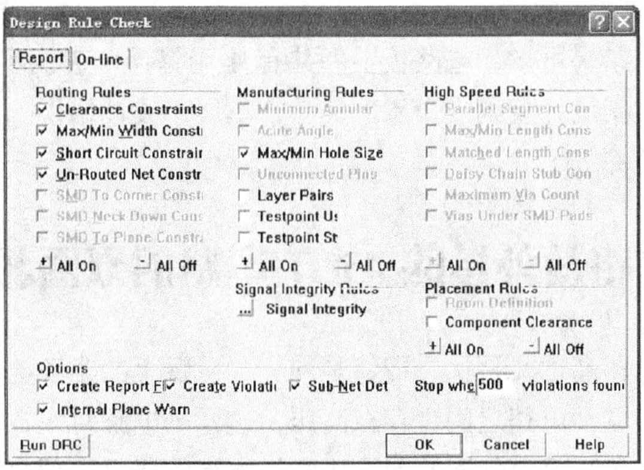

图 5-129 【设计规则检验】对话框

设计规则的检验结果可以分为两种，一种是以【Report】（报表）的形式输出，可以生成检测的结果报表；另一种是【On-Line】（在线检验），也就是在布线的过程中对电路板的电气规则和布线规则进行检验，以防止错误产生。

（2）单击 Report 选项卡进入报表（Report）输出设计检验模式，设置设计校验项目。本例中只选中【Clearance Constraints】、【Max/Min Width Constraints】、【Short Circuit Constraints】和【Un-Routed Net Constraints】4 个选项前的复选框，其余选项采用系统默认的设置。

（3）设置好设计校验项目后，单击对话框左下角的 Run DRC 按钮，即可运行设计规则校验。程序结束后，会生成一个检验情况报表，具体内容如下。

```
Protel Design System Design Rule Check
PCB File : Documents\双面板-自动布线-调整.PCB
Date     : 11-Mar-2006
Time     : 21:07:26
Processing Rule : Hole Size Constraint (Min=0.0254mm) (Max=2.54mm) (On the board )
Violation  Pad Free-4(104mm,167mm)  MultiLayer  Actual Hole Size = 4mm
Violation  Pad Free-3(156mm,167mm)  MultiLayer  Actual Hole Size = 4mm
Violation  Pad Free-2(156mm,104mm)  MultiLayer  Actual Hole Size = 4mm
Violation  Pad Free-1(104mm,104mm)  MultiLayer  Actual Hole Size = 4mm
Rule Violations :4
Processing Rule : Width Constraint (Min=0.254mm) (Max=2mm) (Prefered=1.5mm) (Is part
of net class VCC )
Rule Violations :0
Processing Rule : Clearance Constraint (Gap=0.5mm) (On the board ),(On the board )
Rule Violations :0
Processing Rule : Broken-Net Constraint ( (On the board ) )
Rule Violations :0
Processing Rule : Short-Circuit Constraint (Allowed=Not Allowed) (On the board ),(On
```

```
the board )
    Rule Violations :0
    Processing Rule : Width Constraint (Min=0.254mm) (Max=2mm) (Prefered=2mm) (Is part of net class GND )
    Rule Violations :0
    Processing Rule : Width Constraint (Min=0.254mm) (Max=2mm) (Prefered=1.5mm) (Is part of net class DRIVER )
    Rule Violations :0
    Processing Rule : Width Constraint (Min=0.254mm) (Max=2mm) (Prefered=0.5mm) (On the board )
    Rule Violations :0
    Violations Detected : 4
    Time Elapsed       : 00:00:00
```

根据设计规则检验的结果可知，电路板上一共有 4 个错误。进一步分析 DRC 报告，可知出错是由于安装孔的孔径大于设计规则中设置的尺寸，不属于设计错误，因此可以忽略。

至此，双面板就设计完成了。

5.4 驱动电路及外接的 IGBT 电路的双面板的手工设计

全桥式 IGBT 母线电压高达几百伏，即使是同一个桥臂上的驱动电路之间的电压也能达到上百伏。不同 IGBT 开关管驱动电路之间也存在高压，这样的电路对元器件的布局和电路板的布线都有很高的绝缘要求。为了满足电气连接和高压电气绝缘的要求，用户最好采用手工的布线方法来设计电路板。

下面介绍双面板手工设计的操作步骤。

（1）进行电路板的前期准备工作，包括电路原理图设计、规划电路板、载入元器件封装和网络表以及 PCB 设计工作参数的设置等。

（2）设置元器件布局和电路板布线设计规则。

（3）对电路板上元器件之间的电气连接进行分析，找出核心元器件以及需要高压隔离的元器件。该驱动电路是由 IGBT 构成的全桥逆变电路，4 路驱动输出之间均属于高压，都需要绝缘，因此在 4 路输出之间应留出足够的空间。同时，驱动芯片的输入信号之间也应当适当隔离，因此本例中将 8 输入的接插件改为两个 4 输入的接插件。修改后的电路原理图如图 5-130 所示。

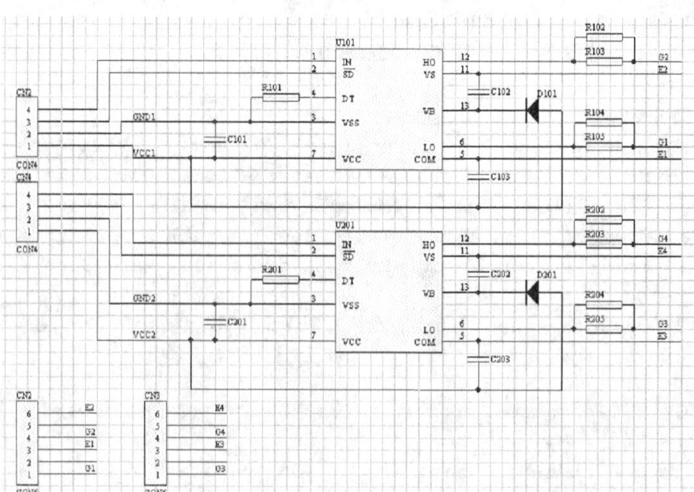

图 5-130　修改后的电路原理图设计

（4）将修改后的电路原理图载入到 PCB 编辑器中，结果如图 5-131 所示。

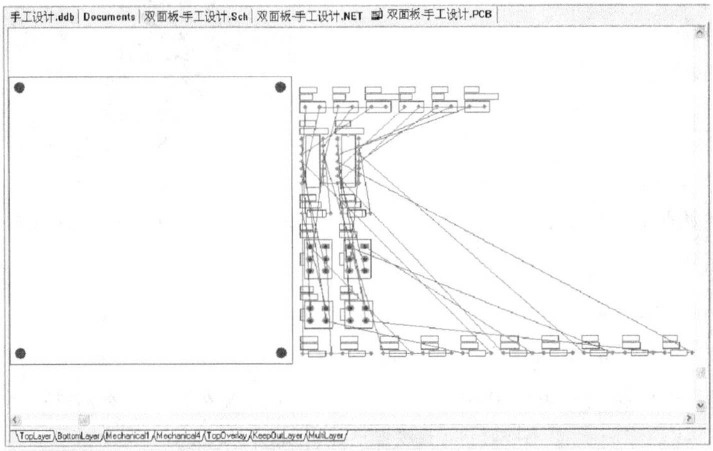

图 5-131　修改电路原理图设计后载入的元器件封装和网络表

（5）采用全局编辑功能隐藏元器件的参数。在任何一个元器件的参数上双击鼠标左键进入【元器件参数编辑】对话框，对其全局编辑的属性进行配置，结果如图 5-132 所示。

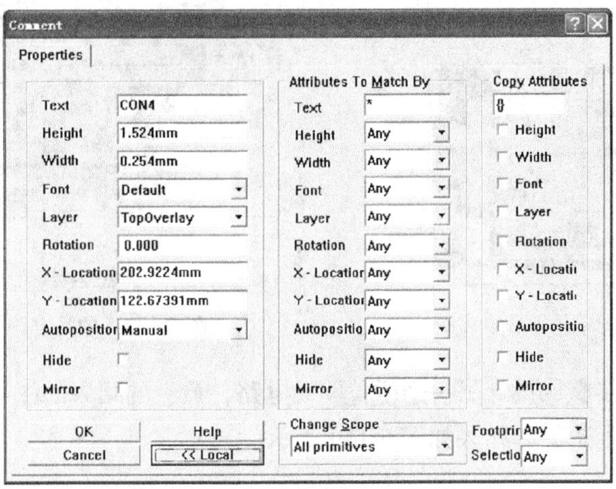

图 5-132　隐藏元器件参数的全局编辑属性配置

（6）接下来就可以对元器件进行一边布局一边布线了。

① 从电路板的一角开始布线。首先应当确定安装孔的位置，然后放置信号输入的接插件，如图 5-133 所示。

② 按照信号的流向对其他元器件进行布局。在布局的过程中可以进行布线，布局与布线可以交替进行。图 5-134 是部分元器件布局和布线后的结果。

③ 放置该部分驱动电路的输出接插件 CN2，然后进行布线。在布线过程中为了方便连线，对输出接插件引脚的网络标号进行了调整，调整接插件网络标号的结果如图 5-135 所示。这样就完成了单桥臂的驱动电路的布线，结果如图 5-136 所示。

④ 调整电路板的右边界。电路板的右边界确定后，就可以调整电路板的外形了，调整的结果如图 5-137 所示。

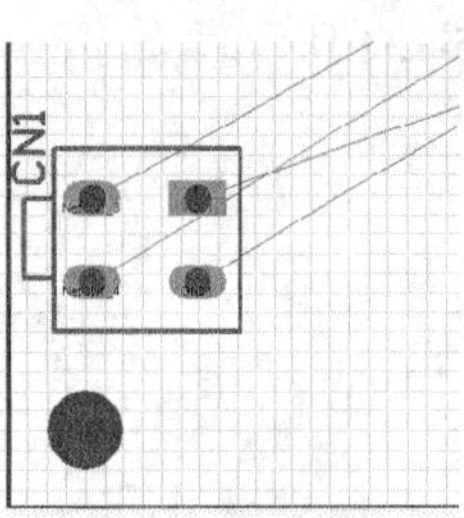

图 5-133　开始电路板的布线

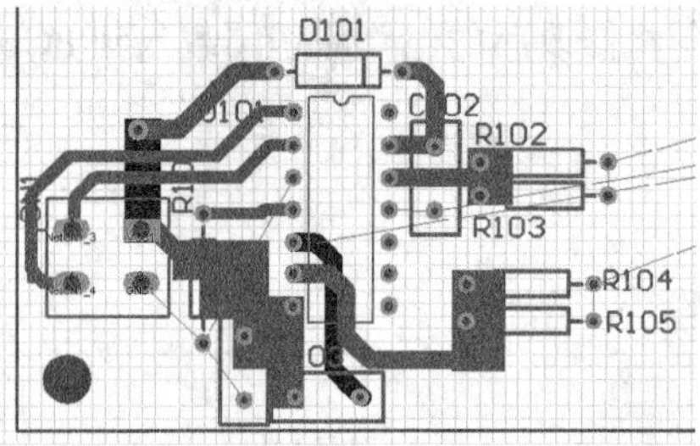

图 5-134　部分元器件布局和布线后的结果

（a）调整前引脚的网络标号布局　　（b）调整后引脚的网络标号布局

图 5-135　调整接插件引脚的网络标号

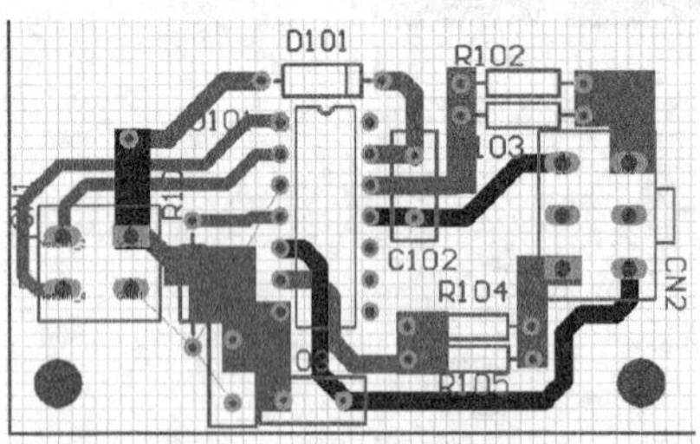

图 5-136　完成布线的单桥臂驱动电路

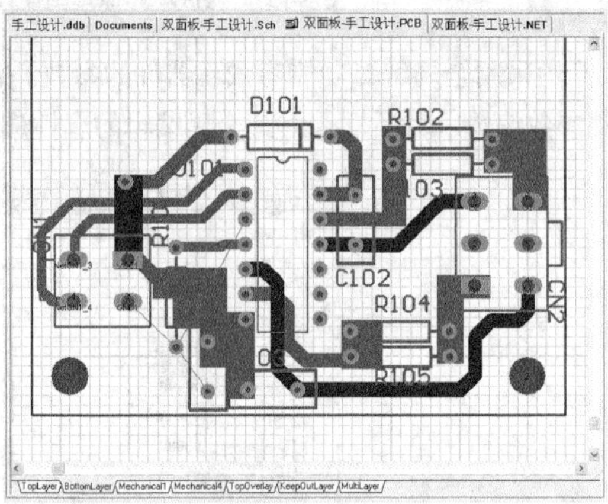

图 5-137　调整电路板右边界的结果

⑤ 重复步骤①～步骤④设计另一半桥臂驱动电路，最后的结果如图 5-138 所示。

⑥ 调整电路板的上边界，结果如图 5-139 所示。

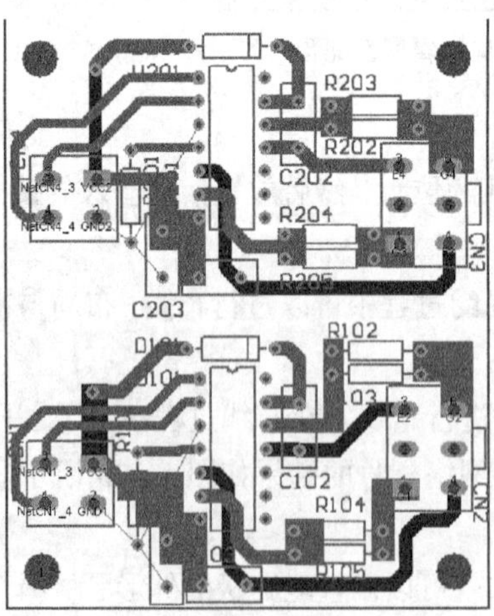

图 5-138　设计好的全桥驱动电路

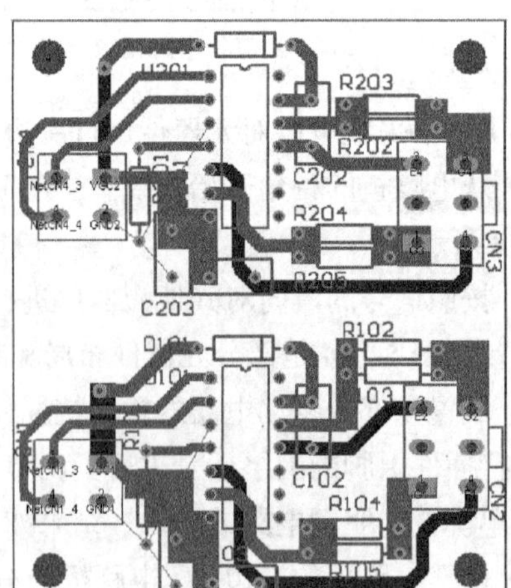

图 5-139　调整好边界后的电路板

（7）电路板地线覆铜。对各布线层中放置的地线网络进行覆铜，不但可以增强 PCB 的抗干扰能力，而且可以增大地线网络过电流的能力。本例中需要对地线网络“GND1”和“GND2”进行覆铜。

① 设置多边形填充的连接方式。执行菜单命令【Design】|【Rules…】，打开【布线设计规则】对话框。在该对话框中，单击 Manufacturing 选项卡即可打开【Polygon Connect Style】（多边形填充连接方式设计规则）对话框，如图 5-140 所示。

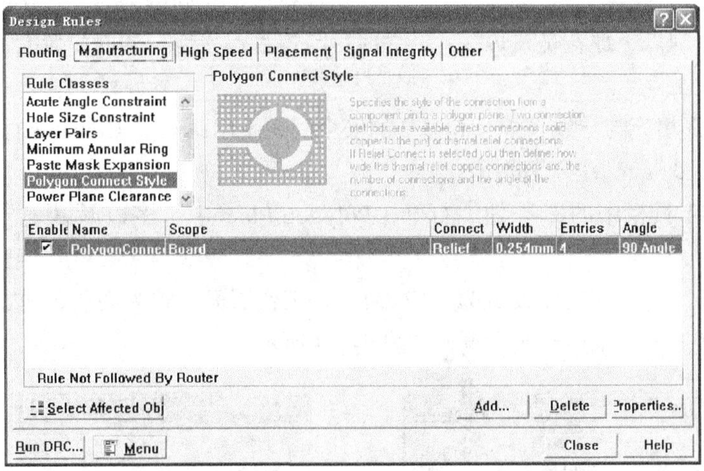

图 5-140 【多边形填充连接方式设计规则】对话框

② 用鼠标左键双击【Polygon Connect Style】，即可打开【Polygon Connect Style】（多边形填充与网络连接方式）对话框，如图 5-141 所示。

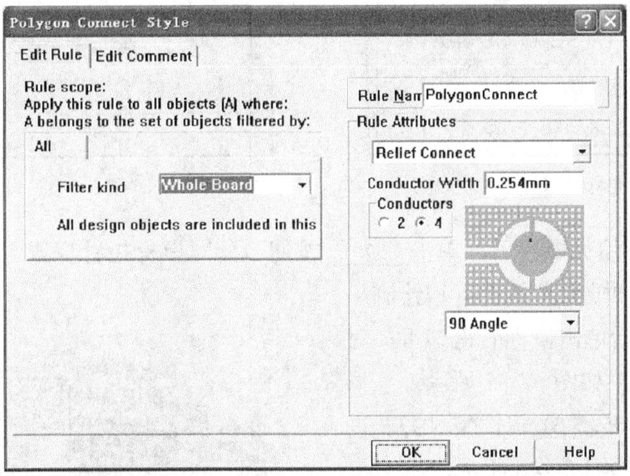

图 5-141 【多边形填充与网络连接方式】对话框

在图 5-141 的对话框中，提供了以下 3 种连接方式。

【Relief Connect】：辐射连接。

【Direct Connect】：直接连接。

【None Connect】：不连接。

辐射连接包括如图 5-142 所示的几种方式。

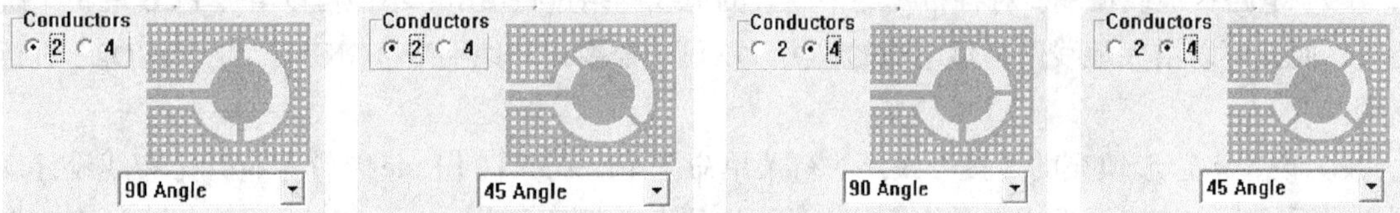

图 5-142　辐射连接的几种方式

对于同一种网络通常选择直接连接的方式，这样在连接相同网络时，连接的有效面积最大。但是这样做有一个缺点，那就是在焊接元器件时，与焊盘连接铜箔的面积较大，散热较快，不利于焊接。

③ 设置多边形填充与导线、焊盘和过孔的安全间距（Clearance Constraint），如果电路板允许，建议采用大于 0.5mm 的安全间距。

④ 单击放置工具栏中的按钮，打开【Polygon Plane】（多边形填充选项）对话框，如图 5-143 所示。

在该对话框中，将连接网络设置为“GND1”，工作层面设置为底层，线宽设为“1mm”，不采用网格的连接方式，采用整块覆铜，如图 5-144 所示。

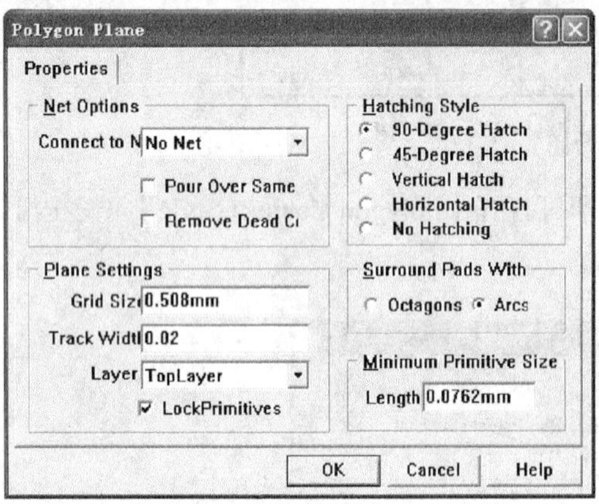

图 5-143 【多边形填充】对话框

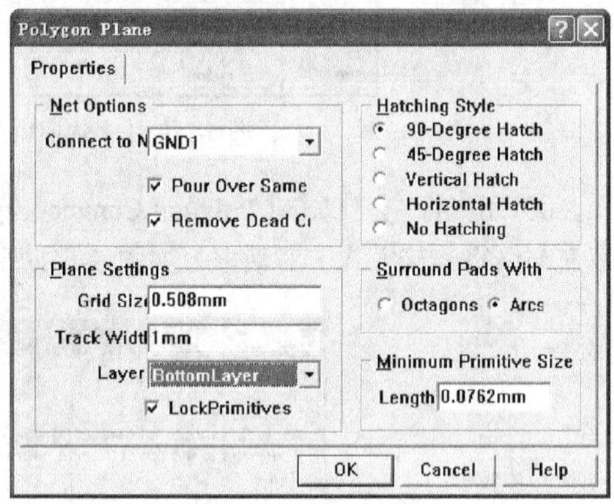

图 5-144　设置相应选项

⑤ 设置好多边形填充属性后，单击 OK 按钮，此时鼠标指针变成十字光标，然后根据绘制导线的方法，在需要放置覆铜的区域绘制一个封闭的多边形，然后单击鼠标右键即可。对“GND1”覆铜后的结果如图 5-145 所示。

⑥ 重复步骤④、步骤⑤，对“GND2”进行覆铜，最后的结果如图 5-146 所示。

（8）DRC 设计校验。在覆铜完成之后，电路板的设计就基本上完成了，但是为了保证电路板设计正确无误，还应当对电路板设计进行设计规则校验。

（9）查看 3D 效果图，如图 5-147 所示。

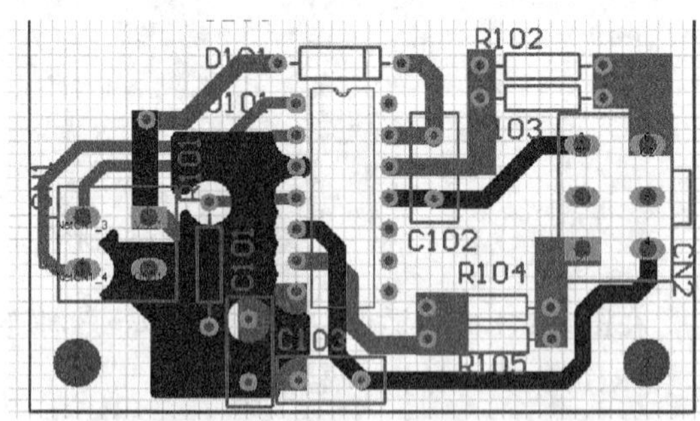

图 5-145　对“GND1”覆铜后的电路

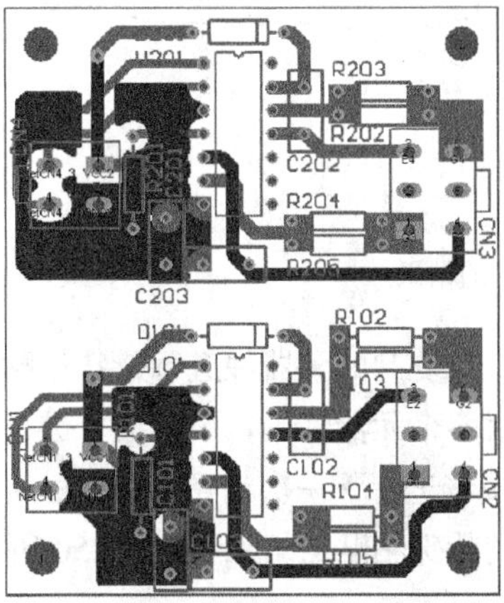

图 5-146　覆铜的最后结果

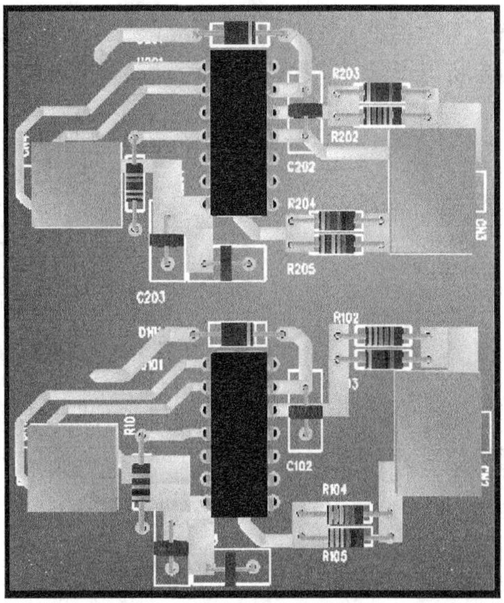

图 5-147　查看 3D 效果图

5.5 知识拓展

5.5.1　特殊粘贴功能概况

菜单命令【Paste Special…】（特殊粘贴）是 PCB 编辑器中一个非常有用的工具。在电路板设计过程中，灵活运用特殊粘贴功能可以实现电路板的快速设计。

1．特殊粘贴功能

在 PCB 编辑器中复制需要进行粘贴的元器件后，执行菜单命令【Edit】|【Paste Special…】，打开【Paste Special】（特殊粘贴功能设置）对话框，如图 5-148 所示。

图 5-148 【特殊粘贴功能设置】对话框

要点提示　执行特殊粘贴命令前，一定要先复制所需的元器件。

在该对话框中有 4 个设置项，其功能如下。

【Paste on current layer】（粘贴在当前的工作层面上）：选中此项，表示将复制的图件粘贴在当前的工作层面上，即所有处于单个工作层面上的图件，如导线（Track）、填充区域（Fill）、弧线（Arc）以及单层焊盘（Single Layer Pad）等，都将被粘贴在当前的工作层面上，但是元器件的多层焊盘、过孔以及位于丝印层上的元器件编号、外形和注释等将保持不变。如果不选中此项，那么所有的图件，包括单个工作层上的图件在内，粘贴后的结果都将保持在原有的工作层面上。

【Keep net name】（保留网络标号的名称）：选中此项，所有具有电气网络属性的图件，如导线、焊盘、过孔、元器件的焊盘以及填充等，都将保持原有的网络标号名称，粘贴后与原来的电路之间会出现预拉线。如果不选中此项，则具有电气网络属性的图件在粘贴后，它们的电气网络名称将全部丢失，其网络属性变为“No Net”，即与原来的图件之间不再存在电气连接关系。选中该选项与不选中该选项的特殊粘贴的结果如图 5-149 所示。

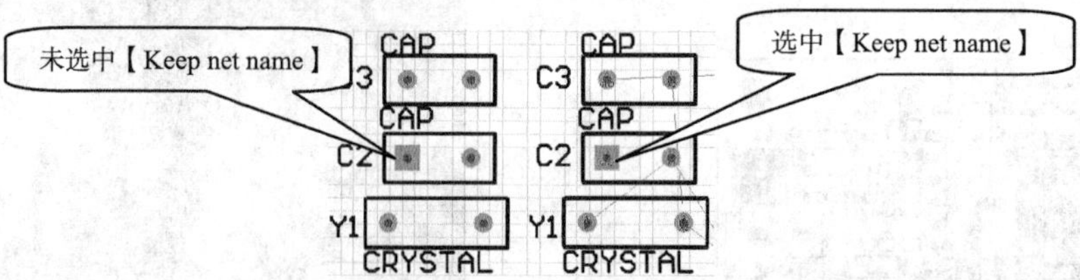

图 5-149　特殊粘贴【Keep net name】的结果

【Duplicate designator】（复制图件的序号）：选中此项，对复制的元器件进行特殊粘贴后，得到的元器件将保持原有的编号不变。如果不选中此项，则对多个元器件（1 个以上）进行粘贴（非阵列粘贴）时，得到的元器件编号将添上“_1”。如果又接着进行下一次粘贴，则编号将在原编号后添上“_2”，依此类推。选中该选项与不选中该选项的特殊粘贴的结果如图 5-150 所示。

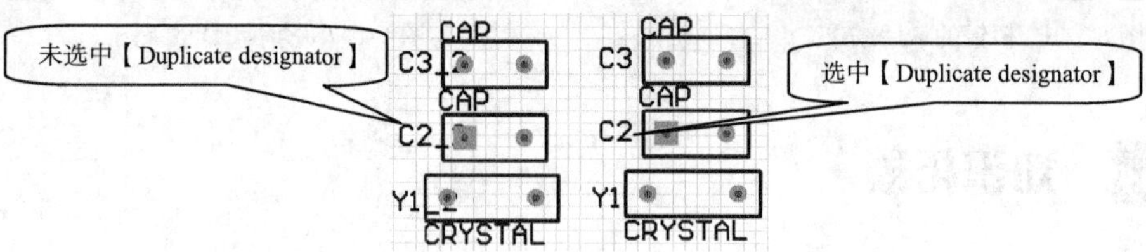

图 5-150　特殊粘贴【Duplicate designator】的结果

【Add to component class】（将粘贴的元器件添加到原来元器件所在的类中）：选中此项，并且对元器件进行了分类，则粘贴后的元器件将自动添加到电路板上被复制的元器件所属的元器件类中。如果不选中此项，则新粘贴的元器件不会添加到被复制元器件所属的元器件类中。

这里还有提请学生注意以下两点。

- 选中【Duplicate designator】后，【Add to component class】将灰度显示，系统默认选中该项。
- 当要粘贴的图件中含有元器件时，才可以对【Duplicate designator】和【Add to component class】进行设置。否则，这两项设置无效。

2．阵列粘贴

用户如果希望通过一次粘贴得到多个粘贴结果，则可以在图 5-148 所示的对话框中单击 Paste Array 按钮，打开【Setup Paste Array】（阵列粘贴设置）对话框，如图 5-151 所示。

在这个对话框中有 4 个选项区域，其功能说明如下。

- 【Placement Variables】（放置变量）选项区域

该选项区域中有两个选项需要设置。

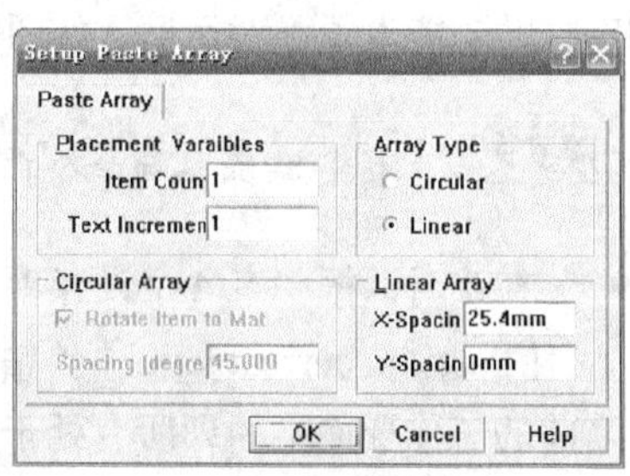

图 5-151 【阵列粘贴设置】对话框

【Item Count】（重复粘贴的次数）：用于输入阵列粘贴时重复粘贴图件的次数。

【Text Increment】（文本编号增加步距）：用于设置具有编号的图件（包括元器件和焊盘）在阵列粘贴时编号增加的步距。如果设置为“1”（默认值），那么在阵列粘贴单个元器件或焊盘时，将依据【Item Count】所设置的数目放置一系列的元器件或焊盘，它们的编号以“1”为步距依次递增，如 U1、U2、U3 等。如果要粘贴的图件（含有元器件或焊盘）是多个的话，【Text Increment】

的设置值将是无效的，阵列粘贴的编号将以“_1”“_2”“_3”递增。需要注意的是，如果电路板上某些元器件的编号为“_*”，则系统将把元器件编号相应的最大数字加“1”，作为新的编号数字，即“_*+1”。

> **要点提示** 如果在图 5-148 所示的【特殊粘贴设置】对话框中选中了【Duplicate designator】，那么将无法对【Text Increment】进行设置，即阵列粘贴得到的元器件或焊盘的编号与被复制的元器件或焊盘的编号是相同的。

- 【Array Type】（阵列类型）选项区域。

该选项区域用于设置阵列粘贴后元器件的排列方式是【Circular】（圆弧）方式还是【Linear】（直线）方式。只有选中某种排列类型后，才可以在相应的选项区域进行设置。

- 【Circular Array】（圆弧阵列）选项区域。

该选项区域用于设置采用圆弧方式排列的粘贴参数。

【Spacing(degrees)】（角度间隔）：用于输入阵列粘贴过程中每次放置图件之间的角度间隔。

【Rotate Item to Match】：选中该项则在放置图件时以所输入的旋转放置间隔度数作为图件自身进行旋转的度数。如果不选中该项，那么虽然图件在每次放置的时候都会间隔一定的角度，但自身的方向却保持不变。

圆弧方式阵列粘贴的参数设置，如图 5-152 所示。图 5-153 为圆弧方式阵列粘贴的结果。

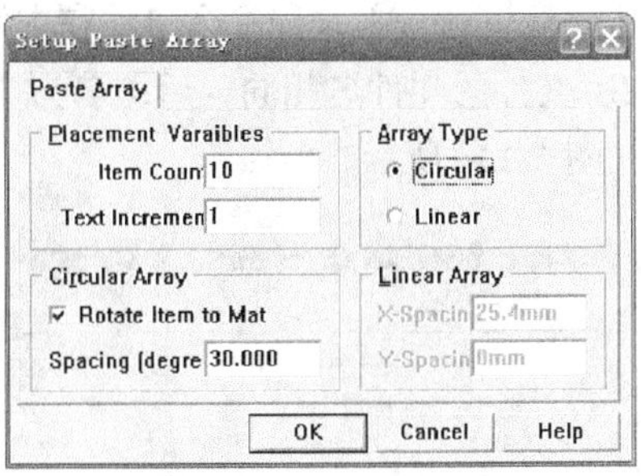

图 5-152　圆弧方式阵列粘贴的参数设置

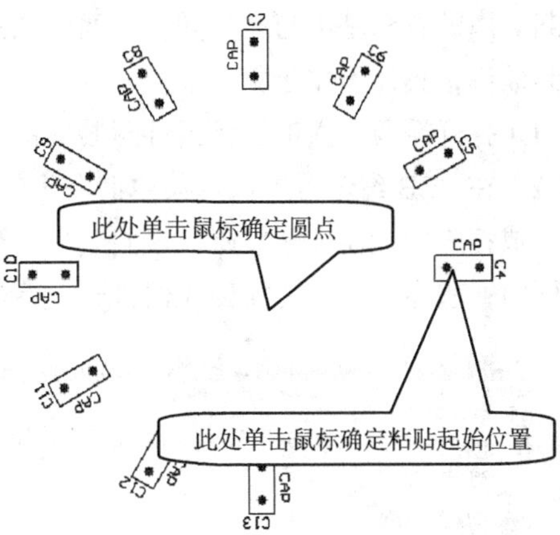

图 5-153　圆弧方式阵列粘贴的结果

- 【Linear Array】（直线阵列）选项区域。

该选项区域用于设置采用直线方式排列的粘贴参数。

【X-Spacing】：粘贴图件时 x 方向的间距。

【Y-Spacing】：粘贴图件时 y 方向的间距。

直线方式阵列粘贴的参数设置，如图 5-154 所示。图 5-155 所示为直线方式阵列粘贴的结果。

各项设置完毕后，单击 OK 按钮，退出【阵列粘贴设置】对话框，鼠标指针变为十字光标，这时根据阵列粘贴的方式可分为以下两种情况。

- 如果是以圆弧排列方式进行阵列粘贴，那么需要单击两次鼠标左键，第 1 次是选择圆弧排列的弧心，第 2 次是确定圆弧的半径。
- 如果是以直线排列方式进行阵列粘贴，那么只需单击一次鼠标左键，即选择放置的起始位置。

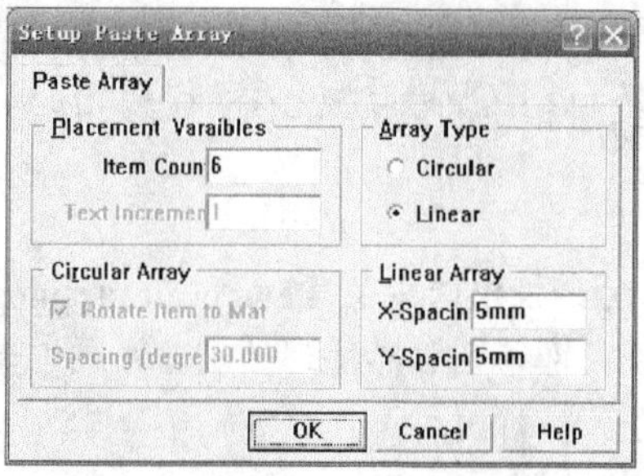

图 5-154　直线方式阵列粘贴的参数设置

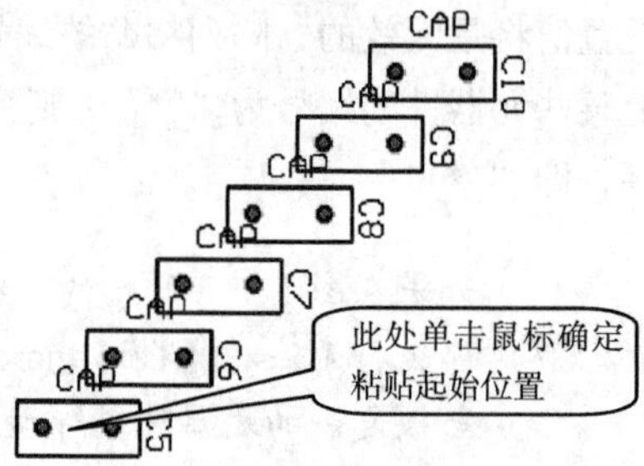

图 5-155　直线方式阵列粘贴的结果

5.5.2　建立项目元器件封装库

项目元器件封装库就是将某个项目用到的所有元器件封装存入到一个封装库中。项目元器件封装库是专为某个设计项目服务的，有了项目元器件封装库，即使不装入其他元器件封装库也可以找到所需的全部元器件封装。建立项目元器件封装库一方面可以丰富元器件库中元器件封装的种类，另一方面也可以加强元器件封装库的管理工作，便于同一个项目组之间设计图纸的交换和元器件封装的资源共享。

在介绍原理图设计系统时，用户已经掌握了建立原理图设计项目库的方法。建立 PCB 项目元器件封装库的方法基本与之相同。下面以 5.3 节所制作的双面板为例，建立该 PCB 文件的项目元器件封装库，具体操作步骤如下。

（1）打开需要建立项目元器件封装库的 PCB 文件。

（2）在 PCB 编辑器中执行菜单命令【Design】|【Make Library】，程序会自动在本设计数据库中生成相应的元器件封装库。该封装库文件名与 PCB 文件的文件名相同，后缀名为“.lib”。与此同时，程序会自动切换到元器件封装库编辑器，如图 5-156 所示。

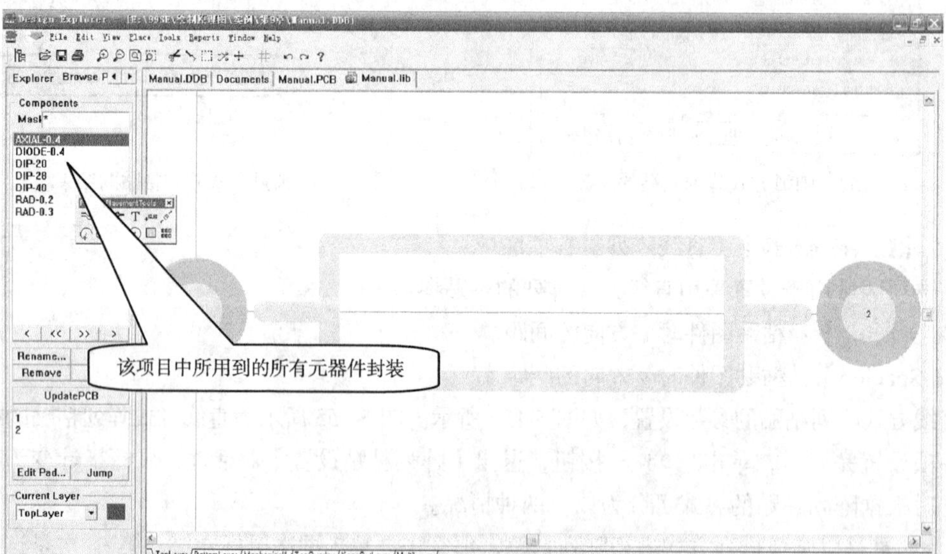

图 5-156　生成项目元器件封装库后的工作窗口

5.5.3　PCB 文件的导出

当完成了 PCB 的设计并进行了 DRC 确认正确无误后，就可以将设计文件交给生产厂商加工印制电路板了。通常情况下，无须也不允许（为了保密）将整个设计数据库文件交给生产厂商，而只需将从设计数据库文件中导出的 PCB 文件交给生产厂商。

下面介绍从数据库文件中将设计好的 PCB 文件导出的方法，具体操作步骤如下。

（1）打开需要导出 PCB 文件的设计数据库文件。

（2）在设计管理器（Design Manager）的浏览器（Explorer）窗口中找到并用鼠标右键单击需要导出的 PCB 文件，在弹出的快捷菜单中选取【Export…】命令，如图 5-157 所示。

（3）打开【Export Document】（导出文件）对话框，如图 5-158 所示。在该对话框中用户可以选择导出文件的保存路径、文件名和保存类型等，设置完毕后单击 保存(S) 按钮确认。

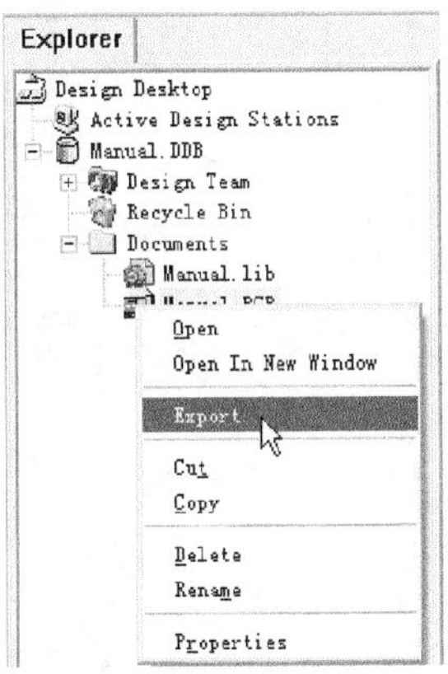

图 5-157　选取【Export】命令

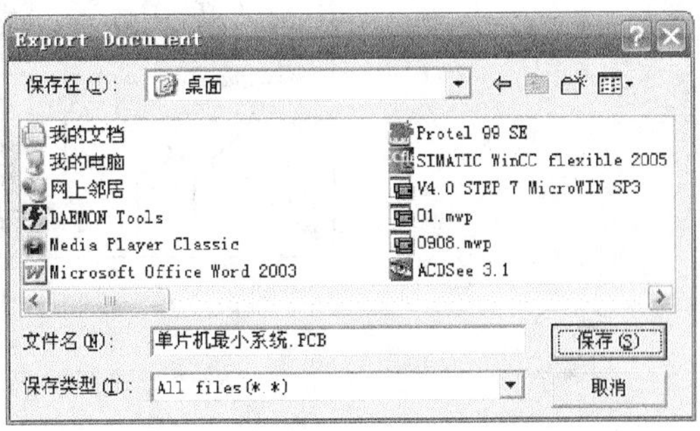

图 5-158　【导出文件】对话框

这样用户就可以在保存位置中找到刚刚导出的 PCB 文件了。

5.6　动手练习

5.6.1　高频引弧电路单面印制电路板

本节通过介绍高频引弧电路单面印制电路板的设计知识，希望用户掌握单面板设计的方法和步骤。

根据图 5-159 高频引弧电路的原理图，完成高频引弧电路的单面板设计。高频引弧电路的单面板设计的结果如图 5-160 所示。

主要操作步骤如图 5-161 所示。

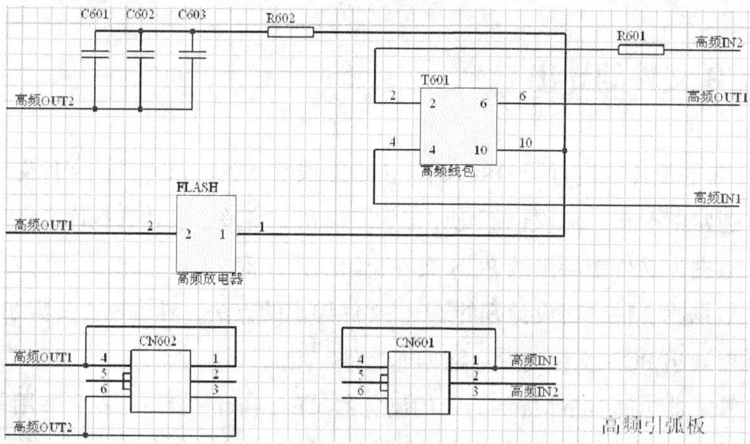

图 5-159　高频引弧电路原理图

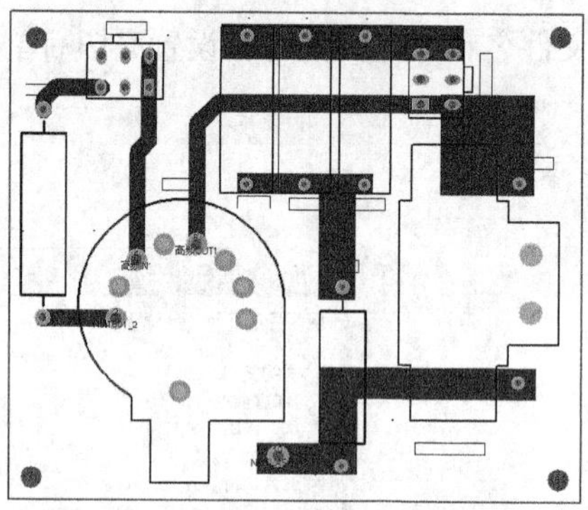

图 5-160　高频引弧电路的单面板

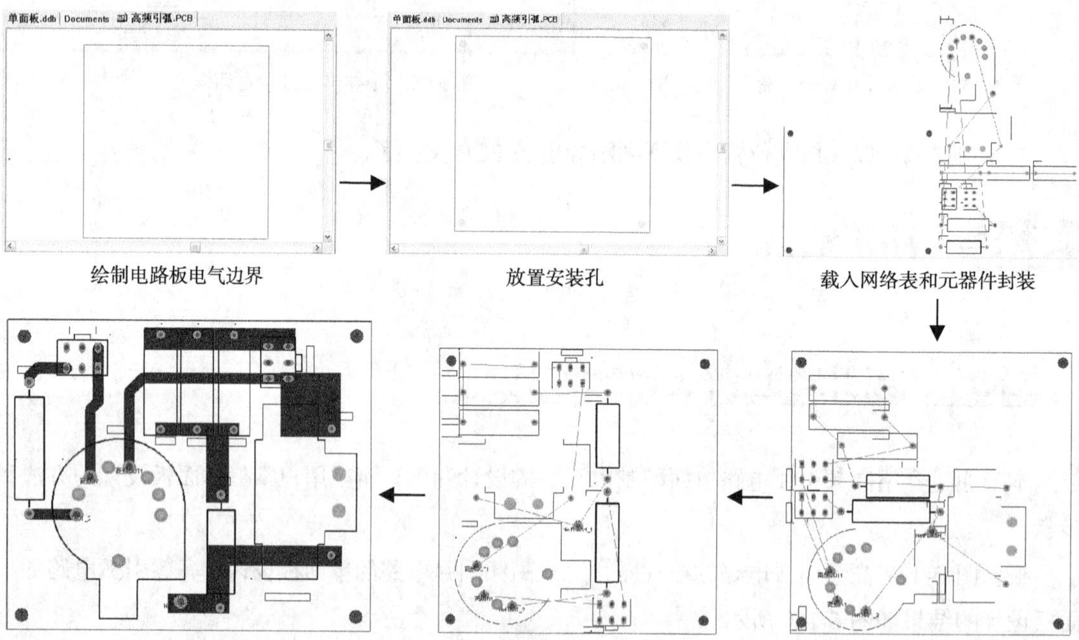

图 5-161　高频引弧电路单面印制电路板设计的主要操作步骤

5.6.2　单片机最小系统的双面印制电路板

本节通过介绍单片机最小系统的双面印制电路板的设计知识，希望用户掌握双面板设计的方法和步骤，理解覆铜和 DRC。

根据图 5-162 单片机最小系统的原理图，完成单片机最小系统的双面板设计。单片机最小系统的双面板设计的结果如图 5-163 所示。

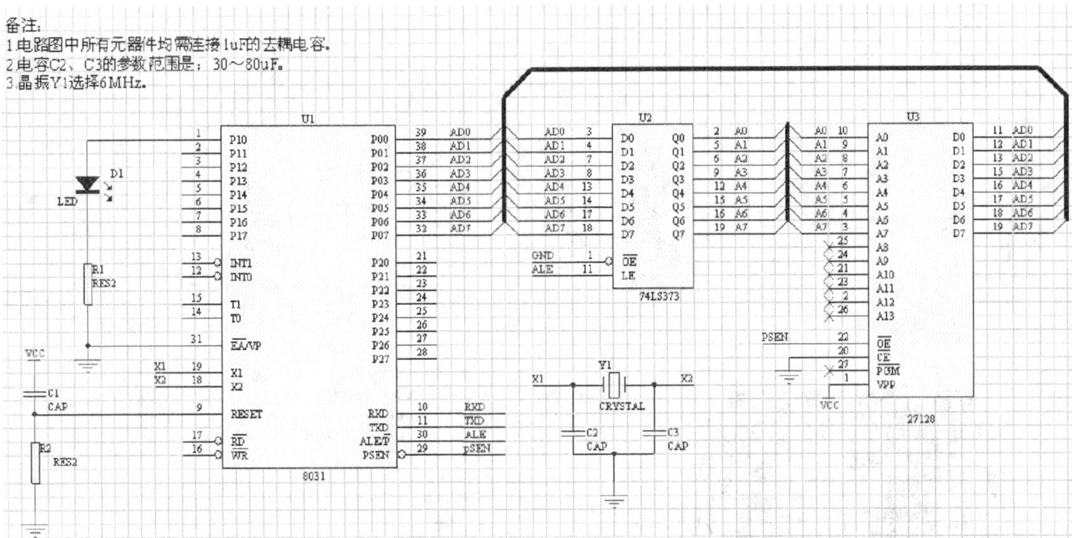

图 5-162　单片机最小系统的电路原理图

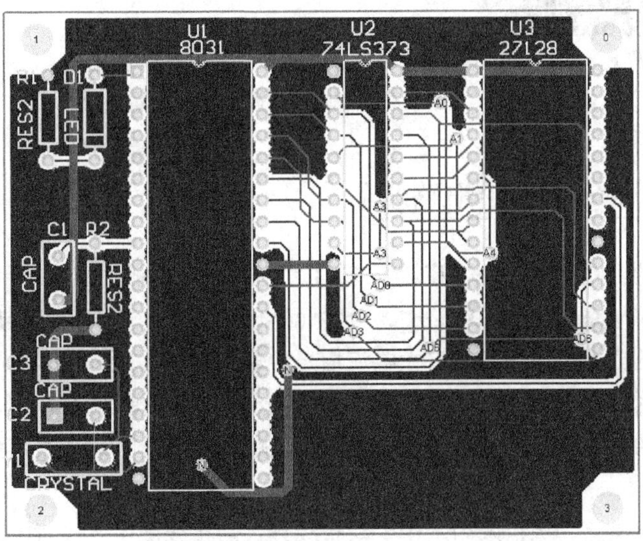

图 5-163　单片机最小系统的双面板

主要操作步骤如图 5-164 所示。

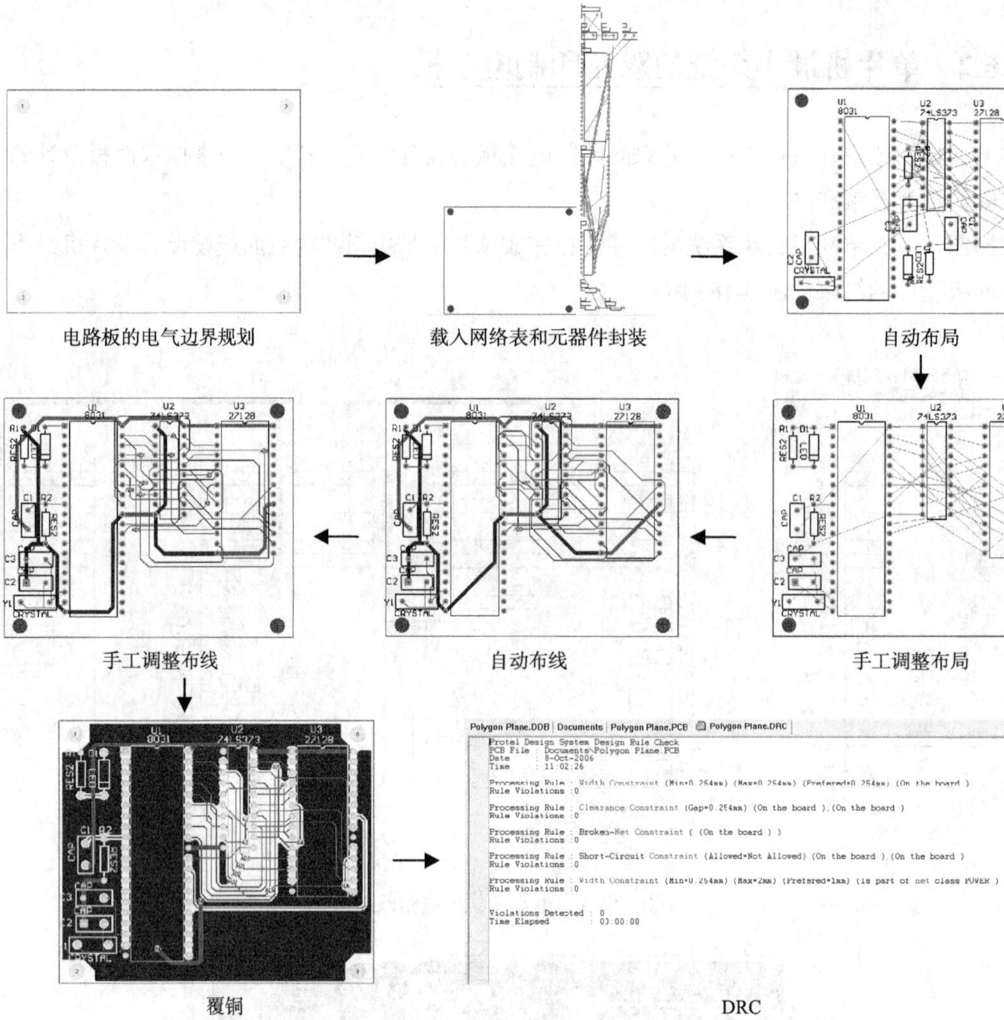

图 5-164　单片机最小系统的双面板设计的主要操作步骤

5.6.3　数模混合电路的电路板

对于一些复杂的电路，即使是采用交互式的布线方法，电路板的布线结果也不是很令人满意，尤其是带强电的模拟电路。在模拟电路中，分立元器件比较多，从而使元器件之间的连线比较复杂。另外，带强电的模拟电路中经常有大电流信号传输，较长的迂回较多的导线必然导致较大的线路压降，并且对附近的电路产生电磁干扰。采用 Protel 99 SE 提供的自动布线器进行自动布线，虽然能够保证 100%的布通率，但是有的导线的布线路径过于迂回，这对带强电的模拟电路十分不利。

下面以数模混合电路为例，采用基于手动布线方式的布线操作方法对电路板进行布线，并且为了更加合理地对电路板进行布局和布线，在布线过程中，采用一边进行元器件的布局，一边进行电路板的布线的方式来完成电路板的设计。边布局边布线的方法既可以根据布局来布线，又可以根据布线来调整元器件布局，这种方法非常适合于模拟电路、复杂电路和有特殊要求电路板的设计。数模混合电路的原理图如图 5-165 所示。数模混合电路的双面板如图 5-166 所示。

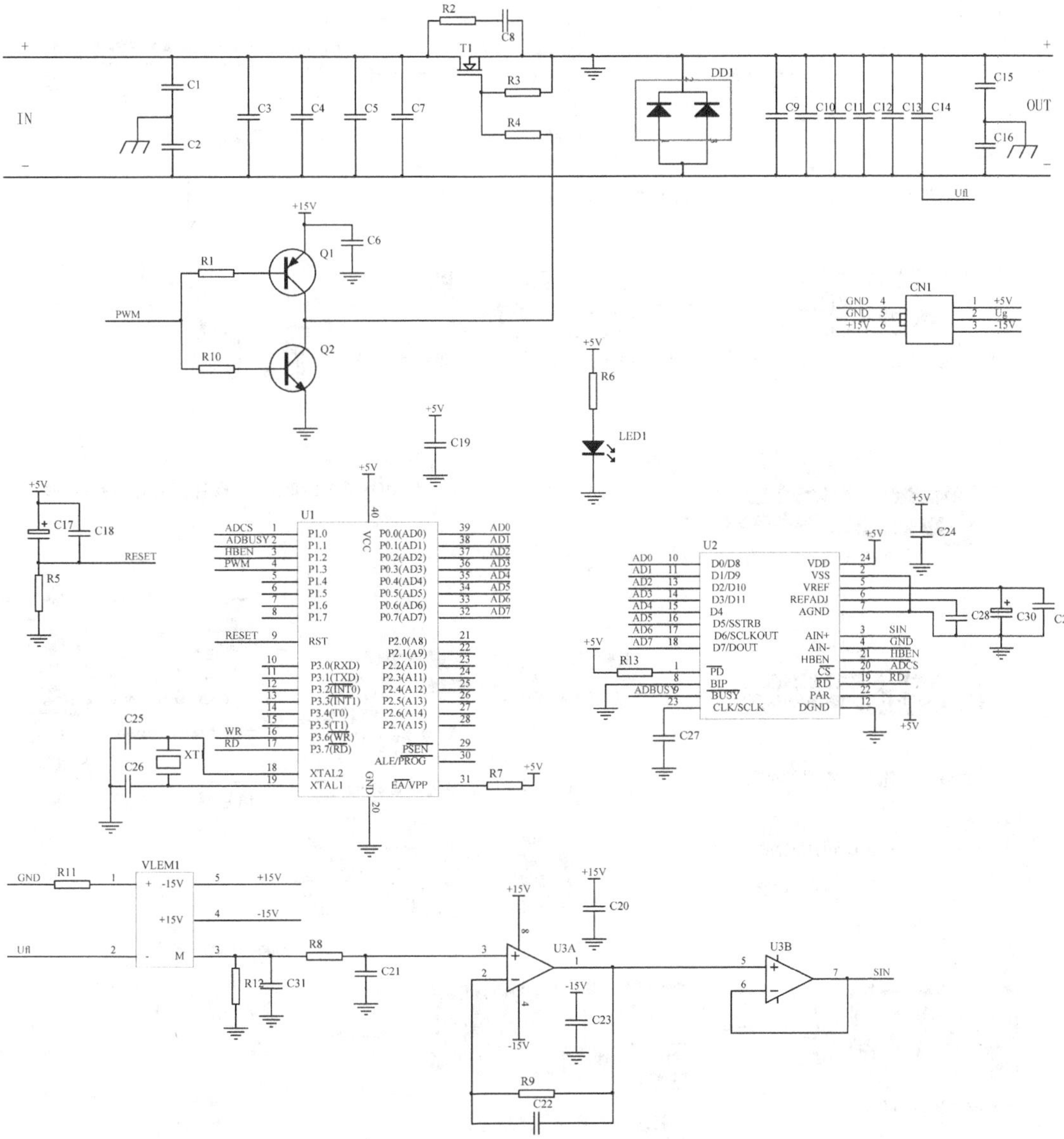

图 5-165 数模混合电路原理图

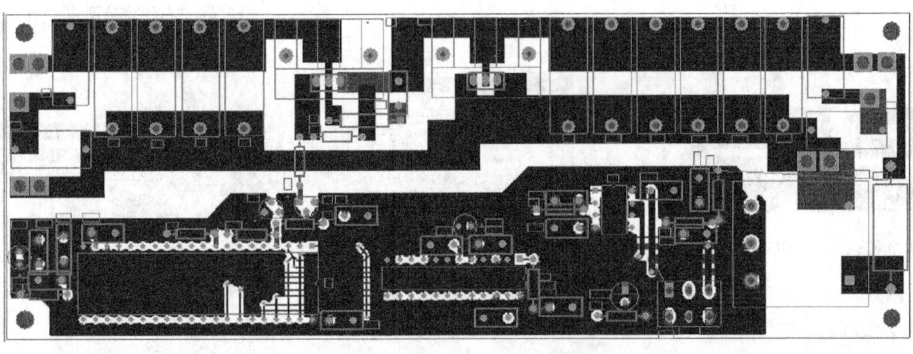

图 5-166 数模混合电路的双面板

主要操作步骤如图 5-167 所示。

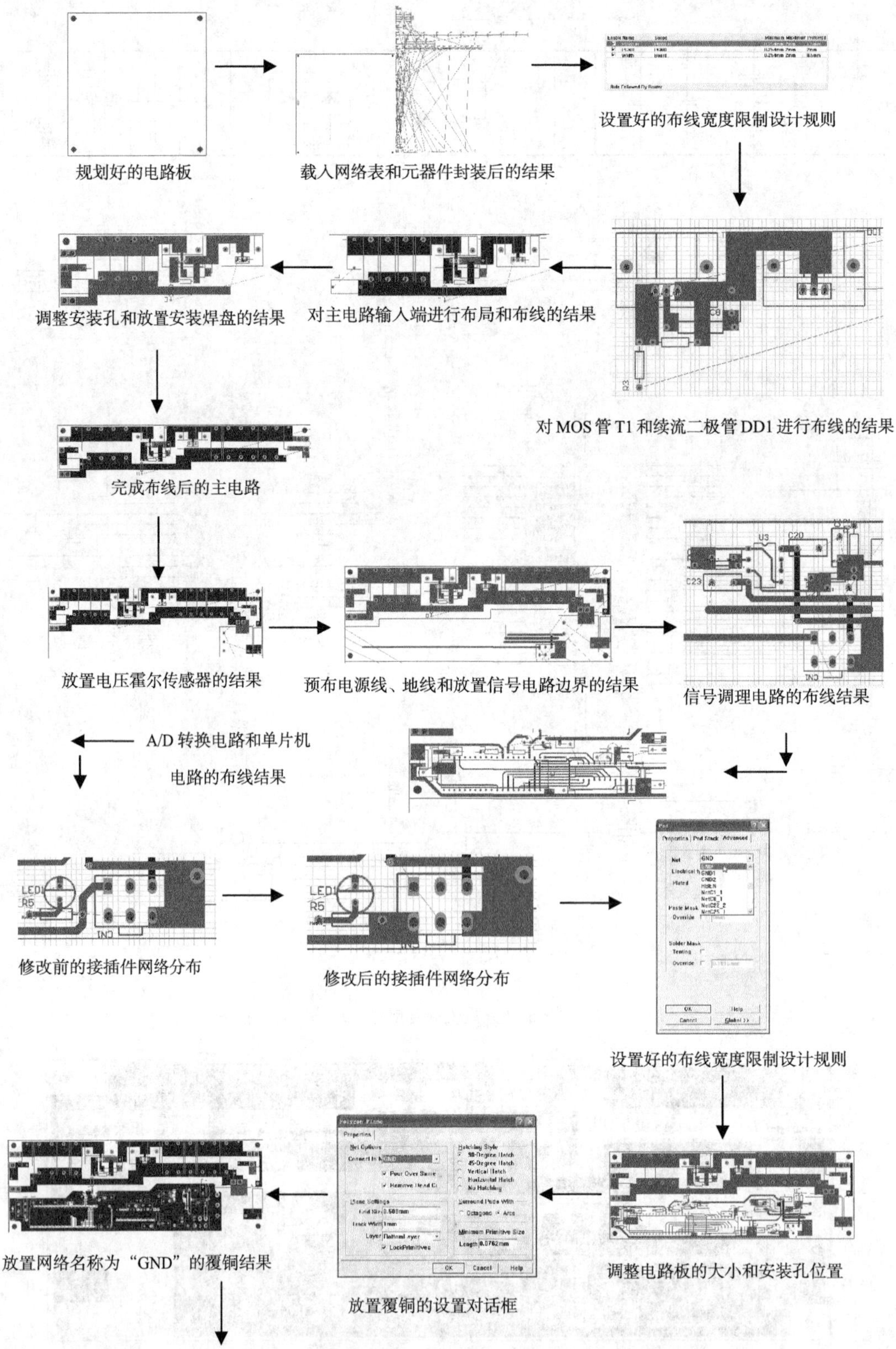

图 5-167　数模混合电路的双面板的主要操作步骤

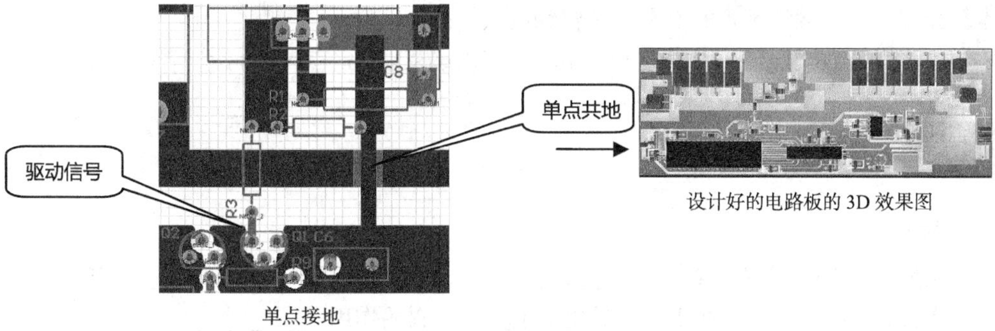

图 5-167　数模混合电路的双面板的主要操作步骤（续）

5.7 小结

本章首先介绍了有关印制电路板设计的一些基础知识，然后以制作简单的单面板和双面板为例，较为全面地介绍了单面板和双面板的设计过程和方法。

- 印制电路板（PCB）设计流程：主要介绍了设计印制电路板的基本步骤。印制电路板的设计流程通常可分为以下步骤，启动 PCB 编辑器、规划电路板、设置工作环境参数、载入网络表及元器件的封装、元器件布局、电路板布线、设计规则校验（DRC）以及印制电路板文件的保存及打印输出。
- PCB 编辑器环境参数设置：在进行印制电路板设计之前要根据需要对设计系统的环境参数进行设置，包括元器件的布置参数、板层参数和布线参数等。这些参数的设置通常在文档选项对话框和系统参数对话框中完成。
- 准备电路图与网络表：在进行印制电路板设计之前，要准备好相应的电路原理图和网络表，为后续工作打下一个良好的基础。
- 电路板的规划：规划电路板就是根据电路的规模以及电路板的尺寸要求，确定所要制作电路板的物理外形尺寸、电气边界以及放置安装孔。
- 载入网络表与元器件封装：规划好电路板后，接着就要载入网络表和元器件封装。本节主要介绍了装入元器件封装库和装入网络表与元器件封装的两种方法，即利用网络表文件装入网络表与元器件封装和利用同步器（Synchronizer）装入网络表与元器件封装。
- 元器件布局：元器件布局的好坏将直接影响到布线工作的进行。本章主要介绍了程序自动布局以及调整元器件布局的方法。
- 布线设计规则的设置：在元器件布局完成之后，就需要设置布线设计规则，它是进行电路板布线前必须要做的一项工作。在电路板布线过程中用户要严格按照布线规则进行布线。布线设计规则的设置是否合理，将直接影响到后面布线工作的质量和成功率。
- 电路板的自动布线：介绍了自动布线策略的设置、自动布线的操作步骤以及自动布线手动调整的方法等。
- 电路板的手动布线：电路板的手动布线是指整个电路板都采用手工的布线方法进行布线。通过实例介绍了电路板的手动布线的原则和方法。
- 覆铜：电路板布线完成之后，需要对放置的地线网络进行覆铜，以增强 PCB 的抗干扰能力。本章介绍了覆铜设计规则的设置以及覆铜的具体操作步骤。

- DRC：布线完毕后的电路板进行DRC，可以确保PCB完全符合设计者的要求。

5.8 习题

1．填空题

（1）构成PCB图的基本元素有________、________、________、________、________和________。

（2）【Find Selection】（查找选取对象）工具栏，它的作用是________。

（3）对窗口画面的移动可以通过两种方法，即________和________。

（4）________主要用于显示元器件封装的轮廓和元器件封装文字；禁止布线层用于在电路板规划中设置________。

（5）光标捕捉【Snap X】表示________；元器件捕捉【Component X】表示________；电气栅格捕捉【Range】表示________。

（6）利用________可以分析元器件布局的实物效果。在________上可以看到PCB电路板的实际效果及全貌。

（7）在元器件布局完成之后，可以利用系统提供的________工具对电路板的布局进行分析，并根据________结果，对电路板的元器件布局进行优化。

（8）PCB编辑器中有两个布局器可供选择，在布局元器件数较少时可用________布局器，而布局元器件数较多时最好用________布局器。

（9）手工布线就是用手工连接电路导线。在布线过程中可以切换导线模式、切换导线方向、设置指针移动的最小间隔。对导线还可以进行剪切、复制与粘贴、________及属性修改等操作。手工布线的缺点是________。

（10）自动布线就是用计算机自动连接电路导线。自动布线前按照某些要求预置________规则，设置完布线规则后，程序将依据这些规则进行自动布线。自动布线________，速度快。

2．选择题

（1）一般来说，PCB上的导线都放置在（　　）。

A．【Signal Layers】　B．【Mechanical Layers】　C．【Masks】

（2）PCB设计界面的状态栏有左、中、右3部分，它们分别用于显示当前工作区中的不同内容，并且会随着光标位置的变化而变化，那么中间部分显示的是（　　）。

A．当前光标所在的坐标

B．当前光标所指的对象名称、对象所在的坐标、对象所在的层

C．对象所在的网络以及其他一些信息

（3）画面的放大和缩小还可以通过键盘快捷键的方法来实现，按（　　）键一次可以将画面放大一次，按（　　）键一次可以将画面缩小一次。

A．PgUp　　B．PgDn　　C．Home

（4）【Cursor Type】的下拉列表框用于设置光标显示的类型，其中大十字光标是（　　）。

A．【Large 90】　　B．【Small 90】　　C．【Small 45】

（5）在PCB编辑器中，重新绘制图层的顺序为（　　）。

A．根据图层绘制顺序对话框的设置而定

B．从顶层到底层的顺序

C．从底层到顶层的顺序

（6）PCB 布局是指（　　）。

A．连线排列　　　　B．元器件的排列　　　C．元器件与连线排列

（7）安全间距限制设计规则的选项是（　　）。

A．【Clearance Constraint】　　　B．【Routing Corners】　　　C．【Routing Layers】

（8）使用 PCB 编辑器中【Design】菜单中的（　　）命令可以完成 PCB 网络表的导入操作。

A．【Load Nets】　　B．【Update Schematic】　　C．【Update PCB】

（9）执行（　　）命令，可完成自动布线工作。

A．【Auto Route】|【All】

B．【Auto Route】|【Net】

C．【Auto Routing】|【Connection】

（10）执行（　　）命令，可拆除已布导线操作。

A．【Tools】|【Un-Route】|【All】

B．【Tools】|【Un-Route】|【Net】

C．【Tools】|【Un-Route】|【Connection】

（11）画印制电路板图时，放置覆铜线命令有以下几种途径？（　　）

A．菜单命令：【Place】|【Track】

B．使用快捷键：Alt+P，S

C．单击工具栏上的 PlaceTrack 按钮

3．单面板、双面板和多层板各有什么特点。

4．在 Protel 99 SE 中，PCB 设计的基本流程是什么？

5．规划电路板要进行哪些工作？请说明电气边界的作用是什么。

6．如何设置环境参数？环境参数设置有什么作用？

7．利用系统的生成向导创建一个空白的 PCB 设计文件？

8．熟悉 PCB 编辑器管理窗口的主要操作功能。

9．网络表与元器件封装的载入有哪些方法？在网络表与元器件封装的载入过程中有什么注意事项？

10．自动布局参数如何设置？

11．常用的布线设计规则包括哪几项？

12．电路板布线的一般原则是什么？

13．覆铜对电路板有什么好处？

14．进行 DRC 的好处是什么？

第6章 元器件封装

元器件是构成电路的关键要素，通常实际元器件安装在印制电路板上，元器件以封装的形式反映在印制电路板上，因此封装对于印制电路板的设计来说至关重要。Protel 99 SE 提供了丰富的元器件封装，用户可以根据实际需要进行恰当的选择。随着现代电子技术的发展，电子元器件的封装技术和封装形式也不断涌现，如果遇到系统自带的元器件封装库中没有提供的封装形式，系统还提供了用户自己创建封装形式的功能，这为印制电路板设计和制作提供了更大的灵活性。本章通过利用向导创建继电器封装和手工创建 IGBT 模块封装两个实例介绍元器件封装的方法和步骤。利用向导创建的继电器封装如图 6-1 所示，手工创建 IGBT 的模块封装如图 6-2 所示。

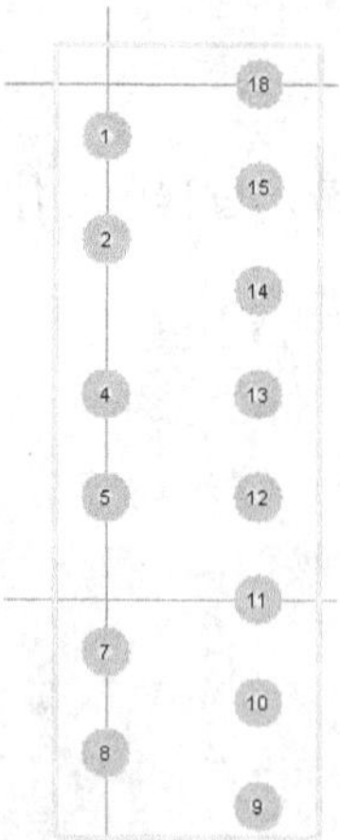

图 6-1　继电器封装

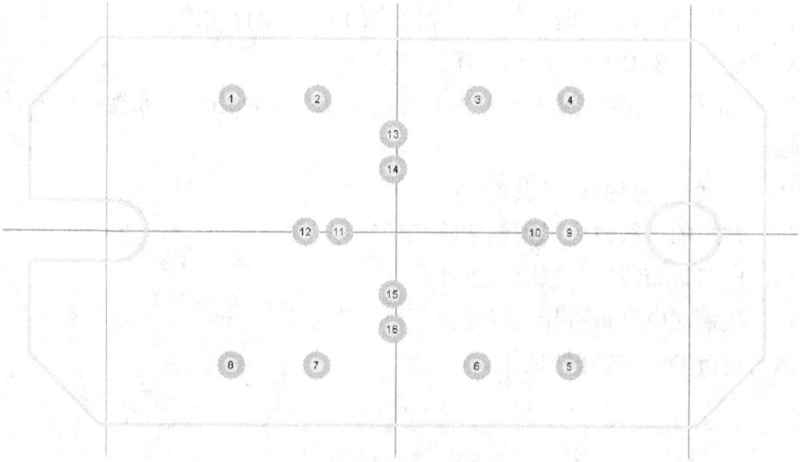

图 6-2　IGBT 模块封装

6.1 常用元器件封装

6.1.1 元器件封装概述

元器件封装是严格按照实际元器件外形尺寸、引脚空间分布绘制而成的，是元器件在几何空间中的物理模型。不同的元器件只要外形尺寸和引脚空间分布相同就可以共用同一个元器件封装。电气功能完全相同的元器件可能具有不同的元器件封装。

元器件封装通常都是按照元器件焊接面朝下，俯视时的尺寸和引脚分布来绘制的。如图 6-3 所示，元器件的封装主要包括轮廓和焊盘两部分，为了在印制电路板上对元器件进行说明和区分，元器件封装还常常附带说明性符号或文字，轮廓和附加信息绘制在【Top Overlay】层。

根据焊盘的形式不同可将元器件封装分为插装式和表面贴片式。插装式的元器件焊接在电路板上时，元器件引脚将通过焊盘中心孔直插到电路板背面，如图 6-4（a）所示。表面贴片式的元器件焊接在电路板上时，引脚是贴附在电路板表面的，如图 6-4（b）所示。

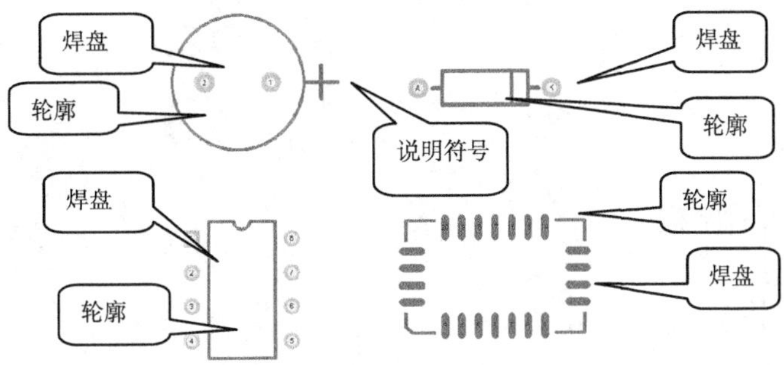

图 6-3　封装结构示意

（a）　　　　（b）

图 6-4　元器件封装形式

Protel 99 SE 提供了包含大量元器件封装的元器件封装库，通常存放在“...\Design Explorer 99 SE\Library\Pcb”（根据安装目录不同会有所不同）文件夹下。

6.1.2 常用元器件封装示例

电阻、电容、电感、二极管、变压器、接插件和集成电路等是用户在进行电子设计中最常用到的元器件。下面介绍这些元器件的封装知识。

1．电阻

在原理图库中电阻的原理图符号有“RES1”“RES2”“RES3”和“RES4”4 种形式，根据习惯用户可以选用其中的任何一种符号在电路原理图中表示电阻，而不考虑电阻的阻值及功率。

对电路板而言，用户最需要考虑的是电阻的功率。为了加大散热效果，功率大的电阻一般外形都大，用户在绘制电路板时应该根据安装功率的不同为这些电阻选用相应大小的封装。

插装式电阻常用的功率有“1/8W”、“1/4W”、“1/2W”和“1W”等，这些功率不同的电阻可以根据所购买的电阻外形大小选用“AXIAL0.3”、“AXIAL0.4”“AXIAL0.5”、“AXIAL0.6”、“AXIAL0.7”、“AXIAL0.8”、“AXIAL0.9”和“AXIAL1.0”的封装，通常 1/4W 的电阻使用“AXIAL0.4”封装。这些封装可以在 Protel 99 SE 自带的 PCB 封装库“Advpcb.ddb”的“PCB Footprints.lib”中找到。封装名称中的数字表明封装的大小，数字的单位是“kmil”。例如，“AXIAL0.4”封装，就是指电阻两焊盘中心的距离是“400mil”的封装。图 6-5 所示为不同功率的插装式电阻的封装。

表面贴装式电阻的封装大小也与功率相关，而跟阻值大小无关。1/16W 的贴片式电阻可以选用“0402”封装，1/10W 的可以选用“0603”封装，1/8W 的可以选用“0805”封装，1/4W 的可以选用“1206”封装，更大功率的贴片电阻可以选用“1210”、“1812”和“2225”等封装形式，不同功率的贴片电阻的封装如图 6-6 所示，这些封装可以在 Protel 99 SE 自带的 PCB 封装库“Advpcb.ddb”中的“PCB Footprints.lib”找到。

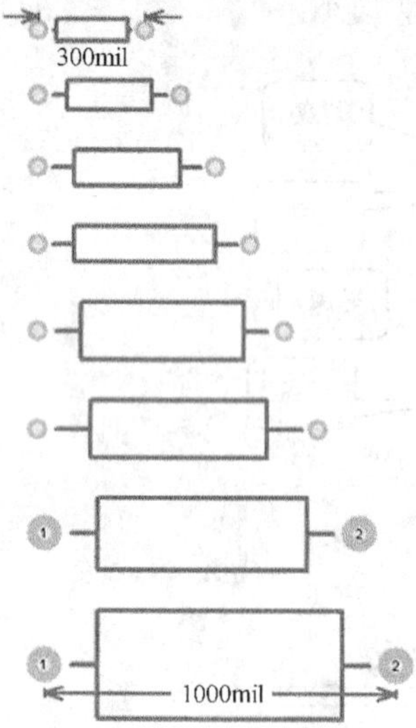

图 6-5　插装式电阻的封装

图 6-6　贴片式电阻的封装

贴片式封装的名称由 4 位数字组成，前两位代表贴片电阻的长度，后两位代表封装的宽度，单位为“10 mil”。例如，封装“1206”，适合于长度为“120mil”、宽度为“60mil”的贴片电阻。

2．电位器

在绘制电路原理图时，常用的电位器是“POT1”和“POT2”；在绘制印制电路板时，常用的封装形式是“VR”系列，如“VR1”、“VR2”、“VR3”、“VR4”和“VR5”等，如图 6-7 所示。

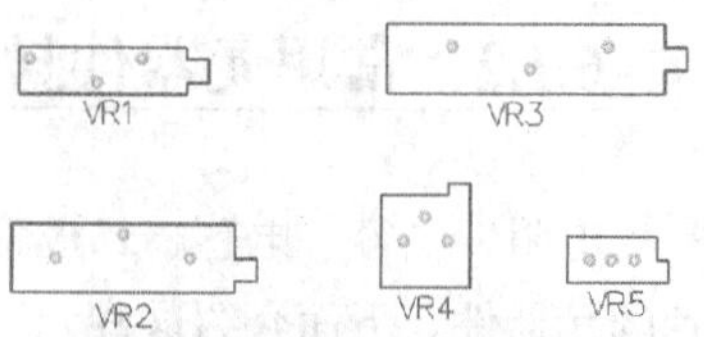

图 6-7　电位器常用的封装

3．电容

在实际使用中，电容通常分为“无极性电容”和“极性电容”。无极性电容通常选用的电路原理图符号名称是“CAP”，极性电容通常选用的电路原理图符号名称是“ELECTRO1”、“ELECTRO2”。在绘制电路原理图时，和选用电阻类似，用户可以不考虑电容的容值和耐压值而选用任何一种电容的原理图符号。但是在绘制电路板时，用户必须考虑实际使用电容的电容值、耐压值及电容类别等因素，因为这些因素直接决定电容的外形、尺寸等几何参数。通常同种类型、相同耐压的电容，容值越大外形越大；而同种类型、相同容值的电容，耐压越高外形就越大，在实际设计中用户应对这些因素进行详细的考虑。

无极性电容的封装通常选用“RAD”系列，根据电容尺寸大小有“RAD0.1”、“RAD0.2”、“RAD0.3”和“RAD0.4”4 种可供选择，这些封装在 Protel 99 SE 自带 PCB 封装库“Advpcb.ddb”的“PCB Footprints.lib”中。和电阻类似，无极性电容封装名称中的数字也代表封装中焊盘的中心距，单位为“Kmil”，如“RAD 0.4”是指电容封装的两焊盘中心距离为“400mil”。无极性电容的常用封装如图 6-8 所示。

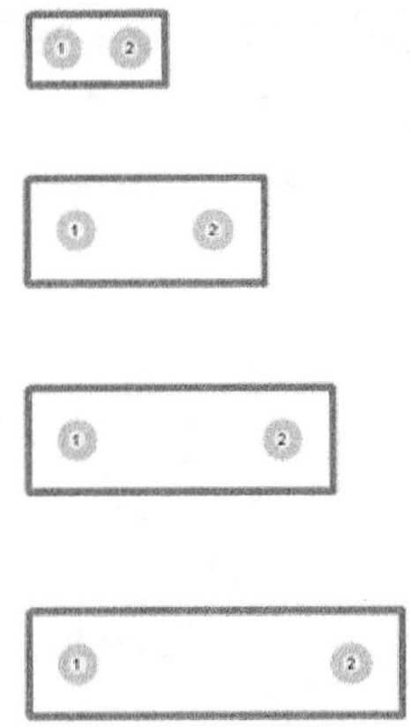

图 6-8　无极性电容的封装

最为常用的极性电容是电解电容，电解电容的封装通常选用“RB”系列，根据电容尺寸有“RB.2/.4”、“RB.3/.6”、“RB.4/.8”和“RB.5/1.0”等，如图 6-9 所示。这些封装在 Protel 99 SE 自带 PCB 封装库“Advpcb.ddb”的“PCB Footprints.lib”中。

封装名称中的数字前两位代表焊盘中心距，后两位代表轮廓圆的直径。图 6-10 所示为“RB.5/1.0”封装的尺寸，焊盘中心距为“0.5Kmil”，即“500mil”；轮廓圆的直径为“1Kmil”，即“1000mil”。

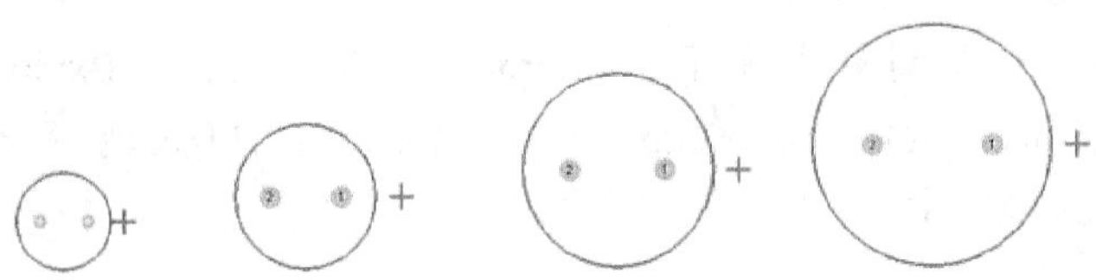

图 6-9　极性电容的封装

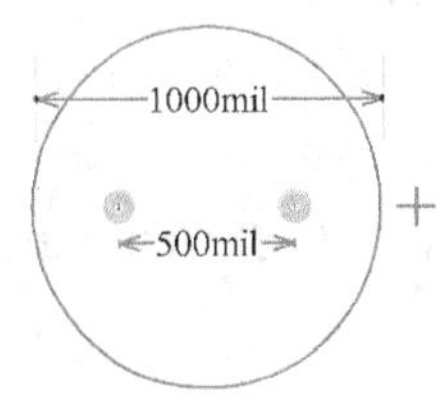

图 6-10　电容尺寸示意图

4. 二极管

二极管种类比较多，包含普通二极管、肖特基二极管和稳压二极管等，原理图符号名称有“DIODE”、“DIODE SHOTTKY”、“DIODE TUNNEL”、“ZENER1”、“ZENER2”和“ZENER3”等。图 6-11 所示是显示了隐藏的引脚编号及名称后的二极管原理图符号。在绘制印制电路板时，通常选用“DIODE”系列封装，根据二极管功率的大小，有“DIODE0.4”和“DIODE0.7”两种封装形式可供选择，如图 6-12 所示。这些封装在 Protel 99 SE 自带 PCB 封装库“Advpcb.ddb”的“PCB Footprints.lib”中。

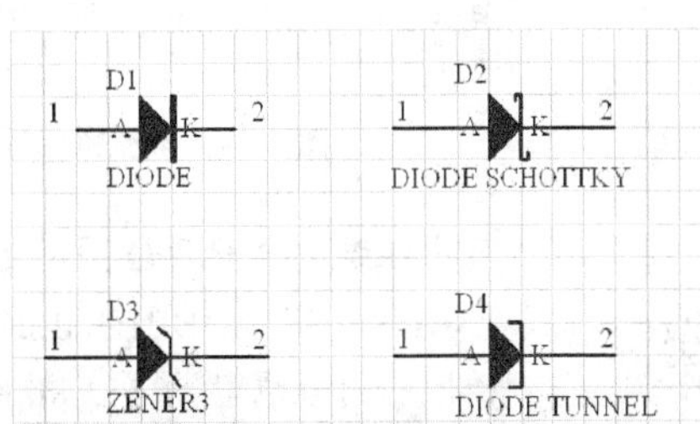

图 6-11　二极管原理图符号

对比图 6-11 和图 6-12，用户会发现 Protel 99 SE 提供的二极管原理图符号中引脚名称“1”和

“2”分别代表二极管的“阳极”和“阴极”，而二极管封装中的“阳极”和“阴极”对应的焊盘名称却是“A”和“K”，这样的对应关系将导致在导入网络表时产生找不到封装引脚的错误，因此用户必须对以上的错误对应关系进行修改，即对原理图符号中引脚的【Number】属性进行修改，如图 6-13 所示。

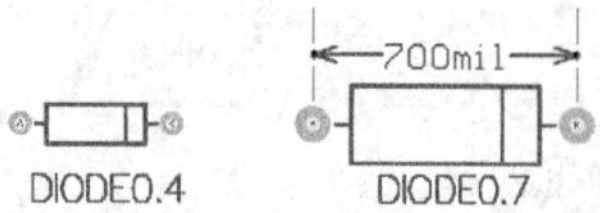

图 6-12　二极管常用封装

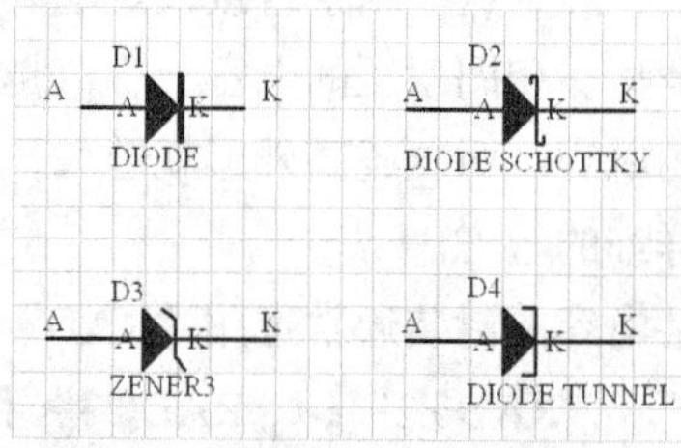

图 6-13　修改后的二极管原理图符号

> 用户也可以不修改原理图符号，而只对二极管封装的焊盘属性进行修改，将“阳极”和“阴极”焊盘的【Designator】修改为“1”和“2”，这样可以减小工作量，具体的修改方法将在以后的内容中进行详细说明。

5．整流桥

在原理图符号库中，常用的整流桥符号名称为“BRIDGE1”和“BRIDGE2”，如图 6-14 所示的“D1”和“D2”，这两个符号存在于 Protel 99 SE 自带原理图符号库“Miscellaneous Devices.ddb”的“Miscellaneous Devices.lib”中。另外还有一系列常用整流桥的原理图符号存在于“C:\Program Files\Design Explorer 99 SE\Library\Sch”文件夹“International Rectifiers.ddb”设计库的“International Rectifie Diode Bridge.lib”中，如图 6-14 所示的“D3”。

整流桥常用的封装形式为“D”系列，有“D-70”“D-71”“D-38”“D-44”和“D-46”等形式可供选择，如图 6-15 所示。这些封装存在于“C:\Program Files\Design Explorer 99 SE\Library\Pcb\Generic Footprints\International Rectifiers.ddb”库（该路径会因用户安装路径不同而有所不同）的“International Rectifiers.lib”中。

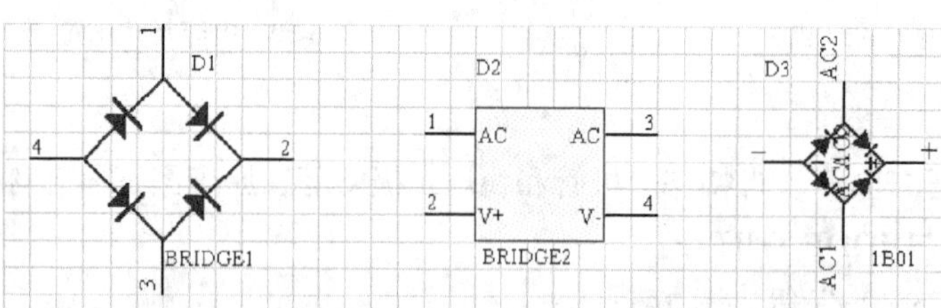

图 6-14　整流桥的原理图符号

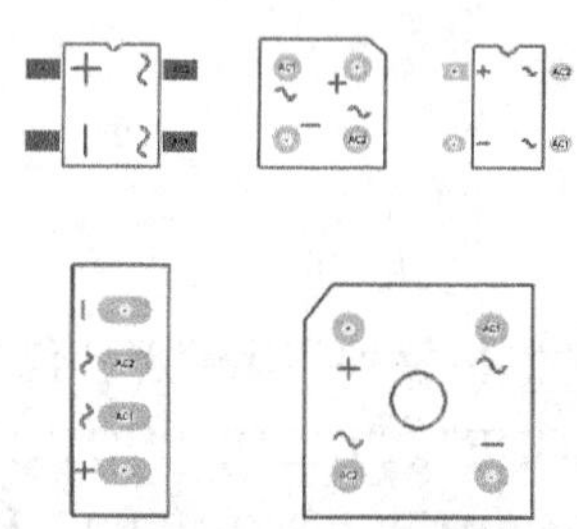

图 6-15　常用整流桥的封装

> 用户在绘制电路原理图的过程中，选用“Miscellaneous Devices.lib”中的整流桥符号“BRIDGE1”和“BRIDGE2”时，一定要注意更改引脚的【Number】属性，使【Number】属性和封装焊盘的【Designator】属性相对应，否则在绘制电路板的过程中导入网络表时会发生错误。

6．三极管

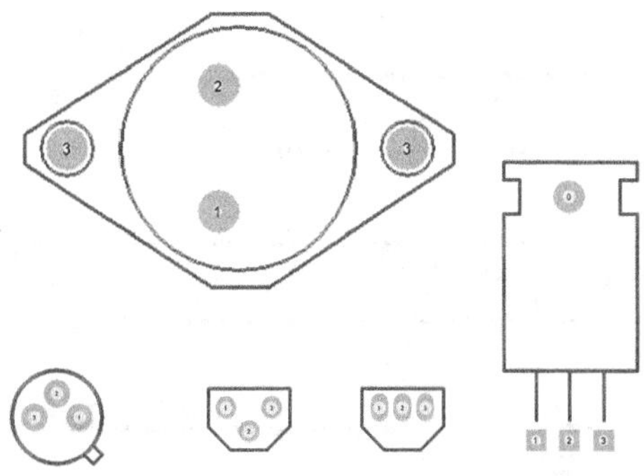

图 6-16　三极管常用封装

三极管的常用原理图符号有“NPN”“NPN1”“PNP”和“PNP1”等，常用的封装有“TO18”“TO92A”“TO92B”和“TO220”等，如图 6-16 所示。这些封装存放在 Protel 99 SE 自带的 PCB 封装库“Advpcb.ddb”的“PCB Footprints.lib”中。

三极管的封装形式与尺寸和其功率相关，通常功率越大外形越大。用户在选择三极管的封装时，应特别注意原理图符号中的引脚编号和 PCB 封装中的焊盘【Designator】属性的对应关系。

7．接插件

接插件种类繁多，主要有串并口类、单排插针类和压线连接类等。

（1）串并口类。如图 6-17 所示，这类接插件存放在“C:\Program Files\Design Explorer 99 SE\Library\Pcb\ Connectors”文件夹的“D Type Connectors.ddb”中。

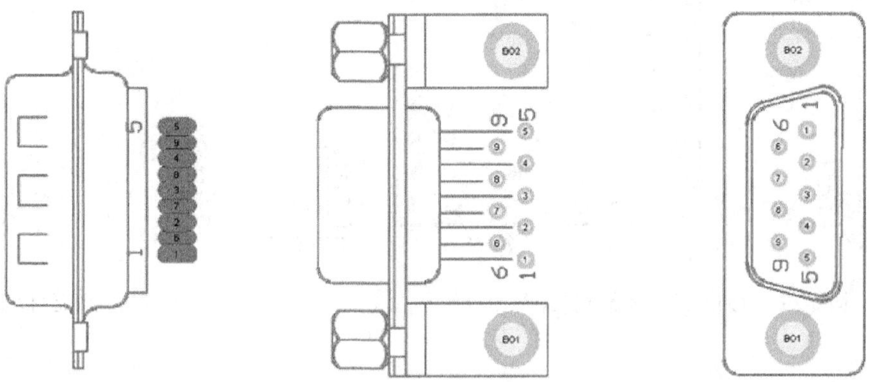

图 6-17　串并口类封装示例

（2）单排插针类。单排插针类通常用于跳线或其他诸如薄膜键盘之类的场合，这类接插件存放在 Protel 99 SE 自带 PCB 封装库“Advpcb.ddb”的“PCB Footprints.lib”中。单排插针类接插件的封装是“SIP”系列，名称为“SP2”“SIP3”“SIP4”“SIP16”“SIP20”。如图 6-18 所示。

（3）压线连接类。压线连接类接插件通常用于较大电流的连线，如图 6-19 所示。该类连接件存放于“C:\Program Files\Design Explorer 99 SE\Library\Pcb\Connectors”文件夹的“5.08mm 1 Row Connectors.ddb”封装库中。

8．集成电路

集成电路的种类繁多，封装形式更是无数，主要有直插式和贴片式两种。该类元器件常用封装存放在 Protel 99 SE 自带 PCB 封装库“Advpcb.ddb”的“PCB Footprints.lib”中。常用直插式封装包含双列直插“DIP”系列和引脚栅格阵列“PGA”系列等，如图 6-20 所示。常用贴片式封装包含“PLCC”“QUAD”“SOJ”“BGA”“SPGA”等系列，其中“QUAD”又包含“QFP”“TQFP”和“SQFP”等子系列，如图 6-21 所示。

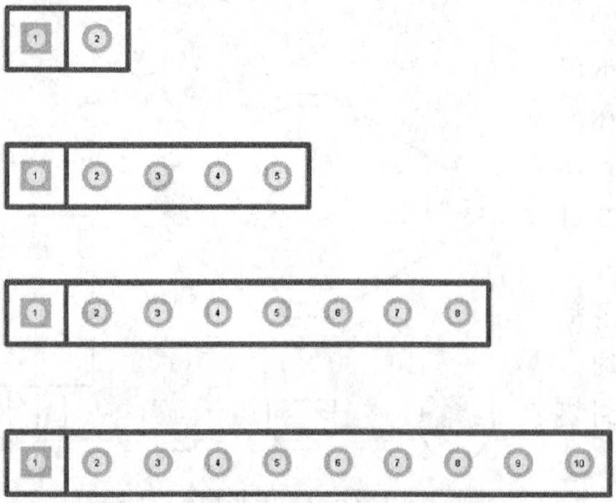

图 6-18　单排插针类封装示例

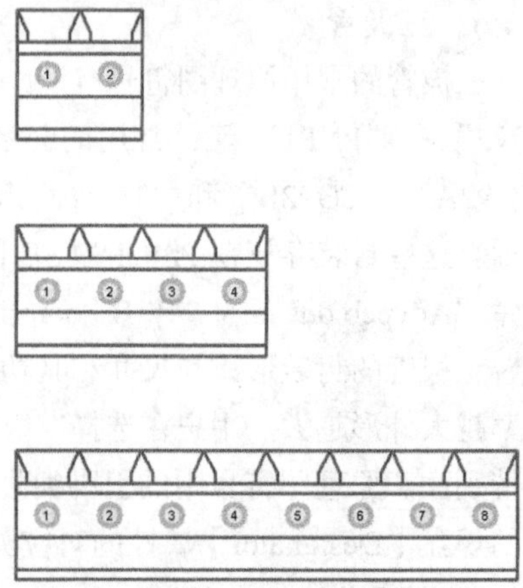

图 6-19　压线连接类

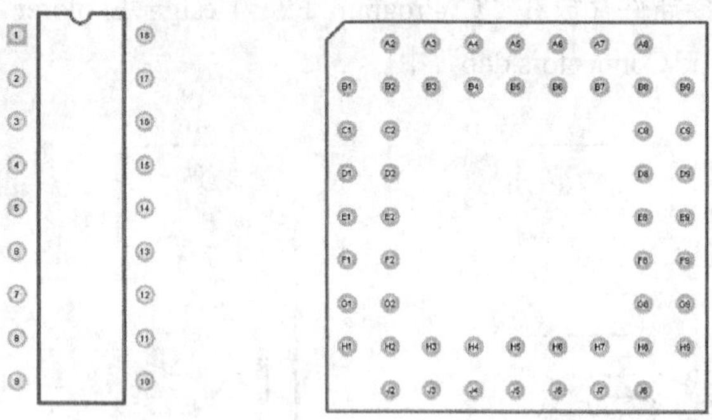

“DIP18”　　“PGA52X9”

图 6-20　直插式集成电路封装示例

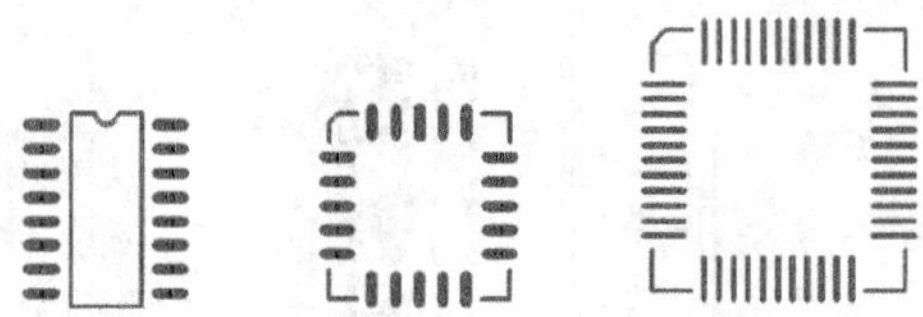

图 6-21　贴片式集成电路封装示例

6.2 元器件封装设计概述

实际应用中元器件种类繁多，而且很多元器件并非标准封装，Protel 99 SE 不可能提供所有元器件的封装，但是 Protel 99 SE 提供了用户自己设计、编辑元器件封装的功能，用户可以利用这一编辑功能使电路设计工作更加灵活。

6.2.1 元器件封装设计步骤

一般情况下，元器件封装使用和创建的方法可按照如图 6-22 所示步骤进行。

1．搜索系统封装库中现有元器件封装

用户在设计过程中要用到某个以前从未使用过的元器件封装且封装较为复杂时，首先要搜索 Protel 99 SE 提供的封装库是否已经提供了所要使用的元器件原理图封装。如果系统提供的原理图符号库中已经提供了所需使用的元器件的封装，就要进一步确定原理图符号的管脚编号是否和封装对应编号的空间位置相符。如果完全符合，就可以直接使用了。当然如果所要使用的封装很简单，而且确信 Protel 99 SE 没有提供时，就没有必要进行封装搜索了，因为搜索的过程是相当费时费力的。

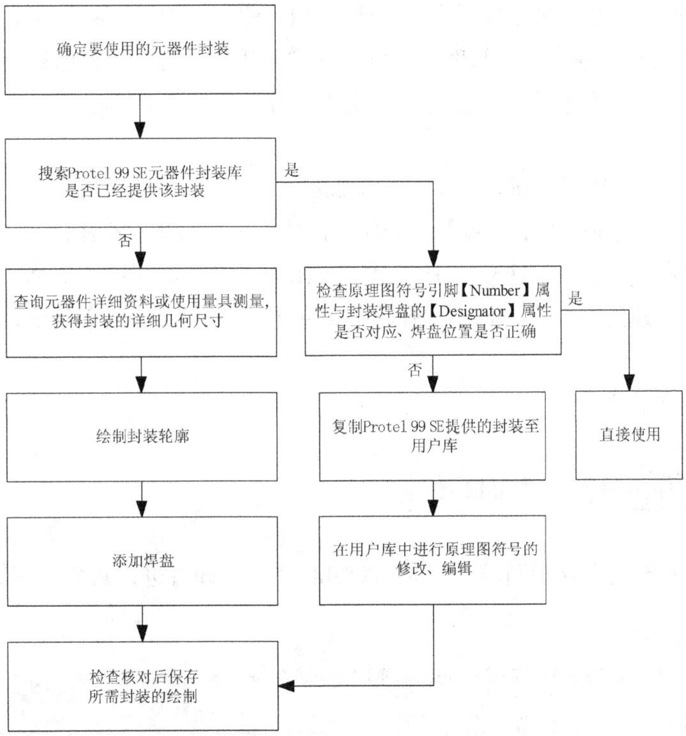

图 6-22　元器件封装使用和创建的一般步骤

如果 Protel 99 SE 没有提供所需使用的元器件封装，那用户就需要自己创建一个新的元器件封装了。如果 Protel 99 SE 提供了近似的元器件原理图符号，用户也可以将系统提供的封装添加到自己的封装库后加以修改，完成一个全新的封装。

2．查阅封装详细资料确定尺寸信息

一般电子元器件的说明书中都会标明该芯片可选封装的详细几何尺寸，这些尺寸对用户创建封装来说是相当重要的。对于一些没有详细资料的元器件，用户就需要进行亲自测量了，这里的测量是指尺寸测量，测量工具就是游标卡尺之类的工具。

3．绘制轮廓

轮廓的作用是在印制电路板上为将要安装的元器件规划出预留的安装空间。

4．确定焊盘的位置和对应标号

这一步操作是非常关键的，如果发生错误，就可能导致电路板报废。用户在进行这一步时，最好将元器件的原理图符号放在手边作重要参考，根据原理图符号中的引脚编号【Number】确定对应封装中每一个焊盘【Designator】的属性，并且根据该功能引脚实际的空间位置确定焊盘的位置。

5．检查核对

元器件封装的正确性对用户最终完成电路板的设计有着至关重要作用，因此对新建的元器件封装进行详细的检查校验是非常有意义的。

6.2.2　创建自己的封装库

在前面章节中，介绍了自己创建元器件原理图符号的方法，为了方便管理，用户可以自己创建一个数据库（*.ddb 文件）并在数据库中创建一个原理图符号库文件（*.Lib 文件）专门用于存放这些系统没有提供或经过编辑的原理图符号。同样，用户也可以将自己绘制的元器件封装也存放在这个数据库中，只是保存在自创数据库的封装库中。下面介绍创建用户自己的封装库的操作步骤。

（1）打开创建的元器件数据库“MyLibrary.ddb”。

（2）执行菜单命令【File】|【New】，在弹出的对话框中选择【PCB Librarg Document】图标，单击 OK 按钮确定，系统将建立一个名为“PCBLIB1.lib”的封装库文件。

（3）右键单击新建的封装库文件，在弹出的菜单中选择【Rename】命令，将封装库名更改为“MyPCBlib.lib”。

（4）至此完成封装库的创建。

6.2.3 封装库编辑器编辑环境

双击在上一节中建立的封装库文件“MyPCBlib.lib”，即可进入封装库编辑环境，如图 6-23 所示。

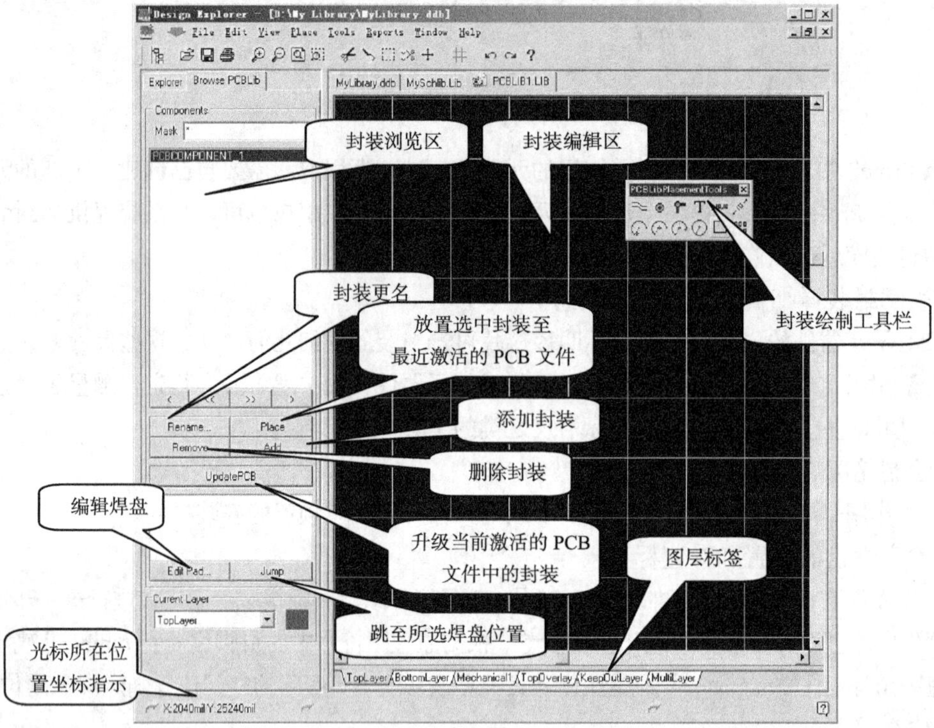

图 6-23 封装库编辑环境

首先简要介绍一下封装绘制工具栏中各个按钮的功能。

- ≈：放置线条。
- ⊙：放置焊盘。
- ⚲：放置过孔。
- T：放置注释文字。

- ：放置坐标。
- ：放置间距尺寸。
- 、、、：绘制圆弧或圆。
- ：放置填充区。
- ：粘贴阵列。

6.2.4　封装库编辑环境设置

在新建一个封装库时，为了方便元器件封装的创建，用户一般需要进行编辑环境的设置，比如，设置度量单位、鼠标指针移动最小间距、可视栅格大小和捕获栅格大小等。

（1）执行菜单命令【Tools】|【Library Options…】，打开【板面参数】对话框，如图 6-24 所示。在【Layers】选项卡中，选中【Visible Grid 1】、【Visible Grid 2】前的复选框，使其不仅显示大栅格而且显示小栅格，方便绘制封装时进行位置参考，其他选项一般不需要更改。

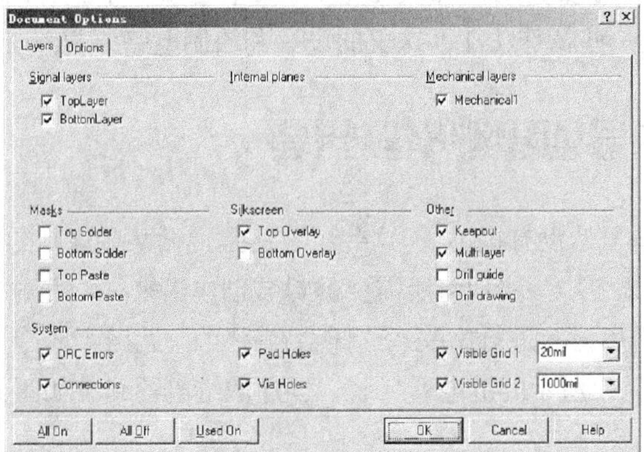

图 6-24 【板面参数】对话框

（2）单击【Options】选项卡，如图 6-25 所示。为了能够更精确地绘制封装，对话框中的【SnapX】和【SnapY】设定得越小越好，因为大多数元器件的封装尺寸数值都是“10mil”的倍数，在此处通常设定为“10mil”即可满足要求。单击 OK 按钮确认以上设置。

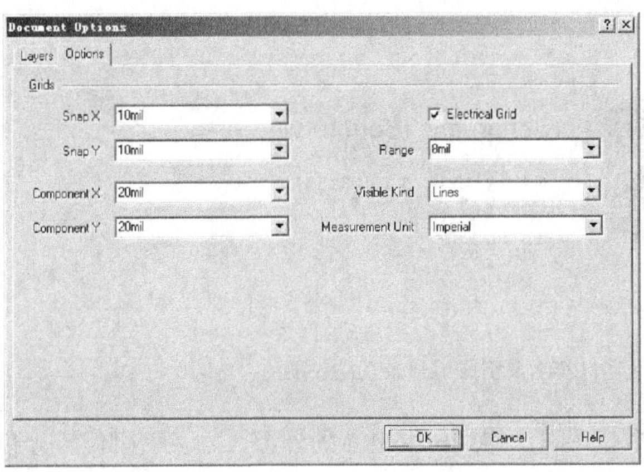

图 6-25 【板面参数】对话框中的【Options】选项卡

（3）执行菜单命令【Tools】|【Preferences...】，打开【系统设置】对话框，如图 6-26 所示。

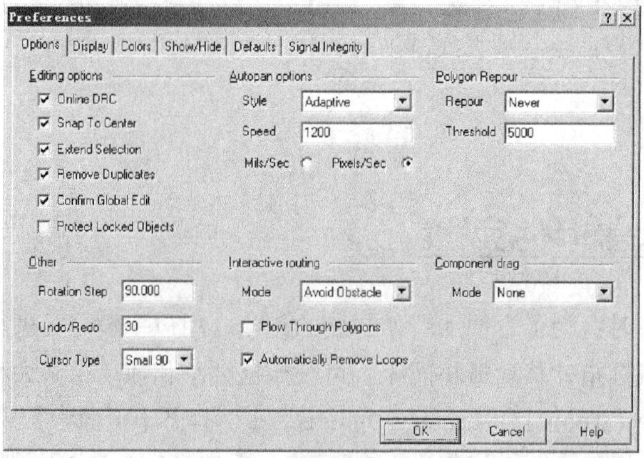

图 6-26 【系统设置】对话框

（4）根据自己的设计习惯，用户可以在【Colors】选项卡中进行绘制环境的颜色设置，在【Options】选项卡中设置一些特殊功能，这里的设置和绘制电路原理图时的设置很类似。

6.3 利用向导创建继电器封装

很多元器件封装系统虽然没有提供，但这些封装还是遵循某些规则的，用户可以利用 Protel 99 SE 提供的封装创建向导来一步一步地将所需要的封装创建出来。当然，按照向导创建的封装并不能完全符合要求，用户可以对其进行修改，这样会在一定程度上减少工作量，提高设计效率。下面就利用向导创建如图 6-27 所示的继电器封装，创建的继电器封装如图 6-28 所示。

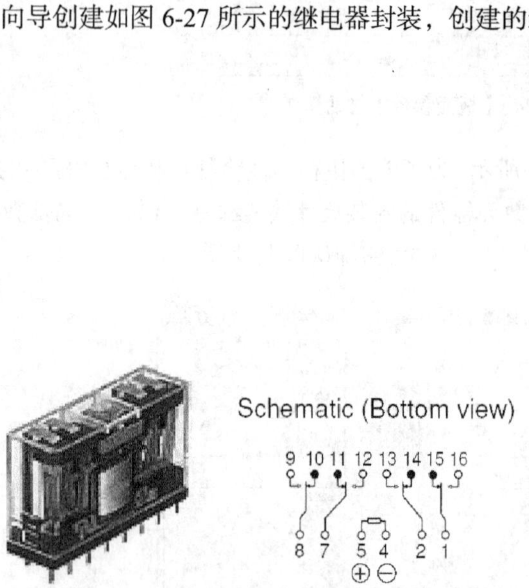

图 6-27 元器件实物及引脚编号及功能说明

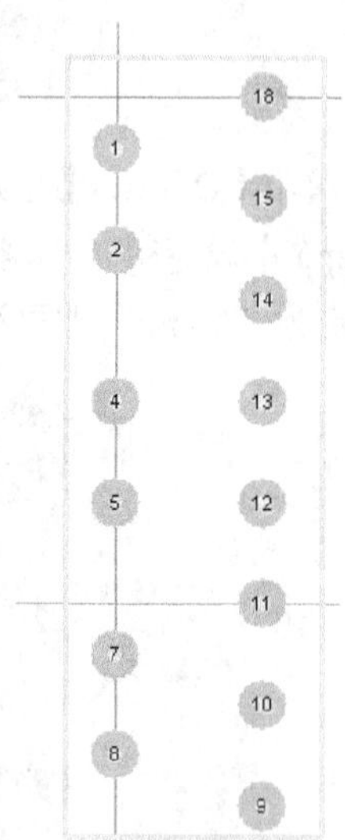

图 6-28 继电器封装

（1）查阅继电器的数据手册，得到该继电器的外形尺寸及引脚位置分布信息，如图 6-29 所示。

（2）分析该继电器的引脚和封装可知，其外形可以利用向导由“DIP 封装”修改而来。

（3）单击图 6-23 中的 Add 添加封装按钮，打开【启动封装创建向导】对话框，如图 6-30 所示。

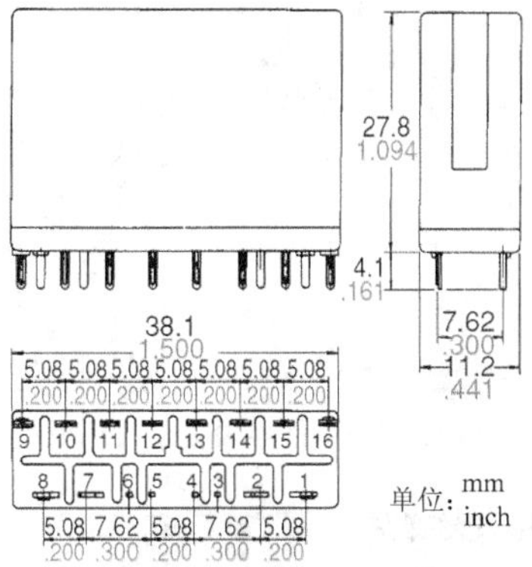

图 6-29　继电器的外形尺寸及引脚位置分布

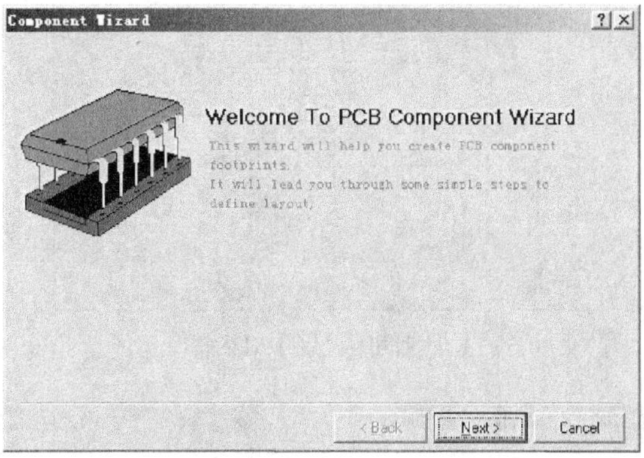

图 6-30 【启动封装创建向导】对话框

（4）单击 Next > 按钮，打开【选择封装模板】对话框，如图 6-31 所示。

（5）根据第 2 步的分析，在图 6-31 所示的对话框中选择“Dual in-line Package（DIP）”；然后选择【Imperial(mil)】，使用“毫英寸”作为尺寸单位。选择完毕后单击 Next > 按钮，打开【焊盘属性】对话框，如图 6-32 所示。在【焊盘属性】对话框中，按照所绘制的继电器引脚尺寸设置焊盘尺寸及孔直径。

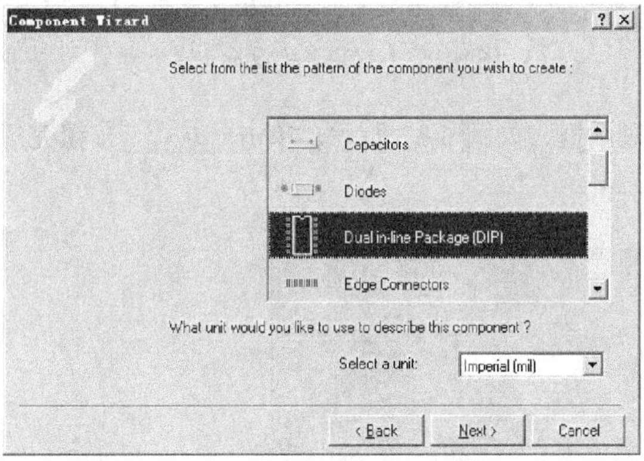

图 6-31 【选择封装模板】对话框

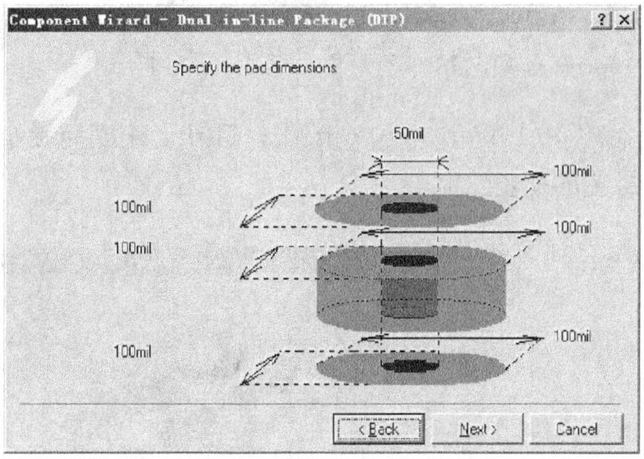

图 6-32 【焊盘属性】对话框

（6）设置完毕后单击 Next > 按钮，打开【焊盘间距设置】对话框，如图 6-33 所示。参考图 6-29，本继电器两列之间的距离为“300mil”，可以直接设置。同列引脚间距为“200mil”，两列之间存在“100mil”的错位，因此在这里将同列焊盘间距设置为“100mil”。

（7）设置完焊盘间距后单击 Next > 按钮，打开【轮廓外形线条设置】对话框，如图 6-34 所示，这里保持默认设置不变。

（8）单击 Next > 按钮，打开【焊盘数目设置】对话框，如图 6-35 所示。这里焊盘数目设置为“30”，在随后的编辑中要进行选择性删除。

（9）单击 Next > 按钮，打开【封装名称设置】对话框，如图 6-36 所示，设置封装名称为“NC4D-P”。

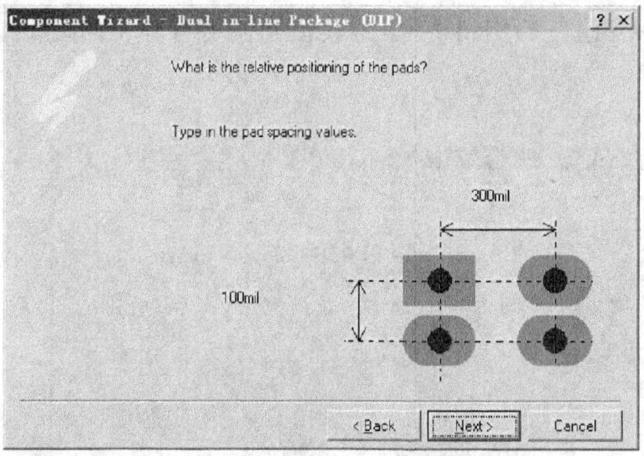

图 6-33 【焊盘间距设置】对话框

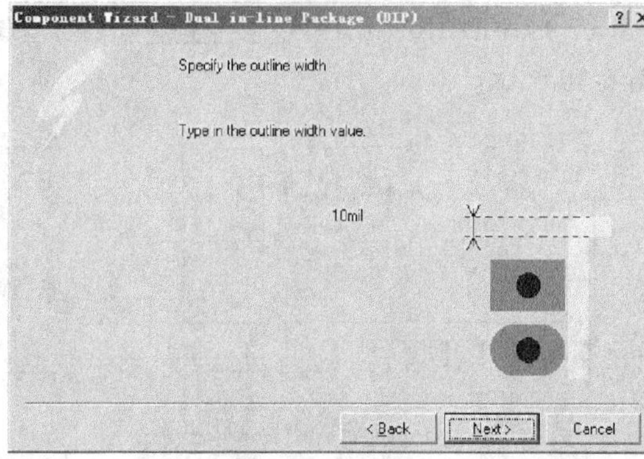

图 6-34 【轮廓外形线条设置】对话框

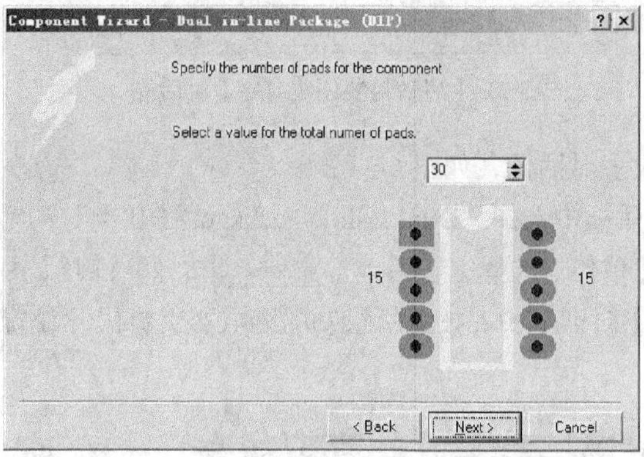

图 6-35 【焊盘数目设置】对话框

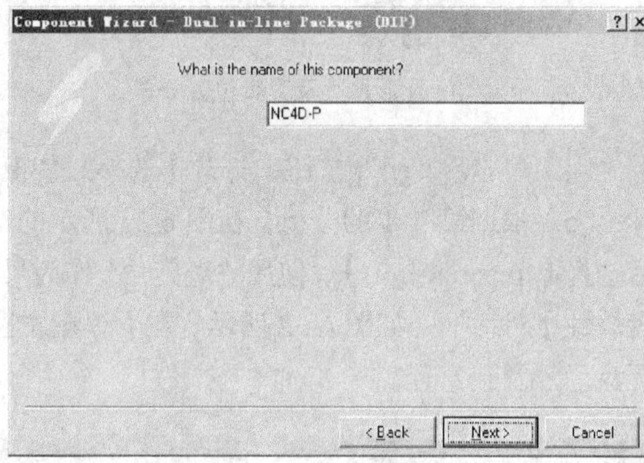

图 6-36 【封装名称设置】对话框

（10）单击 Next > 按钮，打开【完成向导】对话框，如图 6-37 所示，单击 Finish 按钮完成封装的初步绘制。

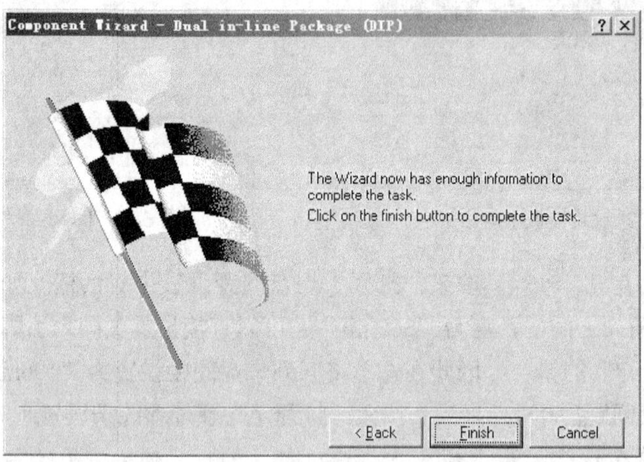

图 6-37 【完成向导】对话框

（11）初步完成的封装如图 6-38（a）所示。

（12）根据图 6-29 所示的焊盘位置编号进行封装的编辑，删除多余的焊盘，如图 6-38（b）所示。

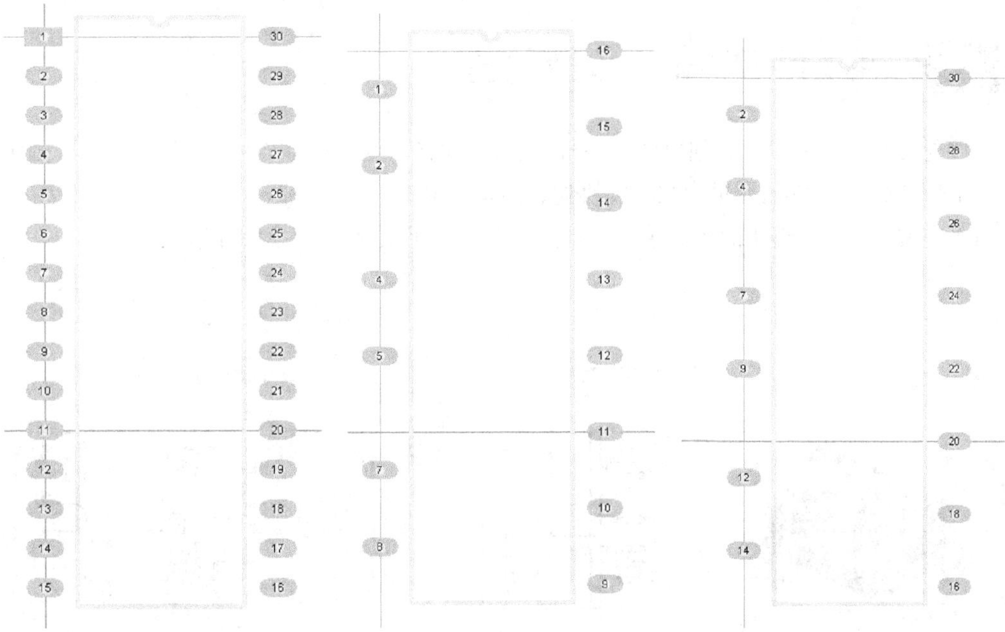

（a）　　（b）　　（c）

图 6-38　初步建立的封装

（13）双击焊盘，打开【焊盘属性】对话框，如图 6-39 所示，按照图 6-29 所示的位置和编号设置封装中的每一个焊盘正确的【Designator】属性，设置完毕的封装如图 6-38（c）所示。

（14）编辑修改外形轮廓，单击【图层】选项卡中的【TopOverlay】，激活该图层，单击封装绘制工具栏中的按钮，在【TopOverlay】中绘制继电器外形轮廓，绘制完毕后的外形轮廓如图 6-40 所示，至此继电器的封装创建完毕。

（15）单击按钮保存绘制的继电器封装。

此时用户可以在封装浏览窗口中看到“NC4D-P”的封装名称，如图 6-41 所示。

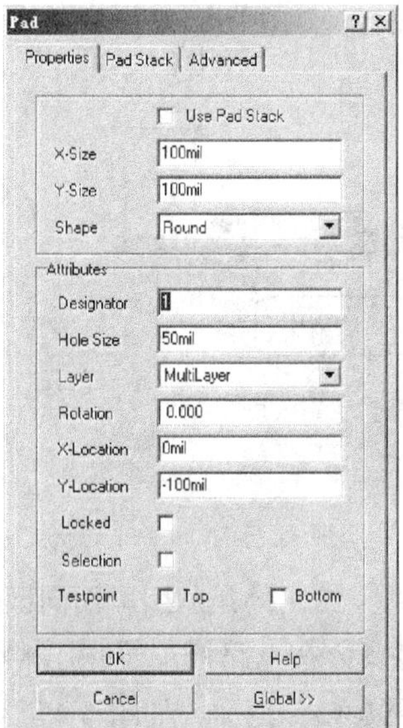

图 6-39 【焊盘属性】对话框

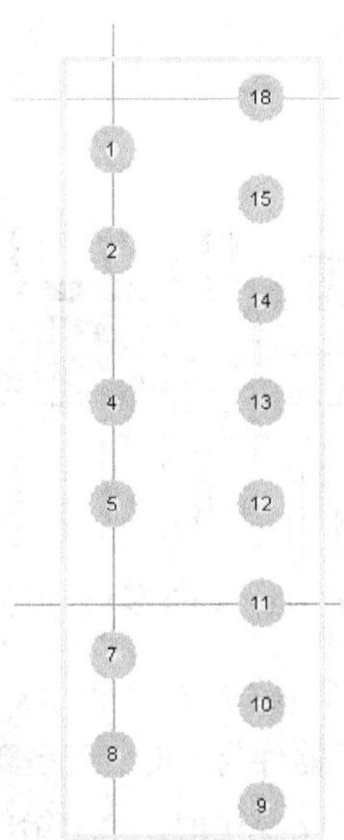

图 6-40　创建完毕的继电器封装

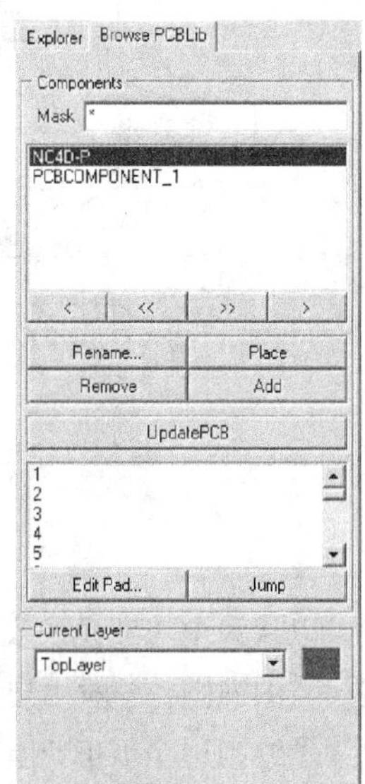

图 6-41　封装浏览器窗口

6.4 手工创建 IGBT 模块封装

有些封装并不能利用封装创建向导进行绘制，这时候就需要用户手工创建封装了。下面就来介绍一下创建如图 6-42 所示的 IGBT 模块封装的操作步骤。

（1）查阅该 IGBT 模块的数据手册，得到如图 6-43 所示的详细模块外形尺寸。

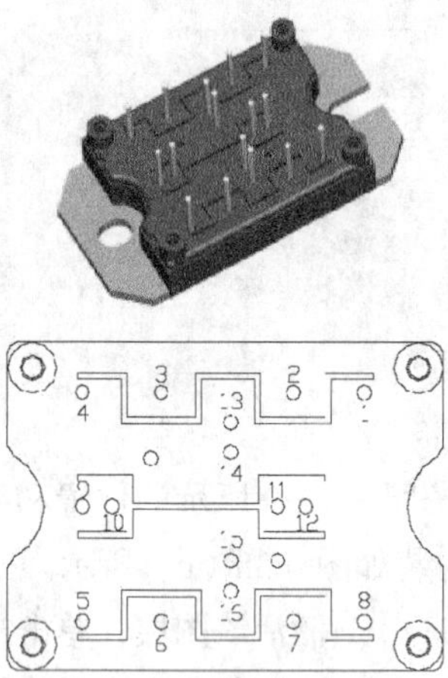

图 6-42　IGBT 模块实物及引脚编号和分布

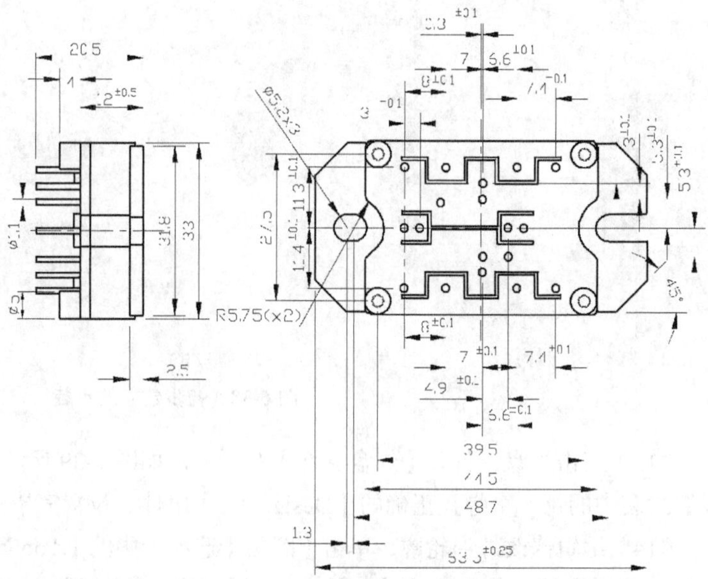

图 6-43　模块外形尺寸

（2）根据分析可知，模块将被固定在一块散热片上，上面的引脚将被焊接到一块印制电路板上，如图 6-44 所示。

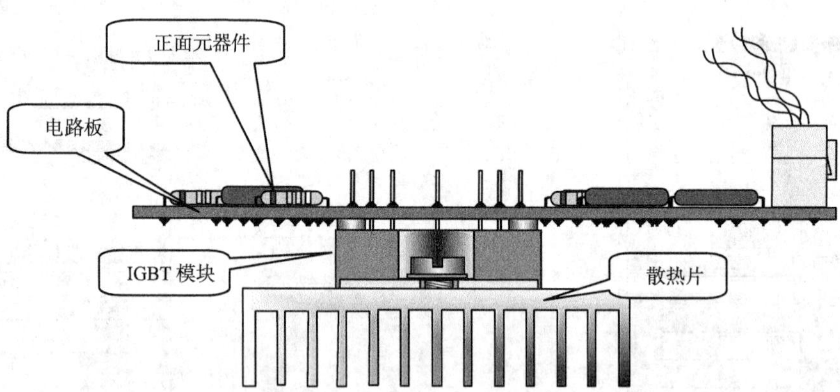

图 6-44　IGBT 模块安装使用方法

可以认为 IGBT 模块安装在印制电路板的背面，而 IGBT 资料上给出的是从引脚面向散热片安装面看的视图。一般用户在绘制元器件封装时，总是默认元器件安装在电路板正面，引脚朝下，因此为了绘制这个 IGBT 模块封装，就必须把资料上给的图（见图 6-43）翻面，如图 6-45 所示，这样更加方便用户按照引脚朝下、散热片安装面朝上的方式绘制封装。

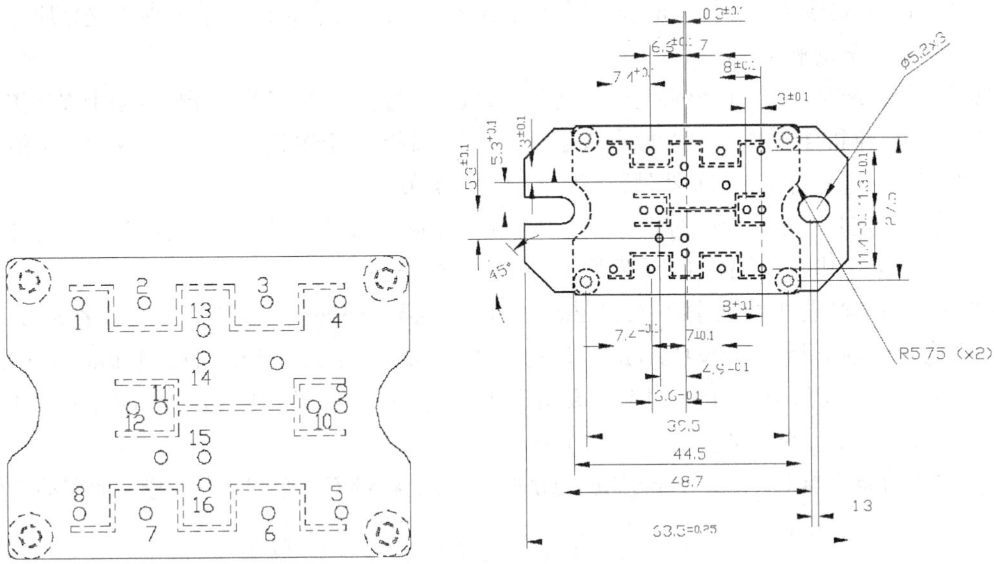

图 6-45　翻过来的模块外形图

对比图 6-45、图 6-42 和图 6-43 可以看出，图 6-45 中所示的图形相当于把图 6-42 中的模块颠倒了一下，然后从上向下看到的图形。

（3）单击图 6-23 中的 Add 按钮，打开【启动向导】对话框，如图 6-30 所示，单击 Cancel 按钮取消向导。此时，浏览窗口如图 6-46 所示，系统自动创建了一个默认名为“PCBCOMPONENT_1-DUPLICATE”的空元器件。

（4）在浏览器窗口中选中“PCBCOMPONENT_1-DUPLICATE”，单击图 6-46 中的 Rename... 按钮，打开【封装更名】对话框，如图 6-47 所示，在对话框中输入新的封装名称“4-IGBT-FB”。

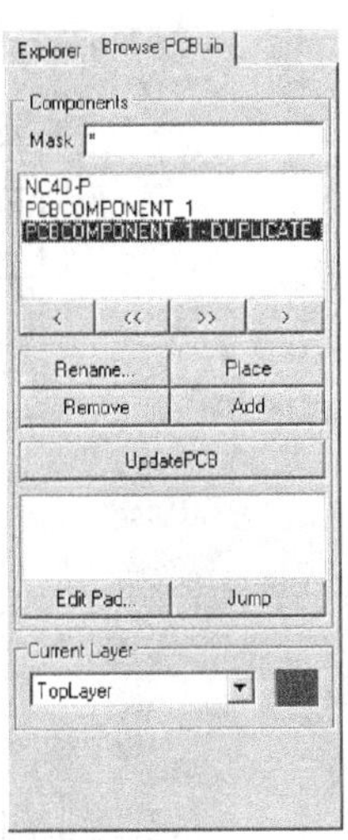

图 6-46　浏览窗口

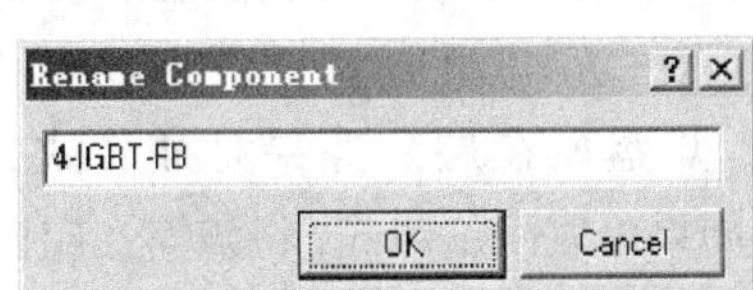

图 6-47 【封装更名】对话框

（5）单击 OK 按钮确认封装名称的更改，此时用户会发现浏览窗口中已经出现了一个名为“4-IGBT-FB”的封装，只不过这个封装还没有任何内容。

（6）按照图 6-45 中的引脚位置放置焊盘。

① 执行菜单命令【Edit】|【Jump】|【Reference】，此时鼠标指针将自动跳至坐标原点，用这样的方法可以定位坐标原点。

实际绘制封装时，用户应该将封装绘制在坐标原点周围，也可以将元器件的某个焊盘作为坐标原点。如果绘制的封装距离坐标原点很远，那么在绘制印制电路板移动这个封装时，会给用户带来一些麻烦，这一点与绘制元器件原理图符号比较类似。

② 使用工具绘制一个临时坐标系，这个坐标系起到参考作用，在封装绘制完毕后可将其删除，所以可以将其建立在任何一个图层上，如图 6-48 所示。

③ 因为图 6-45 提供的尺寸单位为“mm”，因此有必要将编辑器系统参数单位设置为“mm”。执行菜单命令【Tools】|【Library Options…】，打开如图 6-25 所示的对话框，将【Measurement Unit】设置为“Metric”，图 6-45 中的尺寸数字要精确到小数点后 1 位，用户可以将图 6-25 所示的对话框中的【SnapX】、【SnapY】设定为“0.1mm”。

④ 单击封装绘制工具栏中的按钮，此时鼠标指针将带着一个焊盘的虚影一起移动，如图 6-49 所示。

图 6-48　绘制一个临时坐标系

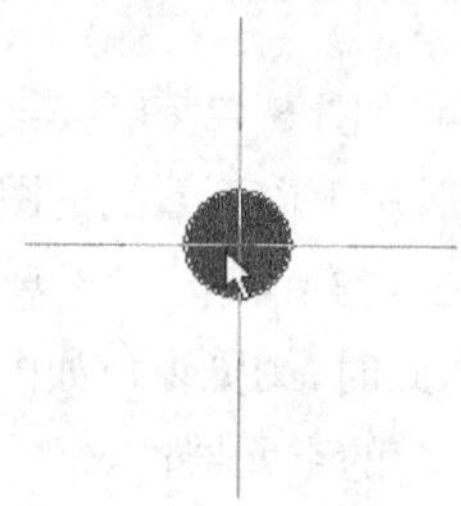

图 6-49　即将放置的焊盘

⑤ 按下 Tab 键，打开【焊盘属性】对话框，如图 6-50 所示。

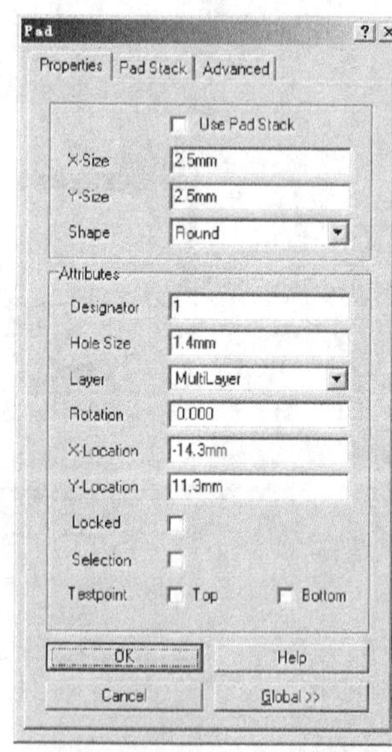

图 6-50 【焊盘属性】对话框

图 6-50 对话框中主要包含如下选项。

【X-Size】：焊盘在 x 轴向的尺寸。

【Y-Size】：焊盘在 y 轴向的尺寸。

【Shape】：焊盘形状。此处可以选择圆形【Round】、方形【Rectangle】和八角形【Octagonal】。

【Designator】：焊盘标号。该标号应该与原理图引脚编号【Number】的属性一致。

【Hole Size】：焊盘孔径。焊盘孔径应该按照元器件引脚粗细进行设置。

【Layer】：焊盘所在层。如果是插装式，将该属性设置为【MultiLayer】；如果是表面贴装式，将该属性应设置为【TopLayer】。

【Rotation】：焊盘旋转角度。

【X-Location】：焊盘所在位置的 x 轴坐标。

【Y-Location】：焊盘所在位置的 y 轴坐标。

【Locked】：选中该复选框，可以防止误操作导致已经定位的焊盘移动位置。

【Selection】：选中焊盘。

【Testpoint】：选中相应【Top】或【Bottom】复选框，确定该焊盘是否作为对应层的测试点。

⑥ 设置焊盘属性后单击 OK 按钮，在编辑区的恰当位置单击鼠标左键可连续放置焊盘，单击鼠标右键结束焊盘的放置，焊盘放置完毕的封装如图 6-51 所示。

要点提示　单击一次鼠标左键将放置一个焊盘，如果不慎在某一位置双击了鼠标左键，则会在同一位置放置两个重合的焊盘，容易出现错误，应该加以注意。

（7）绘制封装外形轮廓。

① 单击封装绘制工具栏中的≈按钮，开始在【TopOverlay】上绘制外形轮廓。

② 绘制时在恰当位置单击鼠标左键开始直线段的绘制，此时按下 Tab 键，打开【线宽设置】对话框，如图 6-52 所示，可根据需要设置线条的宽度。这里将线宽设置为“10mil”，单击 OK 按钮确定。

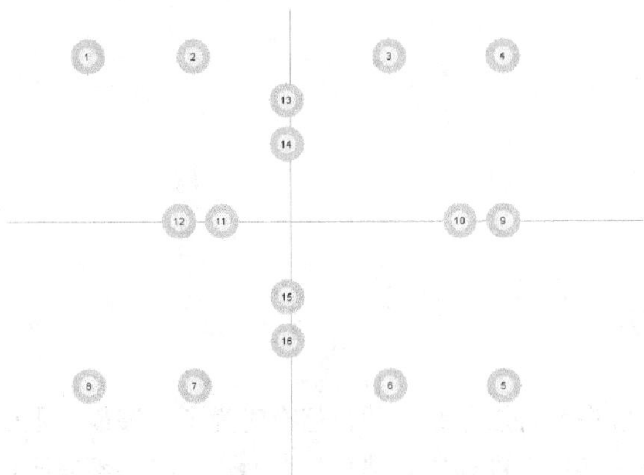

图 6-51　焊盘放置完毕的封装

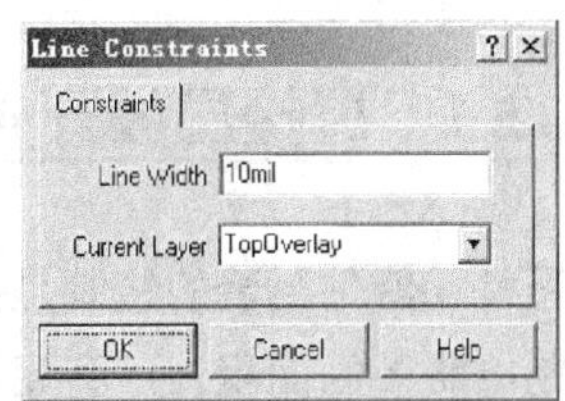

图 6-52　【线宽设置】对话框

③ 在恰当位置单击鼠标左键确定所绘制直线段的一个拐点，可以连续绘制一系列首尾相连的直线段，如果想要结束直线的绘制，可以单击鼠标右键。

④ 单击圆弧绘制工具，绘制封装中的圆弧，用户在使用工具绘制圆弧时，首先在绘图区恰当位置单击鼠标左键确定圆心位置，然后移动鼠标指针，此时圆的直径将随之改变，在恰当位置单击鼠标左键确定圆弧直径，然后再次单击鼠标确定圆弧的起点，最后再次单击鼠标确定鼠标终点，完成一次圆弧的绘制。

为了能够很好地反映元器件外观，外形轮廓应该尽可能绘制得比较详细和逼真。外形轮廓绘制完毕后，将此前绘制的一些辅助线条删除，初步完成的封装如图 6-53 所示。

（8）执行菜单命令【Reports】|【Component Rule Check...】，打开【封装规则检查设置】对话框，如图 6-54 所示，选定相应项目后单击 OK 按钮确认。

（9）系统将以文本的形式显示规则检查结果。

显示内容如下。

```
Protel Design System: Library Component Rule Check
PCB File : MyPCBlib
Date     : 12-Dec-2005
Time     : 23:04:06
Name               Warnings
----------------------------------------------------------------------
```

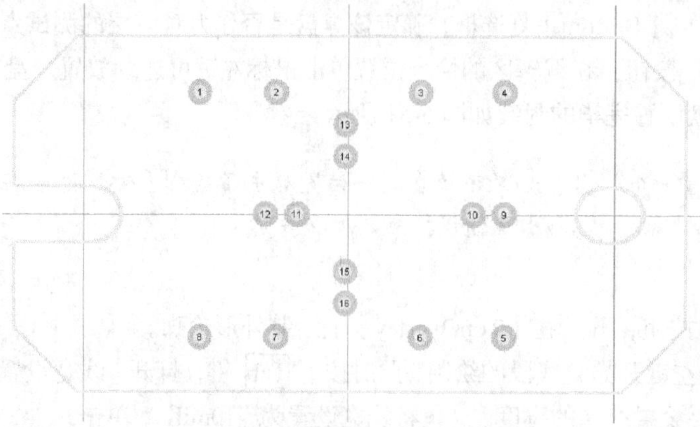

图 6-53　绘制完毕的 IGBT 模块封装

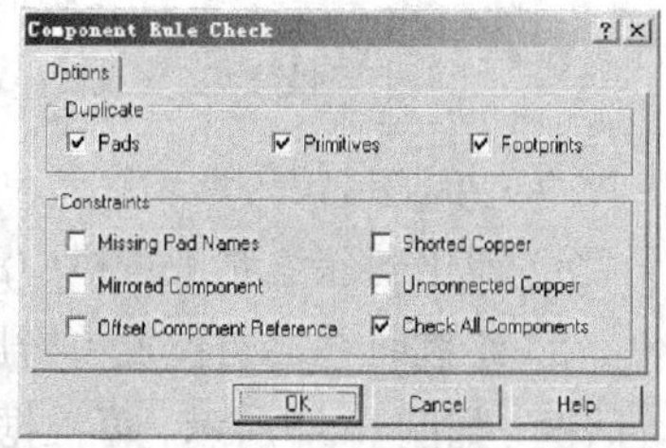

图 6-54 【封装规则检查设置】对话框

以上内容表明没有相关错误。

（10）单击按钮，保存新创建的封装。

6.5 知识拓展

6.5.1 焊接层放置元器件的处理

通常元器件封装的绘制是按照元器件焊接在元件层来绘制的，但有时为了能够最大限度地减小印制电路板的面积，一些元器件会焊接在焊接层，即印制电路板的背面。这时并不需要重新绘制元器件封装，只需在绘制印制电路板时双击需要放置到焊接层的元器件，在打开的对话框中将其【Layer】属性设置为【Bottom Layer】即可，如图 6-55 所示。Protel 99 SE 将自动将其翻转，其中包括焊盘位置和丝印层的标注等全部内容。图 6-56（a）所示为翻转前的 IGBT 封装，图 6-56（b）所示为翻转后的 IGBT 封装。

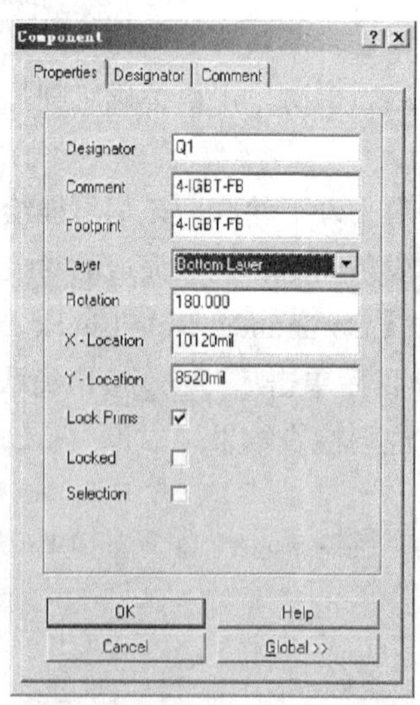

图 6-55　PCB 编辑器中【元器件封装属性】对话框

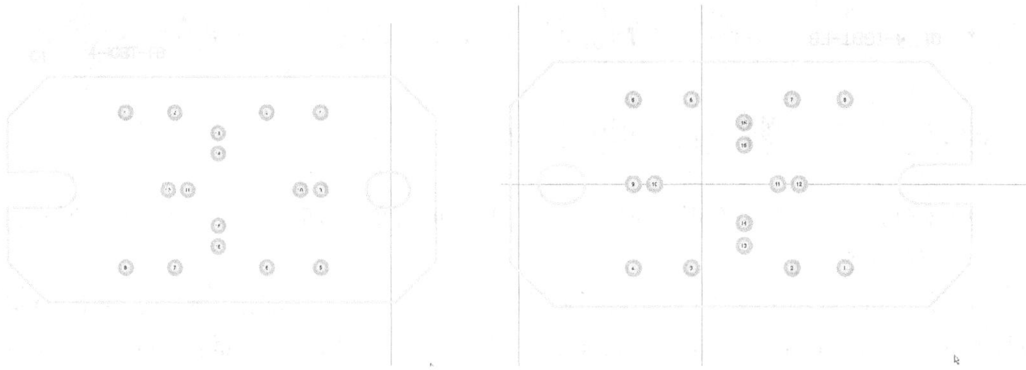

（a）　　　　（b）

图 6-56　翻转前后的 IGBT 封装

6.5.2　有关坐标尺寸的处理技巧

在绘制封装时，坐标尺寸应该是用户最关注的要素，在处理这些坐标尺寸时有一些小的技巧。

1．坐标原点的设置

在绘制封装时，系统的坐标原点并不是固定不动的，用户可以根据需要随时改变系统的坐标原点，这样将给用户在处理连续的尺寸链时带来便利。

（1）进入封装库编辑器。

（2）执行菜单命令【Edit】|【Set Reference】，在该命令菜单中有 3 个选项，如图 6-57 所示。各个选项的意义如下。

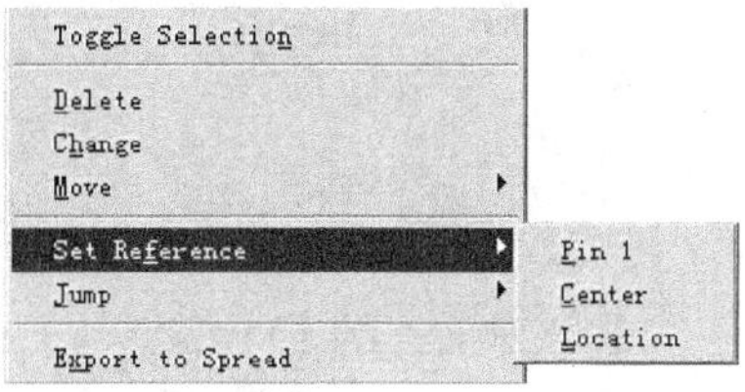

图 6-57　设置坐标原点菜单

【Pin 1】：执行该命令后，系统将已有的标号【Designator】为“1”的焊盘中心设置为坐标原点。

【Center】：执行该命令后，系统将以已有轮廓的几何中心为坐标原点。

【Location】：执行该命令后，鼠标指针将携带十字光标一起移动，系统将以用户单击鼠标的位置作为新的坐标原点。

2．距离的测量

为了确认所选的封装是否符合实际需要，用户在选择封装时要经常对已有的封装进行测量，以确认封装选择正确。

（1）执行菜单命令【Reprots】|【Measure Distance】。

（2）鼠标指针将携带十字光标一起移动，单击其中一个焊盘的中心后，鼠标将带动一条弹性直线一起移动，如图 6-58 所示。

（3）单击另外一个焊盘中心后，系统会弹出【测量结果】对话框，如图 6-59 所示。

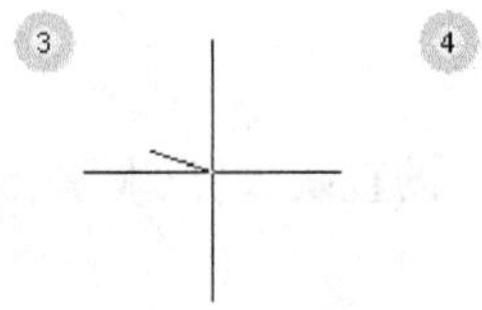

图 6-58　测量焊盘间距

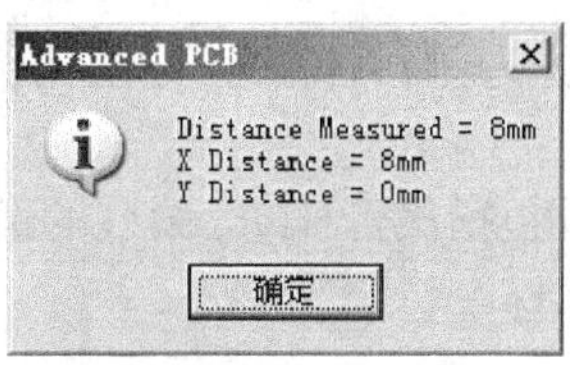

图 6-59　【测量结果】对话框

要点提示 执行菜单命令【View】|【Toggle Units】，可以将尺寸单位在英制和公制之间转换。

6.5.3 生成元器件封装库报告文件

为了对创建的封装信息有更加详尽的了解，用户可以充分借助 Protel 99 SE 提供的报表功能。

1．封装 PCB 信息报告

打开封装库，在浏览窗口中选中需要进行报告的元器件封装，如刚才建立的“4-IGBT-FB”，执行菜单命令【Reports】|【Library Status...】，将打开【封装 PCB 信息报告】对话框，如图 6-60 所示。

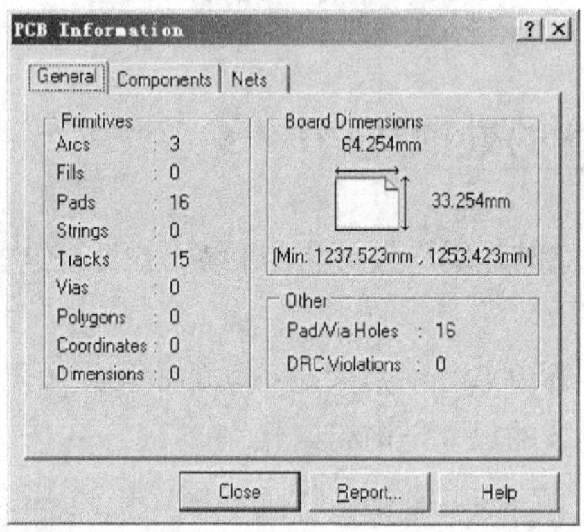

图 6-60 【封装 PCB 信息报告】对话框

在该对话框的【Primitives】选项区域中，将对圆弧、焊盘和填充等图件的数量进行统计；在【Board Dimensions】选项区域中，将对元器件的外形尺寸进行报告；在【Other】选项区域中，将对焊盘、过孔总数及规则检查错误总数进行统计。

2．元器件封装报告

打开封装库，在浏览窗口中选中需要进行报告的元器件封装，如刚才建立的“4-IGBT-FB”，执行菜单命令【Reports】|【Component】，系统会生成选中元器件封装的报告文件，文件后缀为“.cmp”，报告文件内容如下。

```
Component   : 4-IGBT-FB
PCB Library : MyPCBlib.LIB
Date        : 12-Dec-2005
Time        : 23:26:51
Dimension : 64.262 x 33.274 sq mm
Layer(s)              Pads(s)  Tracks(s)  Fill(s)  Arc(s)  Text(s)
------------------------------------------------------------------------
Top Overlay             0        15        0        3        0
Multi Layer             16       0         0        0        0
------------------------------------------------------------------------
Total                 16       15       0       3       0
```

报告文件包括报告日期、封装的最大外形尺寸以及各层中的直线数目、圆弧数目、文本数目、文本数目及总数等。

3．封装库报告

针对一个完整的元器件封装库，为了全面掌握封装库中包含的所有封装的信息，可以使用封装库报告功能。

这里以“C:\Program Files\Design Explorer 99 SE\Library\Pcb\Generic Footprints”文件夹下的“Transistors.ddb”为例进行介绍。执行菜单命令【File】|【Open...】，打开指定路径下的“Transistors.ddb”封装库文件，执行菜单命令【Reports】|【Library】，系统将生成后缀为“.rep”的文件，其内容如下。

```
PCB Library : Transistors.lib
Date        : 12-Dec-2005
Time        : 23:40:59
Component Count : 28
Component Name
-----------------------------------------------
TO3
TO5
TO18
TO39
TO46
TO52
TO66
.
.
.
TO251H
TO251V
TO257H
TO257V
```

报告文件中包括封装库名称、报号日期、封装库中封装的总数目以及各封装名称列表等信息。

6.6 修改元器件的封装

用户在使用 Protel 99 SE 设计印制电路板的过程中，可能会发现个别的元器件封装不符合设计要求。遇到这种情况，除了可以根据前面介绍的方法重新制作一个新的元器件封装，还可以进入元器件封装库，对元器件封装进行修改，使之满足电路设计的要求。

在电路板设计的过程中，当遇到以下情况时，需要在元器件封装库中修改元器件封装。

- 元器件封装的焊盘序号与原理图设计中元器件原理图符号的引脚序号不能建立起一一对应的关系。
- 元器件的焊盘序号与元器件原理图符号的引脚序号虽然能建立起对应关系，但是这种对应关系不正确。
- 需要在元器件封装中添加必要的注释。
- 需要对元器件封装做变动。

本节将以上面提到的第 2 种情况为例介绍在元器件封装库中修改元器件封装的一般方法。

普通二极管（Diode）的原理图符号如图 6-61 所示。从图中可以看出，二极管原理图符号的引脚序号是用数字表示的，而它所对应的元器件封装（DIODE-0.4）的焊盘序号是用字母来标识的，如图 6-62 所示。可见二极管原理图符号的引脚序号与相应的元器件封装的焊盘序号没有形成正确的对应关系，这样在装载网络表和元器件封装的时候系统就会报错。

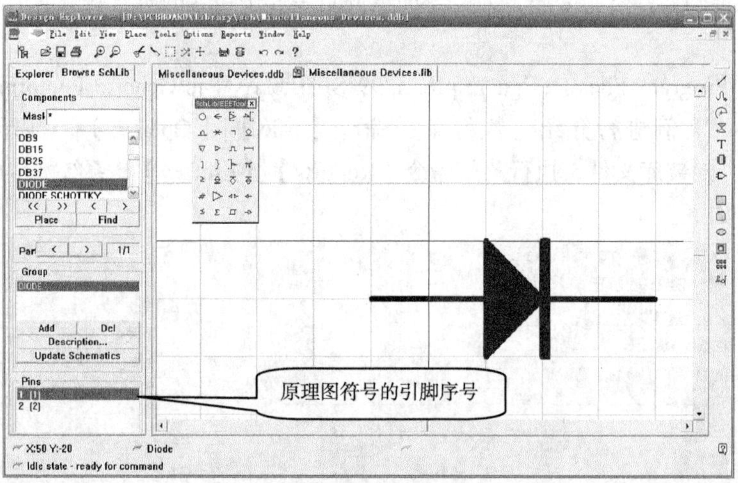

图 6-61　二极管的原理图符号

图 6-62　二极管的封装（DIODE-0.4）

解决以上问题的方法有以下两种。

- 修改元器件的封装，改变焊盘的序号。
- 修改原理图符号中的引脚序号。

不管采用上述哪种方法进行修改，本质上都是使焊盘的序号与原理图符号的引脚序号统一。

下面采用修改元器件焊盘序号的方法来调整原理图符号和元器件封装之间的对应关系，具体操作步骤如下。

（1）单击主工具栏中的按钮，打开【Open Design Database】（打开数据库文件）对话框，如图 6-63 所示。

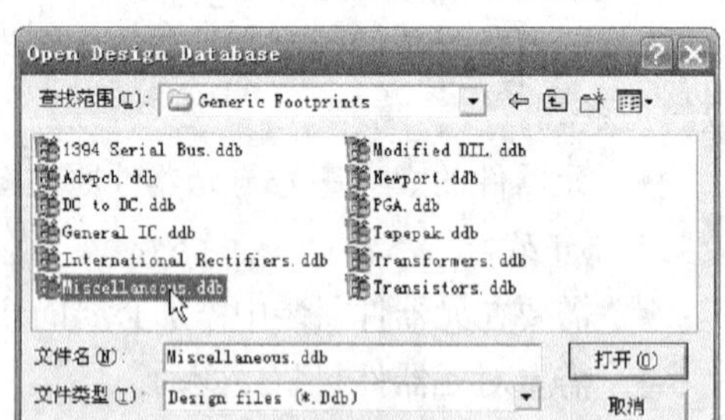

图 6-63　打开二极管封装（DIODE-0.4）所在的元器件封装库

（2）在对话框中找到数据库文件“Miscellaneous. ddb”，然后单击 打开(O) 按钮。进入设计数据库文件夹，双击图标【Miscellaneous.lib】，打开元器件封装库编辑器，如图 6-64 所示。

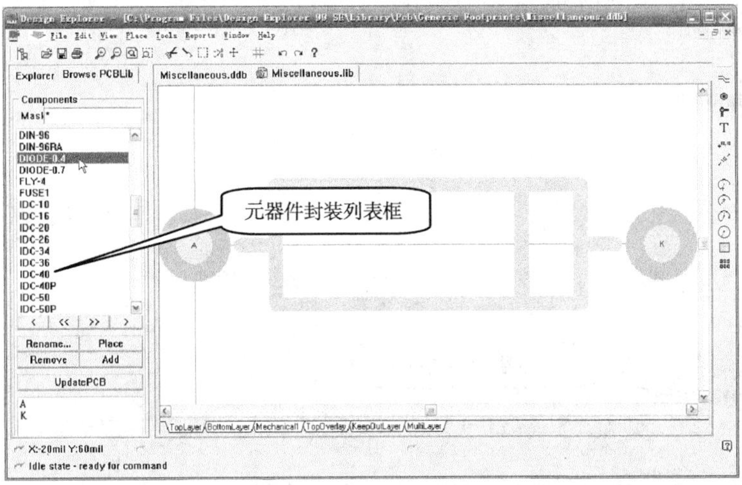

图 6-64　进入元器件封装库编辑器

要点提示 设计数据库文件“Miscellaneous.ddb”的存储路径为 Protel 99 SE 安装目录下的“Library\Pcb\Generic Footprints”。

（3）在元器件封装库编辑器管理窗口的元器件封装列表中找到“DIODE-0.4”，单击鼠标左键，此时该元器件的封装便会出现在工作窗口中，如图 6-64 所示。

（4）将鼠标移动到焊盘 A 上，双击鼠标左键，打开【Pad】对话框，将其中的【Designator】（序号）由原来的“A”修改为“1”，其他项不做修改，如图 6-65 所示。最后单击 OK 按钮确认修改。

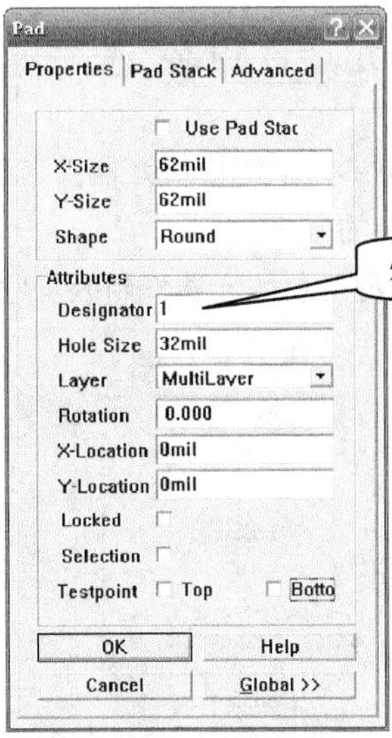

图 6-65　修改焊盘序号

（5）使用同样的方法，将焊盘“K”的序号修改为“2”。修改后的结果如图 6-66 所示。

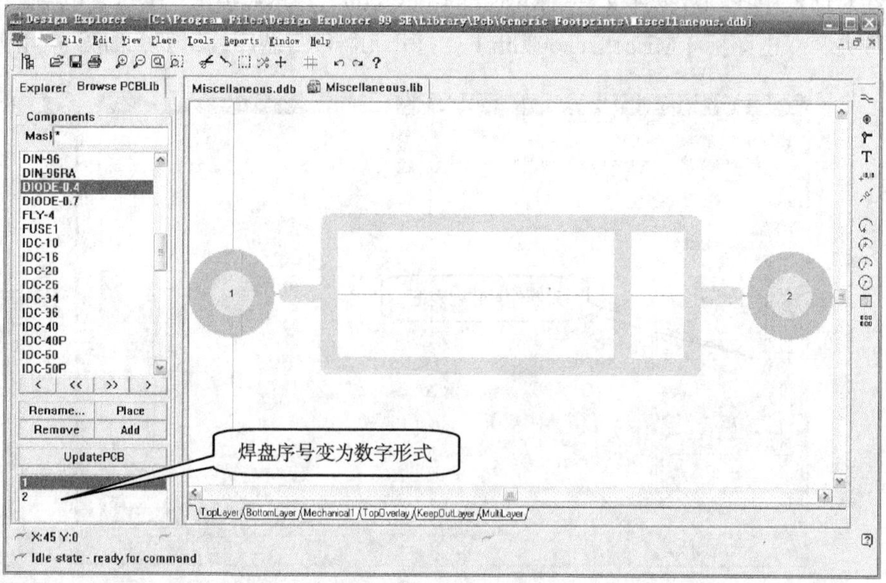

图 6-66　修改焊盘序号的结果

（6）单击元器件封装库编辑器管理窗口中的 UpdatePCB 按钮，更新当前 PCB 文件中的二极管封装。

（7）单击主工具栏中的按钮，保存所作的修改。

这样以后再装入二极管封装（DIODE-0.4）时，它的焊盘序号就变为数字了。

6.7 动手练习

6.7.1 DC/DC 电源模块元器件封装

本节通过对型号为 12S12 的 DC/DC 电源模块元器件封装进行设计，目的是使用户掌握利用元器件封装库编辑器创建元器件封装的方法。

绘制型号为 12S12 的 DC/DC 电源模块的元器件封装。它的尺寸如图 6-67 所示。

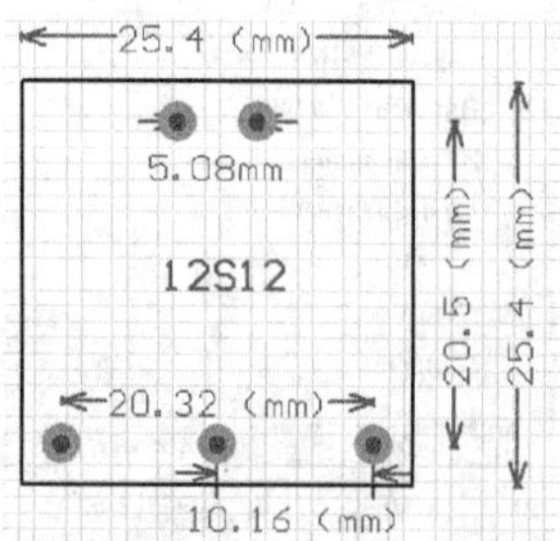

图 6-67　型号为 12S12 的 DC/DC 电源模块尺寸

主要操作步骤如图 6-68 所示。

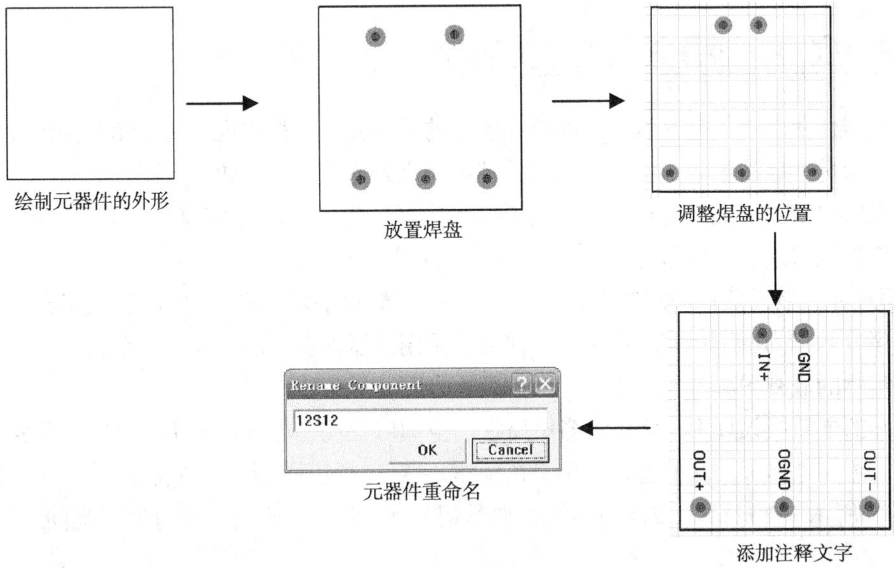

图 6-68　绘制型号为 12S12 的 DC/DC 电源模块元器件封装的主要操作步骤

6.7.2　异形接插件“CN8”的元器件封装

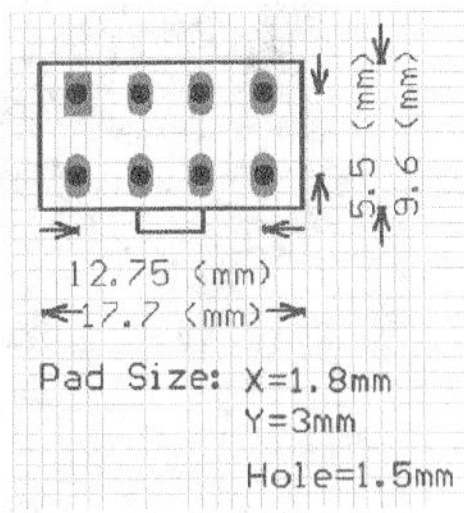

图 6-69　异形接插件“CN8”的元器件封装

本节介绍了通过手工创建异形接插件“CN8”元器件封装的知识，目的是使用户掌握手工创建元器件封装的技巧和方法。

绘制如图 6-69 所示的异形接插件“CN8”的元器件封装。

主要操作步骤如图 6-70 所示。

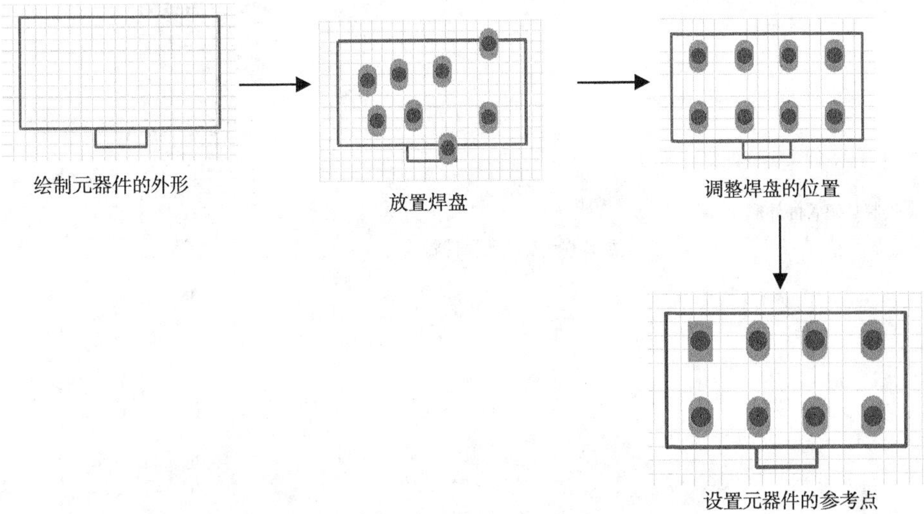

图 6-70　绘制异形接插件“CN8”元器件封装的主要操作步骤

6.7.3　底层元器件封装的手工制作

底层元器件封装指的是安装在电路板底层上的元器件。一般来说，底层元器件封装的制作方法与顶层元器件封装的制作方法基本相同，其不同之处体现在以下两个方面。

- 两者使用的丝印层不同。顶层元器件封装的外形使用顶层丝印（Top Overlay）来表示，底层元器件封装采用底层丝印（Bottom Overlay）来表示其外形。

- 用户在绘制元器件的封装时，因为所使用元器件的视图不同，所以绘制完成后元器件封装的焊盘序号的排列也不相同。顶层元器件封装采用元器件实物的顶视图，而底层元器件封装采用元器件实物的底视图。

在实际的电路板设计中，为了节省电路板的空间以及使其能够适合实际应用的需要，经常需将数码管放置在电路板的底面上，即用户在制作元器件封装时应当制作底层的元器件封装。

图 6-71 所示为 30mm（1.2 英寸）的七段数码管实物图，以及外形尺寸和焊盘间距。

（a）七段数码管的实物图　　（b）元器件的尺寸和焊盘间距

图 6-71　七段数码管的实物图、外形尺寸和焊盘间距

根据电路设计的需要，数码显示管一般放置在电路板的底层，因此在进行制作这一类元器件封装时应当小心谨慎。

主要操作步骤如图 6-72 所示。

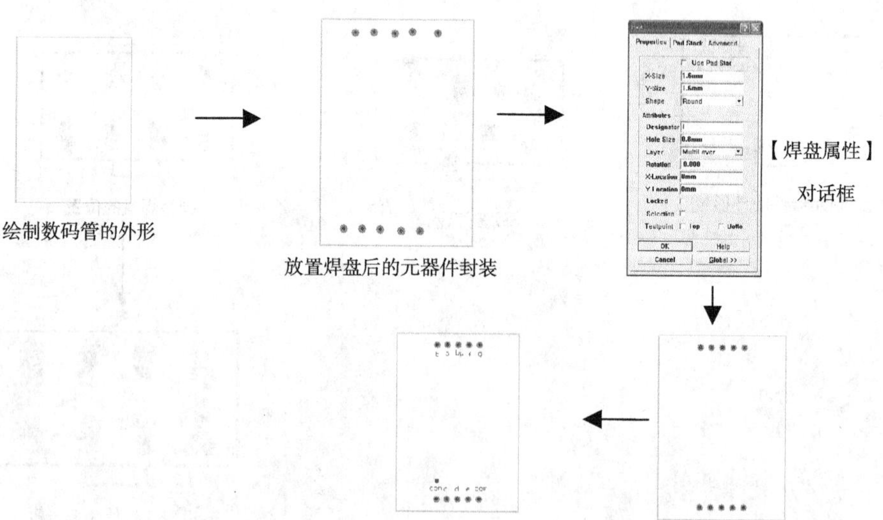

图 6-72　制作七段显示数码管的封装主要操作步骤

在 PCB 编辑器中，当元器件处于放置状态时，待放置的元器件将会随鼠标指针的移动而移动，这时鼠标指针相对元器件所处的位置称为元器件封装的参考点。元器件封装的参考点可以由设计者自己指定。图 6-73 所示为参考点设置在序号为 1 的焊盘中心和元器件封装左上角时放置元器件的状态。

（a）将参考点设置在序号为 1 的焊盘中心　　（b）将参考点设置在元器件封装的左上角

图 6-73　元器件封装指定不同的参考点

因此，为了日后在 PCB 编辑器中进行元器件手工放置时方便，设计者通常将参考点设置在序号为 1 的焊盘中心。

一般来讲，使用元器件创建向导进行新元器件的创建时，系统会自动把引脚 1 设置为参考点，但如果设计者是使用手工创建新元器件的话，就需在创建的过程中，将编号为 1 的焊盘放在工作区（0，0）点上，或者是在新元器件创建完毕后，执行 PCB 元器件符号库编辑器设置元器件参考点的命令，以指定参考点的位置。

主要操作步骤如图 6-74 所示。

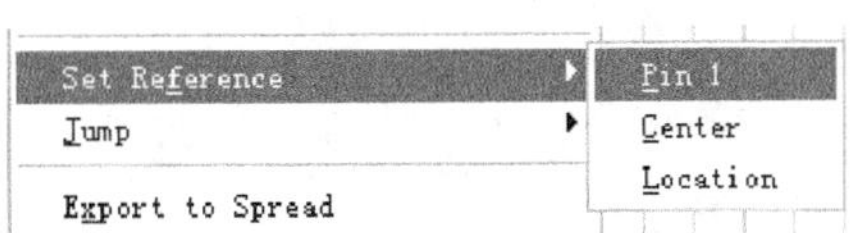

设置元器件封装参考点的菜单命令

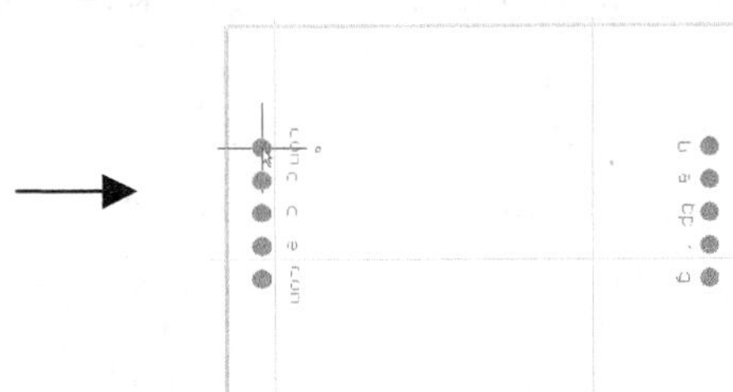

放置数码管时的状态

图 6-74　设置元器件封装的参考点

6.8 小结

本章介绍了利用系统提供的生成向导创建元器件封装和手工创建元器件封装的方法。

- 制作元器件封装基础知识：介绍了元器件封装和元器件封装库文件等概念，以及制作元器件封装的基本方法和流程。
- 新建元器件封装库文件：制作元器件封装之前，必须先创建一个放置元器件封装的库文件。
- 利用生成向导创建元器件封装：详细介绍了利用生成向导创建元器件封装的具体操作步骤。
- 手工制作元器件封装：着重介绍了环境参数的设置、元器件外形的绘制和焊盘间距调整等操作，并通过实例详细介绍了手工制作元器件封装的步骤和操作过程。

6.9 习题

1．填空题

（1）在创建元器件封装之前，首先应当________，用于________。

（2）在 Protel 99 SE 中，制作元器件封装的方法有两种：一是________；二是________。

（3）元器件封装的外形指的是________。

（4）根据放置元器件工作层面的不同，可将元器件外形分为________和________两类，前者是________，而后者是________。

（5）要新建一个元器件封装，需要在 PCB 元器件库编辑环境下运行________命令。

2．选择题

（1）元器件封装库是用来放置元器件封装的设计文件，在 Protel 99 SE 中其后缀名称为（　　）。

A．“.Lib”　　B．“.Sch”　　C．“.Pcb”

（2）编辑自定义元器件封装形式时，元器件的外形轮廓一般绘制在（　　）板层上。

A．【Top Overlay】　　B．【Bottom Overlay】　　C．【KeepOut Layer】

3．创建一个元器件封装库文件。

4．利用生成向导创建的元器件封装具有什么样的特点？

5．手工创建的元器件封装具有什么样的特点？

6．在手工创建元器件封装的过程中，怎样快速、准确地绘制元器件的外形和调整焊盘的间距？

第7章 电路板设计典型综合实例

通过前面的学习，我们已经熟悉了电路板设计的全过程，能够比较轻松地完成电路板设计了。为了巩固学习成果，提高用户在实战中设计电路板的能力，本章将介绍两个典型的电路板设计实例，即基于 PT2262 和 PT2272 收发编码、解码电路的无线电收发系统和 DC/DC 变换器。基于 PT2262 和 PT2272 收发编码、解码电路的无线电收发系统的电路板分别如图 7-1 和图 7-2 所示。DC/DC 变换器的电路板如图 7-3 所示。

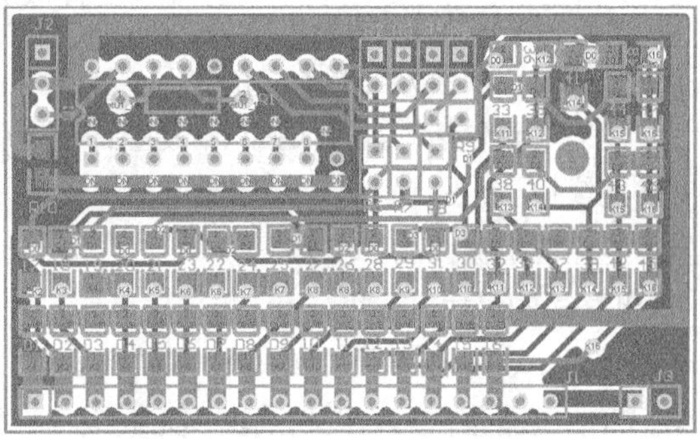

图 7-1　发射电路的电路板

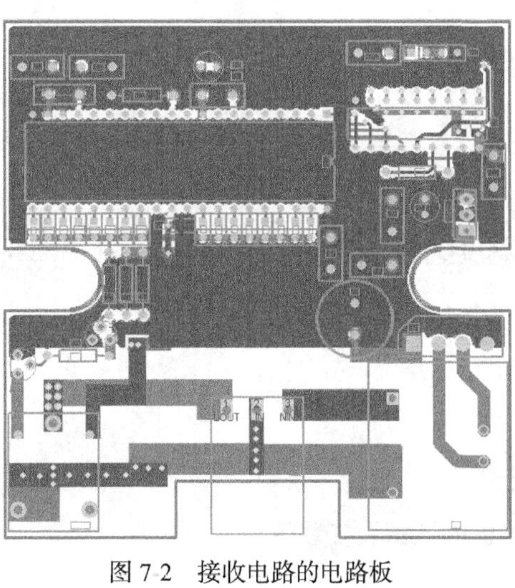

图 7-2　接收电路的电路板

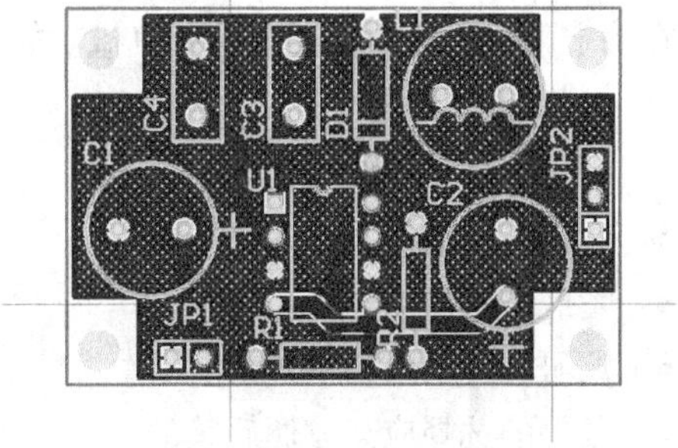

图 7-3　DC/DC 变换器的电路板

7.1 发射与接收电路设计实例

在设计电路板之前，应当对电路板的电气功能进行深入的了解，尽量做到万无一失，保证电路板电气功能正确无误。

本实例包括无线电发射电路和无线电接收电路的设计，其结构示意图如图 7-4 所示。

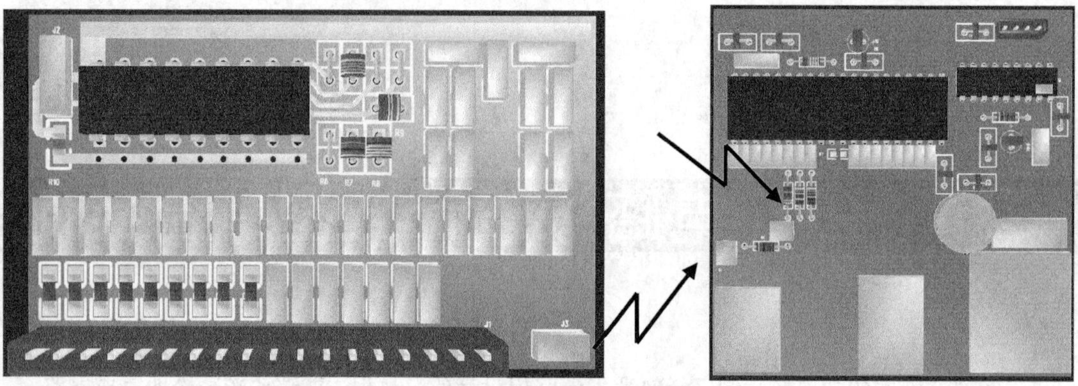

图 7-4　无线电收发电路示意图

下面分别介绍两部分电路的功能。

（1）发射电路包括键盘输入接口、键盘编码电路、无线发送编码电路、无线发送模块和电源接口等功能模块。

发射电路的机械性能要求如下。

- 电路板的尺寸尽量小。
- 安装方式采用指定位置的单个安装孔安装。

（2）接收电路包括无线接收模块、无线接收解码电路、单片机电路、交流 220 V 输入接口、电源电路、执行电路和输出接口等功能模块。

接收电路的机械性能要求如下。

- 考虑高压绝缘性能。
- 电路板尺寸和安装方式是根据指定机盒而定的。

7.1.1 芯片选型

在确定了电路板的电气功能和机械功能之后，就可以进行芯片选型的工作了。芯片选型的原则如下。

- 满足电气功能的要求。
- 考虑芯片的封装形式。
- 考虑芯片的成本。
- 调研芯片的市场供货情况。
- 硬件的选择应当方便后续的软件设计、电路板的调试及安装等。
- 综合考虑芯片的性价比和安装调试。

在本实例中，综合考虑芯片的性能、封装、价格、供货渠道，利用现有的知识对电路进行设计。发射电路的原理图设计如图 7-5 所示，接收电路的原理图设计如图 7-6 所示。

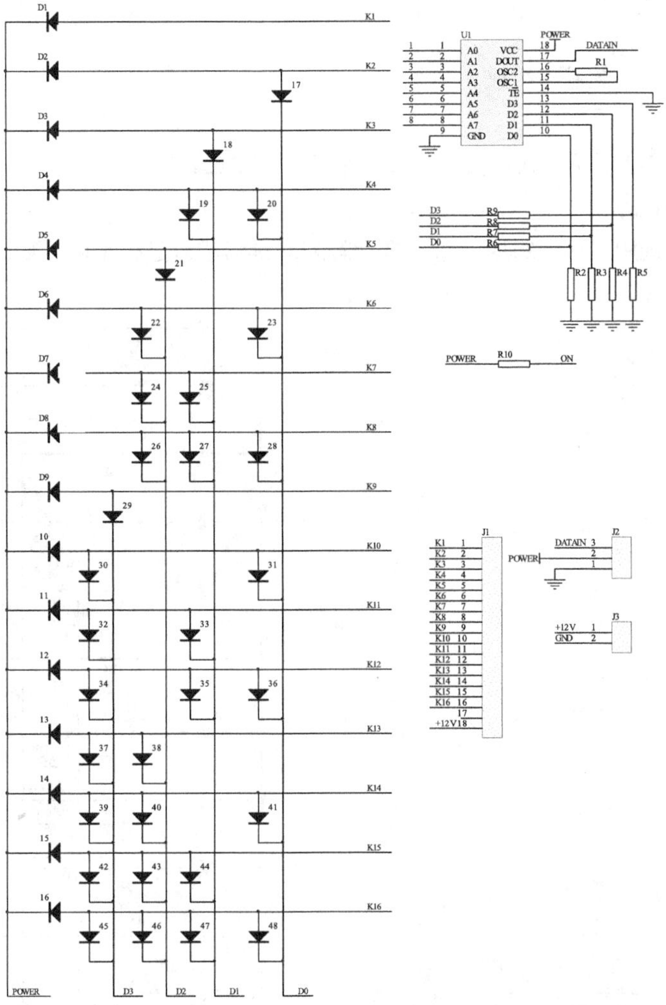

图 7-5　设计好的发射电路原理图

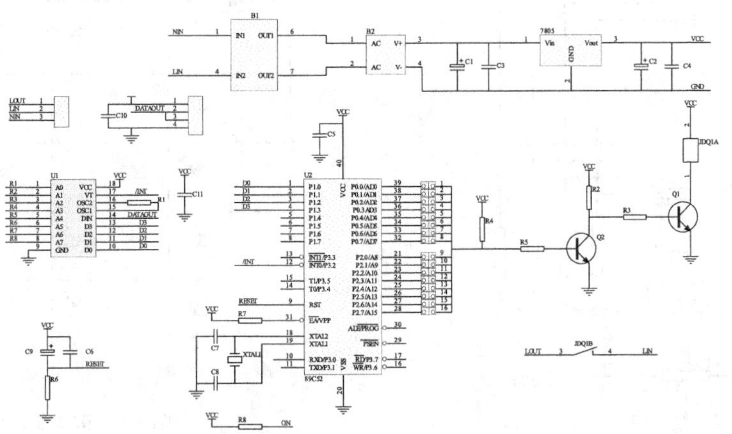

图 7-6　设计好的接收电路原理图

下面将分别对两部分电路进行介绍。

7.1.2 发射电路

下面介绍发射电路的基本组成。

1．编码电路

编码电路如图 7-7 所示，在此实例中编码电路选用 PT2262。

2．键盘编码电路

键盘编码电路选用二极管组成一个二极管阵列对键盘输入进行编码，如图 7-8 所示。

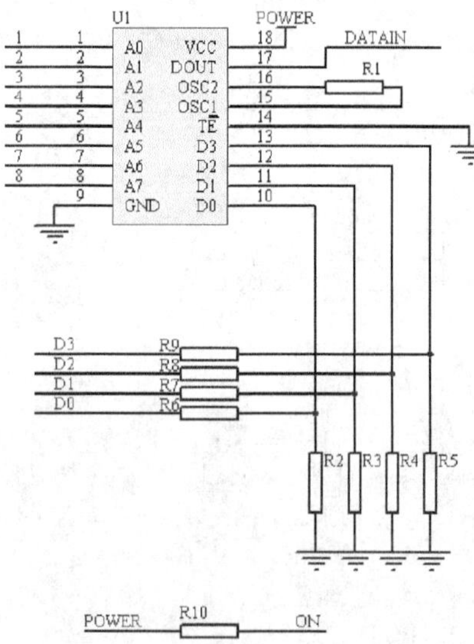

图 7-7 编码电路

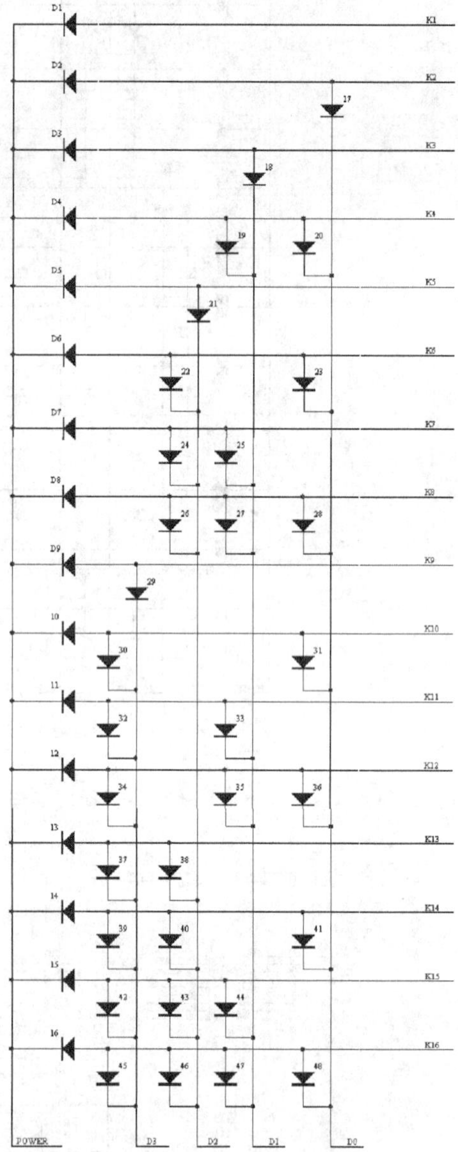

图 7-8 键盘编码电路

在该键盘编码电路中，由多个二极管组成的阵列最多可对 16 个按键进行编码。

3．信号发射模块

信号发射模块的引脚分布如图 7-9 所示。

键盘输入接口和电源输入接口的引脚分布如图 7-10 所示。

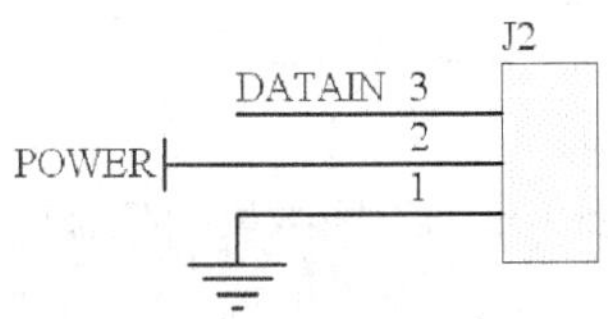

图 7-9　信号发射模块的引脚分布图

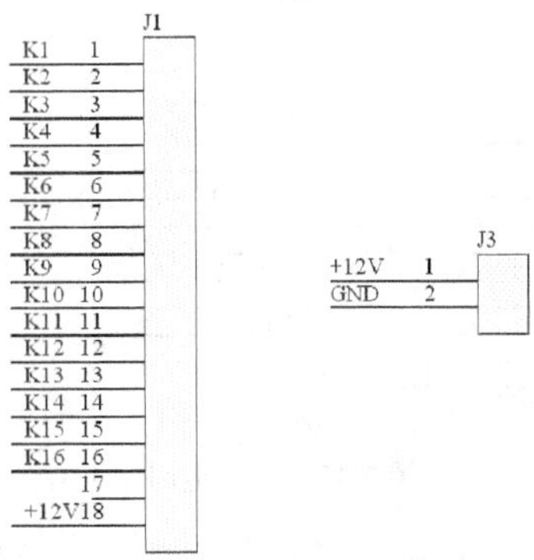

图 7-10　键盘输入接口和电源输入接口的引脚分布图

7.1.3　接收电路

下面介绍接收电路的基本组成。

1．CPU 电路

接收电路中的 CPU 处理器选用 Atmel 公司生产的 51 系列单片机 AT89C52，其电路如图 7-11 所示。

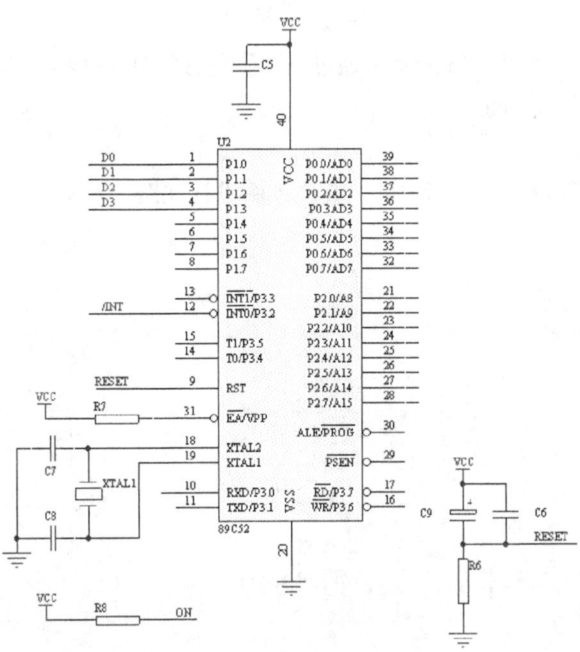

图 7-11　CPU 及其外围电路

2．解码电路

解码电路如图 7-12 所示。

解码电路中的解码芯片选用 PT2272-L4。

3．信号接收模块

信号接收模块的引脚分布如图 7-13 所示。

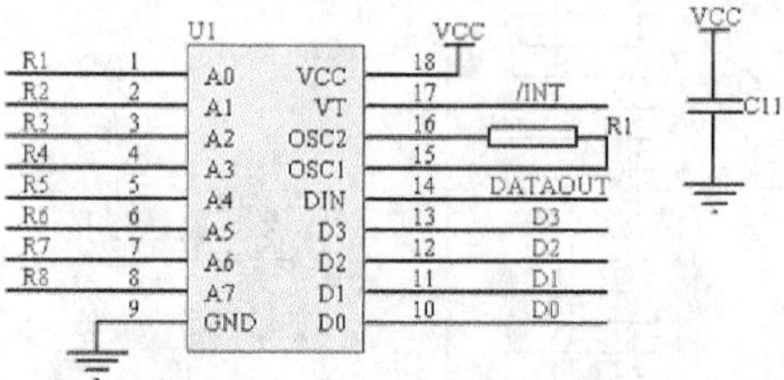

图 7-12　解码电路

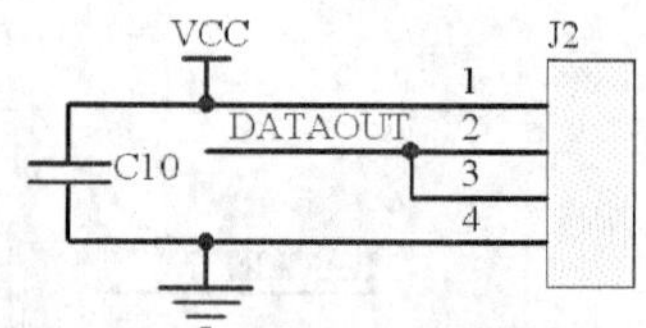

图 7-13　信号接收模块的引脚分布图

4．电源电路

电源电路如图 7-14 所示。

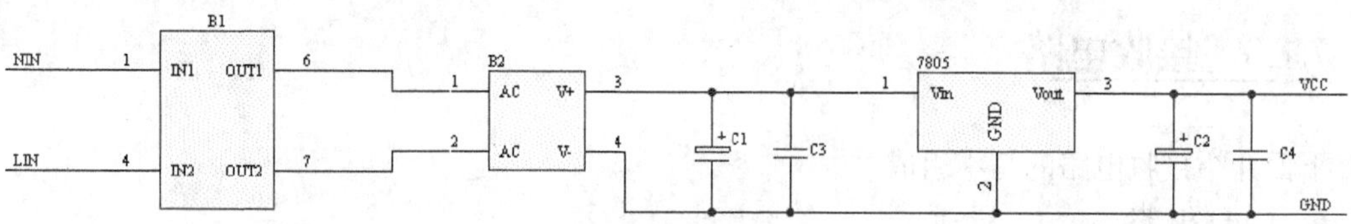

图 7-14　电源电路

电源电路由变压器 B1、整流桥 B2 和三端稳压源 LM7805 等元器件组成。

5．接口电路

输入和输出接口电路如图 7-15 所示。通过三引脚的接插件 J1 输入 220 V 交流市电（LIN 和 NIN），并输出高压控制线 LOUT。

6．驱动执行电路

接收电路中包含一路继电器执行电路，其原理图设计如图 7-16 所示。

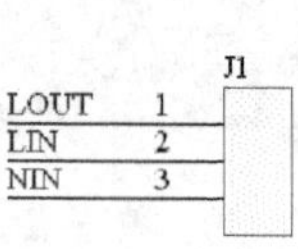

图 7-15　输入和输出接口电路

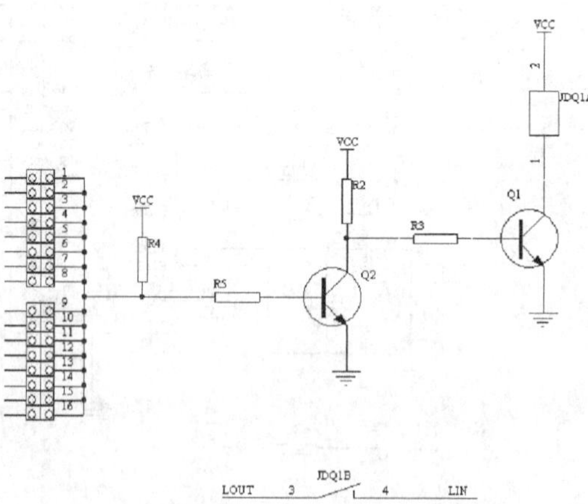

图 7-16　驱动执行电路

7.1.4　发射电路的电路板设计

芯片选型工作完成后，就可以进行电路板的设计了。下面分别介绍发射电路和接收电路两大部分电路板的设计知识。

首先介绍发射电路的电路板设计。

1．原理图符号的设计

本实例中需要绘制的是编码电路 PT2262 和信号发射模块的原理图符号。

原理图符号的绘制请参考本书的相关章节，这里就不再叙述了。需要注意的是，绘制原理图符号时元器件的引脚可以不按顺序放置，但是必须使原理图符号的引脚序号和元器件封装的焊盘序号一一对应。

2．绘制原理图

绘制原理图主要有两种方法，一种是一边放置元器件一边进行连线，另一种是放置完元器件后再进行连线。一边放置元器件一边进行连线的方法可以使电路图局部连线比较整齐，但是需要多次放置同一类元器件，操作相对烦琐一些。放置完元器件再进行连线的方法往往难以估计连线的空间，需要频繁地移动元器件和调整图纸布局。因此，在电路板设计中经常采用第 1 种方法来绘制原理图。

（1）绘制原理图的技巧。在绘制原理图之前，先介绍几点绘制原理图的实用技巧。

- 用网络标号代替导线。当导线跨度的图纸空间较大，或与其他导线交错较多时，用网络标号代替直接的导线连接，可以简化连线的工作，美化图纸。
- 旋转原理图符号的方向，找一个最合适的方位，有助于连线和图纸美观。
- 绘制原理图时，一般先将电路图按电气功能分成功能块，再按照电气功能的主次顺序绘制功能单元块。如果用户对电路图的结构不是特别了解，也可以按照草图的顺序进行绘制，如按照从左至右、从上至下的顺序来绘制。

一般来讲，原理图中电路板的引出线与接插件的连线较长，往往使用网络标号连接。

本实例中，原理图可以分成如下功能块。

- 二极管阵列。
- 编码电路。
- 发射模块和输入接口电路。

（2）绘制原理图的具体方法。根据电气功能的主次关系或者是信号流程来确定绘制原理图的顺序。本实例中先绘制编码电路，然后绘制二极管阵列，最后绘制接口电路。

下面介绍原理图的绘制过程。

① 创建一个新的设计数据库文件，并命名为“遥控.ddb”。

② 创建一个原理图文件，并且将原理图文件命名为“发射电路.Sch”。

③ 设置原理图设计的环境参数。

④ 载入元器件的原理图库。本实例中，除了需要载入常用原理图库外，还需要载入刚才创建的“发射电路.lib”原理图库。

⑤ 绘制编码电路及其外围电路。

- 执行菜单命令【Place】|【Part】，放置编码电路的原理图符号，系统打开【Place Part】（放置元器件）对话框。在该对话框中可以对【Lib Ref】（原理图符号的名称）、【Designator】（元器件的序号）、【Part Type】（元器件类型）和【Footprint】（元器件封装）进行设置，如图 7-17 所示。

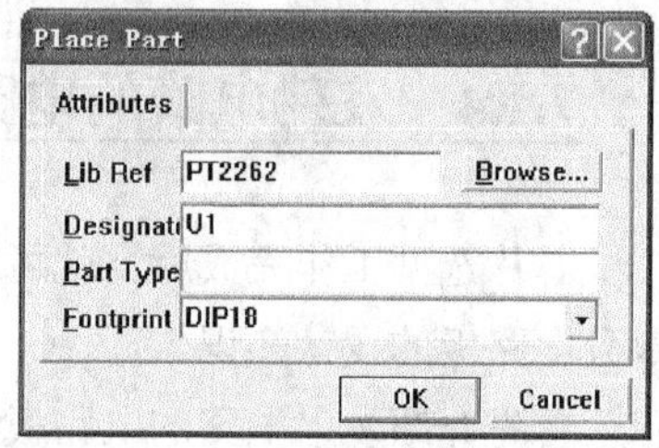

图 7-17 放置 CPU 原理图符号对话框

- 单击 OK 按钮，将原理图符号放置到工作窗口中，结果如图 7-18 所示。
- 放置其外围元器件，并调整元器件之间的位置，尽量使各元器件之间的连线最简洁、交叉最少，结果如图 7-19 所示。

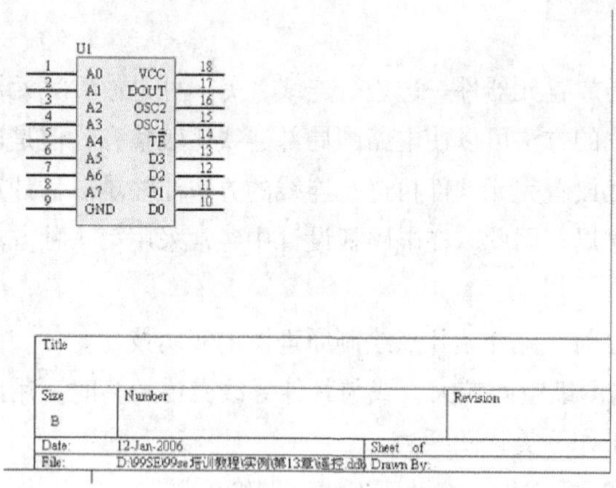

图 7-18 放置编码电路原理图符号的结果

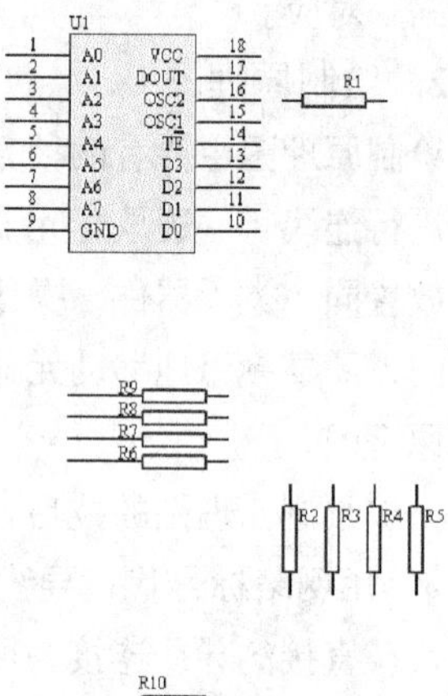

图 7-19 放置好外围元器件的结果

- 根据元器件之间的电气连接进行布线，较远的和交叉较多的导线尽量用网络标号替代，结果如图 7-20 所示。
- 放置电源和接地符号，结果如图 7-21 所示。

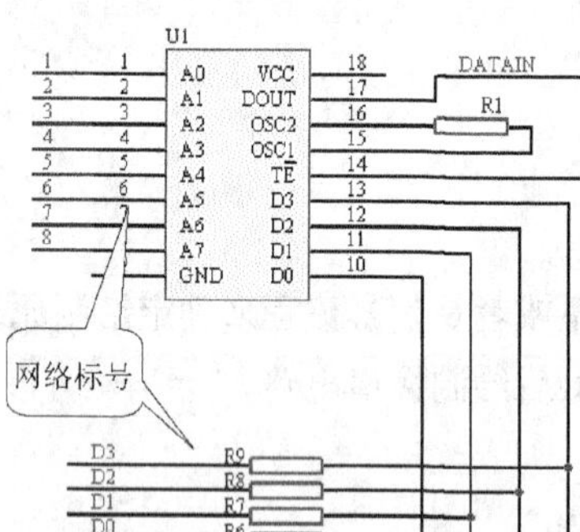

图 7-20 元器件布线的结果

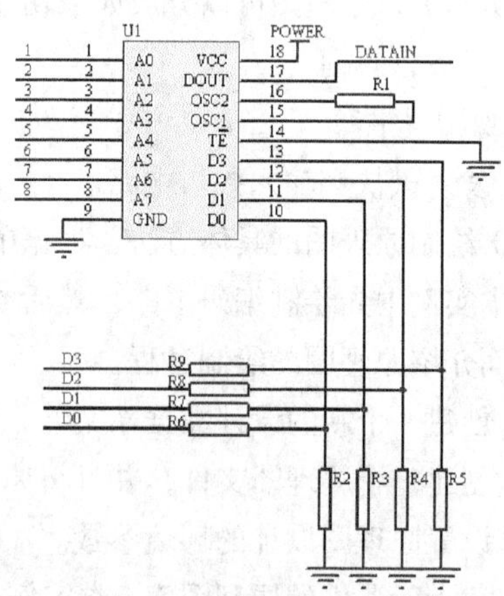

图 7-21 放置电源和接地符号后的结果

- 将绘制好的编码电路移到图纸上的适当位置，以方便后面的原理图设计。

（6）重复步骤 5 的操作，放置原理图的其他功能模块，最终的结果如图 7-22 所示。

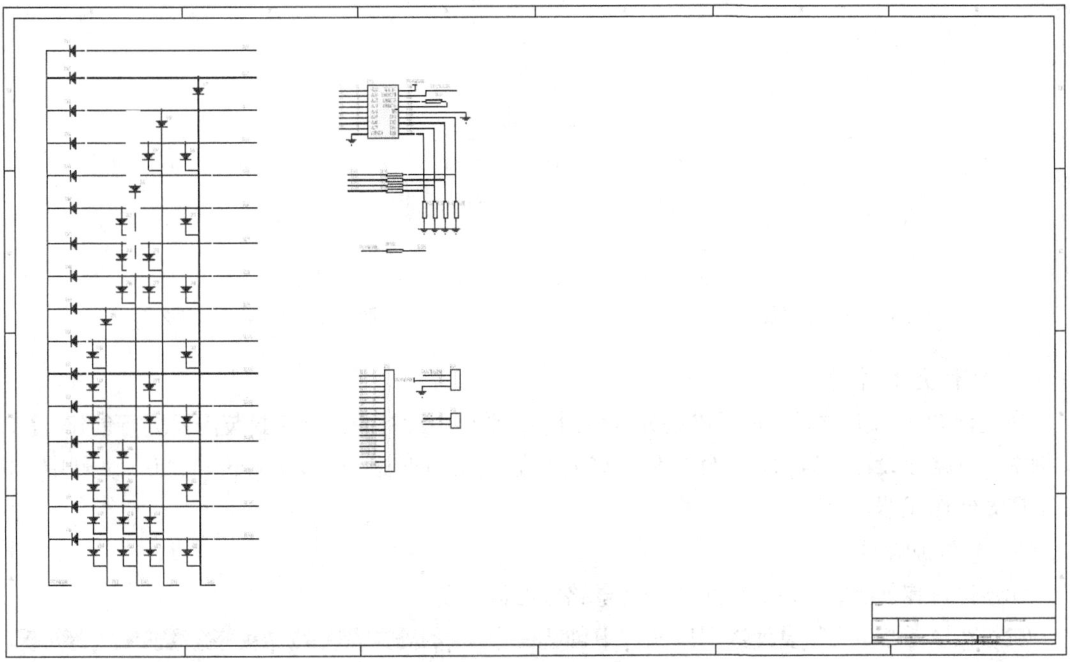

图 7-22　绘制好的原理图

（7）调整图纸的大小，使之适合原理图的大小。在图纸区域外的空白区域双击鼠标左键，打开【图纸参数设置】对话框，如图 7-23 所示。

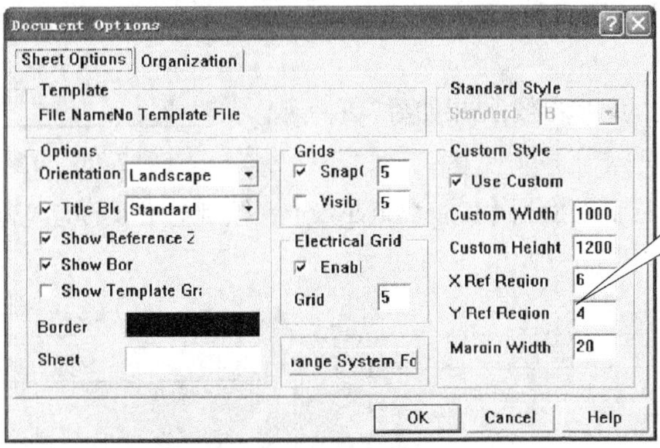

图 7-23　【图纸参数设置】对话框

（8）在图 7-23 所示的【图纸参数设置】对话框中修改图纸参数，然后单击 OK 按钮。

（9）对原理图设计进行 DRC，结果如图 7-24 所示。

检验结果表明，原理图设计正确无误。如果系统提示错误，则应根据系统的提示对原理图设计进行修改，直至系统不报错。

（10）生成网络表文件，结果如图 7-25 所示。

至此，原理图设计阶段的工作基本完成，接下来介绍 PCB 的设计。

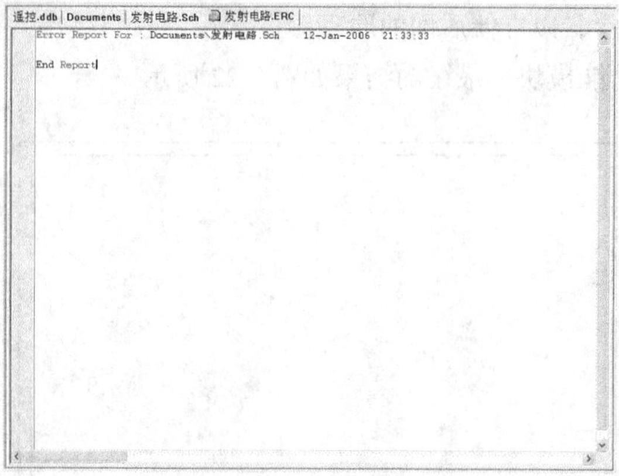

图 7-24 编译原理图

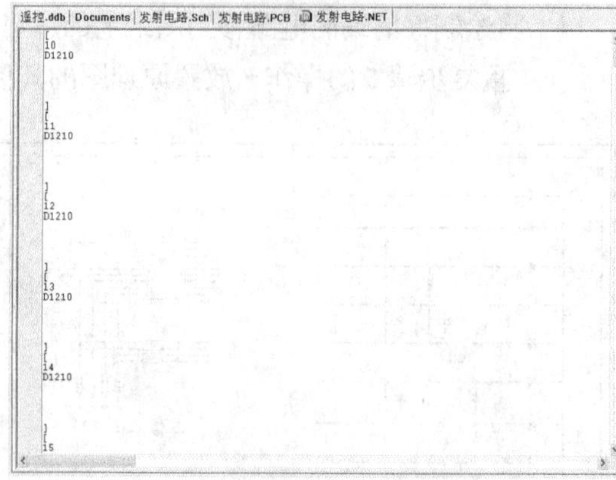

图 7-25 生成网络表文件

3．制作元器件封装

在进行 PCB 设计之前，需要准备元器件封装，系统中没有的元器件封装需要进行创建。在本实例中，电路板设计所需的元器件封装全都包含在“Advpcb.ddb\PCB Footprints.lib”文件中，因此不需要制作元器件封装。

4．电路板设计

元器件封装创建完成后，就可以进行电路板的设计了。

（1）在“遥控.ddb”设计数据库文件中创建一个 PCB 文件，并将文件命名为“发射电路.PCB”。

（2）设置电路板的工作层面。

（3）选择电路板的类型，在本实例中将电路板的类型设置为双面板。

① 打开常用的工作层面，并设置工作层面的显示参数。

② 设置 PCB 编辑器的环境参数，结果如图 7-26 所示。

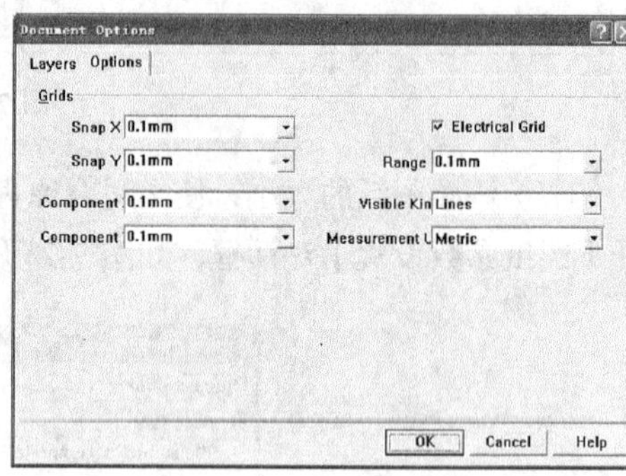

图 7-26 设置 PCB 编辑器的环境参数

（4）规划电路板。

① 将电路板的工作层面切换到【KeepOutLayer】，绘制电路板的电气边界，结果如图 7-27 所示。

② 放置安装孔，结果如图 7-28 所示。

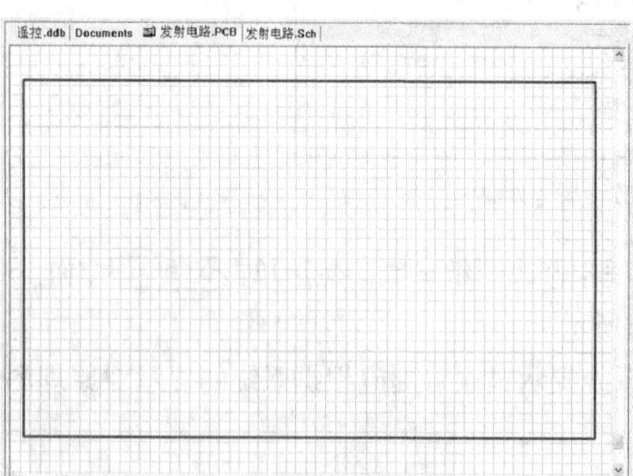

图 7-27 绘制电路板的电气边界

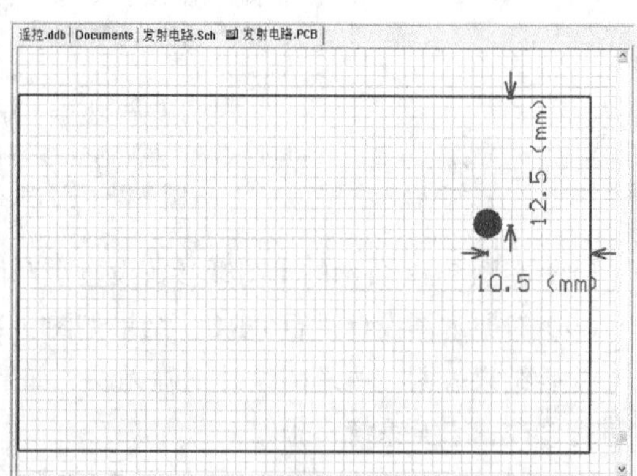

图 7-28 放置安装孔后的电路板

本实例中安装孔的尺寸和数目是根据安装电路板的机盒来确定的。

（5）在 PCB 编辑器中，载入所需的元器件封装库文件。

（6）载入网络表和元器件封装。在 PCB 编辑器中，执行载入元器件封装和网络表的菜单命令，载入元器件封装和网络表的结果如图 7-29 所示。

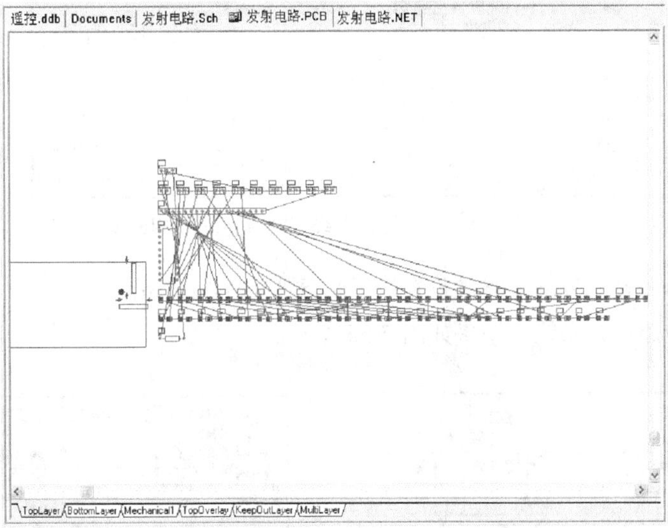

图 7-29　载入元器件封装和网络表的结果

（7）元器件布局与电路板布线。由于本实例中要求电路板的尺寸尽量小，放置元器件时在保证元器件之间互不干涉的情况下，应当尽量密布元器件，因此考虑采用手动布局方法，而且是一边布局一边布线进行电路设计，即整个电路板的元器件布局和电路板布线都采用手工方法。

① 对整图进行分析，找出关键元器件。在本图中，编码电路是核心的电路，因此把元器件 U1 作为关键元器件。

② 设置电路板布线设计规则。设置好的安全间距限制设计规则如图 7-30 所示，布线宽度限制设计规则如图 7-31 所示。

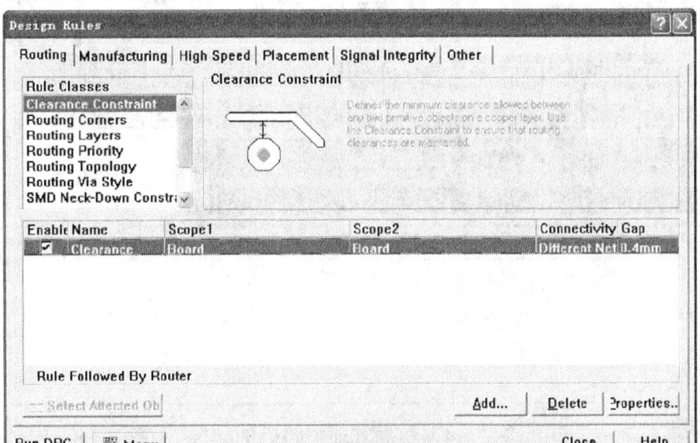

图 7-30　设置好的安全间距限制设计规则

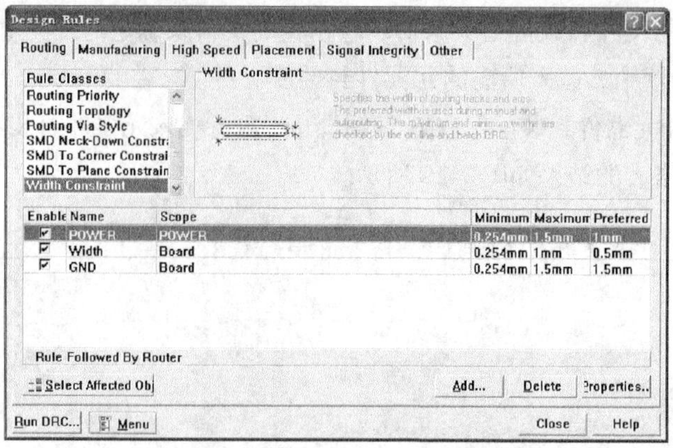

图 7-31　设置好的布线宽度限制设计规则

③ 对关键元器件及其外围电路进行布局，结果如图 7-32 所示。

④ 对这部分电路进行布线，结果如图 7-33 所示。

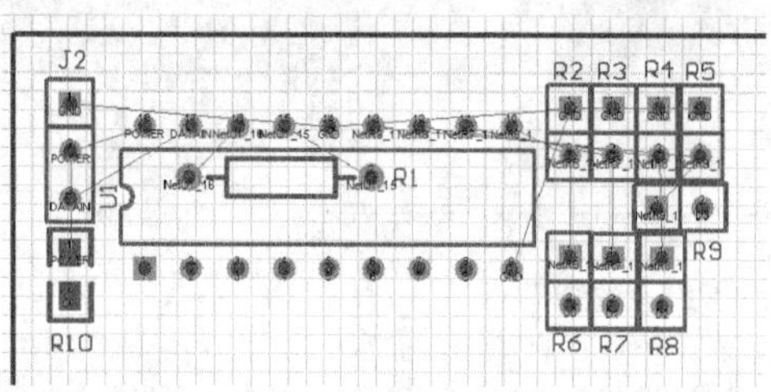

图 7-32　对关键元器件及其外围电路进行布局

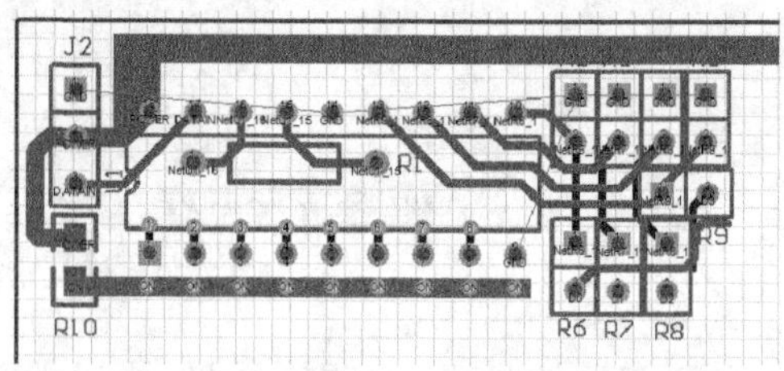

图 7-33　元器件自动布线的结果

⑤ 根据元器件之间的网络连接关系，布局其他的元器件，结果如图 7-34 所示。

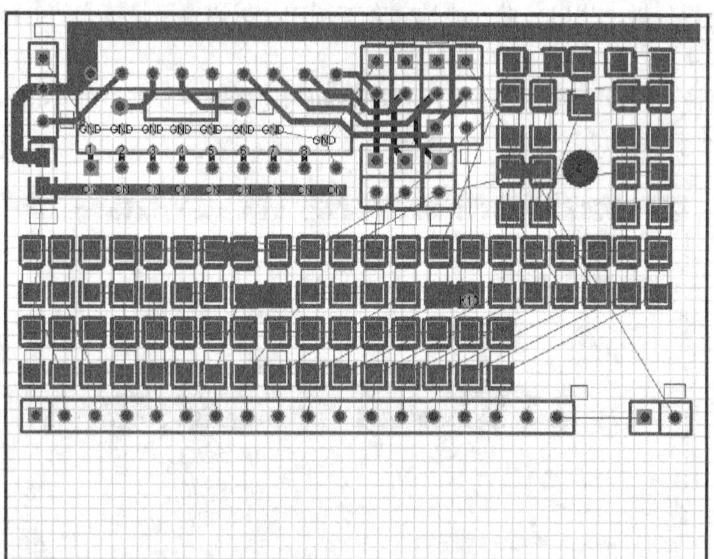

图 7-34　布局其他电路后的结果

⑥ 调整电路板的电气边界，结果如图 7-35 所示。

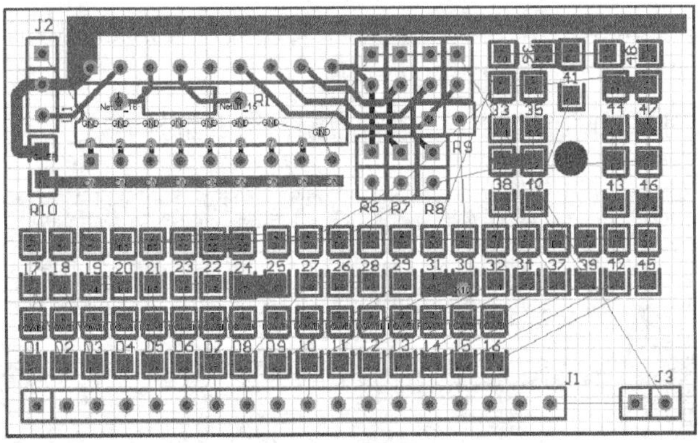

图 7-35　调整电路板的电气边界

⑦ 生成 3D 效果图，观察装配时元器件之间是否相互干涉，如果有，则进行调整。生成的 3D 效果图如图 7-36 所示。

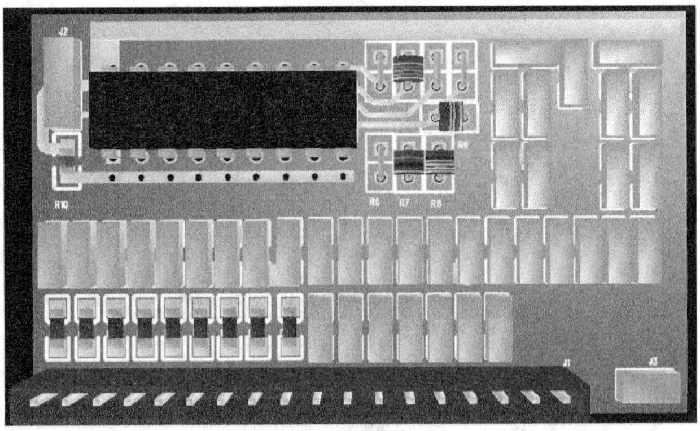

图 7-36　3D 效果图

由 3D 效果图可见，电路上各元器件之间没有安装尺寸上的冲突，因此可以考虑对剩下的元器件进行布线。

⑧ 对剩下的电路板进行布线，结果如图 7-37 所示。

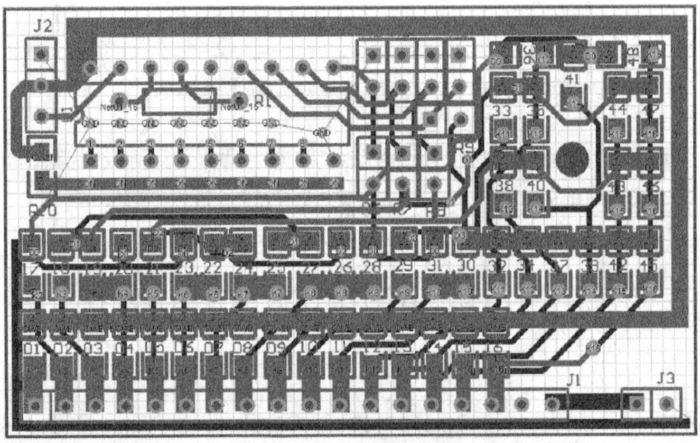

图 7-37　电路板布线的结果

⑨ 修改【Polygon Connect Style】（多边形填充连接方式）设计规则，使地线覆铜后与具有相同网络（GND）的图件直接相连（Direct Connect）。

⑩ 在底层信号层对地线网络“GND”进行覆铜，结果如图 7-38 所示。

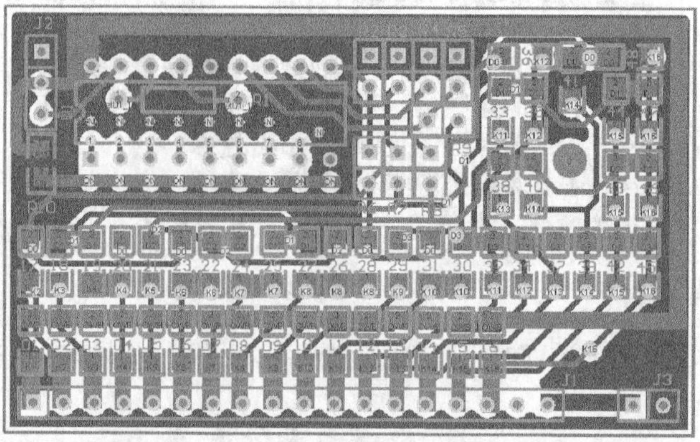

图 7-38　地线网络“GND”的覆铜结果

5．设计规则校验

电路板设计完成后，为了保证电路板设计正确无误，应当进行设计规则校验。

（1）执行菜单命令【Tools】|【Design Rule Check…】，打开【Design Rule Check】（设计校验规则设置）对话框，如图 7-39 所示。

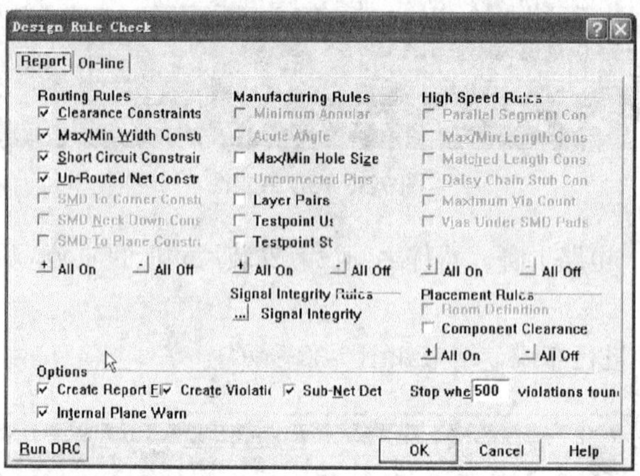

图 7-39 【设计校验规则设置】对话框

本实例中 DRC 的项目主要包括短路限制设计规则、断路限制设计规则、安全间距限制设计规则和导线宽度限制设计规则等 4 项。

（2）单击 Run DRC 按钮，执行设计校验，输出的报告结果如下。

```
Protel Design System Design Rule Check
PCB File : Documents\发射电路.PCB
Date     : 12-Jan-2006
Time     : 22:33:30
Processing Rule : Width Constraint (Min=0.254mm) (Max=1mm) (Prefered=0.5mm) (On the board )
Rule Violations :0
Processing Rule : Clearance Constraint (Gap=0.3mm) (On the board ),(On the board )
Rule Violations :0
```

```
   Processing Rule : Broken-Net Constraint ( (On the board ) )
      Violation        Net GND   is broken into 8 sub-nets. Routed To 0.00%
        Subnet : J2-1
        Subnet : U1-14
        Subnet : J3-2
        Subnet : U1-9
        Subnet : R2-1
        Subnet : R3-1
        Subnet : R4-1
        Subnet : R5-1
   Rule Violations :1
   Processing Rule : Short-Circuit Constraint (Allowed=Not Allowed) (On the board ),(On
the board )
   Rule Violations :0
   Processing Rule : Width Constraint (Min=0.254mm) (Max=1.5mm) (Prefered=1.5mm) (On the board )
   Rule Violations :0
   Processing Rule : Width Constraint (Min=0.254mm) (Max=1.5mm) (Prefered=1mm) (Is on net POWER )
   Rule Violations :0
   Violations Detected : 1
   Time Elapsed       : 00:00:00
```

（3）根据设计校验的报告结果对电路板上的错误进行修改。

（4）重复上面的操作步骤，再次执行设计校验，直到系统不再报错为止。

7.1.5　输出元器件明细表

在电路板设计完成并且设计校验确认正确无误后，为了方便电路板元器件的采购和装配，还应当输出元器件明细表。输出的元器件明细表如图 7-40 所示。

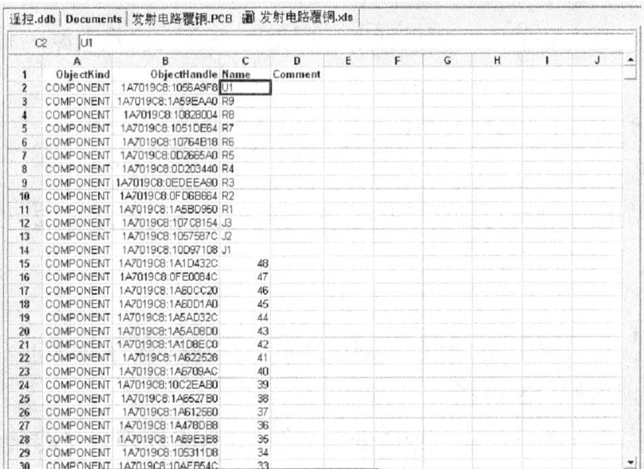

遥控.ddb | Documents | 发射电路覆铜.PCB | 发射电路覆铜.xls

C2　U1

	A	B	C	D	E	F	G	H	I	J
1	ObjectKind	ObjectHandle	Name	Comment						
2	COMPONENT	1A7019C8:1056A9F8	U1							
3	COMPONENT	1A7019C8:1A59EAA0	R9							
4	COMPONENT	1A7019C8:10828004	R8							
5	COMPONENT	1A7019C8:1051DE64	R7							
6	COMPONENT	1A7019C8:10764B18	R6							
7	COMPONENT	1A7019C8:0D2665A0	R5							
8	COMPONENT	1A7019C8:0D203440	R4							
9	COMPONENT	1A7019C8:0EDEEA90	R3							
10	COMPONENT	1A7019C8:0FD6B664	R2							
11	COMPONENT	1A7019C8:1A5BD950	R1							
12	COMPONENT	1A7019C8:107C8154	J3							
13	COMPONENT	1A7019C8:1057587C	J2							
14	COMPONENT	1A7019C8:10D97108	J1							
15	COMPONENT	1A7019C8:1A1D432C	48							
16	COMPONENT	1A7019C8:0FE0084C	47							
17	COMPONENT	1A7019C8:1A60CC20	46							
18	COMPONENT	1A7019C8:1A60D1A0	45							
19	COMPONENT	1A7019C8:1A5AD32C	44							
20	COMPONENT	1A7019C8:1A5AD8D0	43							
21	COMPONENT	1A7019C8:1A1D8EC0	42							
22	COMPONENT	1A7019C8:1A622528	41							
23	COMPONENT	1A7019C8:1A6709AC	40							
24	COMPONENT	1A7019C8:10C2EAB0	39							
25	COMPONENT	1A7019C8:1A6527B0	38							
26	COMPONENT	1A7019C8:1A612560	37							
27	COMPONENT	1A7019C8:1A478DB8	36							
28	COMPONENT	1A7019C8:1A69E3E8	35							
29	COMPONENT	1A7019C8:105311D8	34							
30	COMPONENT	1A7019C8:10AFB54C	33							

Sheet1

图 7-40　输出的元器件明细表

7.1.6　接收电路的电路板设计

前面对发射电路的电路板设计做了较为详细的介绍，着重介绍了电路板的手动布线方法。下面介绍接收电路的电路板设计，将重点介绍交互式的布线方法。

为了方便在同一个设计数据库文件下管理两个不同的电路板设计，在进行接收电路的电路板设计之前，应先在设计数据库文件下的【Documents】文件中新建两个文件夹，以放置发射电路的设计文件和接收电路的设计文件。

（1）执行菜单命令【File】|【New…】，打开【新建设计文件】对话框。

（2）选择【Document Folder】图标，新建一个设计文件管理文件夹，结果如图 7-41 所示。

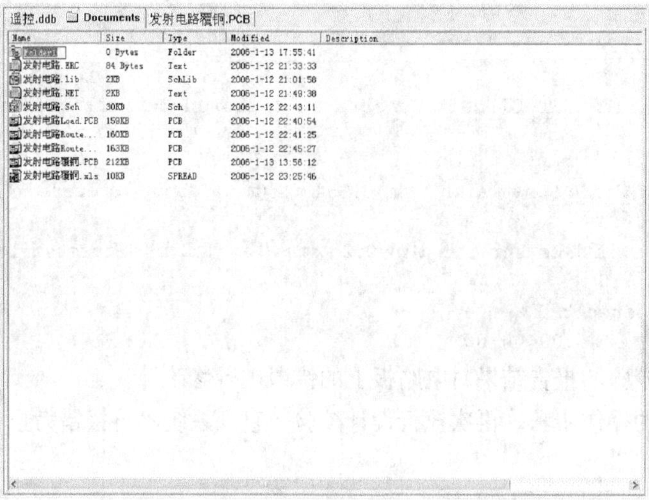

图 7-41　新建的设计文件管理文件夹

（3）将该文件夹重命名为“发射电路”，然后将所有有关发射电路的设计文件移入该文件夹。

（4）重复步骤（1）~步骤（3）的操作，在“Documents”文件夹中再创建一个设计文件管理文件夹，并命名为“接收电路”。

这样就可以开始接收电路的电路板设计了。要把所有有关接收电路的设计文件都放在“接收电路”文件夹下。

下面介绍接收电路电路板设计的过程。

1．设计原理图符号

本实例中需要绘制的原理图符号是单片机 AT89C52、解码电路 PT2272、继电器、变压器、整流桥以及信号发射模块的原理图符号。

2．绘制原理图

本实例中先绘制接收解码电路，然后绘制单片机电路和继电器执行电路，最后绘制电源电路。下面具体介绍原理图的绘制过程。

（1）在“接收电路”文件夹下创建一个原理图文件，并且将原理图文件命名为“接收电路.Sch”。

（2）设置绘制原理图的环境参数。

（3）载入元器件的原理图库。

（4）绘制接收解码电路。

① 放置接收解码电路的原理图符号，结果如图 7-42 所示。

② 调整元器件的位置，尽量使各元器件之间的连线最简洁、交叉最少，然后进行布线，结果如图 7-43 所示。

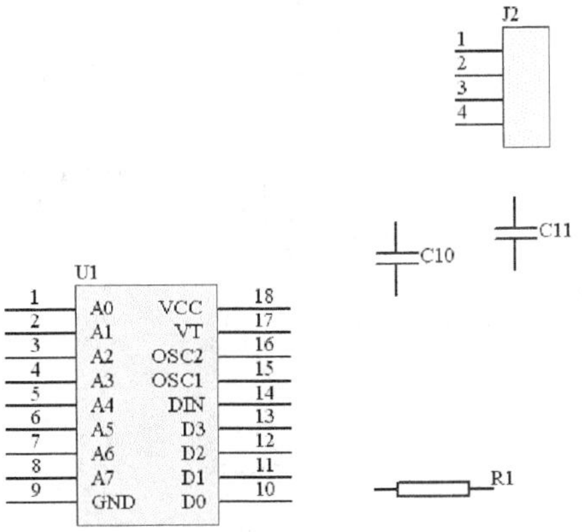

图 7-42　放置接收解码电路的结果

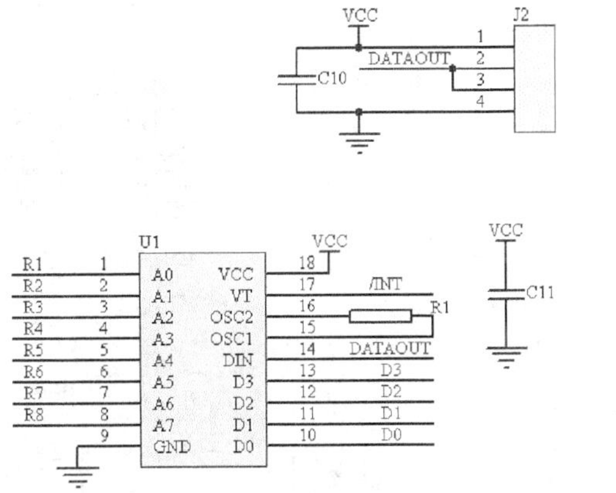

图 7-43　连好导线的接收解码电路

（5）绘制 CPU 电路及继电器执行电路。

① 放置原理图符号，结果如图 7-44 所示。

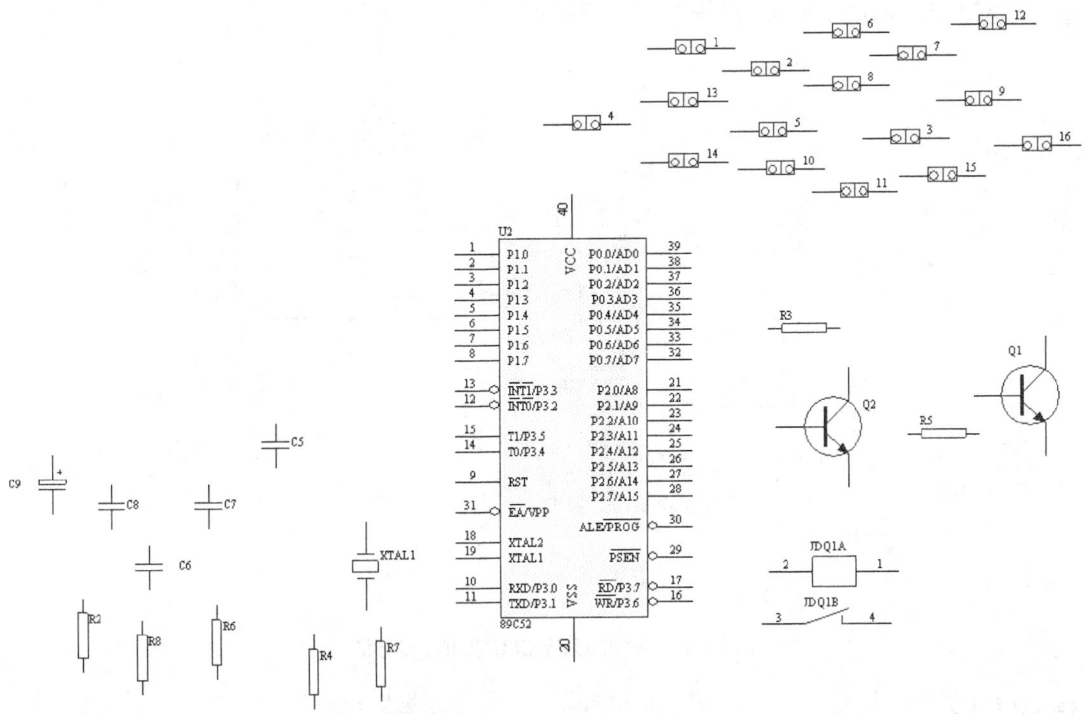

图 7-44　放置好原理图符号的结果

> **要点提示**　一个功能模块电路中相同的元器件可以一次放置完，这样可以避免放置不同类元器件时重复修改元器件的序号和封装，从而可以提高绘制原理图的效率。

② 调整元器件的位置，结果如图 7-45 所示。

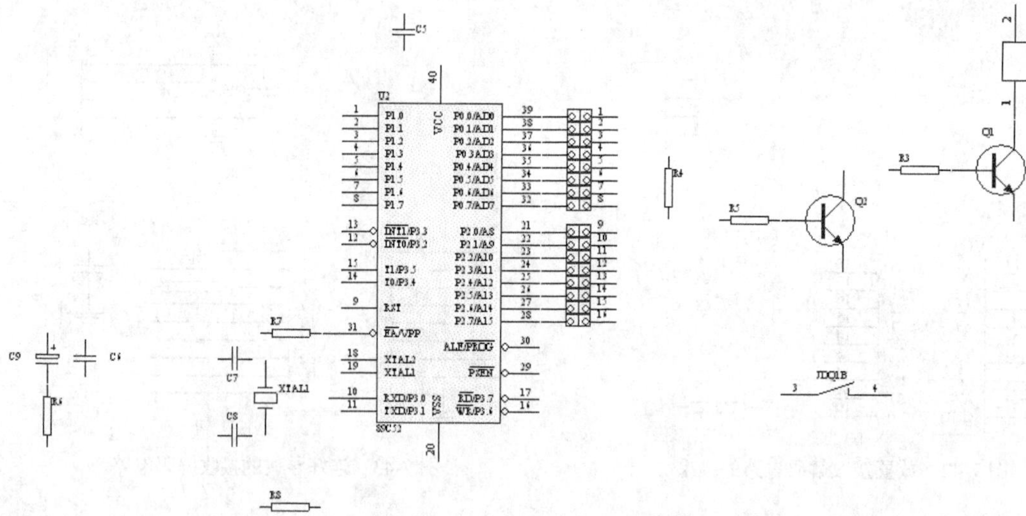

图 7-45　调整元器件位置后的结果

③ 对上述电路进行布线，结果如图 7-46 所示。

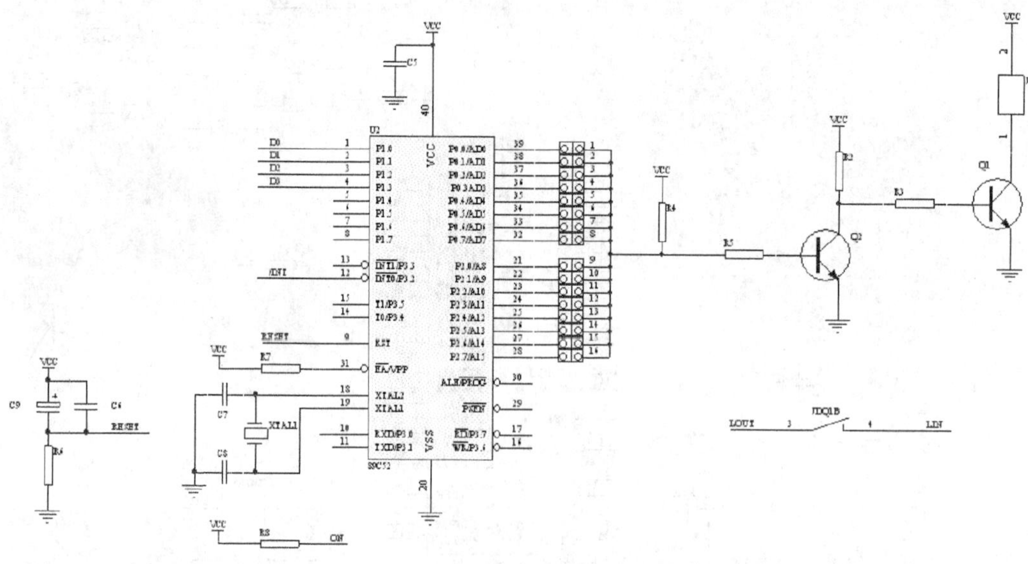

图 7-46　布线的完成 CPU 及继电器电路

要点提示 对于元器件较多的功能模块电路，可以一边调整元器件之间的位置一边进行布线。

（6）绘制剩下的电源电路及接口电路的原理图，并调整图纸的大小，最后的原理图如图 7-6 所示。

（7）对原理图进行设计规则校验，并根据校验结果对原理图进行修改，直至原理图正确无误。

（8）生成网络表文件。

3．制作元器件封装

在进行 PCB 设计之前，需要准备元器件封装，系统中没有的元器件封装需要进行创建。

4．电路板设计

下面进行电路板的设计。

（1）在“接收电路”文件夹下创建一个 PCB 文件，并将文件命名为“接收电路.PCB”。

（2）设置电路板的工作层面。在本实例中将电路板的类型设置为双面板。

（3）设置 PCB 编辑器的环境参数。

（4）规划电路板。将电路板的工作层面切换到【KeepOutLayer】，绘制电路板的电气边界，结果如图 7-47 所示。

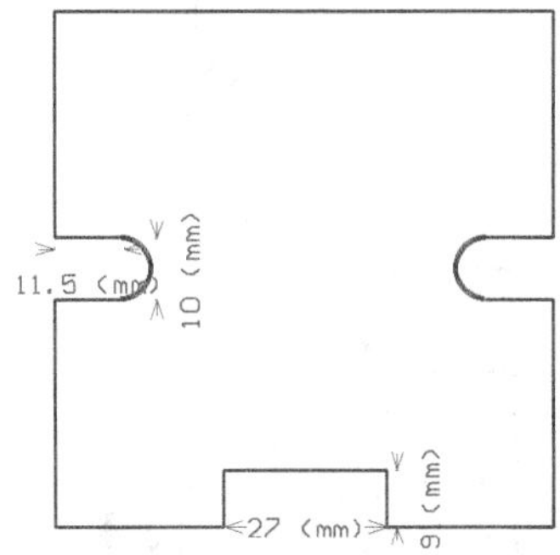

图 7-47　绘制电路板的电气边界

本实例中电路板的外形尺寸和安装要根据电路板的机盒来确定。

（5）载入所需的元器件封装库文件。

（6）在 PCB 编辑器中载入元器件封装和网络表。载入元器件封装和网络表的结果如图 7-48 所示。

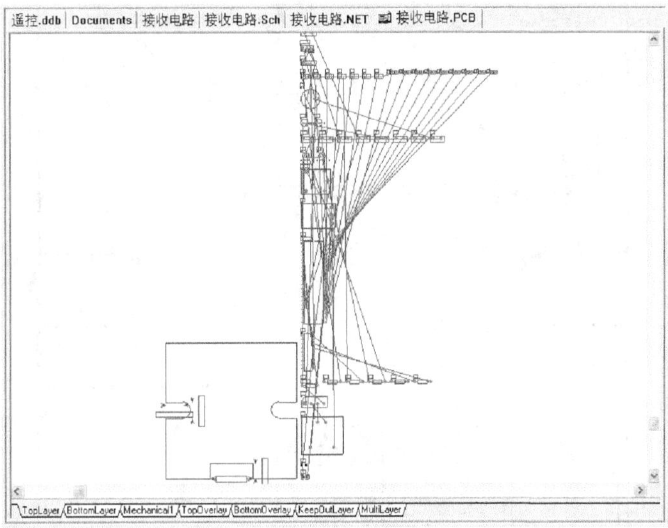

图 7-48　载入元器件封装和网络表的结果

（7）元器件布局。

① 对整个电路图进行分析，找出关键元器件。在本例中，接插件 J1 为关键元器件，这是由接插件与机壳的安装位置决定的，因此应当先放置并锁定该元器件。对该元器件布局的结果如图 7-49 所示。

② 电路板上强弱电共存，为了防止 CPU 元器件 AT89C52 受干扰，可将其作为一个关键元器件，远离强电的输入输出接插件 J1，对 AT89C52 进行布局。布局的结果如图 7-50 所示。

③ 变压器和继电器也是电路板上的关键元器件，合理放置这两个元器件可以降低电路上的电磁干扰，因此将这两个元器件也远离控制电路进行布局，结果如图 7-51 所示。

④ 设置自动布局的设计规则，准备对剩下的元器件进行自动布局。

⑤ 选择自动布局策略，对电路板进行自动布局。选择成组布局策略时，得到的自动布局结果如图 7-52 所示。选择基于统计布局策略时，得到的自动布局结果如图 7-53 所示。

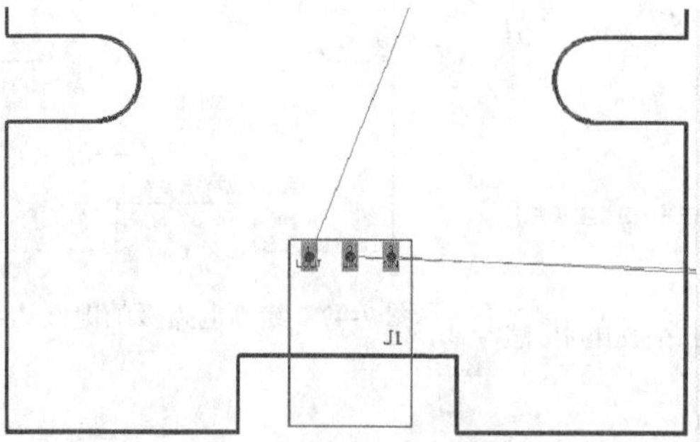

图 7-49　放置并锁定接插件的结果

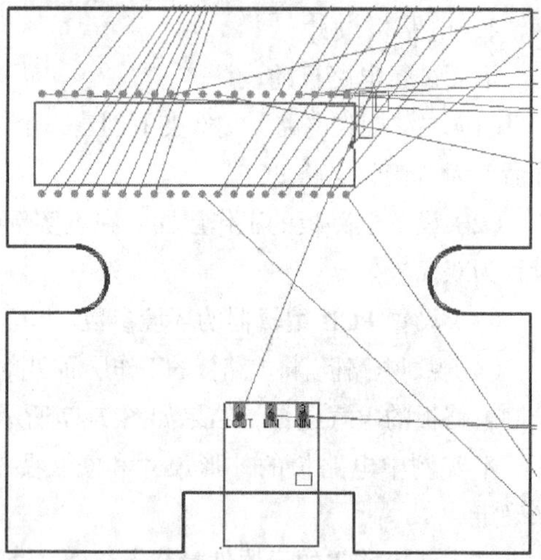

图 7-50　布局 CPU 元器件 AT89C52 的结果

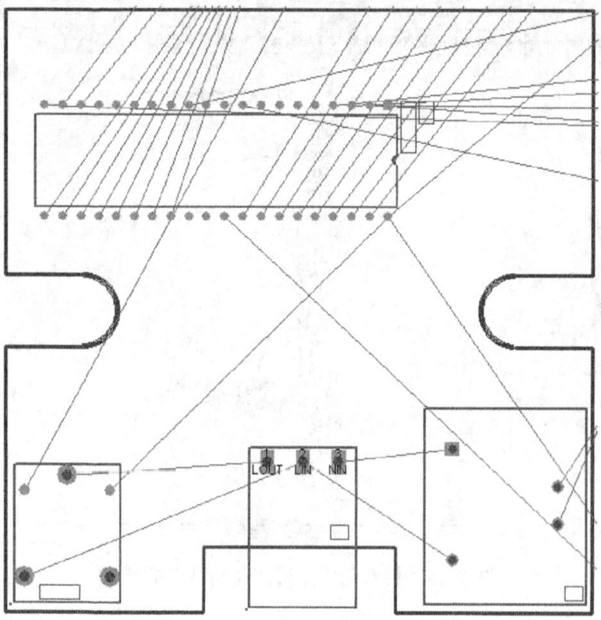

图 7-51　布局完变压器和继电器后的结果

由图 7-52 和图 7-53 中可以看出，元器件自动布局的结果并不理想，并且采用基于统计的布局策略自动布局时还有许多元器件不能放置在电路板的有效空间内，手工调整的工作量相当大。这是因为电路板的元器件数目较多，并且电路板的大小和形状被限制，系统自动布局的功能就显得相对较差，导致自动布局的结果不能令人满意。

对于这种情况，与其自动布局后再进行手工调整，还不如直接采用手动布局的方法对元器件进行布局。下面就介绍元器件手动布局的操作步骤。

（8）元器件的手动布局。

① 分析元器件之间的网络连接关系，从方便以后布线的角度出发确定关键元器件，并对关键元器件及其外围电路进行布局，结果如图 7-54 所示。

② 根据元器件之间的网络连接关系，布局信号接收模块及解码电路，结果如图 7-55 所示。

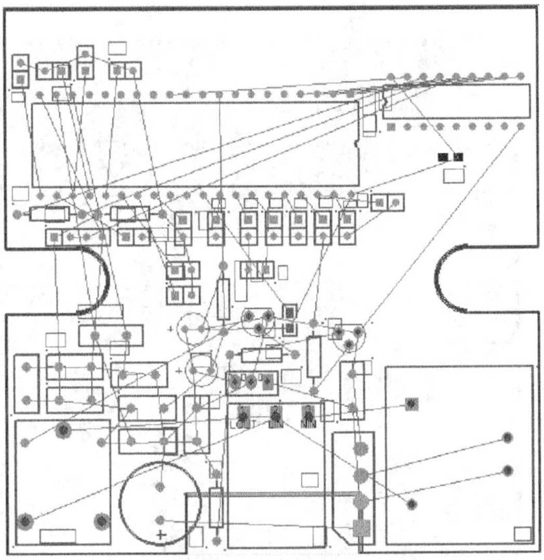

图 7-52　元器件成组自动布局的结果

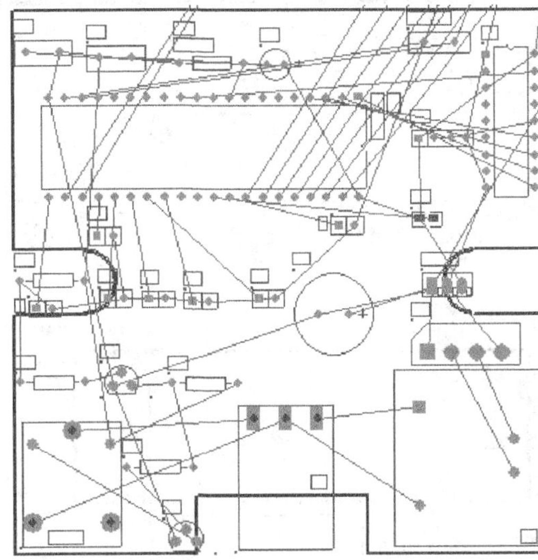

图 7-53　基于统计的自动布局的结果

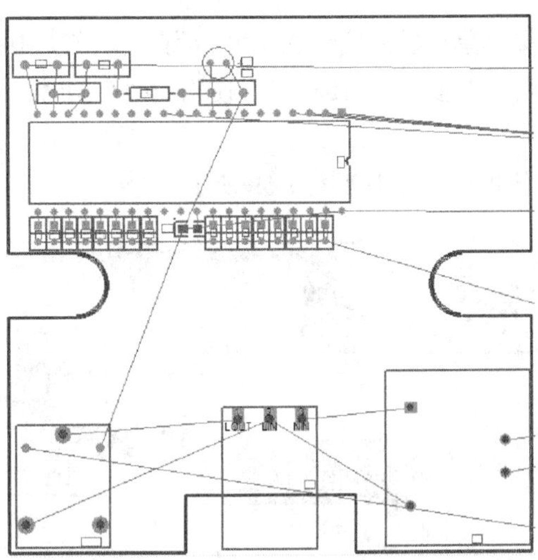

图 7-54　关键元器件布局

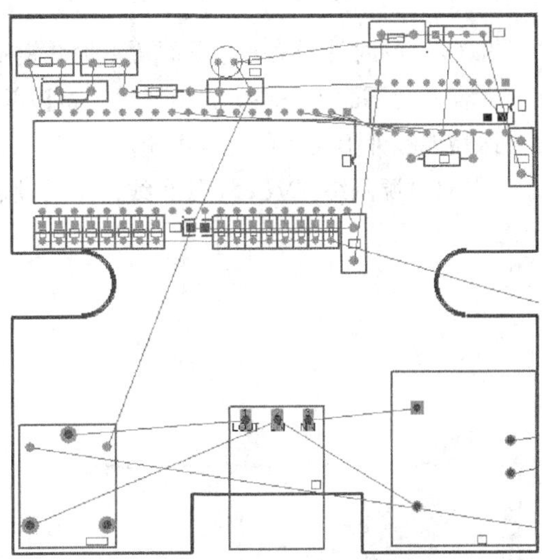

图 7-55　布局完部分电路后的结果

要点提示 在布局元器件时，应当考虑以后布线的方便，使元器件之间的连线最短。

③ 接下来布局电源电路及剩下的元器件，结果如图 7-56 所示。

图 7-56 中方框所包围的区域为强电区，弱电元器件及将来的布线和地线覆铜应当远离这部分元器件，以保证电路板具有一定的绝缘能力。

（9）生成网络密度图分析元器件的布局，并根据网络密度图分析的结果进行调整。

（10）生成 3D 效果图，观察装配时元器件之间是否相互干涉，如果有，则进行调整。生成的 3D 效果图如图 7-57 所示。

（11）电路板布线。

① 根据电路板布线的要求设置布线设计规则。

② 采用手动布线的方法对重要的布线区域进行保护，结果如图 7-58 所示。

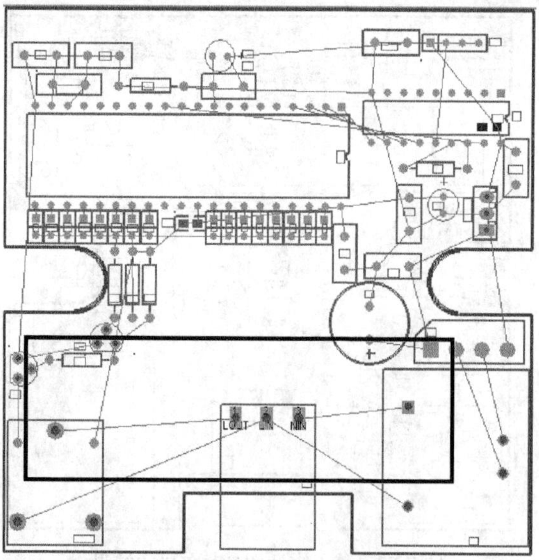

图 7-56　剩余元器件的布局结果

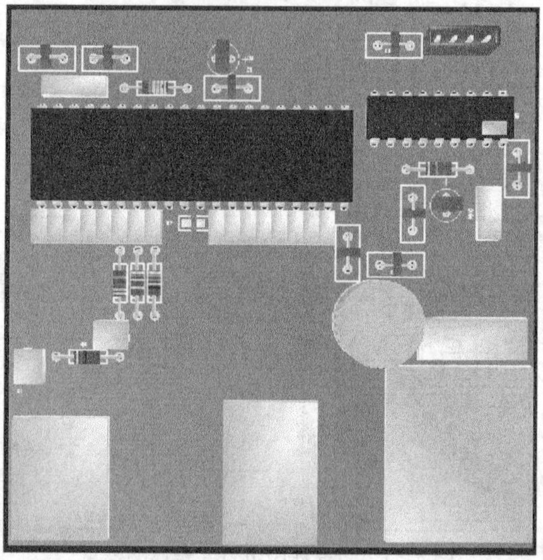

图 7-57　3D 效果图

在 CPU 的时钟振荡电路下面覆上地线铜箔可以提高单片机的抗干扰能力。因此，本实例中在相应元器件的下面（底层）用矩形填充将该部分区域保护起来，以便将来在使用地线覆铜时，该部分区域能够铺上大面积的地线铜箔。

③ 对电源网络“VCC”预布线，然后锁定这些预布线，结果如图 7-59 所示。

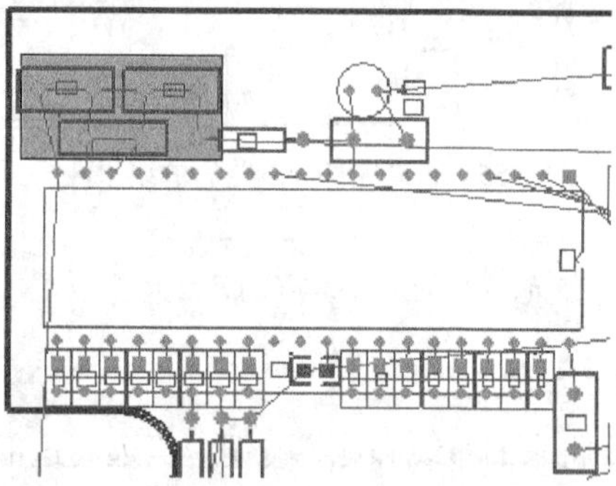

图 7-58　对重要的布线区域进行保护

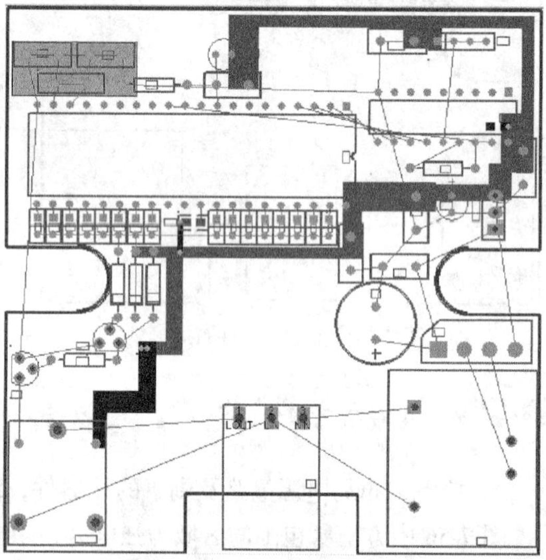

图 7-59　预布线

④ 选择自动布线的策略，然后单击 Route All 按钮，执行自动布线。自动布线的结果如图 7-60 所示。

⑤ 执行菜单命令【Tools】|【Un-Route】|【Net】，取消地线网络的布线，结果如图 7-61 所示。

要点提示　取消地线网络的布线，可以更加方便地对自动布线的结果进行手工调整。

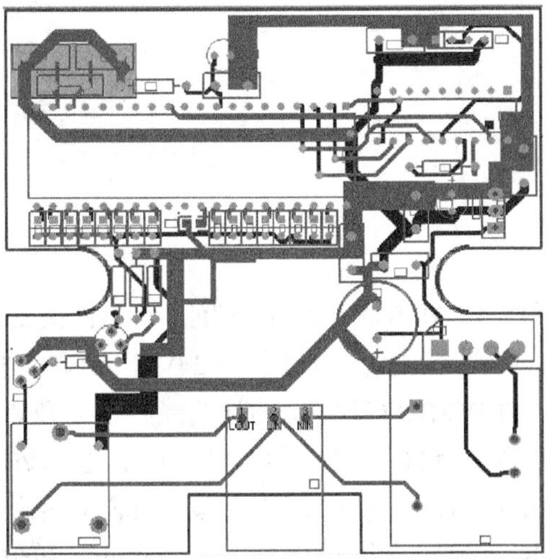

图 7-60　自动布线的结果

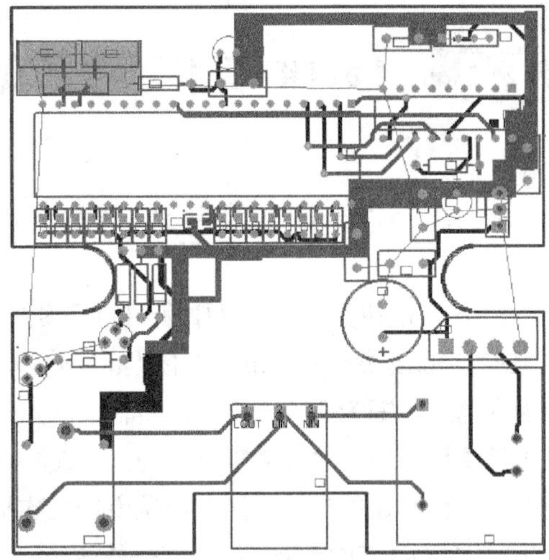

图 7-61　取消地线网络后的布线

⑥ 对自动布线的结果进行手工调整，结果如图 7-62 所示。

> **要点提示** 手工调整主要是加粗了需要过大电流的导线，并且为了保证地线覆铜的面积最大，尽量将导线放置在顶层。

⑦ 取消对重要区域的保护预布线。

⑧ 修改多边形填充的布线规则，使之与具有相同网络的图件直接相连，准备地线网络的覆铜。

⑨ 对地线网络“GND”进行覆铜，结果如图 7-63 所示。

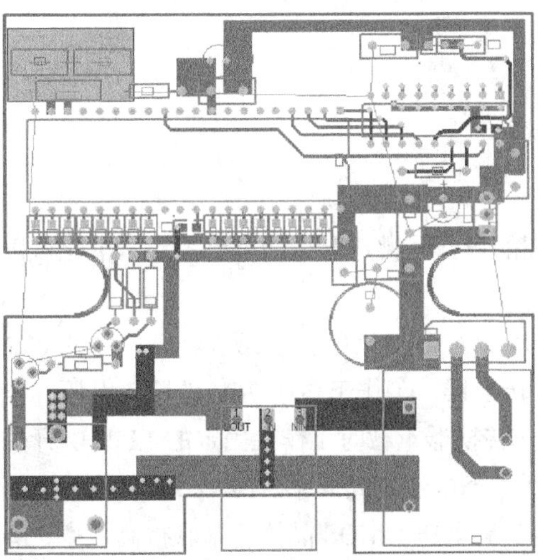

图 7-62　手工调整的结果

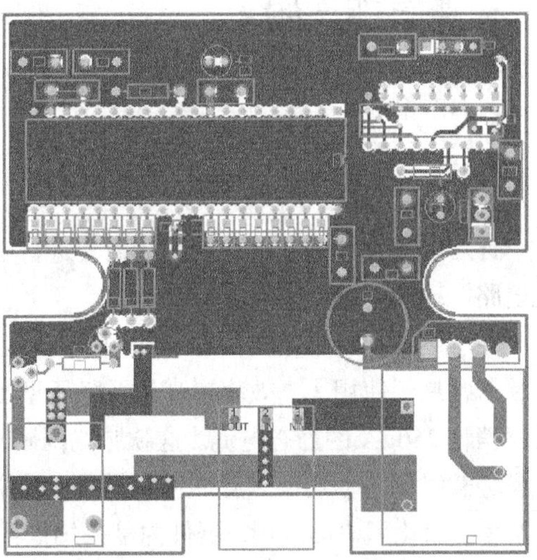

图 7-63　对地线网络“GND”进行覆铜

> **要点提示** 在进行地线覆铜时，覆铜区域必须与强电区域保持足够的距离，以提高电路板的绝缘性能。

（12）电路板设计完成后，为了保证电路板设计正确无误，应当进行设计规则校验，并根据检验报告修改电路板上的错误。

（13）输出元器件明细表。

7.2 DC/DC 变换器设计实例

7.2.1 设计任务和实现方案介绍

DC/DC 模块是电路设计中常用的元器件，通常用户可以在市场上买到通用的、可靠性很高的 DC/DC 电源模块产品。市场上标准的 DC/DC 模块有两种：额定输入电压值为 24V 的 DC/DC 模块输入电压范围为 18 ~ 36V，额定输入电压值为 48V 的 DC/DC 模块输入电压范围为 36 ~ 72V。在本例中需要一个输入额定电压为 36V，输入电压变化范围为 20 ~ 50V，输出电压为 5V 的 DC/DC 变换器，很明显用户并不能直接从市场上购买到现成的产品，此时就需要自行设计符合上述输入输出要求的 DC/DC 变换器了。下面就通过这个 DC/DC 变换器的设计过程，对 Protel 99 SE 的电路板设计的全过程进行学习。DC/DC 变换器的设计任务书如下。

- 电路板尺寸：最大 5cm×4cm，在此基础上越小越好。
- 电路板安装方式：螺钉固定。
- 散热指标：空冷。
- 额定输入电压：36V。
- 输入电压变化范围：24 ~ 50V。
- 输出额定电压：5V。
- 输出额定电流：1A。
- 具备热保护功能。
- 具备短路电流限制功能。
- 电路结构简单。
- 工业级温度范围。
- 具备方便的电路板插头。

针对以上设计任务，用户首先需要进行电路原理的设计，挑选合适的电路芯片，搭建可以实现电路原理的电路。

在本例中，将采用美信的一款 DC/DC 变换器芯片 MAX5035 作为主要元器件。MAX5035 是一款非常易于使用、高效率、高压及降压型 DC/DC 转换器，工作于高达 76V 的输入电压，空载时仅消耗 350μA 的静态电流。这款脉宽调制（PWM）转换器重载时工作在固定的 125kHz 开关频率，轻载时可自动切换到脉冲跳频模式，可以达到低静态电流和高效率。MAX5035 包括内部频率补偿，简化了电路应用。器件内部采用低导通电阻、高电压 DMOS 晶体管来获得高效率，降低整个系统成本。此器件包括欠压锁存、逐周期限流、间歇模式输出短路保护及热关断功能。MAX5035 可提供高达 1A 的输出电流，提供外部关断模式，具有 10μA（典型）的关断电流。MAX5035 A/B/C 型号分别提供固定的 3.3V、5V 或 12V 输出电压。MAX5035D 提供 1.25 ~ 13.2V 的可调输出电压。MAX5035 采用节省空间的 8 引脚 SO 封装或 8 引脚塑料 DIP 封装，工作在工业级（0°C ~ +85°C）温度范围内。在 MAX5035 的基础上配合若干电阻、电容及电感就可以完成上述的设计任务。

确定所使用的电路元器件及电路结构形式后，用户就可以进行电路原理图的绘制了。

7.2.2　创建工程数据库

明确设计的基本方案后，就可以进行电路板的设计了。使用 Protel 99 SE 进行设计工作的第一步是为电路设计创建设计数据库,以后的设计工作有很大一部分都要在这个设计数据库中进行。

（1）打开 Protel 99 SE 后，执行菜单命令【File】|【New…】，打开【新建设计数据库】对话框，如图 7-64 所示。

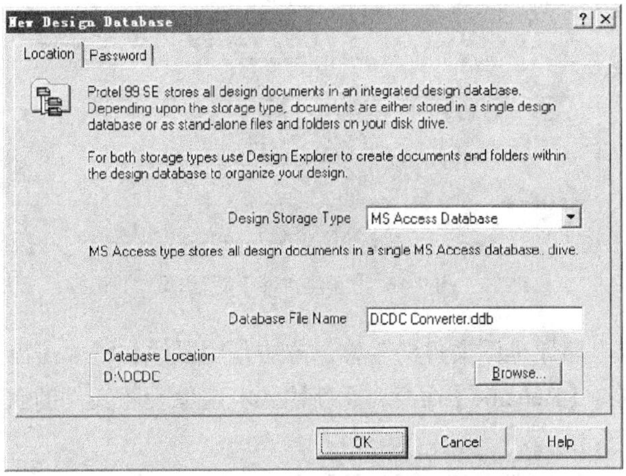

图 7-64　【新建设计数据库】对话框

在【Design Storage Type】右侧的下拉列表中选择“MS Access Database”，确认新建设计数据库采用数据库方式管理文件。在【Database Location】选项区域中，单击 Browse... 按钮，为设计选择保存路径。本例中选择在计算机“D 盘”中的“DCDC”文件夹中建立一个新的设计数据库。【Database File Name】栏填入设计数据库的名称“DCDC Converter.ddb”。

（2）如果有必要，可以单击图 7-64 中的【Password】选项卡，在图 7-65 所示的对话框中为设计数据库设置访问密码，系统默认的用户名为“Admin”。

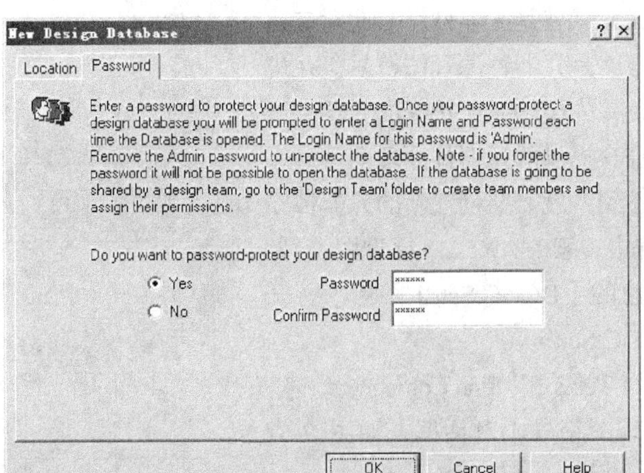

图 7-65　设置数据库访问密码

（3）单击 OK 按钮确认，完成设计数据库的创建。

（4）新建电路原理图文件。执行菜单命令【File】|【New…】，打开如图 7-66 所示的对话框，选择【Schematic Document】图标，单击 OK 按钮确定。此时系统会建立一个默认名称为“Sheet1.Sch”的电路原理图文件。

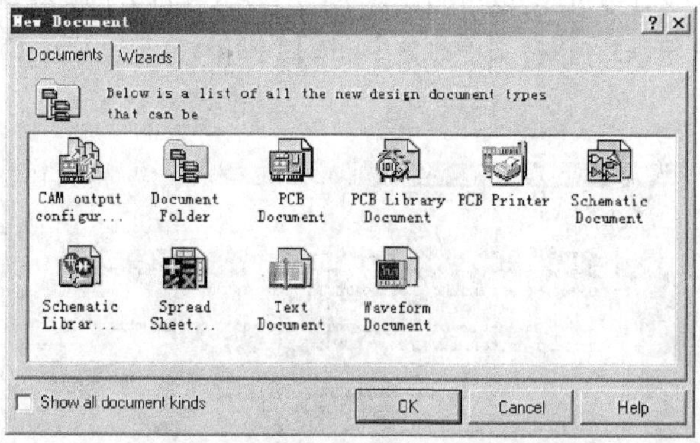

图 7-66 【新建文件】对话框

（5）根据需要更改电路原理图文件的名称，方法是用鼠标右键单击需要更名的电路原理图文件，在弹出的菜单中选择【Rename】命令，重新输入电路原理图文件的名字。这里将电路原理图文件重命名为“DCDC.Sch”。

（6）新建 PCB 文件。执行菜单命令【File】|【New…】，打开如图 7-66 所示的对话框，选择【PCB Document】图标，单击 OK 按钮确定。此时系统会建立一个默认名称为“PCB1.PCB”的印制电路板文件。采用与步骤 5 类似的方法，将 PCB 文件重命名为“DCDC.PCB”。

（7）通过以上步骤，就完成了设计中必须要使用的设计数据库以及电路原理图文件和 PCB 文件的新建工作。

7.2.3 创建元器件原理图符号

电路最基本的组成元素就是元器件，与此对应，电路原理图的基本元素就是元器件原理图符号。在进行电路原理图绘制前，首先要确认所选择的元器件原理图符号在 Protel 99 SE 提供的元器件原理图符号库中能否找到，如果找不到，就需要创建新的元器件原理图符号。首先在系统中搜索 MAX5035 原理图符号。

（1）双击上面创建的【DCDC.Sch】图标，打开电路原理图文件“DCDC.Sch”。

（2）执行菜单命令【Tools】|【Find Component…】，打开【搜索元器件原理图符号】对话框，如图 7-67 所示。

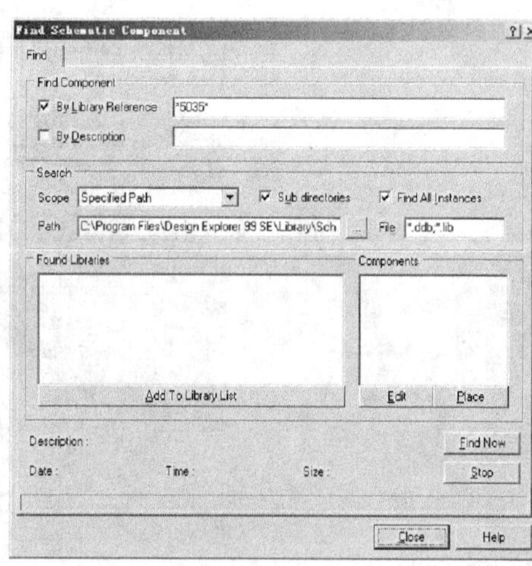

图 7-67 【搜索元器件原理图符号】对话框

（3）进行搜索设置。在【Find Component】选项区域中选中 By Library Reference 前的复选框，在其右侧文本框中输入需要查找的元器件名称，系统将以指定名称作为关键字进行查找。为了提高找到“MAX5035”的几率，这里输入“*5035*”。使用通配符“*”可以忽略元器件名称前缀、后缀，这样凡是名称内含有“5035”的所有芯片都将被找到。在【Search】选项区域的【Scope】中选择【Specified Path】，在【Path】的下拉列表中选择搜索范围，这里选择系统提供的元器件原理图符号库所在的目录“C:\Program Files\Design Explorer 99 SE\Library\Sch”（具体路径根据用户安装 Protel 99 SE 时选择的路径会有所改变）。

（4）单击 Find Now 按钮，系统开始进行搜索，搜索所需时间会因用户计算机性能的不同而有所不同。搜索结果如图 7-68 所示，搜索到的芯片“MK5035N00（20）”并非本例所需要的，“MAX5035”未找到。当然，如果系统提供了该元器件原理图符号，通过以上步骤是肯定可以搜索到的。

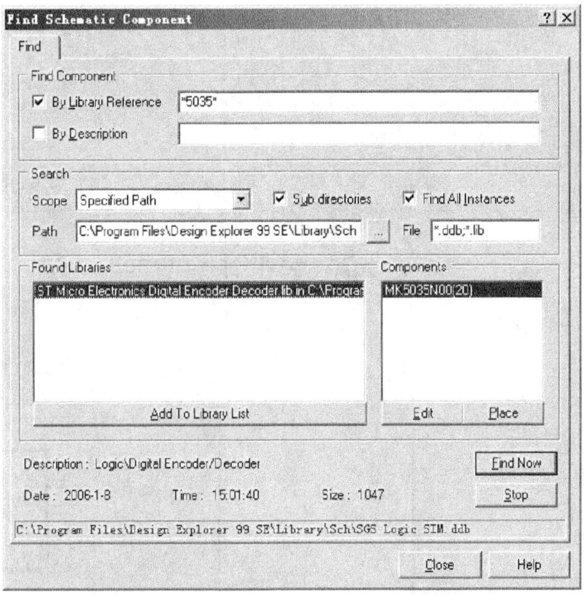

图 7-68　搜索到的元器件

通过以上步骤，可以确认 Protel 99 SE 提供的元器件原理图符号库中并没有提供“MAX5035”的原理图符号，需要用户自己进行元器件原理图符号的创建工作。

下面就在这个设计数据库中创建一个新的元器件原理图符号库，并在该库中创建 MAX5035 的原理图符号。

（5）返回设计数据库浏览器根目录，执行菜单命令【File】|【New…】，打开【新建文件】对话框，如图 7-66 所示，选择【Schematic Librarg Document】图标，单击 OK 按钮确定。随后在工作区中会出现一个名称为“Schlib1.Lib”的元器件原理图符号库。

（6）双击打开“Schlib1.Lib”，进入元器件原理图符号编辑环境，如图 7-69 所示。新建的原理图符号编辑器默认建立了一个名称为“COMPONENT_1”的空的元器件，用户也可以通过执行【Tools】|【New Component】命令新建一个原理图符号。

（7）单击原理图符号绘制工具栏中的□按钮在绘图区绘制一个矩形，矩形的左上角顶点放置在绘图区十字线中心基准点处。该矩形作为“MAX5035”原理图符号的外形，如图 7-70 所示。

（8）按照“MAX5035”数据手册中对引脚编号的定义，如图 7-71 所示，为绘制的元器件符号添加引脚。

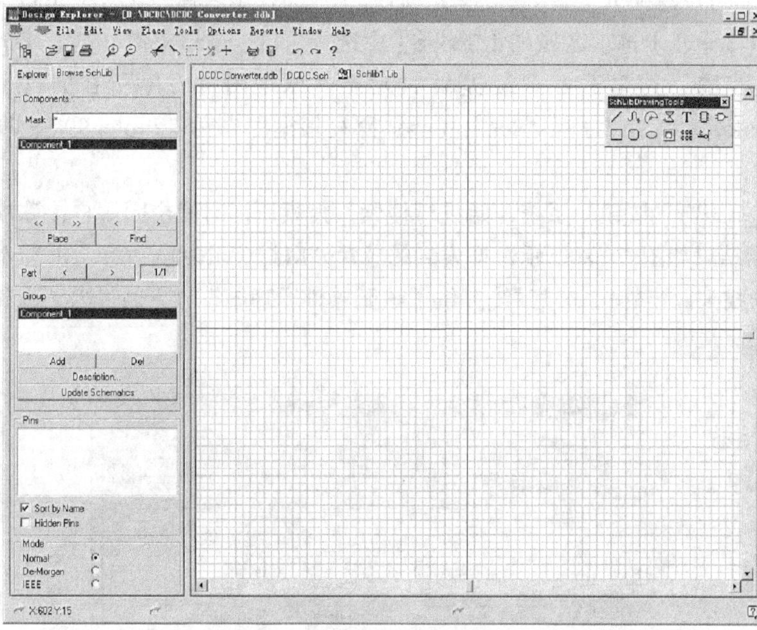

图 7-69　元器件原理图符号编辑环境

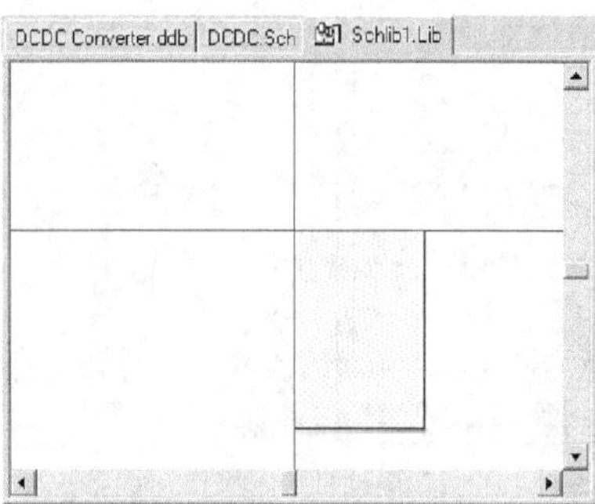

图 7-70　绘制矩形符号外形

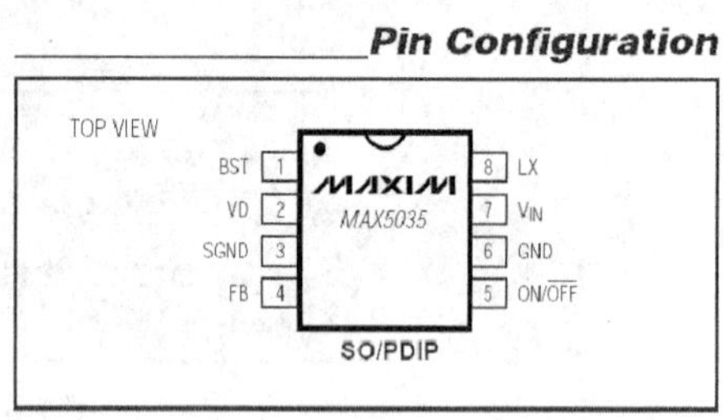

图 7-71　数据手册中对引脚的定义

① 单击原理图符号绘制工具栏中的按钮，此时一个引脚的虚影将跟随鼠标指针一起移动。

② 按 Tab 键，打开【引脚属性】对话框，如图 7-72 所示。定义第 1 个引脚，将【Name】设置为“BST”，【Number】设置为“1”，【Pin Length】设置为“30”。

③ 单击 OK 按钮，确认编号为“1”的引脚的属性。

④ 在绘图区的矩形外形旁单击鼠标左键，放置第 1 个引脚，如图 7-73 所示。

⑤ 重复步骤②和步骤③，放置其余 7 个引脚，同时调整矩形外形的大小，如图 7-74 所示。

（9）单击浏览窗口中的 Description... 按钮，打开【元器件原理图符号属性描述】对话框，如图 7-75 所示。

在对话框中将【Default Designator】设置为“U？”，【Footprint 1】设置为“DIP8”，【Description】设置为“1A,76V,High-Efficiency Step-Down DC-DC Converter”。设置完毕单击 OK 按钮确认。

（10）在浏览窗口中单击“COMPONENT_1”，然后执行菜单命令【Tools】|【Rename Component…】，打开【更改符号名称】对话框，如图 7-76 所示，在对话框中输入“MAX5035”，

将元器件原理图符号重命名为“MAX5035”。

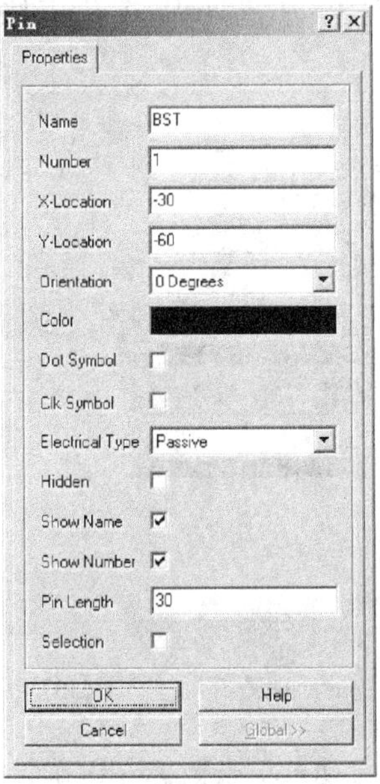

图 7-72 【引脚属性】对话框

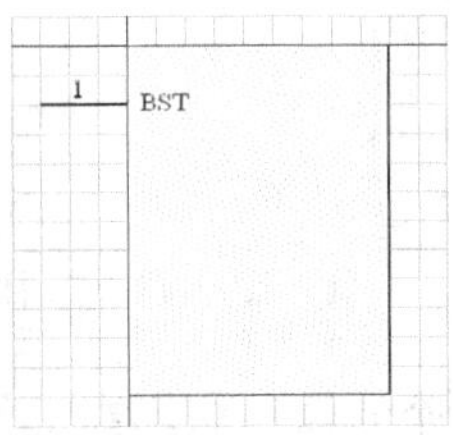

图 7-73 放置第 1 个引脚

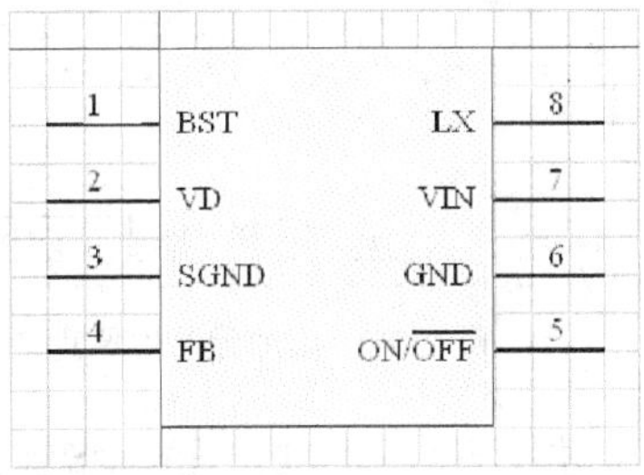

图 7-74 放置好引脚的“MAX5035”原理图符号

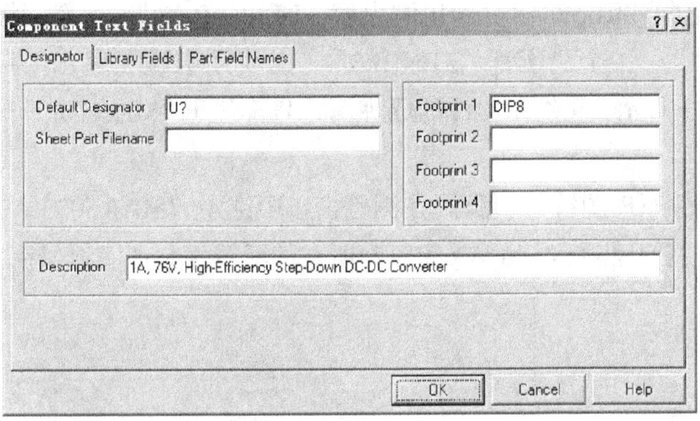

图 7-75 【元器件原理图符号属性描述】对话框

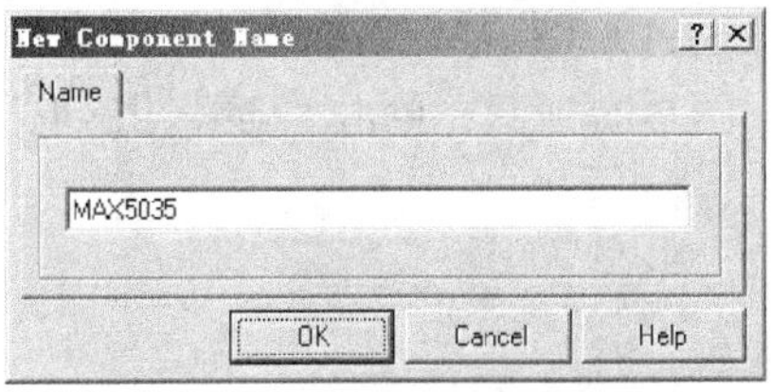

图 7-76 【更改符号名称】对话框

通过以上步骤，就完成了 MAX5035 原理图符号的创建工作。

7.2.4 绘制电路原理图及查错

下面介绍绘制 DC/DC 变换器的电路原理图的操作步骤。

（1）双击【DCDC.Sch】图标，打开设计数据库中的电路原理图文件。

（2）添加所需要的元器件原理图符号库。执行菜单命令【Design】|【Add/Remove Library…】，打开【管理元器件原理图符号库】对话框，如图 7-77 所示。通过浏览器找到新建的元器件符号库所在的设计数据库“DCDC Converter.ddb”后，单击 Add 按钮，将上一节中建立的元器件原理图符号库添加到当前原理图编辑环境中。此外，确认“Miscellaneous Devices.Lib”已经添加到原理图编辑环境中。

（3）放置元器件原理图符号。

① 在浏览窗口中找到“DCDC Converter.ddb”的元器件原理图符号库“Schlib.Lib”，选中其中的原理图符号“MAX5035”，如图 7-78 所示。

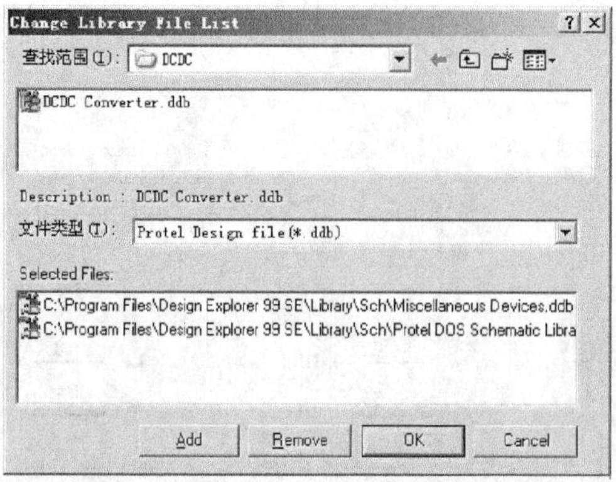

图 7-77　添加元器件原理图符号库

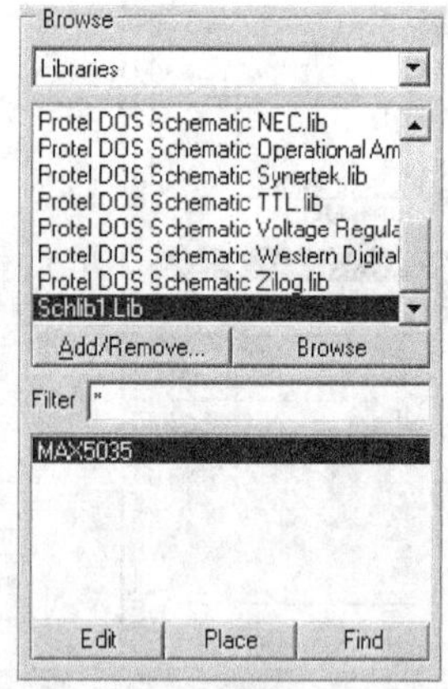

图 7-78　选中待放置的原理图符号“MAX5035”

② 单击 Place 按钮，鼠标指针将携带一个元器件虚影在工作区移动，单击鼠标左键确认“MAX5035”的放置位置。

③ 以类似的方法放置所需要的 2 个电阻“RES2”、2 个电解电容“ELECTRO2”、2 个无极性电容“CAP”、1 个电感“INDUCTOR1”、1 个稳压管“ZENER3”、分别用于输入/输出的接线端子“Header2”和“Header3”，如图 7-79 所示，这些元器件的原理图符号都位于“Miscellaneous Devices .Lib”中。

（4）根据电气连线的需要，修改元器件原理图符号引脚。在浏览窗口中选中“MAX5053”，如图 7-80 所示，单击 Edit 按钮，系统将自动进入“MAX5053”所在的元器件原理图符号库。

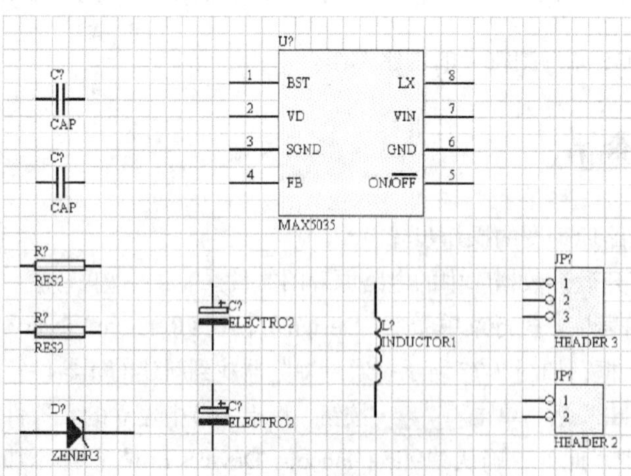

图 7-79　放置好的元器件

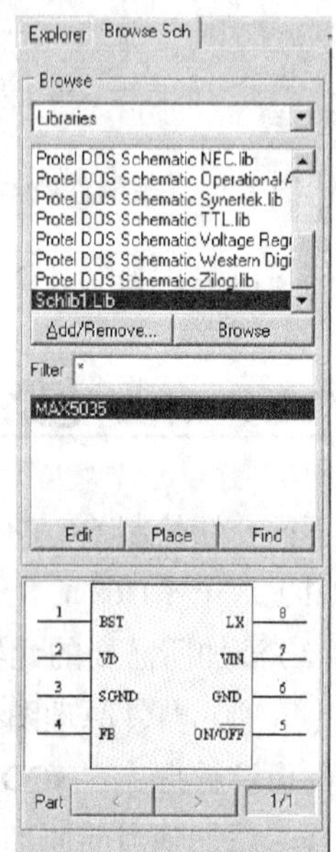

图 7-80　选中“MAX5053”

（5）在元器件原理图符号库编辑器中，对“MAX5053”原理图符号的引脚分布进行修改并保存。修改后的结果如图 7-81 所示。单击浏览窗口中的 Update Schematics 按钮，更新当前打开的电路原理图，更新后的电路原理图如图 7-82 所示。用户可以根据需要自行修改诸如电阻、稳压管引脚长度等，以方便连线。

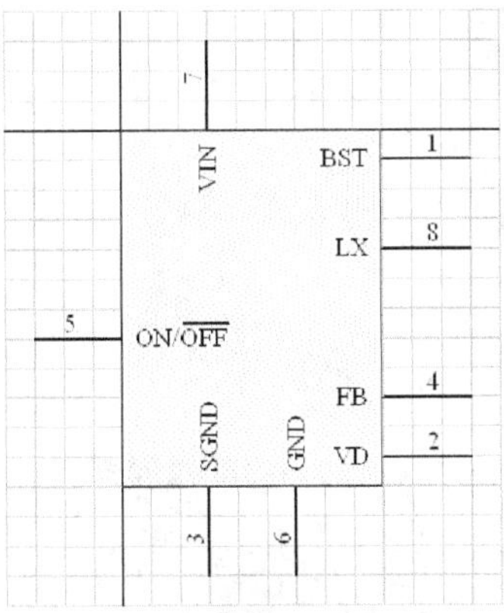

图 7-81 修改后的“MAX5035”

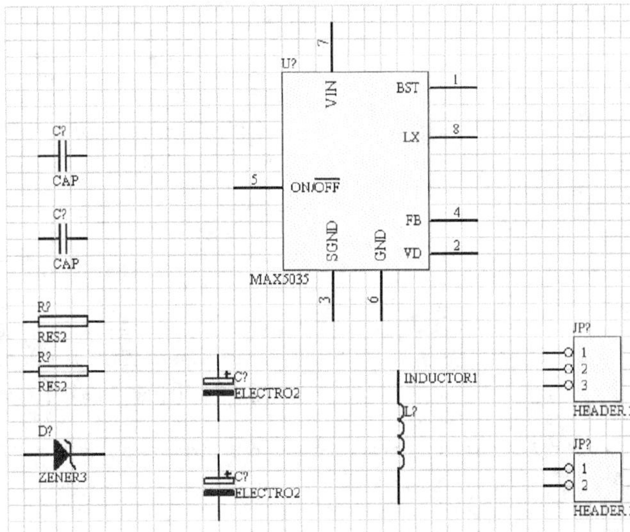

图 7-82 从符号库编辑器更新“MAX5035”原理图符号后的电路原理图

（6）根据方便连线的原则进行元器件位置的调整，然后使用原理图布线工具栏中的≈按钮或网络标号进行电气连线，连线完毕的电路原理图如图 7-83 所示。

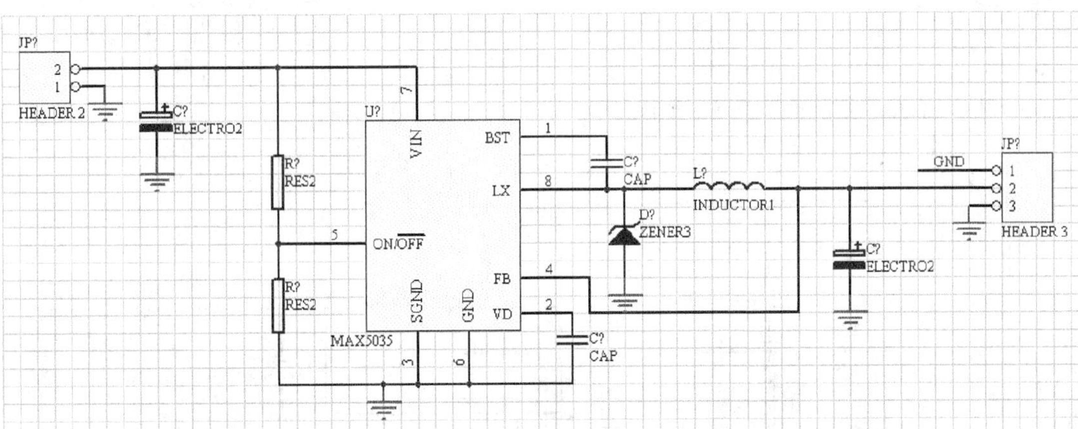

图 7-83 连线完毕的电路原理图

（7）进行元器件编号。

① 执行菜单命令【Tools】|【Annotate…】，打开【元器件编号】对话框，如图 7-84 所示。

② 选择合适的编号方式,在本例中选择先从上向下编号再从左向右编号的方式对所有带“？”的元器件进行编号。

③ 单击 OK 按钮开始对元器件进行编号。编号完成后系统会自动弹出如下编号清单。

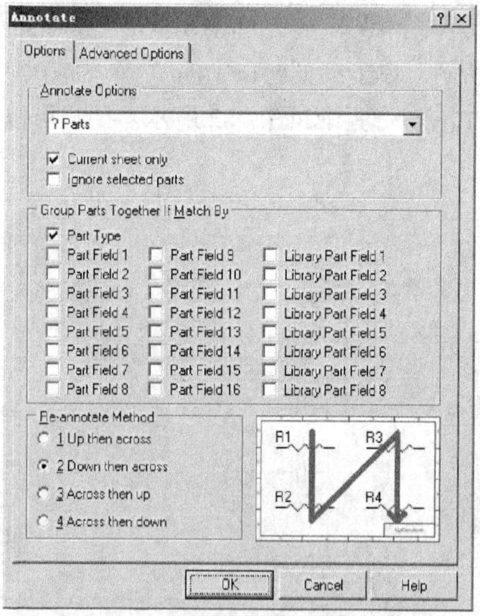

图 7-84 【元器件编号】对话框

```
Protel Advanced Schematic Annotation Report for 'DCDC.Sch' 09:43:29 9-Jan-2006
JP?                   => JP1
C?                    => C1
C?                    => C2
U?                    => U1
R?                    => R1
R?                    => R2
JP?                   => JP2
C?                    => C3
C?                    => C4
L?                    => L1
D?                    => D1
```

编号后的电路原理图如图 7-85 所示。

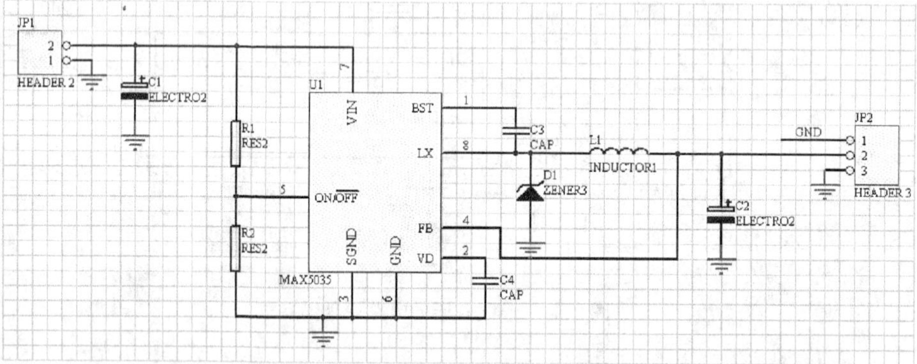

图 7-85 编号后的电路原理图

（8）进行元器件封装的定义。

① 双击元器件符号，如双击“R2”，打开【元器件属性】对话框，如图 7-86 所示。

② 在【Footprint】栏中将“R2”封装定义为“AXIAL0.4”。采用相同方法，将 R1 封装定义为“AXIAL0.4”，无极性电容 C3、C4 封装定义为“RAD0.2”，电解电容 C1、C2 封装定义为“RB-.2/.4”，

插座 JP1 封装定义为“SIP-2”，插座 JP2 封装定义为“SIP-3”，U1 封装定义为“DIP8”，二极管 D1 封装定义为“DIODE0.4”。电感 L1 封装因为没有现成的电感封装先暂时不作定义。这些封装都存在于“Miscellaneous.ddb”文件中，该文件位于“Protel 99 SE 安装目录\Design Explorer 99 SE\Library\Pcb\ Generic Footprints”文件夹中，在绘制印制电路板时需要将该文件中包含的 PCB 封装库载入。

要点提示　在定义元器件封装时，请用户注意在后面绘制印制电路板时，需要在 PCB 编辑器中载入元器件封装所在的封装库，否则系统将报错。

比较常用的元器件 PCB 封装库是包含于“Advpcb.ddb”文件中的“PCB footprint.lib”和包含于“Miscellaneous.ddb”文件中的“Miscellaneous.lib”。这两个元器件 PCB 封装库都存放在 Protel 99 SE 安装目录“\Design Explorer 99 SE\Library\Pcb\Generic Footprints”文件夹中。这两个元器件 PCB 封装库中的封装外形及名称非常近似，例如，“Miscellaneous.lib”中的“SIP-3”、“RAD-0.2”和“RB-.2/.4”封装在“PCB footprint.lib”中就分别称为“SIP3”、“RAD0.2”和“RB.2/.4”，二者形状、尺寸完全相同，名称上只相差一个“-”，用户在使用时需注意。建议用户在绘制印制电路板时将这两个库都载入，从而减少不必要的麻烦。

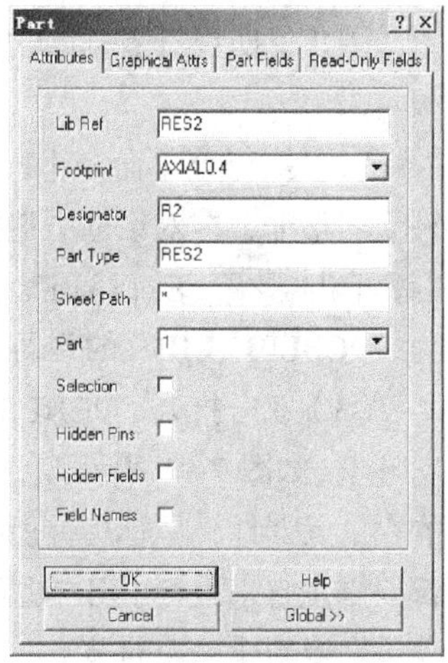

图 7-86　进行封装定义

（9）执行菜单命令【Reports】|【Bill of Material】，打开【元器件清单向导】对话框，如图 7-87 所示。依据向导提示进行操作，可以生成如图 7-88 所示的元器件清单，在清单中用户可以检查封装定义是否遗漏。通过检查会发现电感 L1 的封装遗漏，我们可以在后面的内容中创建该电感的封装，然后再来进行定义。创建该封装的过程可以参考 7.2.5 节，这里首先添加它的封装名称为“INDUCTOR”。

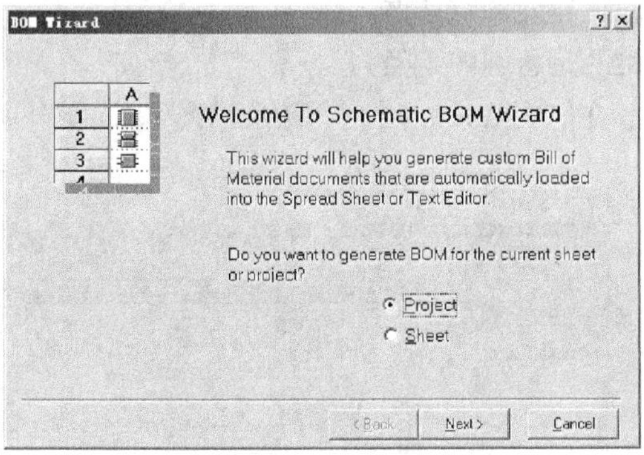

图 7-87 【元器件清单向导】对话框

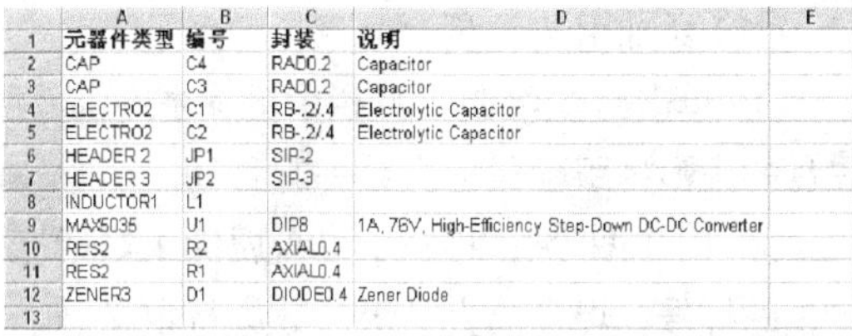

	A	B	C	D	E
1	元器件类型	编号	封装	说明	
2	CAP	C4	RAD0.2	Capacitor	
3	CAP	C3	RAD0.2	Capacitor	
4	ELECTRO2	C1	RB-.2/.4	Electrolytic Capacitor	
5	ELECTRO2	C2	RB-.2/.4	Electrolytic Capacitor	
6	HEADER 2	JP1	SIP-2		
7	HEADER 3	JP2	SIP-3		
8	INDUCTOR1	L1			
9	MAX5035	U1	DIP8	1A, 76V, High-Efficiency Step-Down DC-DC Converter	
10	RES2	R2	AXIAL0.4		
11	RES2	R1	AXIAL0.4		
12	ZENER3	D1	DIODE0.4	Zener Diode	
13					

图 7-88　元器件清单

（10）执行菜单命令【Tools】|【ERC...】，打开【电气规则检查设置】对话框，如图 7-89 所示，按照默认规则进行电气查错。

系统返回差错清单如下。

```
Error Report For : DCDC.Sch    9-Jan-2006   10:19:42
End Report
```

差错清单报告表明电路图中没有电气特性不一致的情况。

通过以上步骤用户就初步完成了电路原理图的绘制工作。

7.2.5　制作元器件封装

在绘制电路原理图时对于电感的封装形式，用户最初并没有进行定义，因为在 Protel 99 SE 中并没有现成的电感封装。事实上市场上可以购买到的电感的外形千差万别，本例中将使用的电感的外形如图 7-90 所示。下面就来手工创建要使用的这个电感的封装。

（1）返回设计数据库“DCDC Converter.ddb”的浏览器根目录。

（2）执行菜单命令【File】|【New...】，打开【新建文件】对话框，在对话框中选择【PCB Librarg Document】图标，单击 OK 按钮确定。随后在工作区中会出现一个名称为“PCBLIB1.LIB”的元器件封装库。

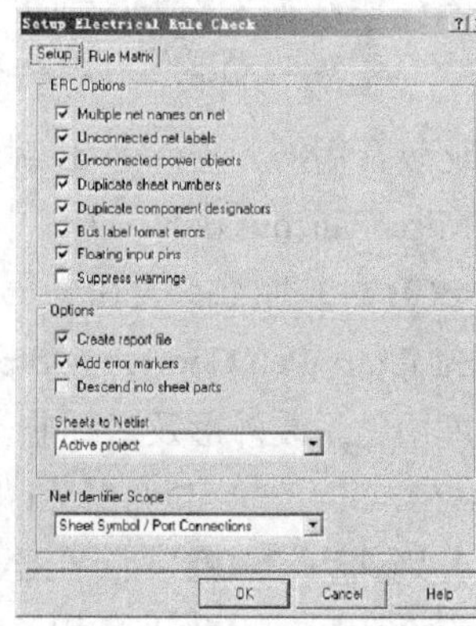

图 7-89 【电气规则检查设置】对话框

（3）双击打开“PCBLIB1.LIB”，进入元器件封装库编辑环境，如图 7-91 所示。新建的元器件封装编辑器默认建立了一个名称为“PCBCOMPONENT_1”的空的元器件，鼠标指针所指处为参考基准点，后面的图形绘制工作都要围绕它来进行。用户也可以通过执行【Tools】|【New Component】菜单命令新建一个封装。

（4）执行菜单命令【View】|【Toggle Units】，切换尺寸单位为公制，因为图 7-90 所示的电感说明书上的尺寸单位都为公制，切换后会给绘制工作带来便利。

（5）绘制外形轮廓。

单击封装绘制工具栏中的按钮，按 Tab 键，在打开的对话框中定义圆的相关参数，如图 7-92 所示。其中最关键的是将圆的半径【Radius】定义为“5.5 mm”，然后以参考基准点为圆心在【TopOverlay】中绘制电感的外形轮廓圆，如图 7-93 所示。

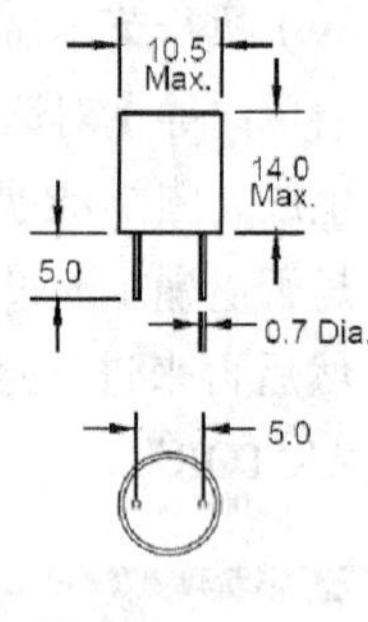

图 7-90　将使用的电感外形

（6）添加引脚焊盘。

① 单击封装绘制工具栏中的按钮后，一个焊盘的虚影将跟随鼠标指针一起移动。

② 按 Tab 键，打开【焊盘属性】对话框，对焊盘的标号、焊盘的直径等参数进行定义。

要定义【Designator】，用户必须查明电感 L1 原理图符号的两个引脚的编号【Number】。封装的标号【Designator】与原理图符号的编号【Number】必须一一对应。可以在电路原理图“DCDC.Sch”中双击电感 L1，在打开的对话框中选中【Hidden Pins】复选框后确定，用户可以看到电感两个引脚

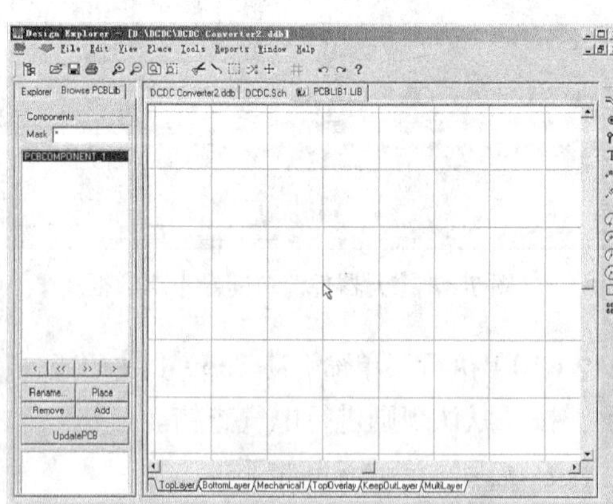

图 7-91　元器件封装库编辑环境

的编号和名称，如图 7-94 所示。

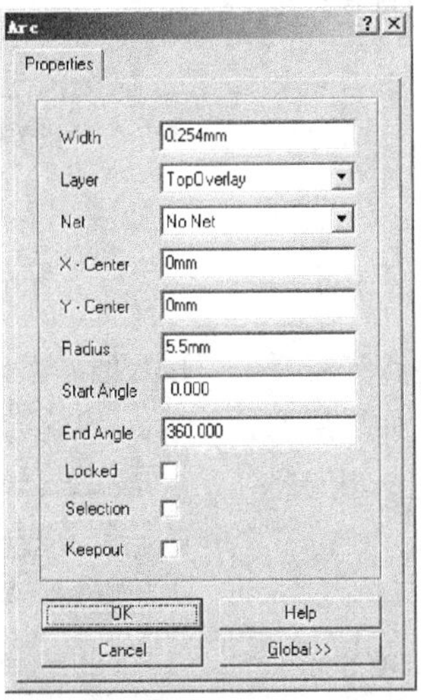

图 7-92　定义圆的相关属性

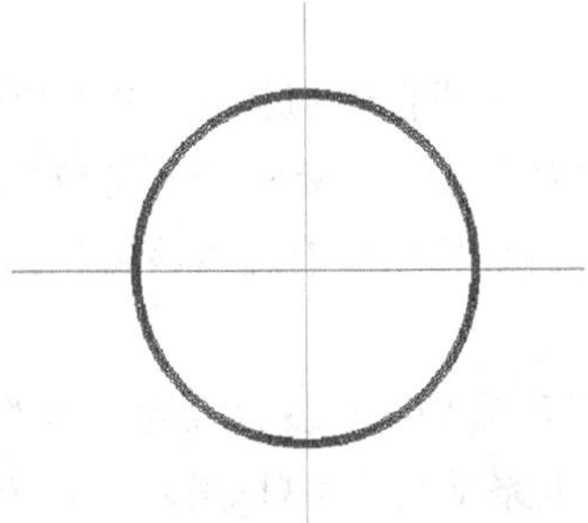

图 7-93　电感外形轮廓圆

③ 将两个焊盘的【Designator】分别定义为“1”“2”，焊盘【X-Size】及【Y-Size】定义为“1.6mm”，孔径【Hole Size】定义为“0.8mm”，如图 7-95 所示。然后按照图 7-90 所示将两个焊盘之间的间距设置为“5mm”。初步绘制完成的电感封装如图 7-96 所示。

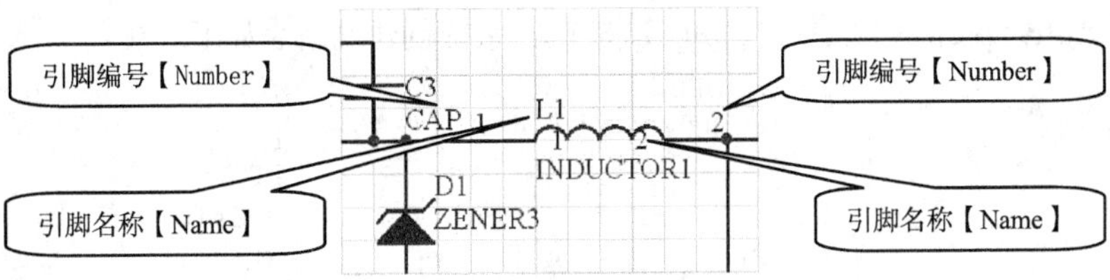

图 7-94　电感原理图符号的引脚编号和名称

（7）为了便于封装表达元器件的功能，利用绘制圆弧工具和绘制直线工具在【TopOverlay】绘制电感符号，最终完成的电感封装如图 7-97 所示。

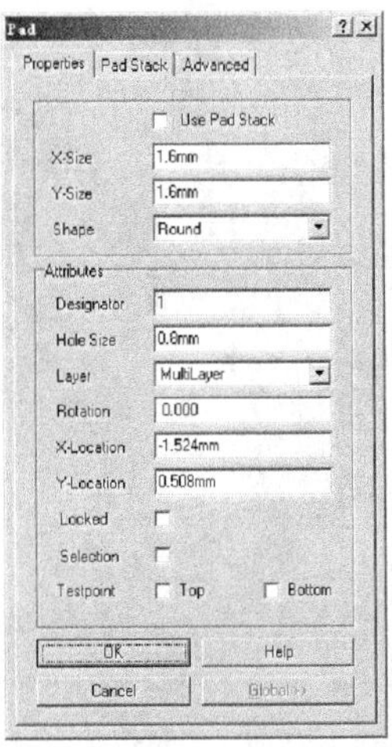

图 7-95 【焊盘属性】对话框

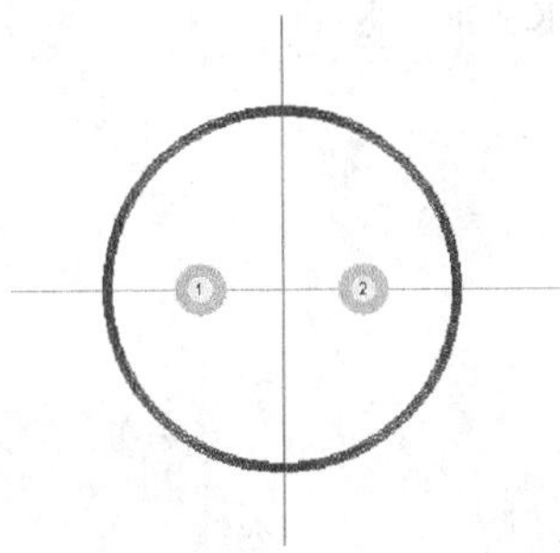

图 7-96　初步绘制完成的电感封装

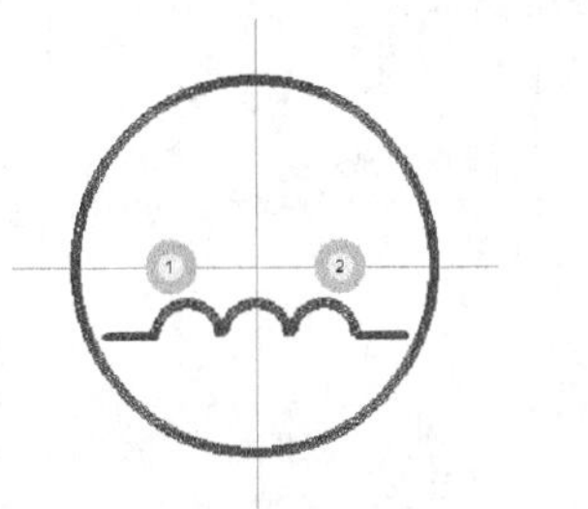

图 7-97　添加注解图形的电感封装

（8）执行菜单命令【Tools】|【Rename Component…】，打开【更改封装名称】对话框，如图 7-98 所示，填入新的封装名称“INDUCTOR”，单击 OK 按钮完成更名。

图 7-98　更改封装名称

通过以上步骤就完成了电感封装的创建工作。

7.2.6　绘制印制电路板

与绘制电路原理图类似，用户在绘制印制电路板前，首先需要明确即将绘制的印制电路板中是不是包含不常用的封装。如果系统自带的元器件封装库中没有提供该封装，用户就需要首先绘制元器件封装。

下面详细介绍 DCDC 变换器电路板的绘制过程。

（1）通过电路原理图生成网络表。打开电路原理图“DCDC.Sch”，执行菜单命令【Design】|【Creat Netlist…】，打开【生成网络表】对话框，如图 7-99 所示。

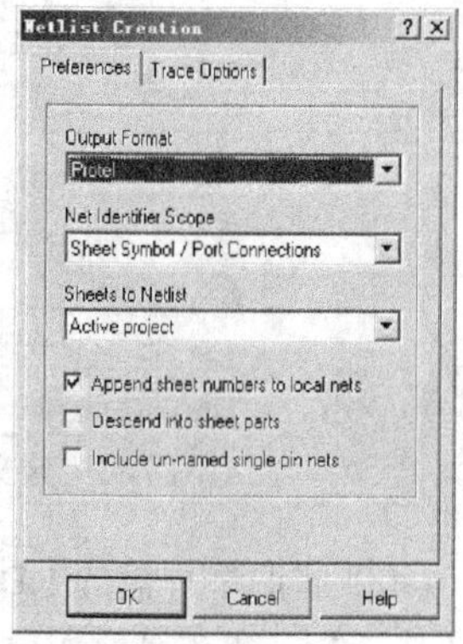

图 7-99 【生成网络表】对话框

设置【Output Format】（网络表输出格式）为【Protel】。设置【Net Identifier Scope】（网络标识有效范围）为【Sheet Symbol/Port Connections】。设置需要生成网络表的图纸，因为本例中只有一张电路原理图，可设置【Sheets to Netlist】为【Active project】。单击 OK 按钮，系统创建网络表如下。

```
[
C1
RB-.2/.4
ELECTRO2
]
[
C2
RB-.2/.4
ELECTRO2
]
[
C3
RAD0.2
CAP
]
[
C4
RAD0.2
CAP
]
[
D1
U1-6
)
(
NetJP1_2
C1-1
JP1-2
DIODE0.4
ZENER3
]
[
JP1
SIP-2
HEADER 2
]
[
JP2
SIP-3
HEADER 3
]
[
L1
INDUCTOR
INDUCTOR1
]
[
R1
AXIAL0.4
RES2
U1-5
)
(
NetU1_1
C3-1
U1-1
]
[
R2
AXIAL0.4
RES2
]
[
U1
DIP8
MAX5035
]
(
GND
C1-2
C2-2
C4-1
D1-A
JP1-1
JP2-1
JP2-3
R2-1
U1-3
NetU1_4
C2-1
JP2-2
L1-2
U1-4
)
```

```
R1-2
U1-7
)
(
NetR2_2
R1-1
R2-2
)
(
NetU1_2
C4-2
U1-2
)
(
(
NetU1_8
C3-2
D1-K
L1-1
U1-8
)
```

（2）载入元器件封装库。通过查看图 7-88 所示的元器件清单，用户可以看到所使用的元器件封装大部分都存在于“C:\Program Files\Design Explorer 99SE\Library\Pcb\ Generic Footprints”文件夹的“Advpcb.ddb”和“Miscellaneous.ddb”两个库中。

执行菜单命令【Design】|【Add/Remove Library…】，打开如图 7-100 所示的对话框。通过浏览找到所要添加的封装库，然后单击 Add 按钮完成封装库的添加。采用相同方法找到上一节中建立的元器件封装库“PCBLIB1.LIB”并把其添加到当前印制电路板编辑器中。

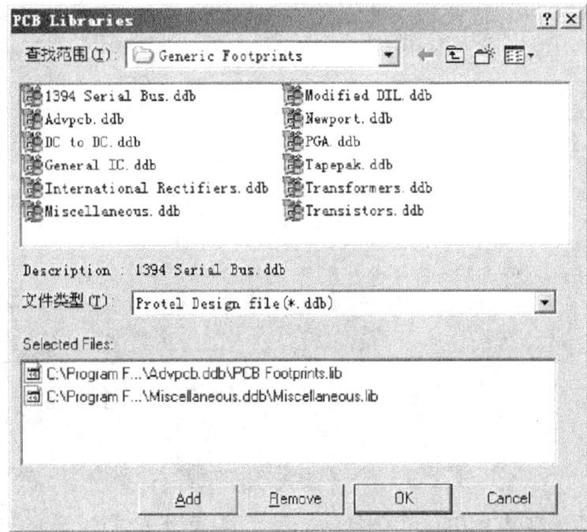

图 7-100　添加封装库

（3）规划电路板。

① 激活【KeepOutLayer】。

② 单击放置工具栏中的按钮，根据设计任务中电路板的最大尺寸 5cm×4cm 的要求绘制一个矩形，矩形长宽分别为 5cm 和 4cm，如图 7-101 所示。

在绘制过程中，如果感觉系统默认的英制长度单位不方便，可以通过执行菜单命令【View】|【Toggle Units】来进行公制英制的切换。

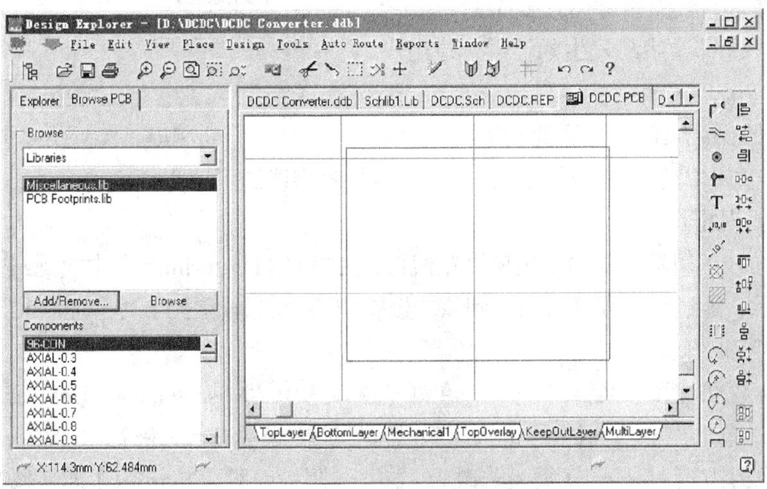

图 7-101　绘制电路板边界

（4）载入网络表。

① 执行菜单命令【Design】|【Load Nets…】，打开【载入网络表】对话框，如图 7-102 所示。

② 单击 Browse... 按钮，打开如图 7-103 所示的对话框，找到生成的网络表文件“DCDC.net”。

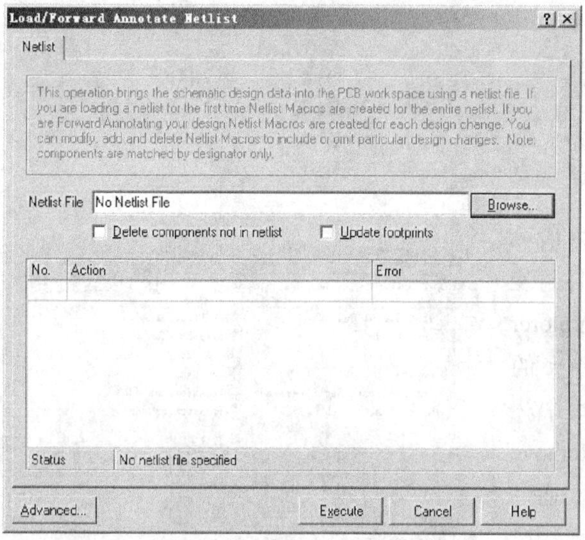

图 7-102 【载入网络表】对话框

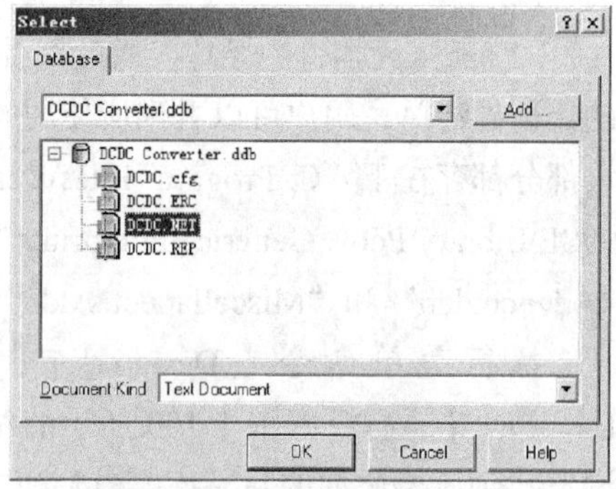

图 7-103 【选择网络表】对话框

③ 单击 OK 按钮，载入该网络表。载入网络表的时间会因计算机配置情况以及电路复杂程度的不同而有所不同，载入后系统将显示载入网络表的情况，如图 7-104 所示。

可以看到系统发现了两个网络表载入错误，这两个错误都发生在稳压二极管 D1 上。通过其错误报告“Error：Node Not found”基本可以确定是稳压二极管 D1 原理图符号的引脚编号【Number】和所选封装的引脚标号【Designator】不对应，这是一个非常容易发生的错误，请用户注意。

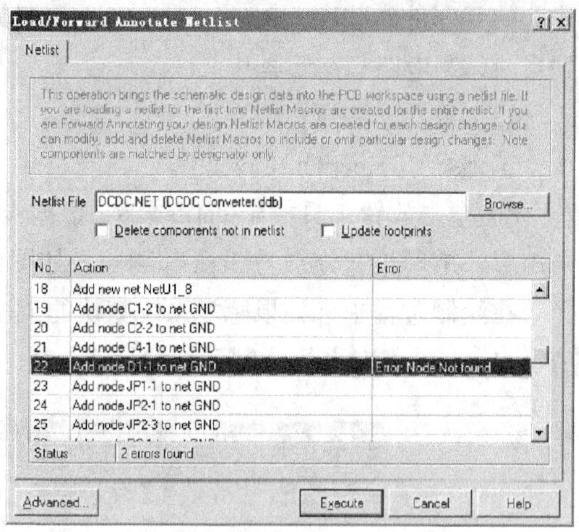

图 7-104 载入网络表的情况

④ 单击如图 7-104 所示的对话框中的 Cancel 按钮，暂时取消网络表载入，进入排除网络表错误的下一步。

（5）网络错误排除。

① 单击 PCB 编辑器左侧的封装库浏览窗口，在“PCB Footprint.lib”中找到封装“Diode0.4”，如图 7-105 所示，通过封装预览可以看到该二极管的两个引脚标号为“A”和“K”，分别表示二极管的“阳极”和“阴极”。

② 返回电路原理图“DCDC.Sch”，在浏览窗口选中“Miscellaneous Devices.Lib”中的稳压管“ZENER3”，单击 Edit 按钮，进入原理图符号编辑器中进行二极管原理图符号的修改工作，将二极管的阳极引脚【Number】属性修改为“A”，阴极引脚【Number】属性修改为“K”，修改后的原理图符号如图 7-106 所示。

③ 保存后单击原理图符号编辑器中的 Update Schematics 按钮，更新电路原理图。

④ 返回电路原理图按照步骤 1 重新生成网络表。

（6）再次执行步骤 4 的操作重新载入网络表。用户可以看到网络表载入情况，如图 7-107 所示，所有的载入信息都是正确的。单击 Execute 按钮，系统将执行网络表的载入。

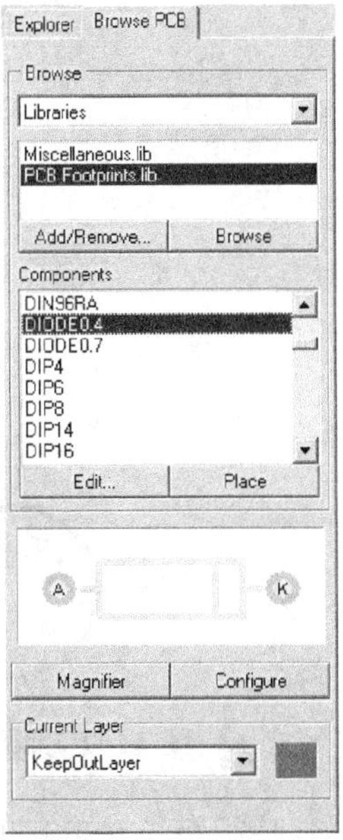

图 7-105　查看二极管封装

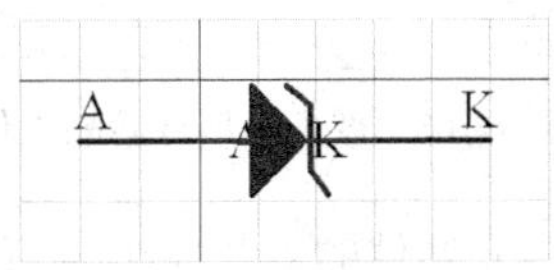

图 7-106　修改后的稳压管原理图符号

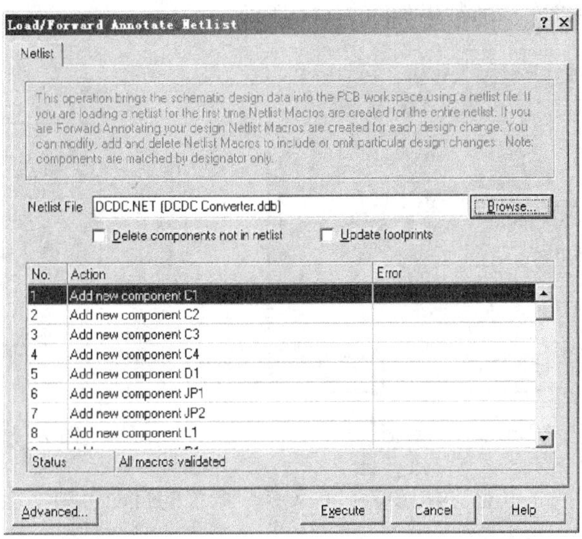

图 7-107　再次载入网络表

载入后的元器件将分别排列在电路板边界的右侧，如图 7-108 所示。

（7）隐藏元器件说明。通常用户在电路板上只需要标出元器件的编号，对于图 7-109 中鼠标指针所指的文字，隐藏即可。

① 双击该文字，打开【Comment】对话框，选中【Hide】的复选框。

② 单击 Global>> 按钮后，再单击 OK 按钮确认隐藏全部元器件说明。

（8）进行元器件的自动布局。

① 执行菜单命令【Tools】|【Auto Placement】|【Auto Placer...】，打开【自动布局设置】对话框，如图 7-110 所示。

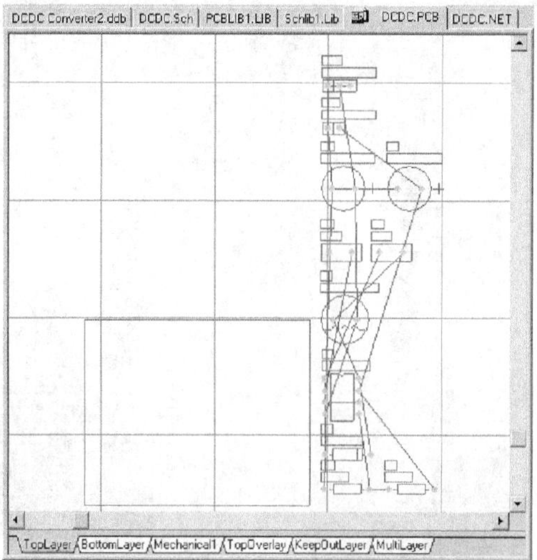

图 7-108　载入元器件后的工作区

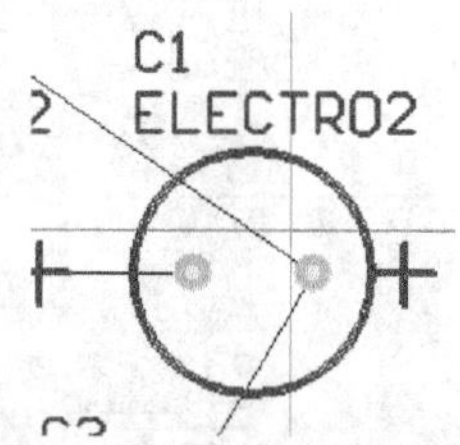

图 7-109　元器件说明文字

② 本例中元器件的个数较少，可以选择【Cluster Placer】（成组布局方式）进行自动布局。

③ 单击 OK 按钮，系统开始自动布局，完成自动布局的时间会因计算机性能以及电路复杂程度而有所不同。自动布局的结果如图 7-111 所示。

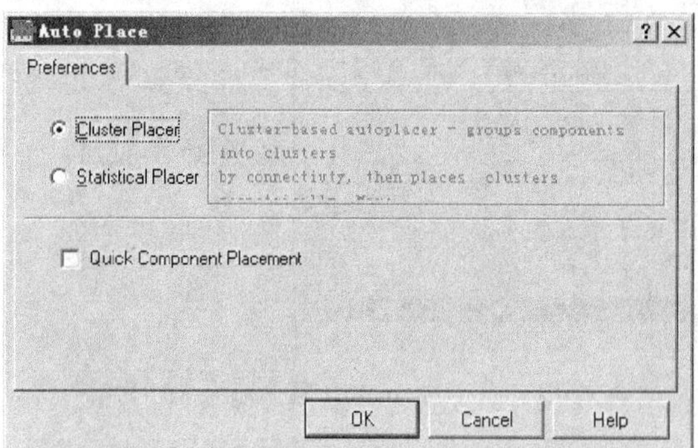

图 7-110 【自动布局设置】对话框

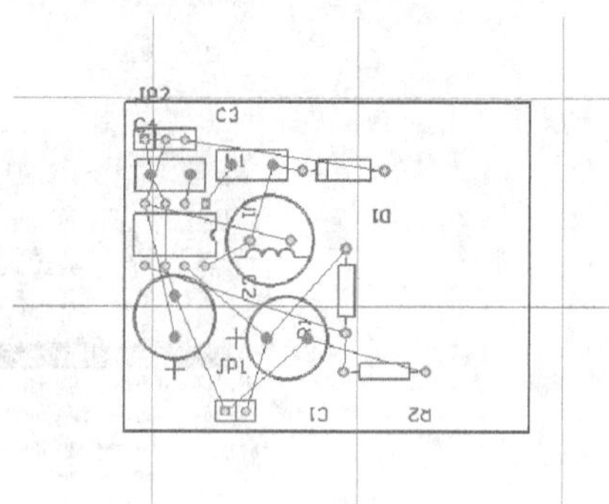

图 7-111　自动布局结果

（9）元器件布局的人工调整。从图 7-111 来看，系统的自动布局不能让人满意，需要用户进行人工调整。

进行人工调整时应该掌握如下原则。

- 外部接插件、显示器件摆放整齐，方便连线。
- 信号流向大体一致，功能相关的元器件相互靠近，方便电路板的焊接和调试。
- 考虑电磁干扰因素，可能会相互干扰的元器件应尽量远离。
- 考虑散热因素，发热元器件应尽量分散，且安放在散热良好的位置。
- 考虑电路安装因素，为安装孔预留位置。

进行元器件布局人工调整后的结果如图 7-112 所示。

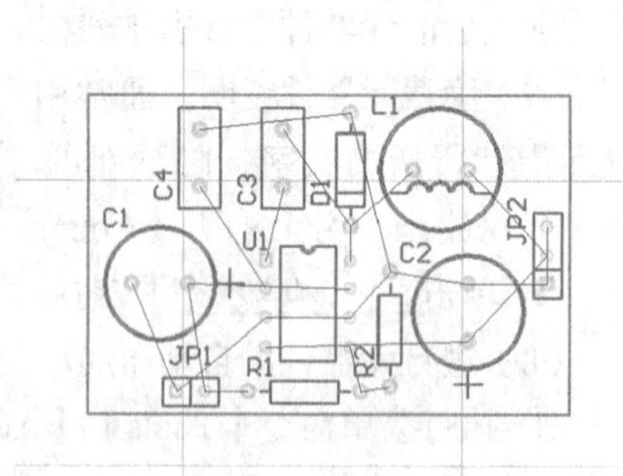

图 7-112　人工调整的结果

这里只是进行一个初步的调整，在进行布线的过程中可能还要对元器件布局进行一些小的调整。

（10）添加安装孔。单击放置工具栏中的 ◉ 按钮，按 Tab 键，打开【焊盘属性设置】对话框，如图 7-113 所示，将焊盘的【Hole Size】设置为“135 mil”，折合成公制约为“3.5 mm”，然后在电路板的四角放置 4 个焊盘作为安装孔，如图 7-114 所示。在放置安装孔时应该特别注意螺钉头的预留位置，并尽量保证螺钉孔分布均匀，以方便安装。

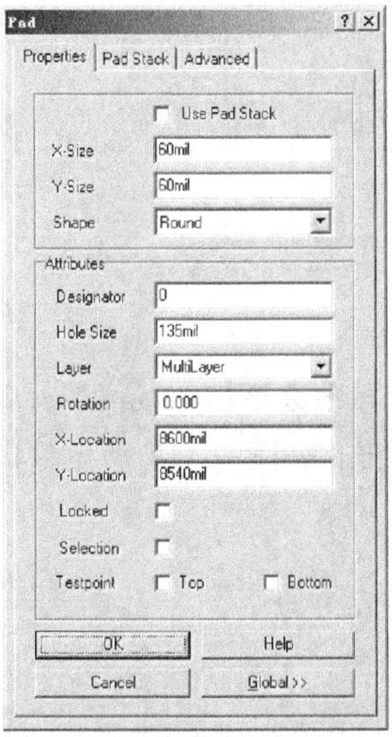

图 7-113 【焊盘属性设置】对话框

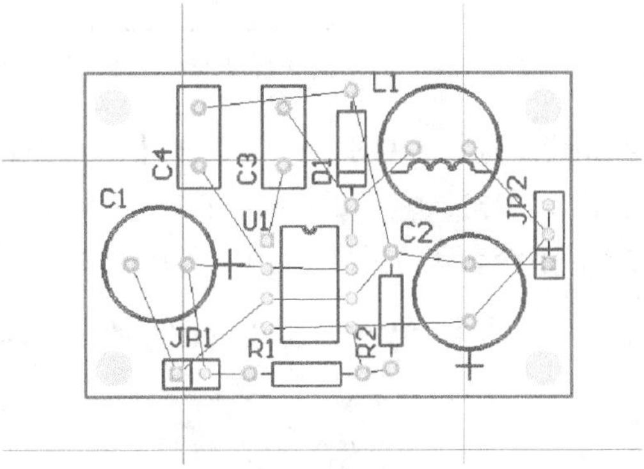

图 7-114　放置安装孔

（11）进行自动布线。

① 设置自动布线规则，相当于将设计人员的布线原则、思路布置给自动布线软件，自动布线将按照这些原则来进行，自动布线的成败在很大程度上取决于布线规则的设置。

② 执行菜单命令【Design】|【Rules...】，打开【布线规则设置】对话框，如图 7-115 所示。在该对话框中主要设置如下内容。

- 安全距离设置。在图 7-115 所示的【Rule Classes】选项区域中选择【Clearance Constraint】（安全距离规则），单击 Properties... ，打开【安全距离设置】对话框，如图 7-116 所示，对选中的安全距离规则进行修改。用户也可以单击 Add... 按钮添加安全距离规则，或是单击 Delete 按钮删除选定的安全距离规则。

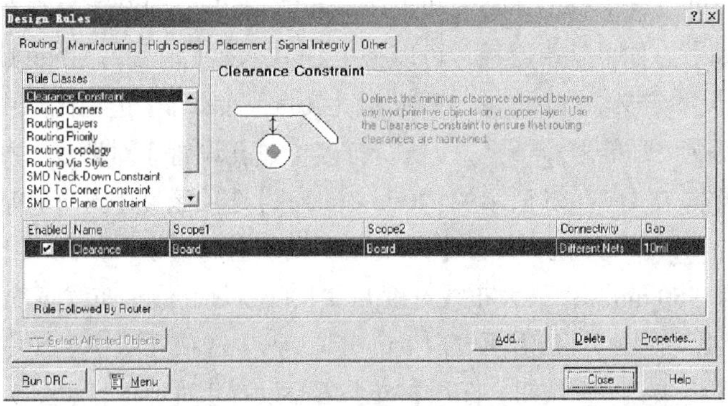

图 7-115 【布线规则设置】对话框

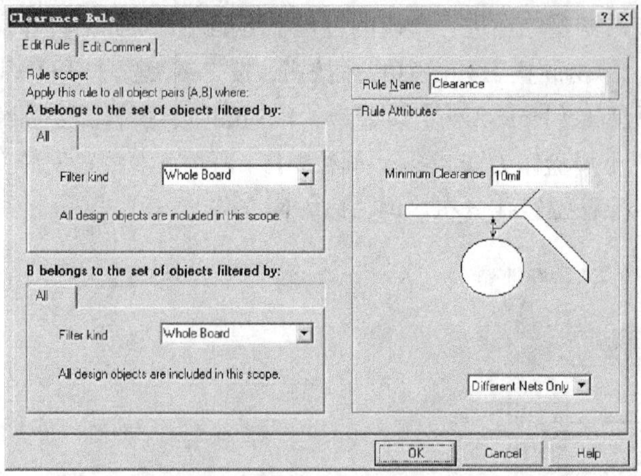

图 7-116 【安全距离设置】对话框

● 拐角模式选择。在图 7-115 所示的【Rule Classes】选项区域中选择【Routing Conners】（拐角模式规则），单击 Properties... 按钮，打开【拐角模式设置】对话框，如图 7-117 所示，设定导线的拐角方式，系统默认的拐角为“45°”拐角。

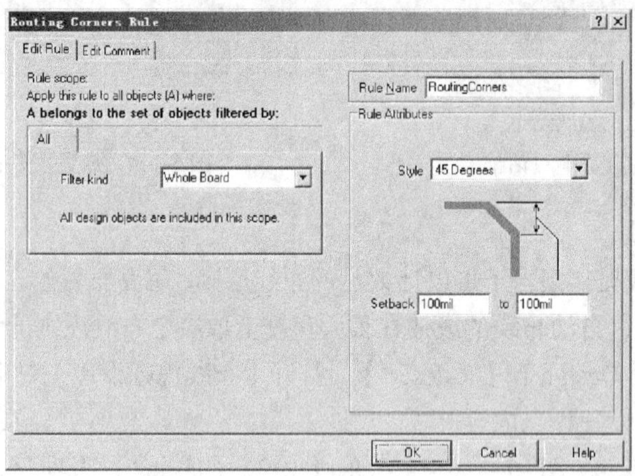

图 7-117 【拐角模式设置】对话框

● 布线层选择。在图 7-115 所示的【Rule Classes】选项区域中选择【Routing Layers】（布线层规则），单击 Properties... 按钮，打开【布线层设置】对话框，如图 7-118 所示。

如果是双层板，可以将【TopLayer】和【BottomLayer】分别设置为水平走向【Horizontal】和垂直走向【Vertical】。如果是单层板，可以将【TopLayer】设置为【Not Used】。

● 过孔类型及尺寸定义。在图 7-115 所示的【Rule Classes】选项区域中选择【Routing Via Style】（过孔样式规则），单击 Properties... 按钮，打开【过孔设置】对话框，如图 7-119 所示。

● 布线宽度设置。在图 7-115 所示的【Rule Classes】选项区域中选择【Width Constraint】（布线宽度规则），单击 Properties... 按钮，打开【布线宽度设置】对话框，如图 7-120 所示。根据需要设置首选布线宽度为“50 mil”，最大布线宽度为“100mil”，最小布线宽度为“40 mil”。

● 布线拓扑设置。在图 7-115 所示的【Rule Classes】选项区域中选择【Routing Topology】（布线拓扑规则），单击 Properties... 按钮，打开【布线拓扑设置】对话框，如图 7-121 所示，在【Rule Attributes】（规则属性）选项区域中选择【Shortest】（最短布线拓扑模式）。

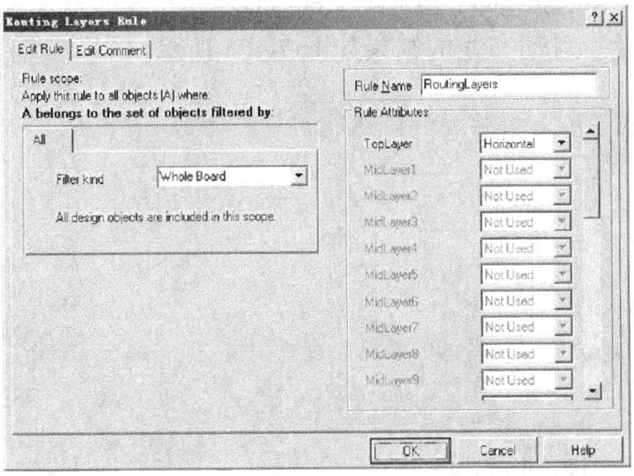

图 7-118 【布线层设置】对话框

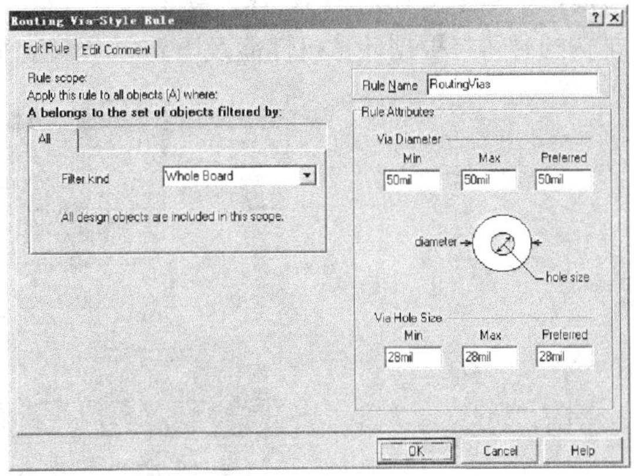

图 7-119 【过孔设置】对话框

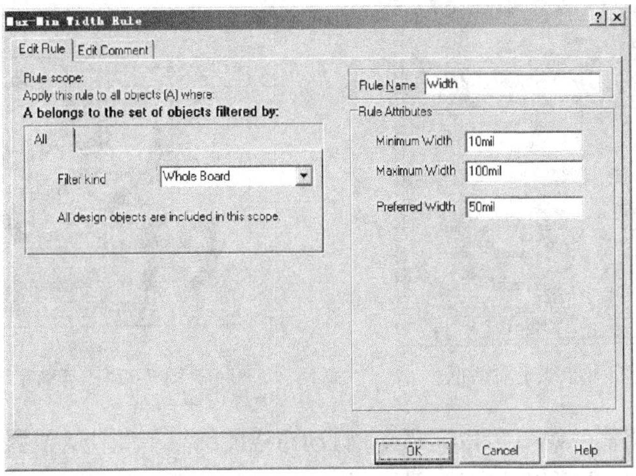

图 7-120 【布线宽度设置】对话框

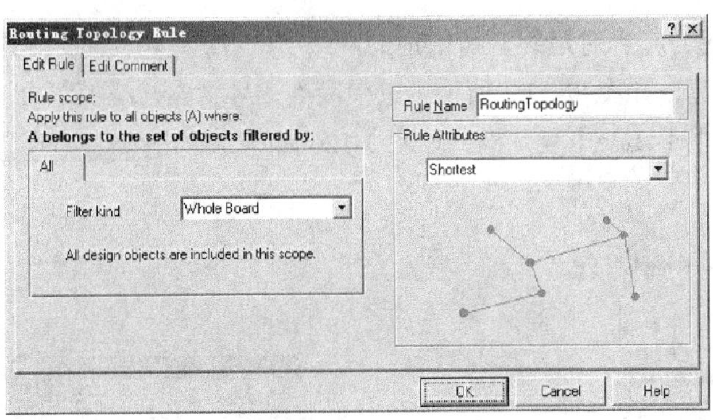

图 7-121 【布线拓扑设置】对话框

- 布线优先权设置。在图 7-115 所示的【Rule Classes】选项区域中选择【Routing Priority】（布线优先权），单击 Properties... 按钮，打开【布线优先级设置】对话框，如图 7-122 所示。根据需要可以设置电源、地等网络进行优先布线，通过设置优先级别【Routing Priority】的数字来确定优先权级别，数字越大级别越高。

③ 完成以上的布线规则设置后，执行菜单命令【Auto Route】|【All】，打开【自动布线】

对话框，如图 7-123 所示，保持默认设置，单击 Route All 按钮，系统开始自动布线。自动布线需要花费的时间将根据计算机性能及电路复杂程度而变。自动布线的结果如图 7-124 所示。

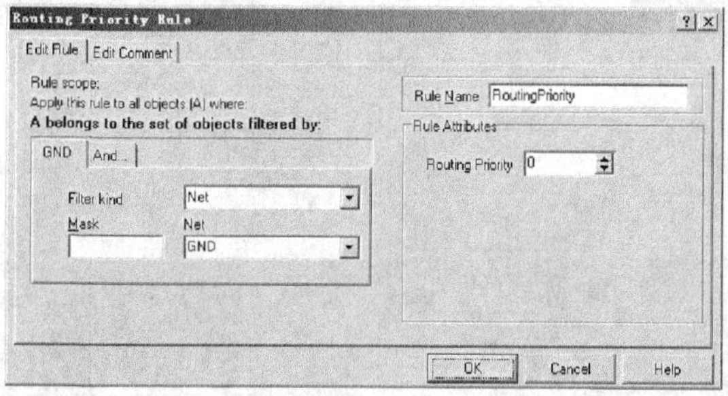

图 7-122 【布线优先级设置】对话框

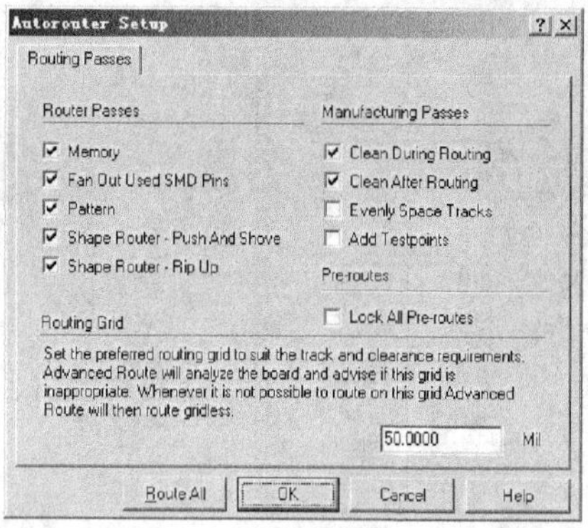

图 7-123 【自动布线】对话框

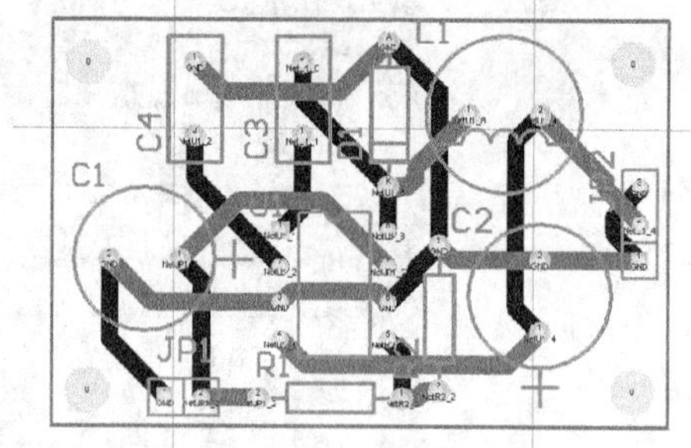

图 7-124 自动布线的结果

（12）人工布线调整。如图 7-124 所示，自动布线的结果不能让人满意，有很多导线可以平直却拐了很多弯角。用户可以让底层铺地，把导线主要安排在顶层。下面对该电路板进行人工布线。

① 为了方便布线，应当对最终进行铺地的网络“GND”进行隐藏，具体方法是在浏览窗口中对网络标号进行浏览，如图 7-125 所示，选中网络标号“GND”后，单击 Edit... 按钮，在系统弹出的对话框中选中【Hide】复选框，如图 7-126 所示，单击 OK 按钮确认。

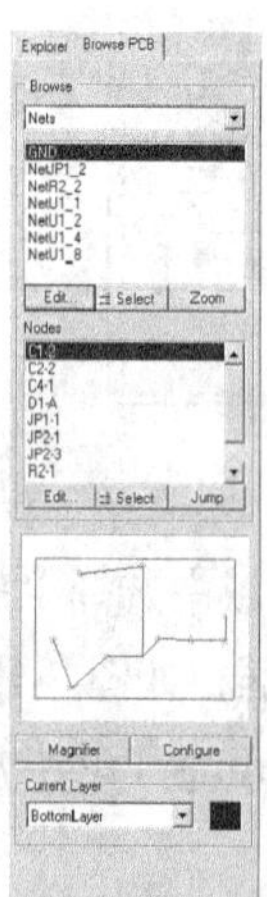

图 7-125 浏览电路板网络标号

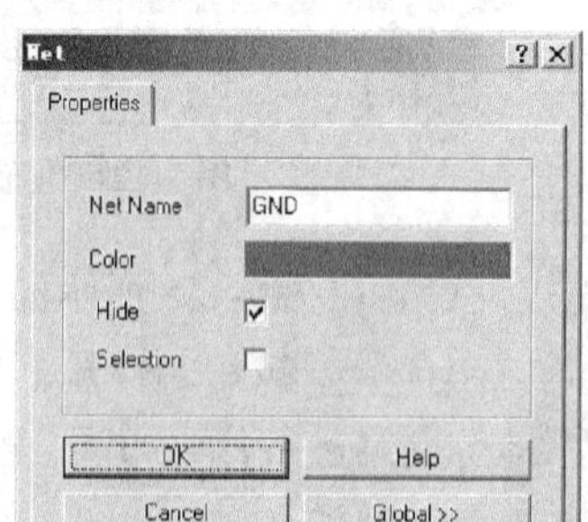

图 7-126 隐藏网络

② 在绘图区进行人工布线，图 7-127（a）所示为人工布线的【TopLayer】的布线结果，图 7-127（b）所示为人工布线的【BottomLayer】的布线结果。

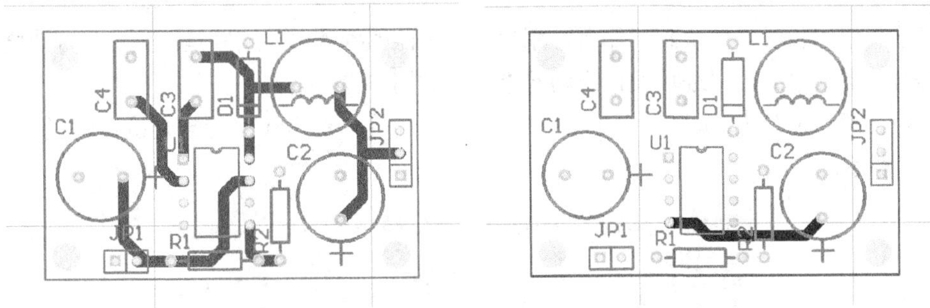

（a）　　　　（b）

图 7-127　人工布线结果

③ 进行铺地覆铜。执行菜单命令【Place】|【Polygon Plane…】，或单击放置工具栏中的按钮，打开【覆铜设置】对话框，如图 7-128 所示。

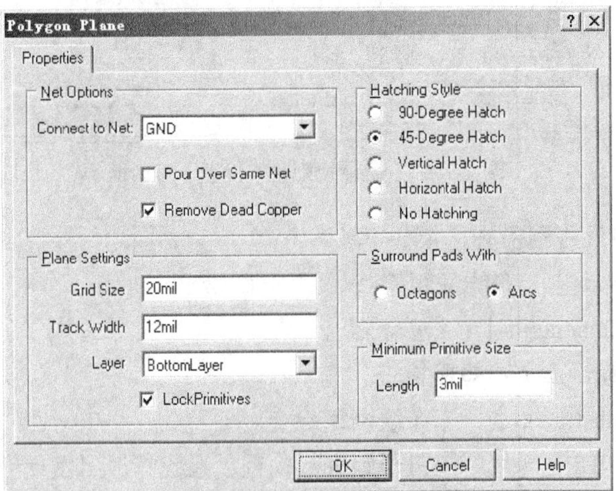

图 7-128 【覆铜设置】对话框

在图 7-128 对话框中，将【Connect to Net】设置为“GND”网络，选中【Remove Dead Copper】前的复选框，系统将去除死铜，【Grid Size】（线间距）设置为“20 mil”，【Track Width】（覆铜的线宽）设置为“12 mil”，【Hatching Style】（覆铜样式）设置为“45-Degree Hatch”，【Surround Pads With】（焊盘的围绕方式）设置为“Arcs”，【Minimum Primitive Size】（最短铜膜网格线）设置为“3 mil”。

④ 设置完毕后，单击 OK 按钮，确定覆铜边界，当边界闭合后，系统将自动进行覆铜操作，覆铜完毕的电路板如图 7-129 所示。

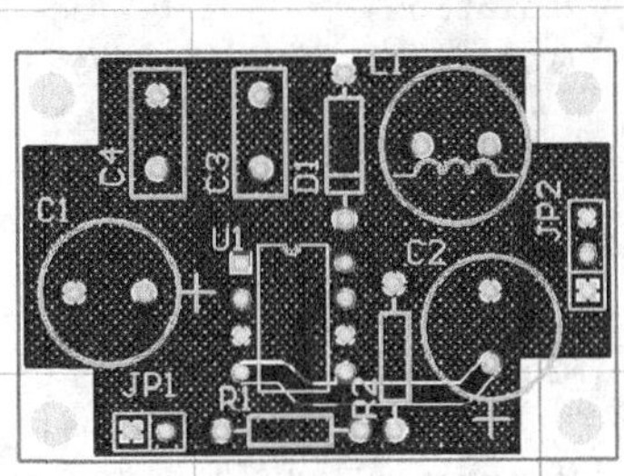

图 7-129　覆铜完毕的电路板

通过以上步骤，就基本完成了电路板设计的绘制工作。

7.2.7 电路检查及打印

在完成了电路板设计的绘制工作后，用户总希望能够确认电路绘制是否正确、导线之间的距离是不是合理等，这时可以进行设计规则检查来辅助用户进行查错。

（1）执行菜单命令【Tools】|【Design Rule Check…】，打开【设计规则检查设置】对话框，如图 7-130 所示。

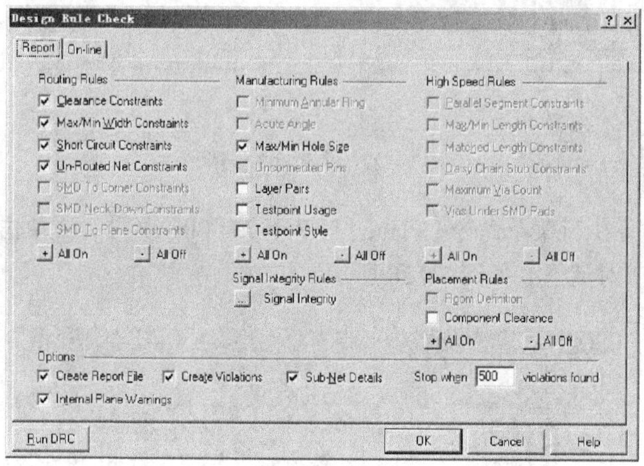

图 7-130 【设计规则检查设置】对话框

其中比较常用的设计规则检查选项如下。

【Clearance Constraints】：布线间距检查。

【Max/Min Width Constraints】：线宽检查。

【Short Circuit Constraints】：短路检查。

【Un-Routed Net Constraints】：未布线网络检查。

（2）设置完毕后，单击 Run DRC 按钮开始进行检查。系统将报出发现的错误，报告文件如下。

```
Protel Design System Design Rule Check
PCB File : DCDC4.PCB
Date     : 10-Jan-2006
Time     : 01:22:28
Processing Rule : Hole Size Constraint (Min=1mil) (Max=100mil) (On the board )
Violation       Pad Free-0(9120mil,9860mil)  MultiLayer  Actual Hole Size = 125.984mil
Violation       Pad Free-0(7600mil,9860mil)  MultiLayer  Actual Hole Size = 125.984mil
Violation       Pad Free-0(7600mil,10760mil)  MultiLayer  Actual Hole Size = 125.984mil
Violation       Pad Free-0(9120mil,10760mil)  MultiLayer  Actual Hole Size = 125.984mil
Rule Violations :4
Processing Rule : Width Constraint (Min=10mil) (Max=100mil) (Prefered=50mil) (On the board )
Rule Violations :0
Processing Rule : Clearance Constraint (Gap=10mil) (On the board ),(On the board )
Rule Violations :0
Processing Rule : Broken-Net Constraint ( (On the board ) )
Rule Violations :0
Processing Rule : Short-Circuit Constraint (Allowed=Not Allowed) (On the board ),(On
```

```
the board )
   Rule Violations :0
   Violations Detected : 4
   Time Elapsed    : 00:00:01
```

（3）进行布线错误排除。系统报出 4 个错误，它们都是由 4 个安装孔的直径超过了事先设置的设计规则而引起的，这里可以不予理会。

（4）利用同步电路原理图功能检查电路原理是否正确。

执行菜单命令【Design】|【Update Schematic...】，打开【更新电路原理图】对话框，如图 7-131 所示。保持默认设置并单击 Preview Changes 按钮预览发生的变化，打开如图 7-132 所示的对话框，系统显示发生的变化和未变化的项目。用户可以发现印制电路板和电路原理图完全相符，这样也可以确定印制电路板连线的正确性。

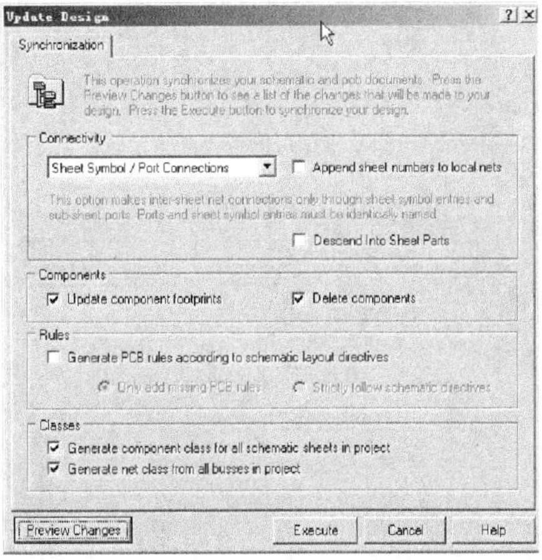

图 7-131 【更新电路原理图】对话框

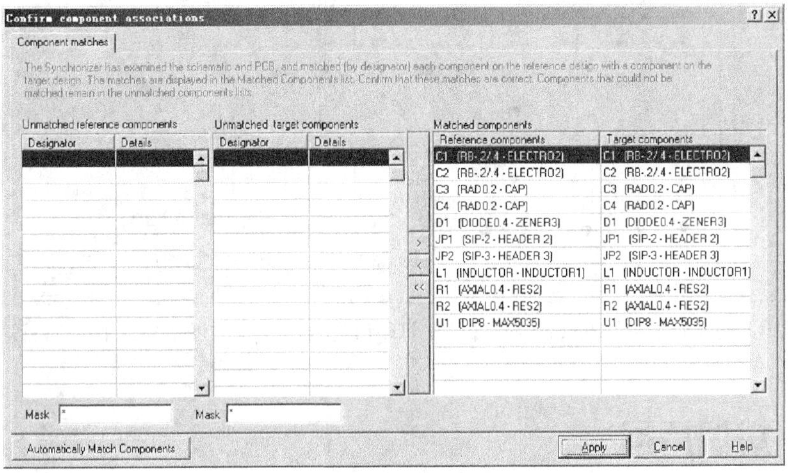

图 7-132　显示 PCB 和电路原理图相同和不同之处

通过以上步骤，可以确定绘制的电路板已经基本没有错误了，但是为了看到电路板的实际尺寸或某些元器件的轮廓，设计者通常会将绘制的电路板打印出来，这样可以更直观地检查出电路板尺寸方面的问题。

（5）执行菜单命令【File】|【Print/Preview...】，系统显示打印预览，如图 7-133 所示。

（6）在左侧浏览 PCB 打印窗口中，右键单击不需要显示的图层，在弹出的菜单中选择【Delete】，删除不需要打印的图层，图 7-134 所示是删除【TopLayer】和【BottomLayer】后的打印预览。

（7）执行菜单命令【File】|【Setup Printer...】，打开【打印机设置】对话框，如图 7-135 所示，设置完毕后单击 OK 按钮确认。

（8）执行菜单命令【File】|【Print All】，系统将开始打印。

通过以上步骤，就完成了印制电路板的打印工作。

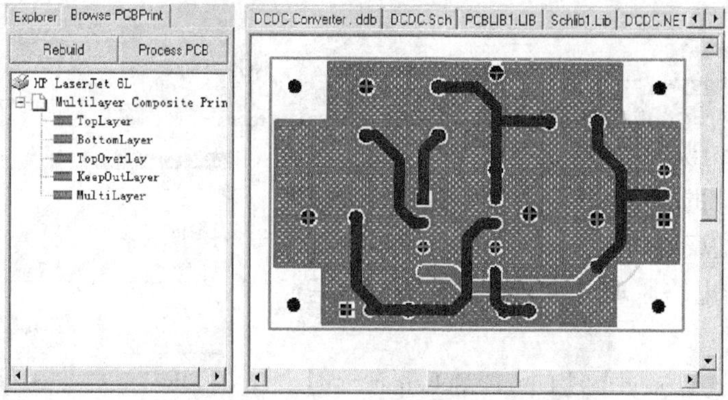

图 7-133 系统显示打印预览

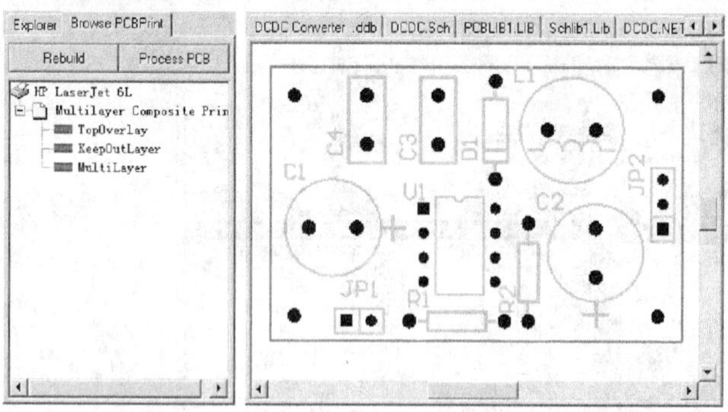

图 7-134 删除【TopLayer】和【BottomLayer】后的打印预览

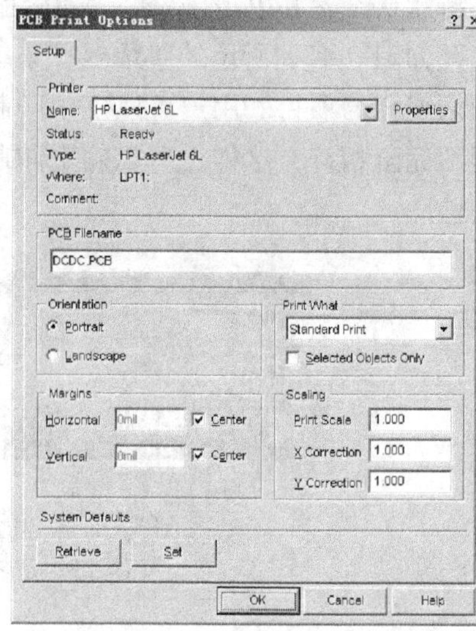

图 7-135 【打印机设置】对话框

7.3 知识拓展

7.3.1 原理图设计中的常见问题与解答

本节总结了一些在原理图设计阶段经常遇到的问题，这些问题多数是在从原理图编辑器向 PCB 编辑器转化的过程中产生的，例如，元器件没有找到、元器件的节点没有找到以及元器件的封装没有找到等。

1. 原理图符号的选择

原理图符号与元器件封装的对应关系是通过原理图符号的引脚序号与元器件封装的焊盘序号之间的一一对应建立起来的，例如，原理图符号中序号为 1 的引脚与元器件封装中序号为 1 的焊盘相对应，它们具有相同的网络标号。

只要原理图符号含有的元器件引脚数目和编号能够与元器件封装的焊盘数目和编号相对应，那么不管原理图符号的外形与元器件实物相差多大，都可以用该原理图符号来与这一类元器件封装相对应。

如图 7-136 所示，名称为“Res2”的原理图符号其对应的元器件封装既可以是“AXIAL-0.4”，又可以是“0805”。同样的道理，封装为“AXIAL-0.4”的元器件封装其对应的原理图符号既可以是“Res1”，又可以是“Res2”。名称为“Res2”的原理图符号在国内是比较常用的，而名称为“Res1”的原理图符号在国际上要通用一些。

总之，只要是同一类的元器件，无论采用哪一种原理图符号都没关系，用户可以依据习惯来选择，只是其元器件封装必须与实际的元器件相匹配。

2．不知道元器件封装

电路板设计人员通常都是在确定了电路设计要用的元器件后才进行电路板的设计，不会发生不知道元器件封装的事情，但是有时为了保证电路板设计的进度，在没有买到元器件之前就开始电路板设计了。对于这种情况，用户可以先用熟知的类似元器件封装来替代该元器件封装，但是应当保证替代元器件封装的引脚数目与实际采用的元器件引脚数目相同。

这样做的好处是在没有看到元器件实物以前，一样可以进行电路板的设计，可以在 PCB 编辑器中一次就正确地载入所有元器件和网络表，并对已确知元器件封装的部分电路先进行元器件的布局和布线。一旦确认元器件的封装后，再对替代封装进行修改，使之最终能够适合实际的元器件。

3．没有找到元器件

在 PCB 编辑器中载入元器件和网络标号时遇到“Error：Component not found”（没有找到元器件）的错误，如图 7-137 所示。

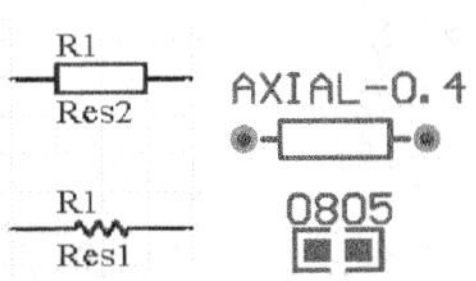

图 7-136　原理图符号和元器件封装

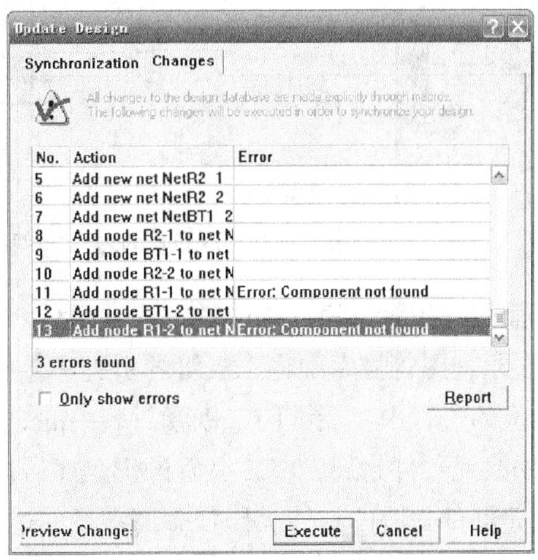

图 7-137　没有找到元器件

一般来说，元器件没能找到的原因主要有两种。

- 在电路原理图设计中没有给元器件添加元器件封装。
- 在 PCB 编辑器中没有载入相应的元器件封装库。

对于 Protel 99 SE 来说，其原理图符号库和元器件封装库是分离的，因此在原理图编辑器中和 PCB 编辑器中必须分别装入原理图符号库和元器件封装库才可以。由上述两种原因引起的错误，用户可以根据系统提示的错误信息，详细检查电路原理图设计和 PCB 编辑器，如果没有给元器件添加元器件封装，则添加上即可；如果是因为元器件封装库没有载入，则将所需的元器件封装库载入即可；如果需要的元器件封装在现有库中没有找到，则应当自己动手创建一个元器件封装。

4．没有找到电气节点

在 PCB 编辑器中载入元器件和网络标号时遇到“Error：Node Not found”（找不到电气节点）的错误，如图 7-138 所示。

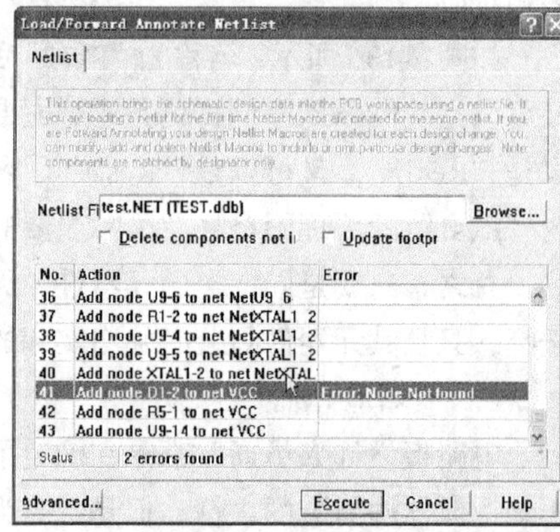

图 7-138　找不到电气节点

电气节点不能找到的原因主要有 3 种。

- 在电路原理图设计中没有给元器件添加封装。
- 元器件虽然添加了封装，但是所需的元器件封装库没有载入。
- 元器件的原理图符号与元器件封装之间的对应关系不正确。

对于前两种情况，系统会在提示电气节点（Node）不能找到的同时提示用户元器件（Component）和元器件的封装（Footprint）也没有找到。这种情况的解决办法在前面已经介绍过了。

对于第 3 种情况，如图 7-139 所示，用户必须对原理图符号或者元器件封装进行修改，使之能够建立正确的对应关系。

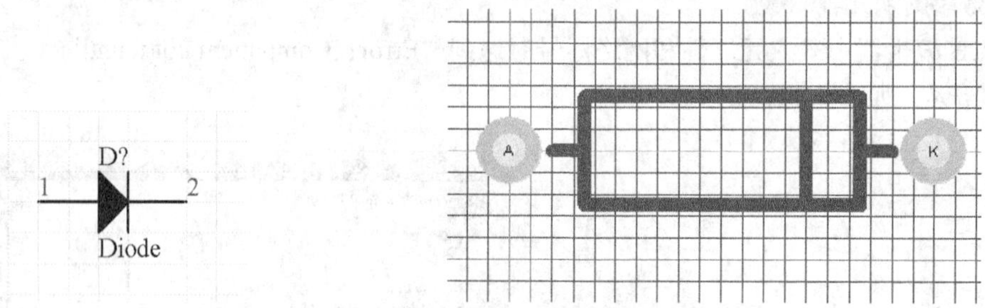

（a）普通二极管的原理图符号　　（b）普通二极管的封装

图 7-139　原理图符号与元器件封装之间的对应关系不正确

就上面的二极管来说，修改的方法有两种。

- 在原理图符号库中将二极管的引脚序号修改为“A”“K”，这样在由原理图编辑器向 PCB 编辑器转换的过程中，能够同二极管封装中的焊盘序号“A”“K”对应上。
- 修改元器件封装，将二极管的焊盘序号修改为“1”“2”。

修改元器件封装的具体操作步骤请参考前述内容。

要点提示 在修改原理图符号或者是元器件封装的时候，用户应当注意原理图符号和元器件封装之间实际的对应关系，否则会导致对应关系出错，使电路板设计失败。

7.3.2　PCB 设计中的常见问题与解答

PCB 设计是电路板设计过程中最重要的环节之一，它包括电路板的规划、元器件的布局、电路板的布线和电路板设计完成后的设计校验（DRC）等内容。可以说，PCB 设计是电路板设计中涵盖知识面最广、技巧性最强、难度最大的环节。因此，在 PCB 设计中初学者遇到的问题也最多。

1．在网络中添加焊盘

将焊盘加入到电路板中的某个网络，具体的操作方法有两种。

第一种方法，先将焊盘添加到电路板中，然后双击焊盘，打开【Pad】对话框，如图 7-140 所示。单击 **Advanced** 标签进入【Advanced】选项卡，然后在【Net】选项后面的下拉列表中选择焊盘的网络标号，最后单击对话框中的 OK 按钮确认，即可将焊盘添加到网络中。接下来，将修改后的焊盘移动到网络上的适当位置即可。

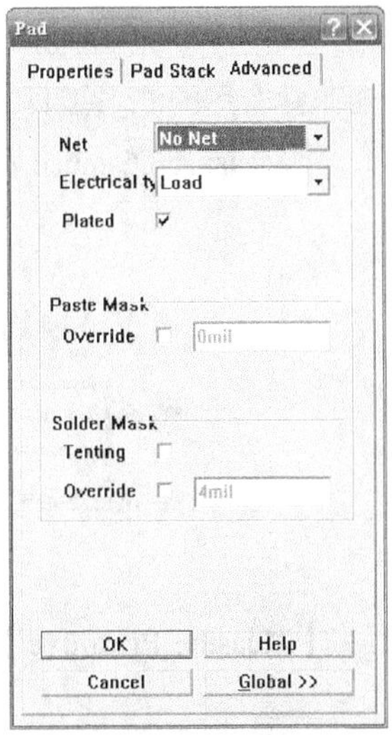

图 7-140 【Pad】对话框

第二种方法，执行放置焊盘的菜单命令，然后直接将焊盘放置在需要放置焊盘的网络上，此时系统将自动为该焊盘添加上网络标号。放置完一个焊盘后，系统仍然处于放置焊盘的命令状态，用户可以继续放置焊盘。利用这种方法放置多个焊盘是非常便捷的。

2．关于覆铜

覆铜的主要作用是提高电路板的抗干扰能力，增加导线过大电流的负载能力。对地线网络进行覆铜是最为常见的操作。这样一方面可以增大地线的导电面积，降低电路由于接地而引入的公共阻抗；另一方面可以增大地线的面积，提高电路板的抗干扰性能和过电流的能力。

覆铜一般应该遵循以下原则。

- 如果元器件布局和布线允许的话，覆铜的网络与其他图件之间的安全间距限制应在常规安全间距的 2 倍以上；如果元器件布局和布线比较紧张，那么也可以适当缩小安全间距，但是最好不要小于 0.5 mm。
- 覆铜的铜箔与具有相同网络标号的焊盘的连接方式应当视具体情况而定，如果为了增大焊盘的载流面积，则应当采用直接连接的方式；如果为了避免元器件装配时大面积的铜箔散热太快，则应当采用辐射的方式连接。

覆铜后文件的数据量较大是正常的。但如果过大，可能就是由设置不太科学造成的。图 7-141 所示为【覆铜设置】对话框，在该对话框中如果将【Grid Size】和【Track Width】的值设置得过小，电路板设计文件将会很大。这是因为覆铜的铜箔实际上是由无数条导线覆盖而成的，如图 7-142 所示。导线的数目越多，PCB 文件存储的信息量就会越大。因此，为了使覆铜后的 PCB 文件不太大，可以将【Grid Size】和【Track Width】的值设置得大一些。

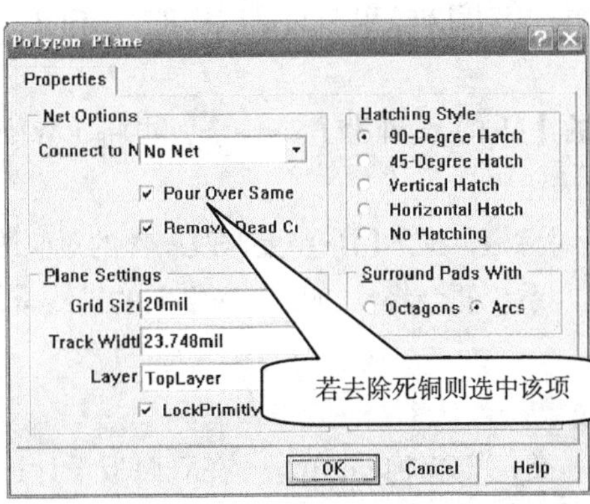

图 7-141 【覆铜设置】对话框

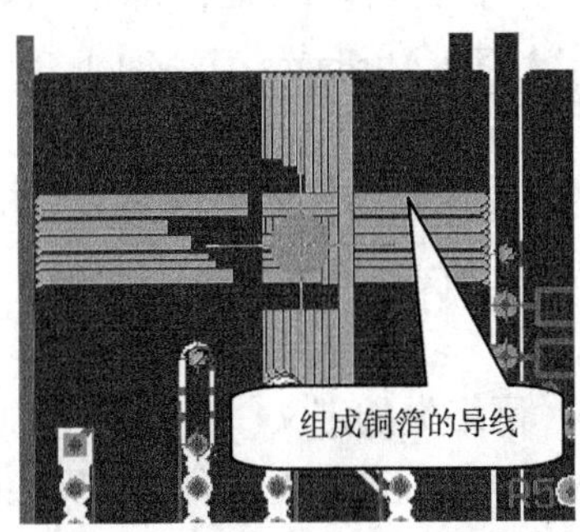

图 7-142　覆铜的铜箔由许多导线组成

3．测量元器件封装

用户可以在 Protel 99 SE 的 PCB 编辑器中执行菜单命令【Reports】，该菜单命令中提供了两个非常有用的测量工具。

【Measure Distance】：测量两点间的距离，如图 7-143 所示。

（a）执行测量两点距离的命令状态　　（b）测量结果

图 7-143　测量两点间的距离

【Measure Primitive】：测量图件间的距离，如图 7-144 所示。

（a）执行测量图件距离的命令状态　　（b）测量结果

图 7-144　测量图件间距离

利用这两个测量工具可以对系统提供的元器件封装进行测量。将测量的关键尺寸（主要包括元器件封装的外形尺寸、元器件的焊盘间距、外形与焊盘之间的间距）与元器件实物进行比较，就可以判断该元器件封装是否与元器件实物相符了。

4．群体编辑功能

如果需要一次性修改多个对象的属性，那么用户可以使用 Protel 99 SE 提供的群体编辑功能。首先用户应找到所要修改对象的一个或多个共性，这样才能成功地使用群体编辑功能。例如，将 PCB 中所有属于“GND”网络的导线的线宽从原来的“1mm”修改为“2mm”，这些导线的显著共性是属于同一个网络“GND”。下面以修改同一网络导线的线宽为例来介绍使用群体编辑功能的操作步骤。

（1）首先用鼠标双击其中一条导线，打开【导线属性】对话框。单击对话框中的 Global >> 按钮，打开群体编辑界面，如图 7-145 所示。

（2）将【Attributes To Match By】选项区域中的【Net】设置为【Same】，再将【Width】修改为“2 mm”。设置完成后，单击 OK 按钮确认。

（3）这步操作结束后，系统会弹出【确认修改】对话框，提示用户将要修改属性的对象的数量，如图 7-146 所示。单击该对话框中的 Yes 按钮，系统便会将“GND”网络上的导线全部修改为“2 mm”。

5．网络类的定义

网络类就是将具有某种相同属性的网络定义成一类，以方便集中管理。在双面板设计过程中，设置电路板的布线设计规则时就用到了网络类，即将电源网络“VCC1”和“VCC2”定义成电源网络类“VCC”，而将地线网络“GND1”和“GND2”定义成地线网络类“GND”。

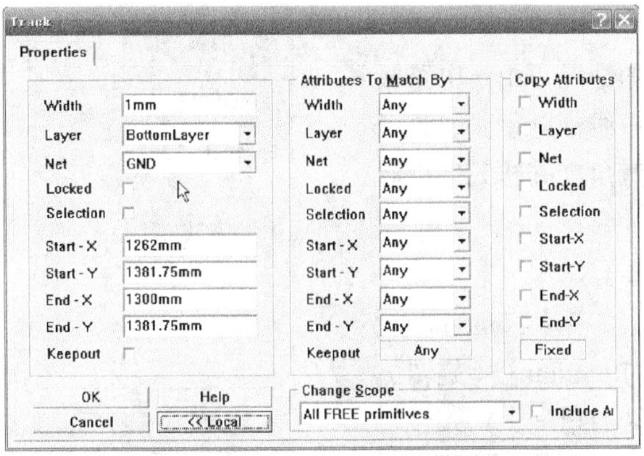

图 7-145　导线属性群体编辑界面

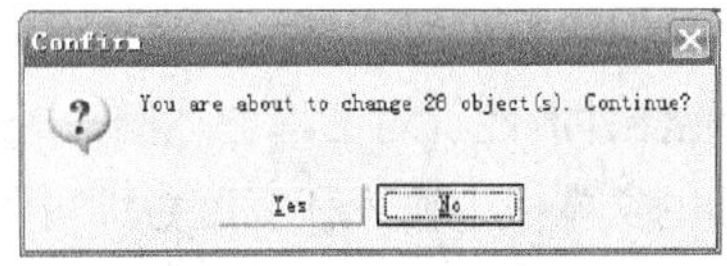

图 7-146 【确认修改】对话框

下面介绍定义网络类的具体操作步骤。

（1）执行菜单命令【Design】|【Classes…】，打开【Object Classes】（网络类定义）对话框，如图 7-147 所示。

（2）单击 Add... 按钮，打开【Edit Net Class】（编辑网络类）对话框，如图 7-148 所示。

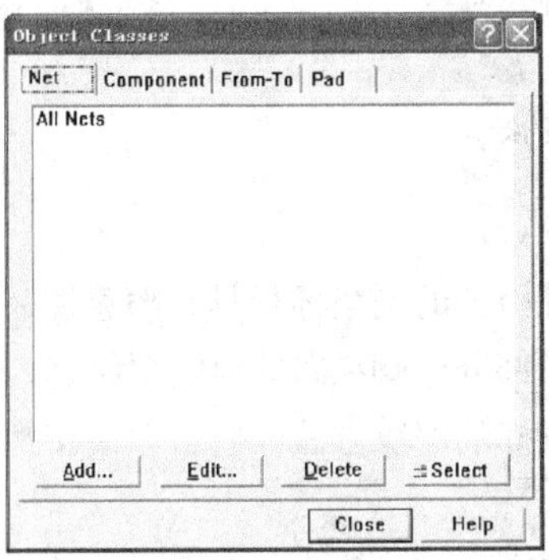

图 7-147 【网络类定义】对话框

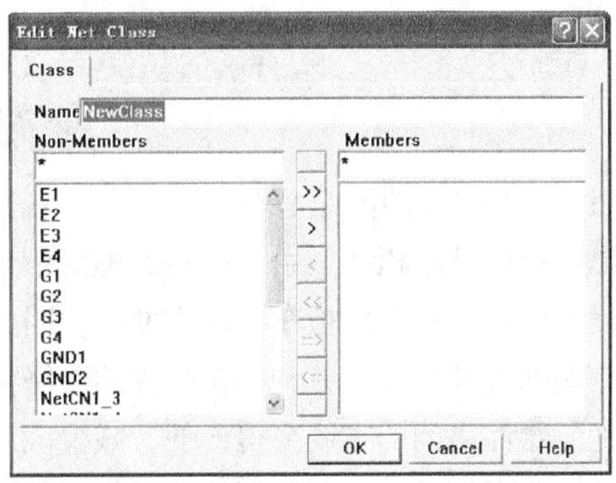

图 7-148 【编辑网络类】对话框

（3）本例中将新添加的网络类命名为“VCC”，添加的网络标号包括“VCC1”和“VCC2”，如图 7-149 所示。

（4）单击 OK 按钮即可完成网络类“VCC”的设置。

（5）重复步骤 2 ~ 步骤 4 的操作即可添加网络类“GND”。最后的结果如图 7-150 所示。

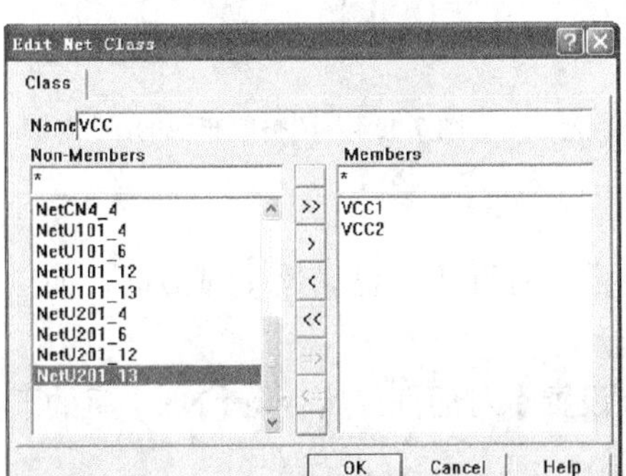

图 7-149　设置网络类“VCC”

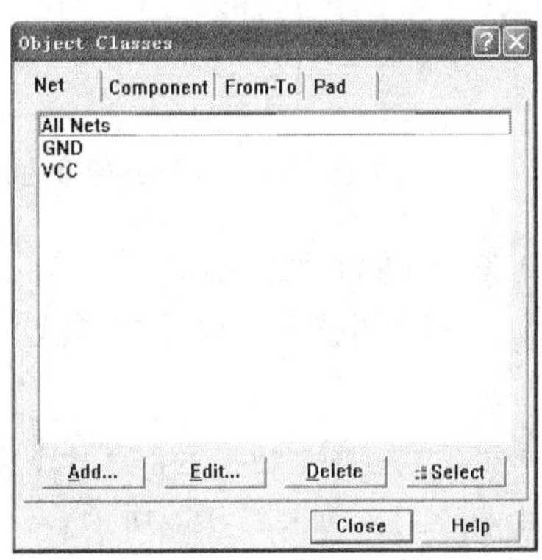

图 7-150　定义网络类的结果

6．任意角度旋转元器件

在电路板的手工设计中，经常会遇到这样的情况：由于电路板的尺寸有限，局部区域的元器件布局和电路板布线十分紧张，为了能够顺利放置导线，常常需要旋转元器件。任意角度旋转元器件对电路板上的布线尤为有利。

下面介绍任意角度旋转元器件的具体操作步骤。

（1）在需要旋转的元器件上双击鼠标左键，打开【Component】（元器件属性）对话框，如图 7-151 所示。在【Rotation】（旋转）后的文本框中输入任意度数即可设定元器件旋转的角度。

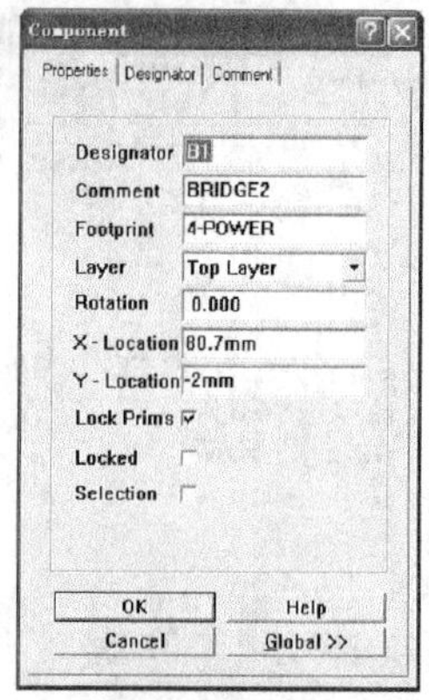

图 7-151【元器件属性】对话框

（2）设置好元器件需要旋转的角度后，单击 OK 按钮，系统将会自动旋转该元器件。图 7-152 所示为不同设定角度下旋转的结果。

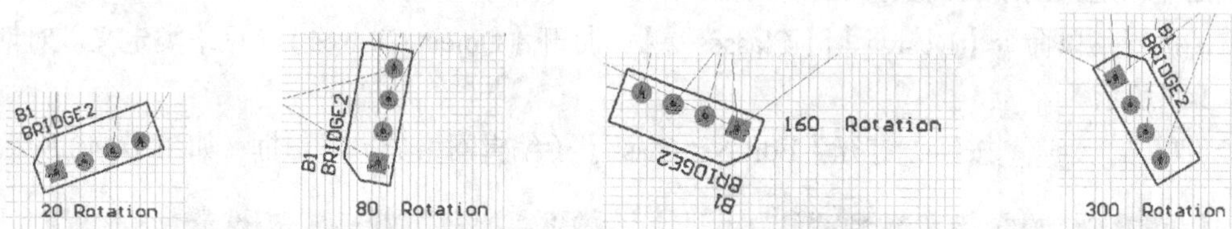

（a）20°　（b）80°　（c）160°　（d）300°

图 7-152　任意角度旋转元器件的结果

7．调整接插件的网络标号

在电路板设计过程中，由于电路原理图中定义的接插件引脚的网络标号具有随意性，没有事先考虑元器件布局和电路板布线的方便性，因此常常会导致部分引脚在布线时需要绕远，甚至难于布线。遇到这种情况时，调整接插件的网络标号是一种很好的解决方法，它可以使接插件各引脚与其他元器件之间的布线变得方便，减少绕远和穿插。

下面以单面板设计过程中调节接插件的网络标号为例来介绍其具体操作步骤。调整接插件网络标号之前，网络标号的分配如图 7-153 所示，布线的结果如图 7-154 所示。

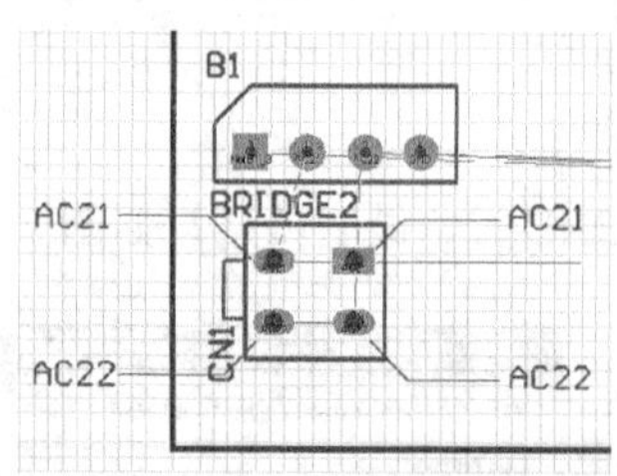

图 7-153　调整前网络标号的分配

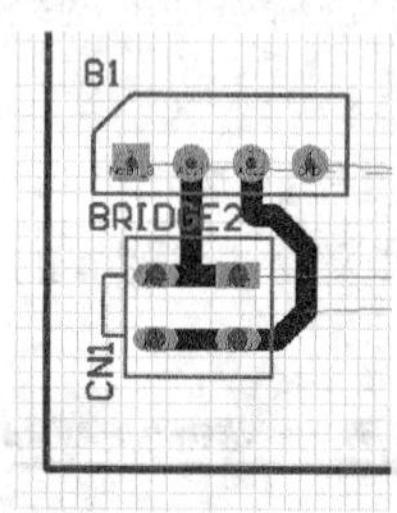

图 7-154　调整前布线的结果

（1）首先删除布线的结果。

（2）在需要调整网络标号的焊盘上双击鼠标左键，打开【焊盘属性】对话框，如图 7-155 所示。

（3）单击 Advanced 选项卡，打开【焊盘属性高级设置】对话框，然后在【Net】后的下拉列表中选择【AC22】，如图 7-156 所示。

（4）单击 OK 按钮，即可将当前编辑焊盘的网络标号改为“AC22”。

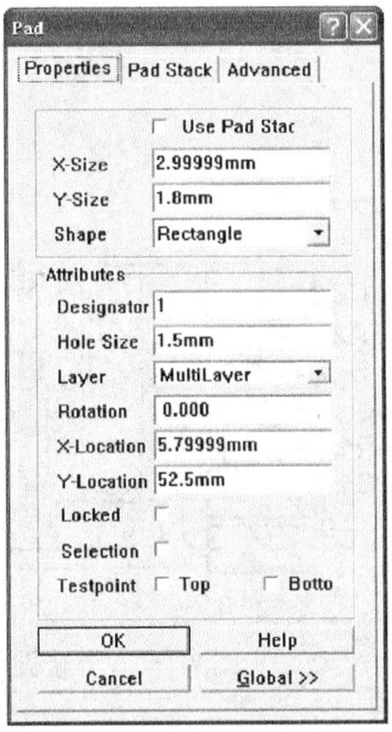

图 7-155　编辑【焊盘属性】对话框

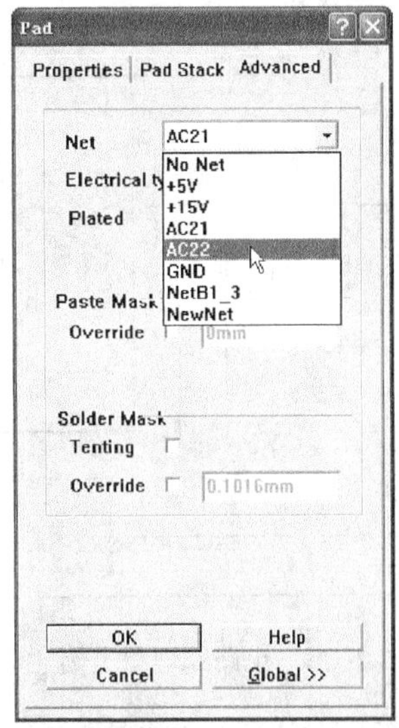

图 7-156　修改焊盘的网络标号

（5）重复上述操作步骤，即可完成焊盘网络标号的调整。修改好焊盘网络标号后的结果如图 7-157 所示。调整接插件网络标号后布线的结果如图 7-158 所示。

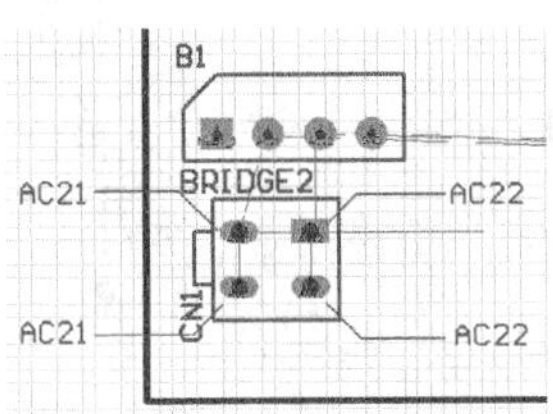

图 7-157　修改好焊盘网络标号的结果

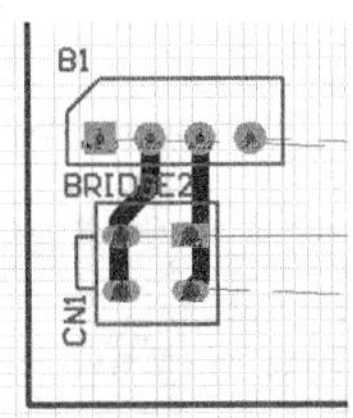

图 7-158　调整网络标号后的布线结果

比较图 7-154 和图 7-158，可见调整接插件的网络标号后布线更短、更合理。

调整元器件的网络标号以方便电路板的布局和布线的方法也适合于具有多个相同单元的集成电路，如在单片机控制电路中经常使用的地址锁存器 74LS373。有的用户经常抱怨 74LS373 的引脚排列不合理，在进行电路板设计的过程中布线交错，布线的结果往往很难令人满意。其实熟知 74LS373 的用户都知道，74LS373 只不过是 8 个锁存器集成在一个 IC 片内，在设计电路板的过程中并不一定要将 CPU 或 RAM、ROM 等元器件上的地址线依据引脚名称中序号的高低与 74LS373 上对应的序号相连接，而完全可以灵活地改变连接关系使得布线更为简洁，具体操作要视电路板上 74LS373 与 CPU 或 RAM、ROM 等元器件的布局而定。

7.4　动手练习

7.4.1　简单电路板设计

下面介绍一个简单电路板的设计实例，目的是使学生掌握电路板设计的方法和步骤。

完成如图 7-159 所示的电路原理图，并根据电路原理图完成如图 7-160 所示的电路板。

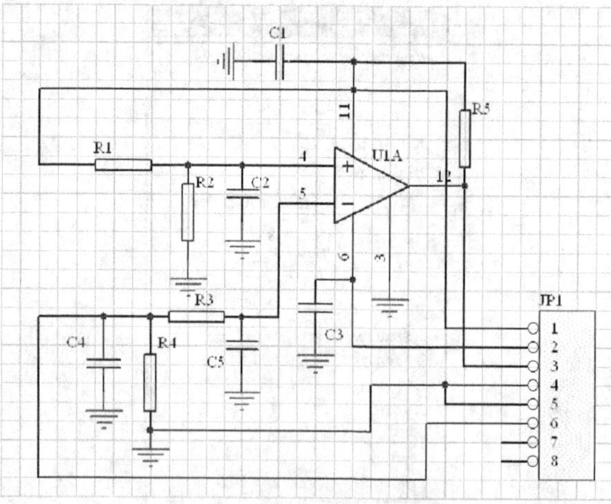

图 7-159　电路原理图实例

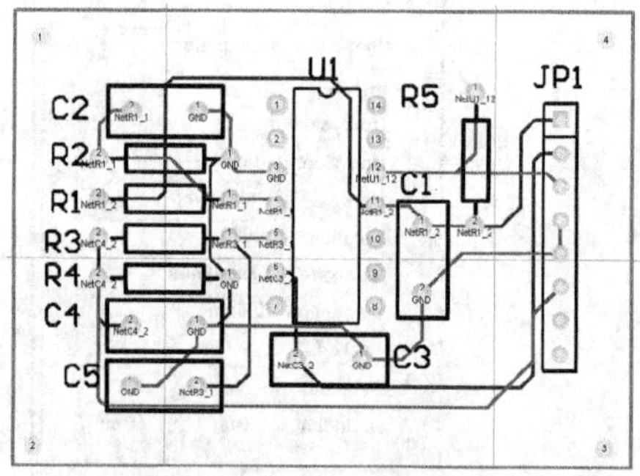

图 7-160　电路板

主要操作步骤如图 7-161 所示。

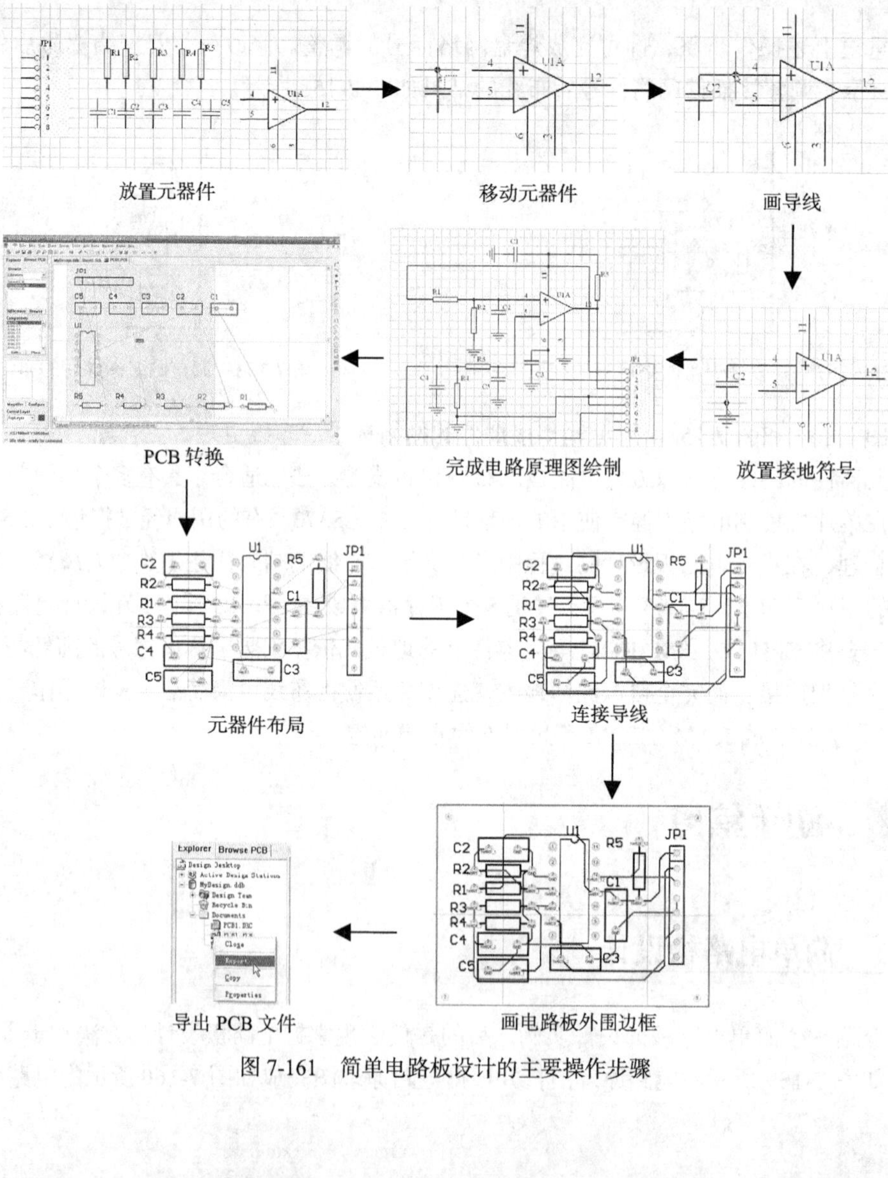

图 7-161　简单电路板设计的主要操作步骤

7.4.2　电源模块电路设计实例

下面介绍一个电源模块电路设计实例，目的是使学生掌握电路板设计的方法和技巧。

本实例的任务是完成一个线性电源模块电路板的设计，其原理图如图 7-162 所示。

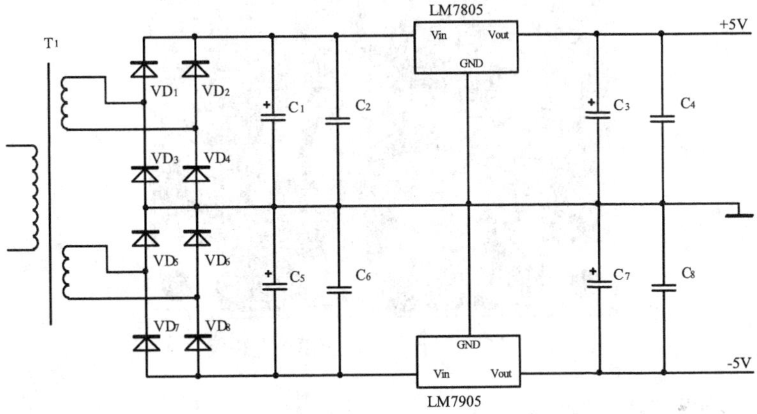

图 7-162　电源模块电路的原理图

在如图 7-162 所示的电源模块电路原理图中，220V（或 380V）的交流电经变压器降压后，经由二极管组成的全桥整流电路后变为直流电压，然后经滤波电容输入到三端集成稳压器，最后在三端集成稳压器的输出端就可以得到稳定的直流电压输出。三端集成稳压器输入端和输出端的电容是用来改善稳压器的输入信号和提高输出电压性能的。

通常，在设计电源模块电路板时，交流变压器由于其体积和重量较大是不放置到电路板上的。因此，在进行原理图设计时，电源模块电路只包括集成整流块、滤波电容、三端集成稳压器及其散热器、输出滤波电容。同时，为了便于观察是否有电源输出，常常在输出端加上电源指示灯。

设计好的电源模块电路原理图如图 7-163 所示。

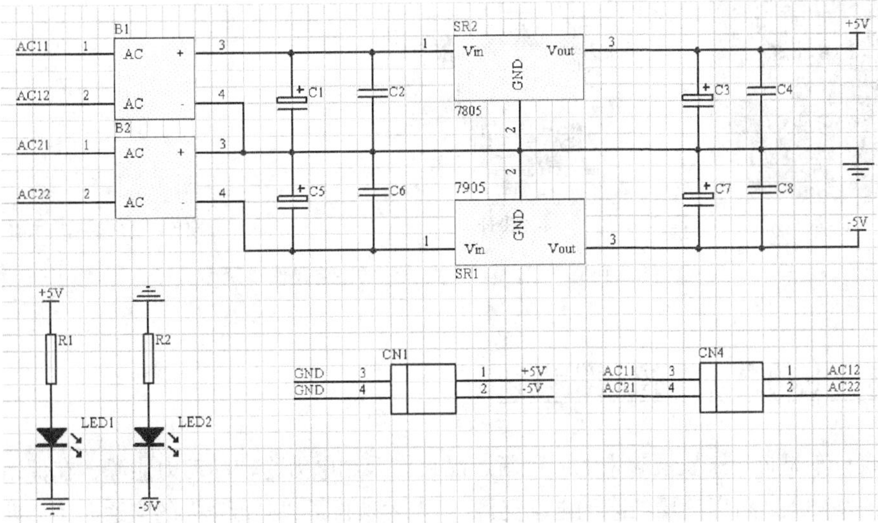

图 7-163　设计好的电源模块电路原理图

根据设计好的原理图完成电源模块电路板的设计，如图 7-164 所示。

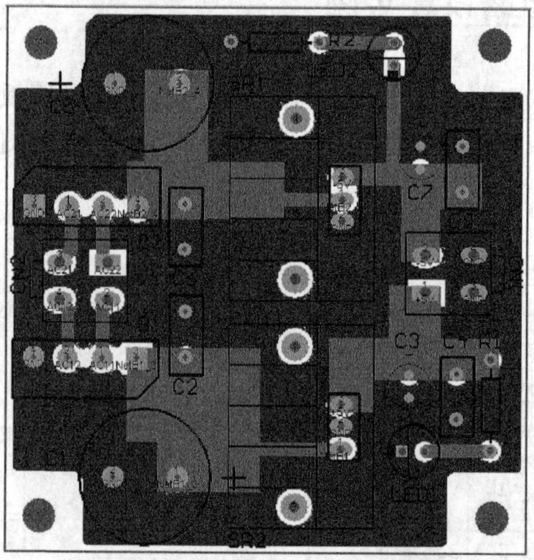

图 7-164　设计好的电源模块电路板

主要操作步骤如图 7-165 所示。

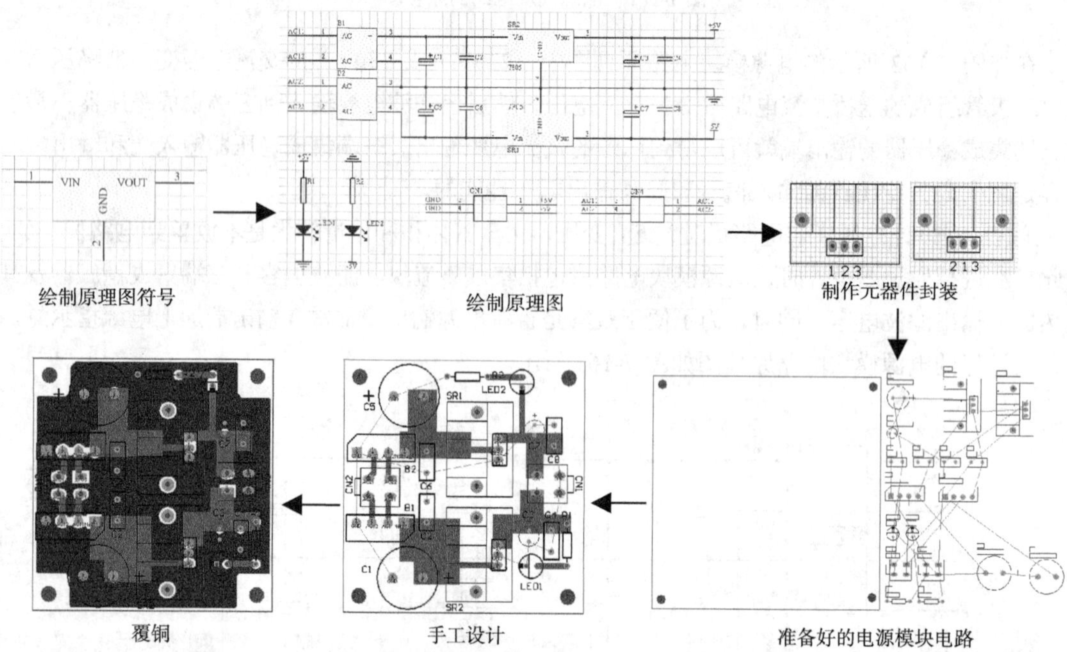

图 7-165　电源模块电路设计的主要操作步骤

7.4.3　电动自行车控制器设计

电动自行车是近年来发展起来的一种新产品，它采用电力为辅助动力能源，在保留了自行车全部功能的基础上，可以使用洁净的电动能源，大大延长了“自行车”的交通距离，非常适合作为交通工具，而且与大交通发展并无冲突，互为补充。它是城市化进程中一支不可空缺的生力军。

电动自行车以轻便、安全、环保、使用费用低等显著优点倍受消费者青睐，其逐步替代传统的自行车已是必然的趋势。

1．工作原理

电动自行车是具有电力驱动、脚踏驱动、电力和脚踏并用等功效的绿色环保交通工具。电动自行车的原理和结构都不复杂，可以认为是在自行车的基础上加上一套电机驱动机构组成的。蓄电池经过一个控制器给一个电动机送电，电动机放在后车轮中，电动机的旋转带动自行车的行进。电动自行车的控制器连接一个调速手柄，在脚踏中轴上装有助力传感器，转动调速手柄可以让控制器检测到不同的电压值，控制器根据电压值大小，模拟调节输送给电机电压的高低，从而控制了电动机的转速。如图 7-166 所示。

控制器无刷电动机控制的方法是根据电动机的位置反馈信号，控制电动机三相驱动上下臂 MOS 管的导通和截止，从而实现电子换向。如图 7-167 所示，电动机为三角形连接，三相驱动上下臂各 MOS 管导通顺序组合为：V1-V2，V2-V3, V3-V4，V5-V4，V5-V6，V1-V6。

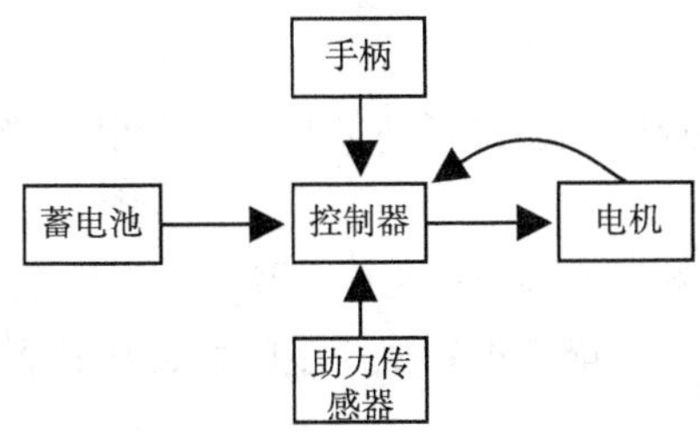

图 7-166　电动自行车控制方框图

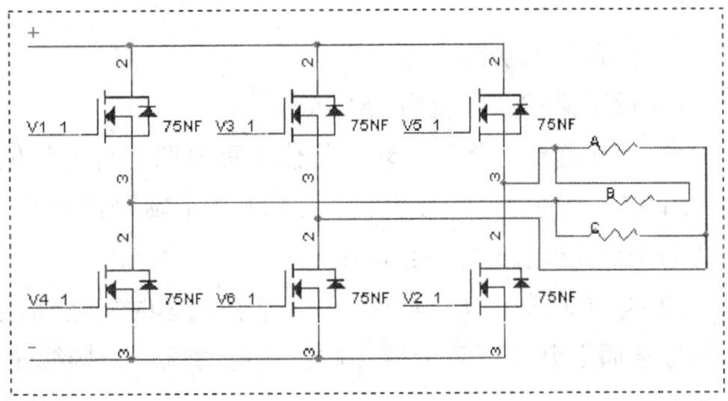

图 7-167　驱动电路

2．系统方框图

电动自行车采用 PIC16F72 作为主控 MCU。MCU 的主要任务是进行调速电压检测、电池电压检测、电流检测、过流中断检测、3 路霍尔位置信号检测、1 路霍尔位置信号中断检测、刹车信号检测、1∶1 助力检测、温度检测、故障显示输出、PWM 控制电机转速输出、6 路电机驱动输出，系统方框图如图 7-168 所示。

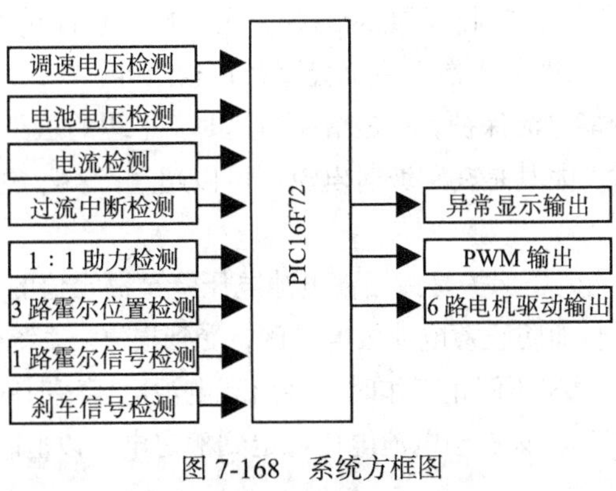

图 7-168　系统方框图

3．控制器电气规格要求

- 类型：直流无刷

- 额定功率：240W。
- 额定电压：36V。
- 额定转速：210R/min。
- 额定扭矩：8.5N.M。
- 欠压保护：31.5 ± 0.5V。
- 过流保护：15 ± 1A。

4．控制器功能介绍

控制器的基本功能如下。

- 1∶1 助力。
- 刹车断电，刹车灯供电。
- 自动巡航。
- 欠压保护（ 31.5 ± 0.5V）。
- 电子刹车。
- 休眠省电功能。
- 过流保护（限流为 15±1A）。
- 堵转断流（倒转、转把复位、重电源、自动复位）。

（1）1∶1 助力。1∶1 助力，是指在没有旋转调速车把，电动车电池打开时，电动车会根据骑行者的骑行速度提供 1∶1 助力。

（2）电子刹车。电子刹车，就是指在刹车时能做到让电动机的驱动 MOS 管上臂（或者下臂）全部导通而下臂（或者上臂）截止，电动机三相接线全部短接，能使电动机产生阻力，达到刹车的效果。

（3）自动巡航。自动巡航，是指把调速车把转到所需的角度，电动自行车达到相应车速后，在 5 s（时间可变）内调速车把不转动，则电动自行车就保持在这个速度行驶，这时骑行者可以松开调速车把，免去手一直拧着调速车把之累。自动巡航后只有松开调速车把并重新旋转调速车把才可以再次调节电动自行车的行驶速度。

（4）堵转断流。堵转断流，是指电动自行车超载时，或是在爬坡时电流过大或者是阻力过大时，导致电动机停止转动，系统能检测到这种现象，停止对电动机的输出，起到保护作用。发生堵转断流后，只要满足倒转、复位调速车把或电源关闭后再重新打开 3 个条件中的 1 个，系统就会重新检测是否有堵转，如果恢复正常，系统会重新正常工作。

（5）智能过流保护。智能过流保护，一是指在高速时（平坦的道路上），最大电流不可以超过 15A；二是指在速度很低时，尤其是在爬坡时电流不可以超过 23A，过流保护的参考极限电流跟当前车速有关。

（6）智能欠压保护。智能欠压保护是指当蓄电池电压降至额定值的 90%，36V 电池降为 31.5V 时，电池会自动停止供电，从而防止蓄电池放电过深，受到损害。系统会自动检测电池是否欠压，欠压会停止继续工作。在电池欠压停止工作时，会出现电池电压短时间回升的现象，虽然超过欠压的电压值，但系统应不工作，只有当电池电压稳定到额定电压以上时，电动自行车才开始正常工作。

（7）休眠省电。系统在通电状态下无任何操作 5min 后会进入到休眠模式，人为转动车轮便可以唤醒系统，继续正常工作。

5．控制器的结构图

控制器的结构如图 7-169 所示。

利用 PIC16F72 单片机完成电动自行车控制器原理图设计及显示仪表的设计。由原理图实现 电路板的设计。控制器原理图和显示仪表原理图分别如图 7-170 和图 7-171 所示，电路板如图 7-172 所示。

图 7-169 控制器的结构

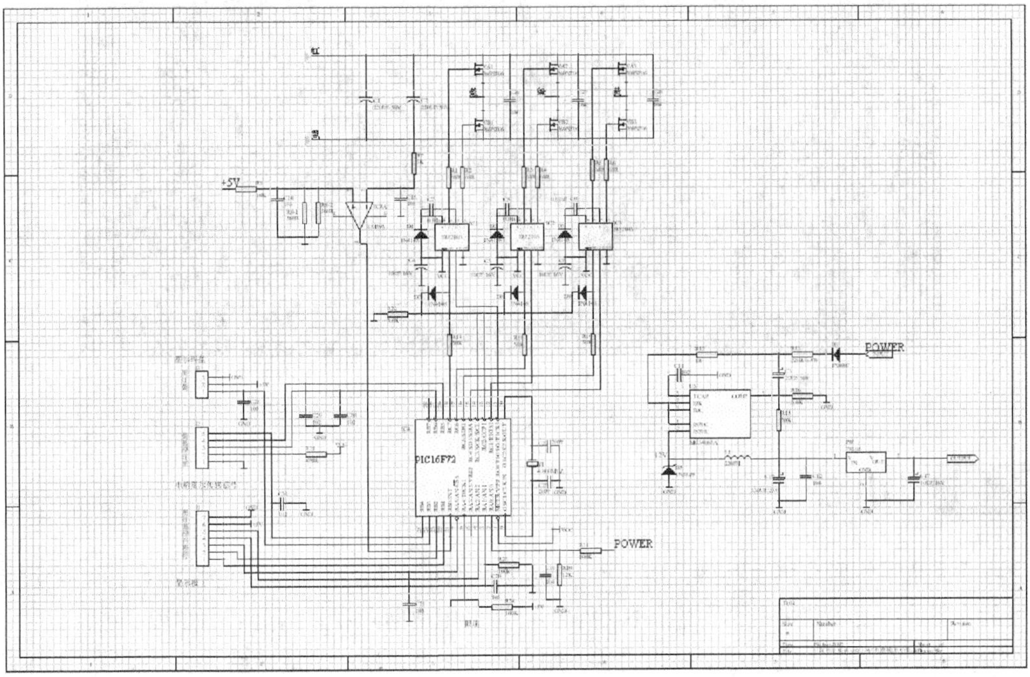

图 7-170　控制器的原理图

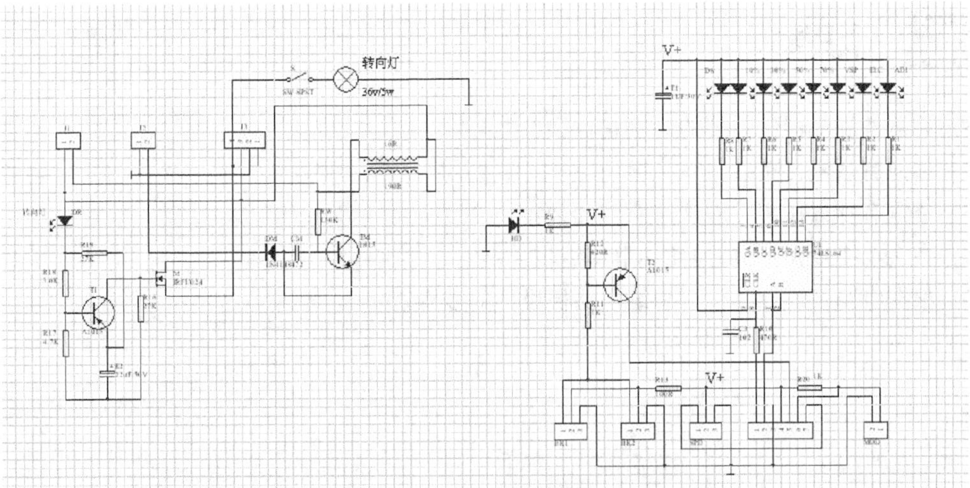

图 7-171　显示仪表的原理图

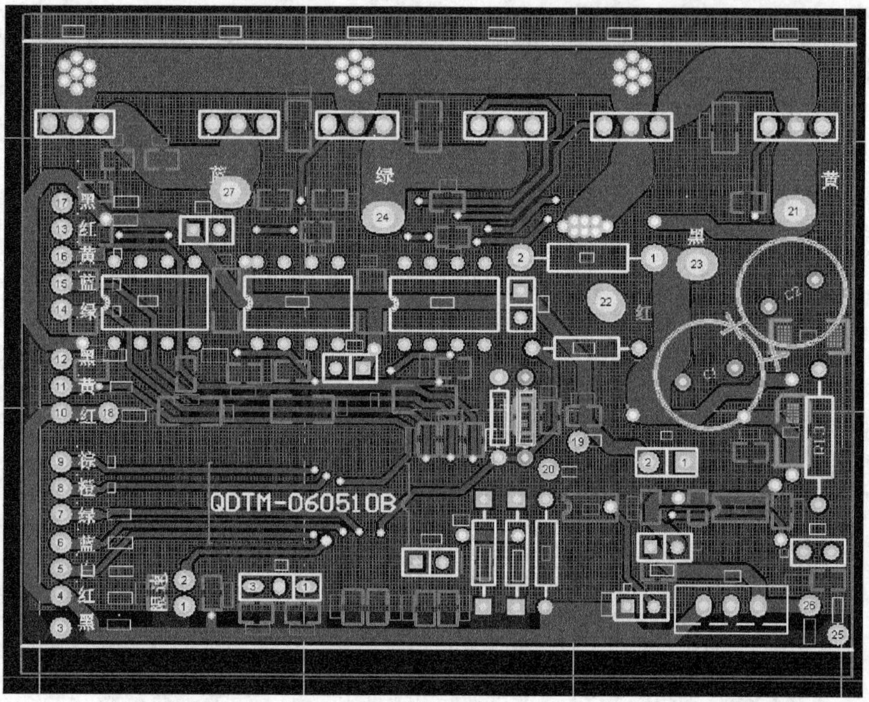

图 7-172　电路板

7.5 小结

本章介绍了发射与接收电路、DC/DC 变换器电路两个设计实例，对使用 Protel 99 SE 设计电路板的常用的主要步骤进行了讲述，这些实例可帮助用户回顾和总结全书的知识要点，具备一定的参考价值。在具备了这些基础知识之后，用户还需要在实践中灵活运用，及时总结，并不断地积累经验，这样才能逐步成长为一个优秀的电路板的设计者。

7.6 习题

1．元器件和元器件封装的区别是什么？
2．如何有效进行布线？
3．覆铜有什么作用？应该注意些什么？
4．在 Protel 99 SE 中如何使用群体编辑功能？
5．根据电路板设计实例，总结电路板设计的步骤。

附　录

课程设计

课程设计目的

本课程设计的目的是使学生能熟练掌握 Protel 99 SE 中的原理图和 PCB 板图制作，了解各种元件的封装，与实际尺寸相结合，能够更深一步地掌握 PCB 板布线规则与要求，掌握画图和布线的各种实用技巧，熟悉印制电路板制作过程。课程设计要求学生绘制出原理图和 PCB 板图，并且将印制电路板制作出来，从而能将理论与实践相结合，使学生在掌握 Protel 99 SE 软件的同时，对电路板的制作过程也有更深一步的了解。

课程设计流程

1．明确要求

了解和深入分析设计的目标（即掌握要完成的功能和特定条件要求）。

2．确定设计方案

根据设计要求制订设计计划表，制定设计图，选取原材料（要充分考虑和利用设计中的人力、物力、财力资源）。

3．设计验证

有条件地进行仿真验证、设计调试 、功能论证总结。

课程设计 1　电子开关电路设计

本任务是完成一个电子开关电路的电路板设计。该电子开关主要由一个大功率的 MOS 管及其驱动、控制和电源模块构成，如图 1 所示。其中，T1 和 T2 为 MOS 管，DC/DC1 为 24V 变 12V 的 DC/DC 模块，U1 为比较器 LM393，U2 为逻辑电路 4011。

1.1 设计目标

在本例中，首先需要完成电子开关电路的原理图设计，设计好的原理图如图 1 所示。

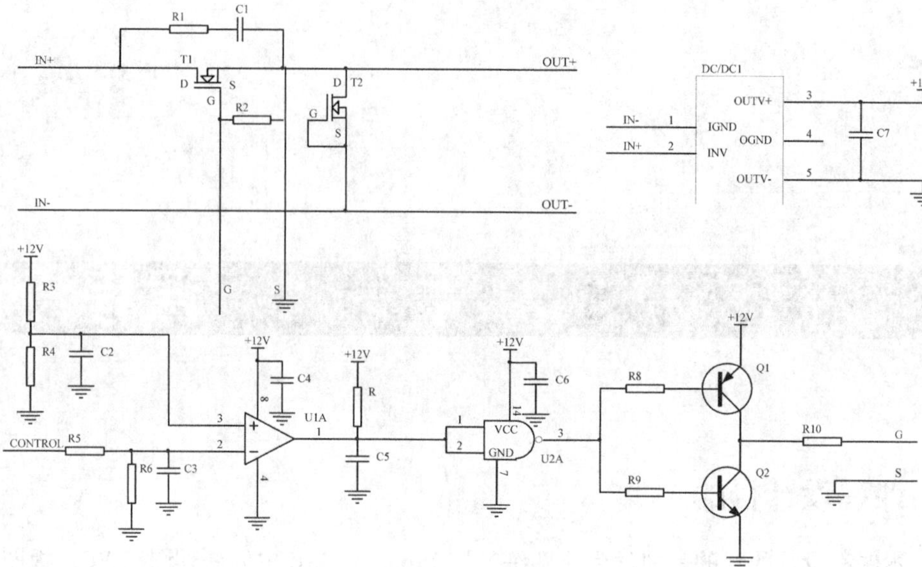

图 1　设计好的电子开关电路原理图

其次，根据设计好的原理图完成电子开关电路的电路板设计，设计好的电路板如图 2 所示。

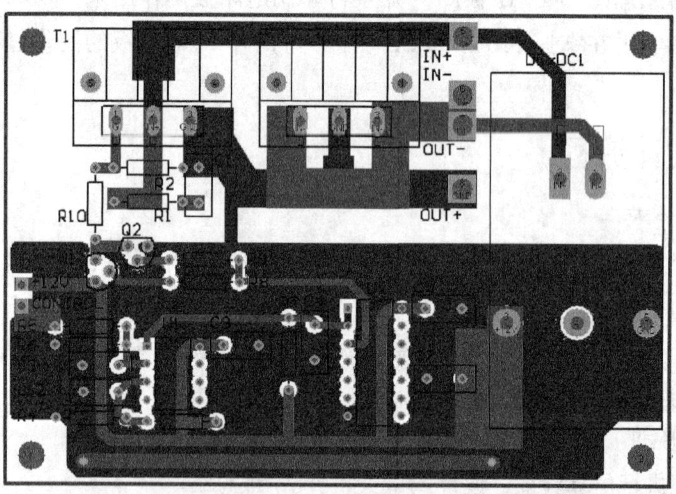

图 2　设计好的电子开关电路的电路板

1.2 解题思路

仔细分析电子开关电路的原理图，该电路板具有以下特点。

（1）该电路板为强弱电共存的电路板，要求强电和弱电之间应有足够的绝缘距离。

（2）该电路板中电子开关部分电路属于强电部分，要流过较大的电流，布线宽度应足够宽。

（3）主电路的输入输出接口不宜采用接插件，可采用大焊盘来作为输入输出引线孔，以满足大电流流过的需要。

（4）电子开关的开通与关断是由其控制电路通过推挽驱动电路来实现的，驱动电路应尽量靠近开关管 T1。

（5）为了提升电路板的抗干扰能力，驱动电路板的地线不能与主电路重合，应单独引线，并尽可能短，以防止地线公共阻抗引入的干扰。

1.3 绘制原理图符号

本例中需要绘制 24 V 变 12 V 的 DC/DC 模块的原理图符号，绘制好的原理图符号如图 3 所示。

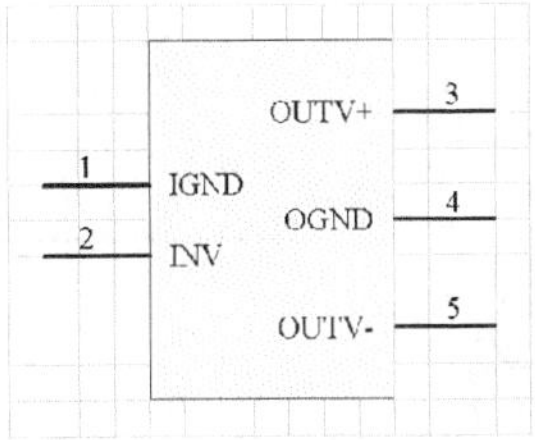

图 3　设计好的 DC/DC 模块的原理图符号

1.4 原理图设计

在原理图设计时，需要注意两点：第一，在放置元器件时，最好是为每个元器件编好序号，并且添加好元器件封装；第二，在原理图布线时，合理运用网络标号、电源和接地符号。

1.5 制作元器件封装

本例中需要 DC/DC 模块和 MOS 管的元器件封装。DC/DC 模块的元器件封装如图 4 所示，MOS 管的元器件封装如图 5 所示。

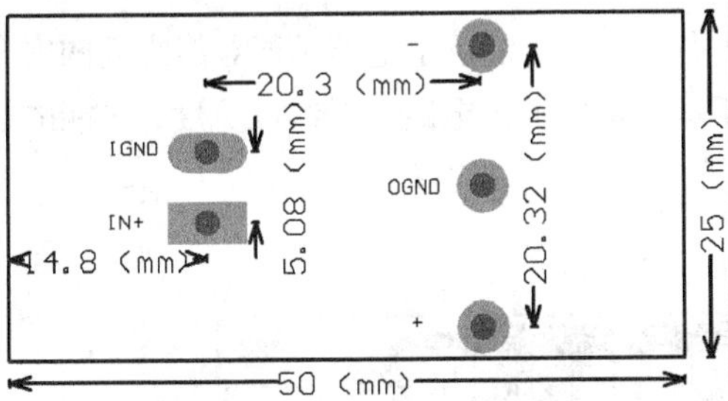

图 4　DC/DC 模块的元器件封装

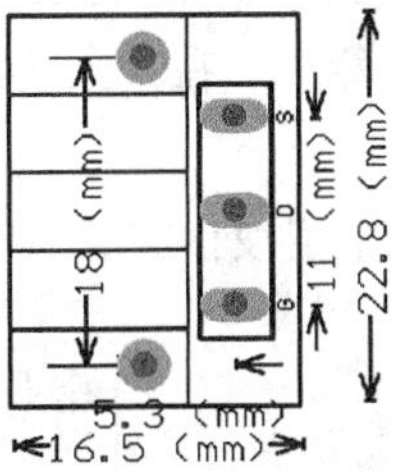

图 5　MOS 管的元器件封装

制作元器件封装时，一定要精确地测量元器件的尺寸，准确绘制元器件的外形、焊盘间距、焊盘大小。

1.6 电路板设计

电路板设计主要包括电路板设计准备工作、手工布局和布线、电路板地线覆铜，以及 DRC 设计检验等关键步骤。

1.6.1 电路板设计准备工作

准备好的电子开关电路如图 6 所示。

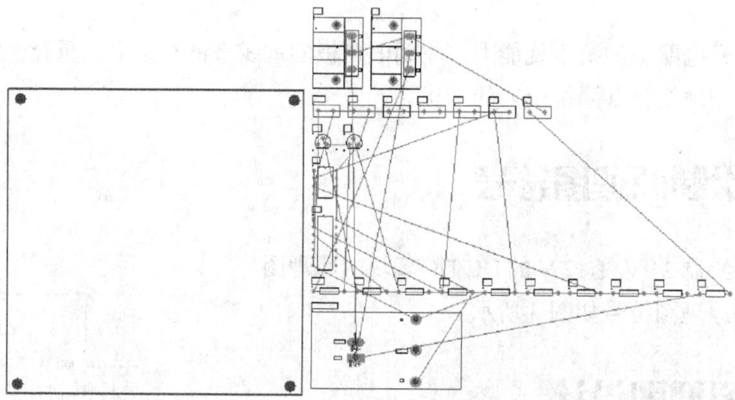

图 6　准备好的电子开关电路

1.6.2 电路板手工设计

本例中考虑到电路板强弱电共存，需要保证强电和弱电之间的安全绝缘；同时，主电路要通过较大的电流，布线要求尽量宽，因此建议采用手工设计。

通过对原理图设计进行分析，可初步确定电路板的设计方案。

（1）首先，设计主电路，对主电路进行布线。

（2）其次，放置驱动电路。

（3）最后，设计控制电路。

在对主电路布线的过程中，必须注意两点：第一，注意主电路不同导线之间的安全间距，不低于 3mm；第二，在安全间距允许的情况下，尽量增加主电路上导线的宽度，可能的话正反两面进行布线。

电路板手工设计的结果如图 7 所示。

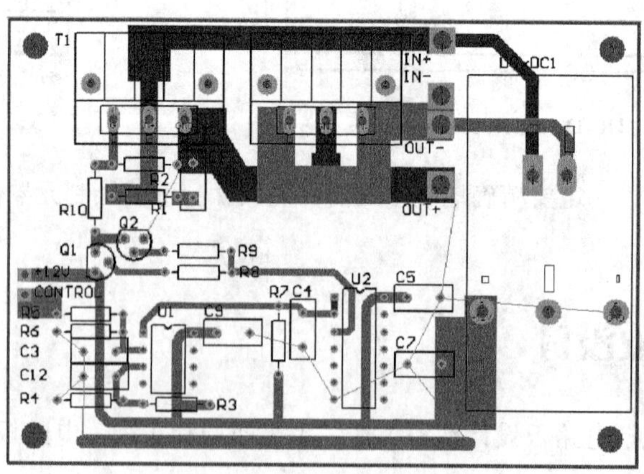

图 7　电路板手工设计的结果

1.6.3　电路板覆铜

电路板设计完成后，为了增加电路板抗干扰的性能，建议对地线进行覆铜。覆铜的结果如图F3 所示。

1.6.4　DRC 设计校验

电路板设计完成后，为了保证电路板设计正确无误，应当进行 DRC 设计校验。

课程设计 2　监控用采集器的设计

本课程设计是一个单片机控制的数据采集和输出的监控用的采集器，它带有 8 通道模拟输入用于检测相关的物理量，8 通道开关量用于检测电平输入，4 路继电器输出，同时带有 2 个通信接口实现与上位机的通信。在数据输出部分还采用了光隔离器将数字电路和功率驱动部分进行隔离，以提高系统的可靠性。

2.1　技术要求

此采集器要求完成的基本功能为完成 8 路开关量和 8 路模拟量的采集，并能和上位机进行通信。监控用采集器的主要功能如下。

- 采集 8 路开关量，开关量有干节点（开关）输入、电平输入。
- 采集 8 路模拟量，模拟量为电压型，电压型输入的电压在 0 ~ 5 V 之间。
- 能对采集通道进行断线判断，即当输入信号断线时能发出告警。
- 要求光电隔离输入的开关量，在 AD 后侧隔离模拟量。
- 系统要内置时钟，此时钟掉电可以丢失，在加电后可以通过上位机对时间进行设置。时间包括年、月、日、时、分、秒。
- 要求有 2 个通信接口，即 RS232 和 RS485，2 个接口不同时使用。RS232 接口可以接入 MODEM，也可以与 NOTEBOOK 串口直接通信，通过拨码开关选择接 232 还是接 485。
- 系统通过上位机能对开关量设置高电平还是低电平告警，对模拟量设置告警上下限。可以设置某一路告警时相应的输出继电器动作，设置值要求掉电后不丢失。
- 当系统发生告警时能存储最近 10 条告警记录。接入 MODEM 时能回叫所设置的电话（报警以后，能通过 MODEM 所设置的电话回叫）。
- 设置电源指示灯和告警指示灯。
- 采集器内置一个温度探头，位置尽量靠近机壳，能测采集器四周的温度（用热电耦）。
- 采集器具有与上位机通信的功能。
- 采集器采用 1 byte 地址码，地址码可以通过上位机设置特定地址，地址码掉电后不丢失。
- 当采集器收到上位机的命令后首先和自己地址码比较，只有自己的呼叫才应答。
- 设置地址码复位功能，复位后地址码恢复出厂值，防止地址码遗忘后无法与其通信。
- 4 路继电器输出。

2.2 监控用采集器的工作原理

采集器是简化了的监控系统，它由小型可选址控制板和调制解调器组成。由于小型可选址控制板有自己的 CPU（中央处理器），因此它既可以读取传感器数值，也可以处理及储存数据。调制解调器既可以拨号也可以应答，用它实现采集器和监控系统或采集器与维护中心串行打印机，通过设定的电话号码借助于公共电话交换网相互之间联系的。

采集器可以作为监控系统的一个单元给监控系统编程。采集器日夜 24 小时对其连接的传感器各点的数据进行采集，并将其储存在采集器内，监控系统每隔一段时间（假定 1 小时）向采集器询问，采集器会应答并向监控系统传送它储存的一系列数据，在采集完毕后，会将这些数据与所储存的门限值进行比较，如果有告警状态存在，它会向预定的维护中心传送告警报告。

采集器具有可编程的特性，因此它可以自动呼叫告警终端并传送告警报告以及可以直接被询问而给出各种例行报告。直接传送的告警报告包括系统名称、日期、时间、告警状况及读数等。

2.3 监控用采集器的电路

监控用采集器的电路结构如图 8 所示。

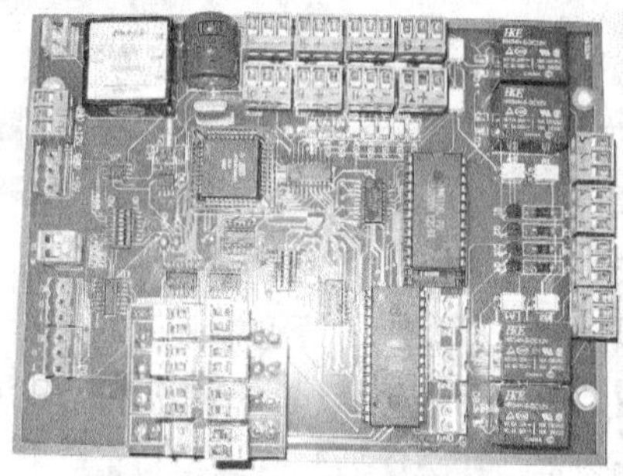

图 8 监控用采集器的电路结构

设计监控用采集器原理图和 PCB 电路板。电源电路、CPU 及辅助电路、开关量输出电路、模拟量输入电路、继电器输出电路、控温和时钟电路、通讯电路的原理图电路和总图电路设计，分别如图 9、图 10、图 11、图 12、图 13、图 14 和图 15 所示。由原理图实现的 PCB 电路板如图 16 所示。

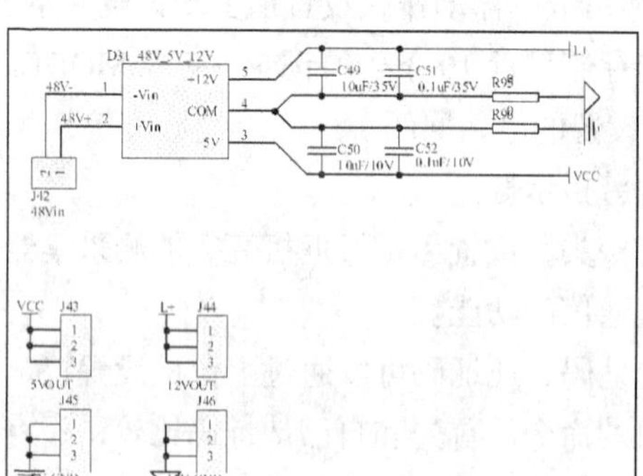

图 9 电源电路的原理图

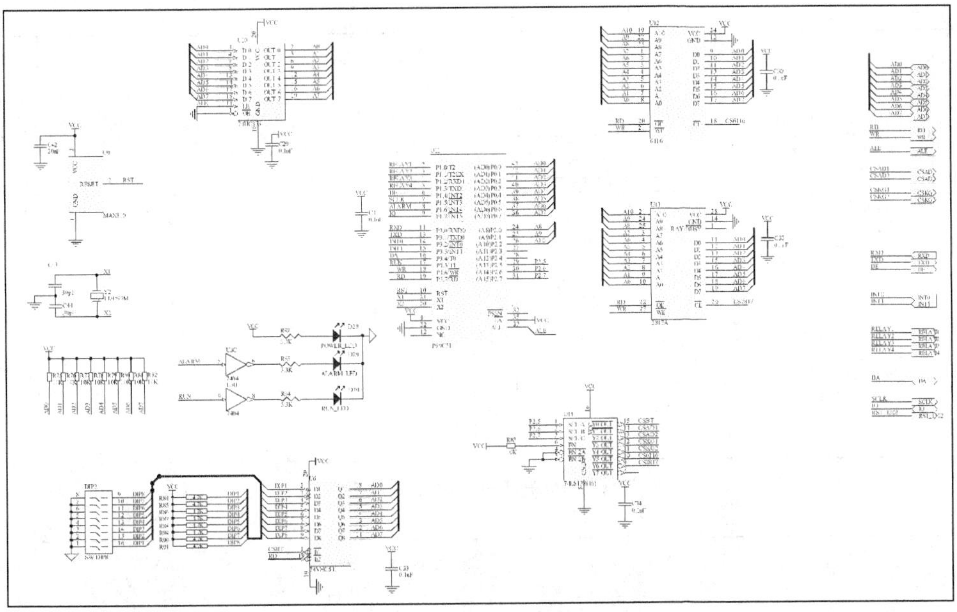

图 10　CPU 及辅助电路的原理图

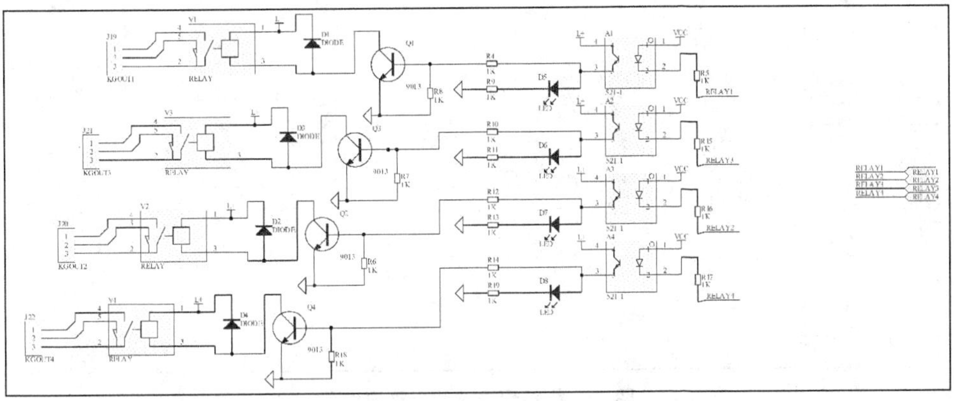

图 11　继电器输出电路的原理图

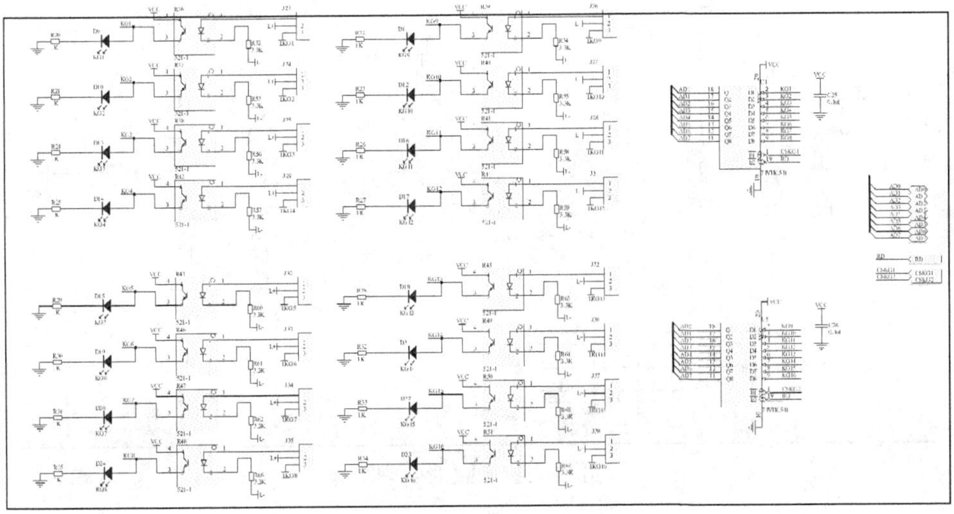

图 12　开关量输入电路的原理图

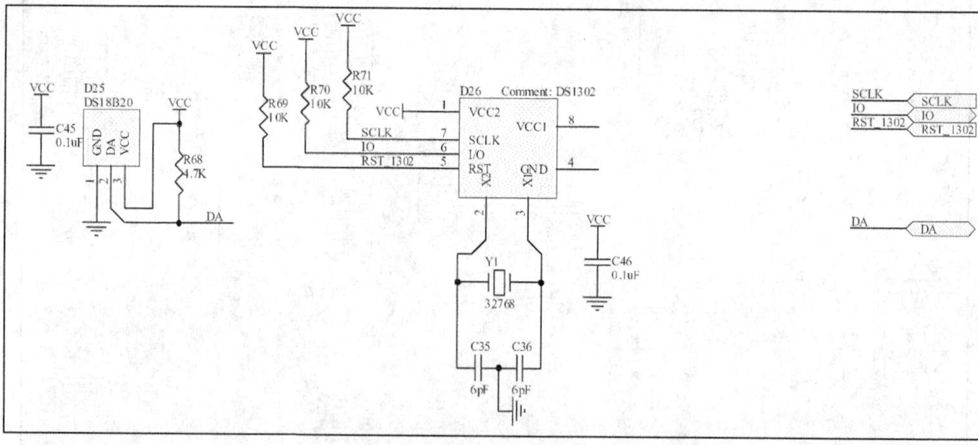

图 13　控温及时钟电路的原理图

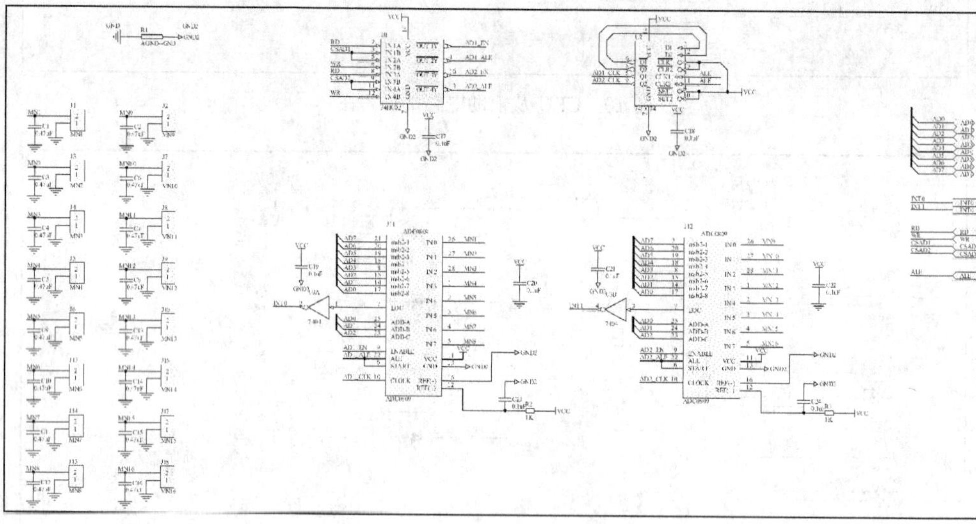

图 14　模拟量输入的电路原理图

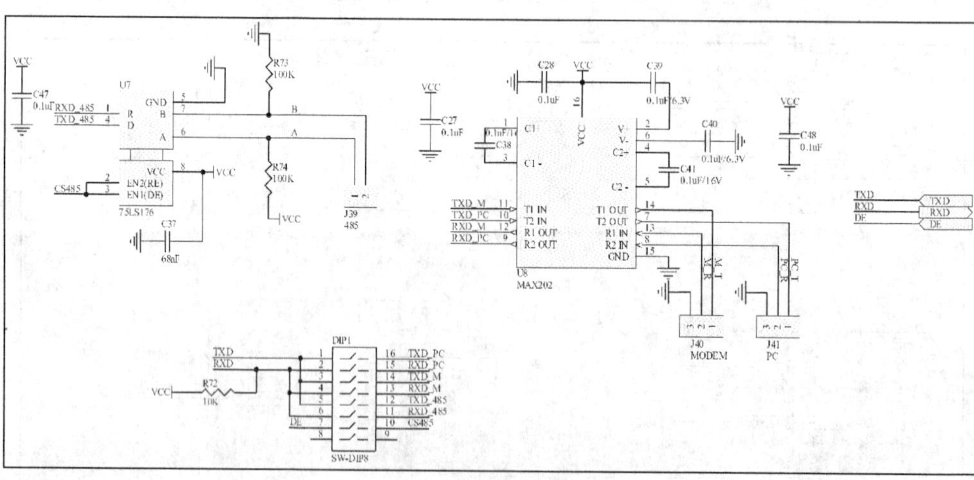

图 15　通信的电路原理图

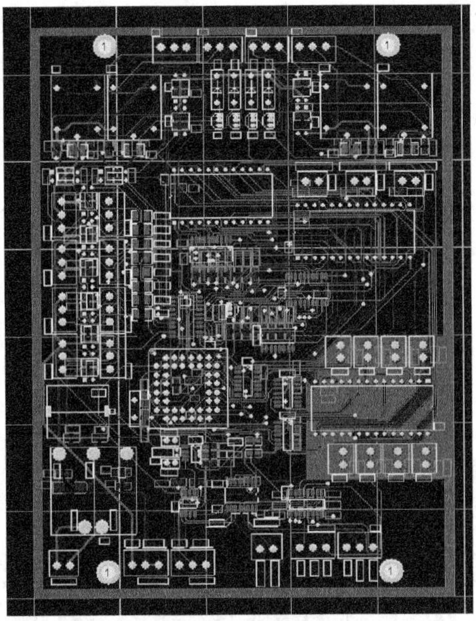

图 16 电路板

课程设计 3 信号源的设计与制作

3.1 原理框图

信号源的原理框图如图 17 所示。

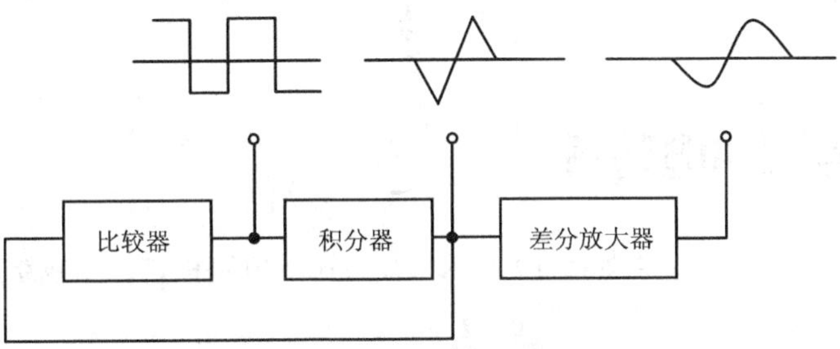

图 17 信号源的原理框图

3.2 信号源的总方案

信号源一般是指能自动产生正弦波、三角波、方波及锯齿波、阶梯波等电压波形的电路或仪器。根据用途不同，有产生 3 种或多种波形的信号源，使用的器件可以是分立器件，也可以是集成电路（如单片函数发生器模块 8038）。为进一步掌握电路的基本理论及实验调试技术，本课程设计采用由集成运算放大器与晶体管差分放大器共同组成的方波—三角波—正弦波信号源的设计方法。

产生正弦波、方波、三角波的方案有多种，如首先产生正弦波，然后通过整形电路将正弦波变换成方波，再由积分电路将方波变成三角波；也可以首先产生三角波—方波，再将三角波变成

正弦波或将方波变成正弦波等。本课程设计采用先产生方波—三角波，再将三角波变换成正弦波的电路设计方法，

本课程设计中信号源电路组成为由比较器和积分器组成方波—三角波产生电路，比较器输出的方波经积分器得到三角波，三角波到正弦波的变换电路主要由差分放大器来完成。差分放大器具有工作点稳定、输入阻抗高、抗干扰能力较强等优点。特别是作为直流放大器时，它可以有效地抑制零点漂移，因此可将频率很低的三角波变换成正弦波。波形变换的原理是利用差分放大器传输特性曲线的非线性。

3.3 电路原理图

信号源电路原理图如图 18 所示。

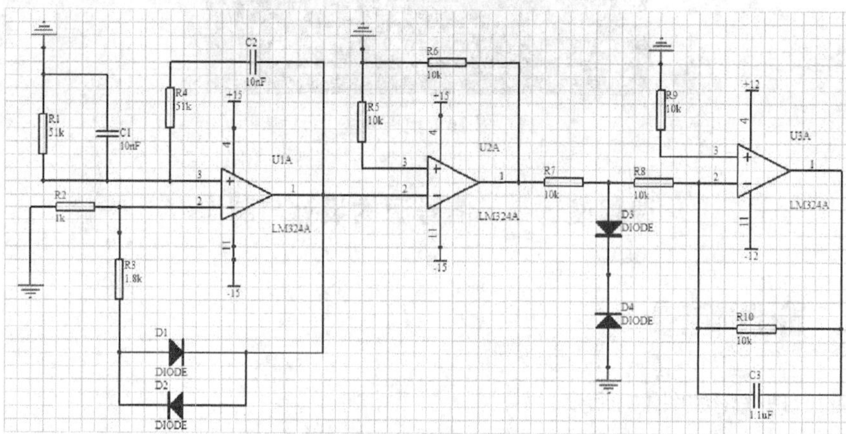

图 18　电路原理图

3.4 信号源的电路板

信号源的电路板自动布局结果如图 19 所示。信号源的电路板自动布线结果如图 20 所示。元器件清单如图 21 所示。

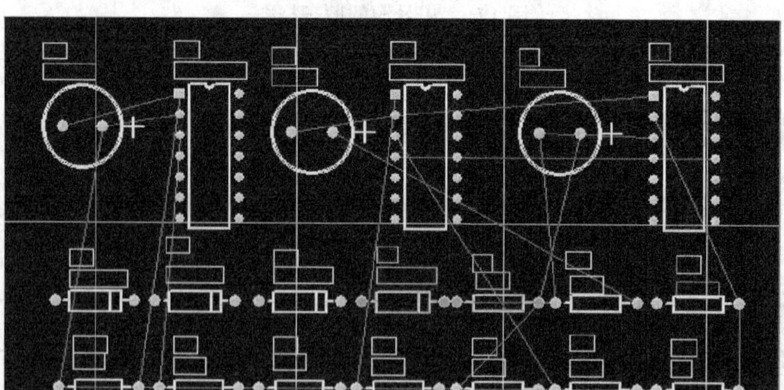

图 19　自动布局结果

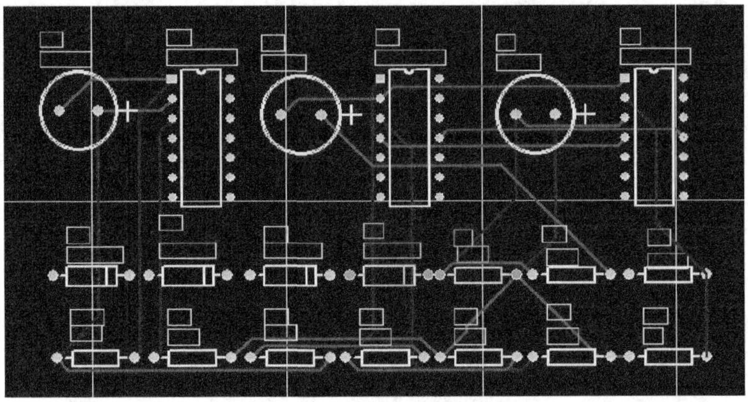

图 20　自动布线后的效果图

	A	B	C	D
1	Part Type	Designator	Footprint	Description
2	1.1uF	C3	RB.2/.4	Capacitor
3	1.8k	R3	AXIAL0.4	
4	1k	R2	AXIAL0.4	
5	10k	R9	AXIAL0.4	
6	10k	R8	AXIAL0.4	
7	10k	R10	AXIAL0.4	
8	10k	R7	AXIAL0.4	
9	10k	R6	AXIAL0.4	
10	10k	R5	AXIAL0.4	
11	10nF	C1	RB.2/.4	Capacitor
12	10nF	C2	RB.2/.4	Capacitor
13	51k	R4	AXIAL0.4	
14	51k	R1	AXIAL0.4	
15	DIODE	D2	DIODE0.4	Diode
16	DIODE	D3	DIODE0.4	Diode
17	DIODE	D4	DIODE0.4	Diode
18	DIODE	D1	DIODE0.4	Diode
19	LM324A	U1	DIP14	
20	LM324A	U3	DIP14	
21	LM324A	U2	DIP14	

图 21　元器件清单